大学预科系列教材

生物

SHENGWU

暨南大学华文学院预科部 编

主 编：何红卫

暨南大學出版社
JINAN UNIVERSITY PRESS

中国·广州

图书在版编目（CIP）数据

生物／暨南大学华文学院预科部编．—广州：暨南大学出版社，2024．3
大学预科系列教材
ISBN 978－7－5668－3802－5

Ⅰ．①生…　Ⅱ．①暨…　Ⅲ．①生物—高等学校—教材　Ⅳ．①Q

中国国家版本馆 CIP 数据核字（2023）第 209320 号

生物
SHENGWU
编　者：暨南大学华文学院预科部

出 版 人：阳　翼
策划编辑：李　战
责任编辑：张学颖
责任校对：孙劭贤　黄晓佳
责任印制：周一丹　郑玉婷

出版发行：暨南大学出版社（511434）
电　　话：总编室（8620）31105261
营销部（8620）37331682　37331689
传　　真：（8620）31105289（办公室）　37331684（营销部）
网　　址：http：//www. jnupress. com
排　　版：广州市新晨文化发展有限公司
印　　刷：佛山市浩文彩色印刷有限公司
开　　本：787mm×1092mm　1/16
印　　张：17
字　　数：446 千
版　　次：2024 年 3 月第 1 版
印　　次：2024 年 3 月第 1 次
定　　价：76.00 元

前言

暨南大学华文学院预科部，是暨南大学一个有着悠久历史的教育教学机构，长期以来承担着学校大学预科教学和研究的重任。几十年以来经过大家的不懈努力，预科部向学校及国内其他高校输送了大量合格的港澳台侨青年学生，在人才培养方面取得了极为丰硕的成果。

教书育人离不开教材。教材是学科知识体系和能力要求的集中体现，是编写者专业水平和学科智慧的结晶，是课程的核心教学材料，是教师"教"和学生"学"的具体依据。《大学预科系列教材》作为大学预科课程标准的规范文本，除了要符合上述特点外，还须具备一项非常重要的功能：切实贯彻和落实港澳台侨学生教育理念，将他们培养成为我们所需要的人。——编好这样的教材，其重要性不言而喻。

我们编写的《大学预科系列教材》，第一版出版于2000年，包括《语文》《数学》《历史》《地理》《物理》《化学》《生物》共7个科目。在使用十年后的2010年，我们又出了第二版。在第一版7个科目的基础上，第二版增加了《通识教育读本》和《英语》；原《地理》也改为《中国地理》。现在，又过去了十几年，为实现暨南大学侨校发展战略及"双一流"和高水平大学建设的宏伟目标，结合新形势下对港澳台侨学生教育的要求和各个学科发展的具体情况，我们对第二版《大学预科系列教材》进行了认真的研究和分析，对教材内容进行了必要的增、删、调整或更新。在此基础上，我们出版了这套全新的《大学预科系列教材》。

这套新版《大学预科系列教材》，符合港澳台侨预科学生身心发展规律和认知特点，体现了各学科的最新知识和研究成果，在理解和尊重多元文化的同时，力争突出中华优秀文化的源远流长和博大精深，彰显其强大的影响力和感召力。通过这套教材，我们希望进一步加强港澳台侨预科学生的国家、民族和文化认同教育，为维护“一国两制”和祖国统一，为“一带一路”的文化交流，为粤港澳大湾区的建设，培养具有高度政治素养、文化素养和专业基础素养的合格人才。

这套新版教材，由《语文》《高等数学基础》《英语》《通识教育》《中国历史》《中国地理》《物理》《化学》《生物》9个科目构成。原来的《数学》在新版改成《高等数学基础》，《通识教育读本》改成《通识教育》，《历史》改成《中国历史》。

这套新版教材的编写工作以预科部教师为主，暨南大学华文学院应用语言学系的部分英语教师也参与了这项工作。对大家在教材编写过程中付出的辛勤劳动，我们在此表示衷心的感谢！

由于时间仓促，书中难免存在问题，希望广大师生能对这套教材提出宝贵的意见。

温宗军

2024年3月

目 录

CONTENTS

引言　生物与生命科学

一、什么是生命

为什么现在有那么多的人对生命科学感兴趣？其中一个重要原因是：生命科学中存在着大量的未解之谜等着人们去解开。比如：人类是如何学习和记忆的？信息储存在脑的什么部位？人是如何思考的？在叶绿体中太阳能如何使水光解成 O_2 和 H^+？生命是如何起源和进化的？癌基因作用过程是什么样的？癌变的细胞能否再变成正常的细胞？

每天，当我们阅读报纸、收看电视或上网浏览时，会发现在所有科技新闻中，与生命科学（life science）和生物技术（biotechnology）相关的报道出现的频率最高。我们正生活在一个生命科学大发展的时代，新的生命科技浪潮使我们的生活更富有挑战性，生命科学和生物技术将决定人类和自然的未来。

什么是生命呢？在日常生活中，我们不难区分“活”的或有生命的生物和“死”的或无生命的非生物，但是要给“生命”下一个科学的定义却是十分困难的。要简单明了并且较系统地回答什么是“生命”这一问题，就要区别生命与非生命，首先应该了解生命（life）或生物体（organism）的基本特征。

1. 细胞是生命的基本单位

除了病毒（virus）以外，所有的生物体都是由细胞（cell）组成的。成千上万的细胞可以组成复杂的生物体，如高大的树木、大熊猫或人体；单个细胞也可以组成简单的生物体，如细菌（bacteria）、单细胞藻类（alga）。病毒虽然没有细胞结构，但仍然具有生命的其他基本特征。

2. 新陈代谢、生长和运动是生命的本能

生物体是开放系统，它和周围环境不断进行着物质的交换和能量的流动。生物体通过合成物质，摄取能量以维持生命；生物的细胞通过分解物质，释放其中的能量，以进行各种生命活动。生物体内每时每刻都有新的物质被合成，又有一些物质不断被分解，在这种物质合成与分解中又伴随着能量的储存与释放，这就是新陈代谢。生物都能通过新陈代谢而生长发育。在生长过程中，生物的体形会不断增大，身体的结构也会越来越复杂。一粒种子可以成为大树，一只蝌蚪可以成为一只蛙。环境条件对生物的生长发育无疑是有影响的。动物利用腿、翅膀或鳍来移动，植物的运动往往借生长来进行。所谓“生物是活的东西”，就是说生命过程始终处于新陈代谢、生长和运动过程之中。

3. 生命通过繁殖而延续

任何一个生物个体都不能长期存在，它们通过生殖产生子代，使生命得以延续。所谓“生生不息，生命不止”，说的就是生物都具有繁殖后代的能力。子代与亲代之间，在形态构造、生理机能上都很相似，这种现象叫遗传（heredity）。遗传使生物体的特征得以延续，但是，子代与亲代之间及子代不同个体之间会呈现出一定程度的差异，这就是变异（variation）。遗传的物质基础是 DNA，其遗传信息存在于 DNA 链的碱基序列上，通过 DNA 的复制和传递实现亲代与子代间性状的遗传，通过 DNA 的突变和遗传重组造成亲代与子代及子代之间的变异。遗传和变异也是生物进化的基础。

4. 生物具有个体发育和进化的历史

正常的生物都有一个从出生到死亡的完整过程，这一过程也是个体的生活史。生物的一生，通常从生殖细胞形成受精卵（fertilized egg）开始，受精卵分裂并经过一系列形态、结构和功能的变化形成一个新的个体，新个体通过增加细胞体积和通过细胞分裂增加细胞数目而生长，再经过性成熟、繁殖后代、衰老直至死亡，生物这一总的转变过程称为发育。但是，生物的生长发育总是按照一定的尺寸范围、一定的模式和一定的程序进行的。

大约距今 38 亿年前，地球上出现了生命，随即开始了生物进化历史。进化就是遗传、变异和自然选择的长期作用导致的生物由低等到高等、由简单到复杂的逐渐演变过程。由于在进化的过程中，形成了生物的适应性和多种多样的类型，因此，进化也是生物多样性（biodiversity）的来源。现在地球上的生物，包括我们人类在内，都是生物经历了漫长历史时期的进化的产物。

5. 生物对环境的适应性

每一种生物都有自己特有的生活环境，它们的结构和功能总是适合于这种特有环境条件下的生存和延续。例如，鱼鳃的结构和功能适合鱼在水中呼吸，而陆地脊椎动物肺的结构适合该动物在陆地进行呼吸。适应（adaptation）是生命所特有的现象。

人们常用生命来泛指所有的生物和广义或抽象的生物活动现象，而用生物来特指一种具有生命特征的个体或群体。

二、为什么要学习生命科学

从人类的脚印出现在地球上的那一刻起，我们就没有停止过对生命的探索。和其他自然科学一样，生命科学在 19 世纪以前一直缓慢地发展着，但在 20 世纪的 100 年里，生命科学发展迅猛并取得了一系列突破性成就。到 21 世纪的今天，计算机科学及信息技术、生命科学及生物技术代表了现代科学发展的前沿，并成为高科技的两大支柱。信息技术的辉煌我们已经看到，那作为比信息技术更具潜力的生命科学技术势必会达到另一个高度，这是历史的必然。然而，作为一门自然科学，生命科学并不为生物学家以及生物学专业的人所专有，它应属于我们每一个人。

人类社会发展到今天，各门科学已发展到相当高的水平。在此基础上，各学科之间的交叉与联系越来越密切，它们不再是相互独立的领域，各学科之间的融合与互补又进一步促进各门科学的发展。随着数、理、化、人文等领域的空白越来越少，生命科学就成为一只最具开发价值的潜力股。许多人都相信，生命科学不仅会成为 21 世纪自然科学的带头学科，而且随着各科学领域的进一步交叉，它将成为一门“中心科学”。无论你现在学习什么专业，无论你将来从事哪一领域的工作，你都不可避免地要与生命科学打交道，因为生命科学与人类和社会的联系比其他任何学科都更加紧密。既然如此，那晚学就不如早学，早学早用，以后也不会后悔。

随着人类文明的进步，人的自身修养也在不断提高。整体素养的提升是要靠普及知识来实现的，而普及知识最好从学校开始。在人类社会早期，由于自然科学欠发达，我们主要通过普及文史知识来提高整个社会的素养；到了中世纪，数学科学首先发展起来，数学知识也开始在大学普及；再到近代，物理化学的发展达到鼎盛，自然而然，理化知识也开始在人类社会普及；进入21世纪，生命科学的重要性日益突出，于是我们也必将逐步普及生命科学的基础知识。所以说现代的所有大学生都应该学习生命科学，因为这不仅是认识自然、完善自我知识结构的需要，也是提高自我修养、促进人类文明的需要。

三、生命科学涵盖的主要内容

生命科学是研究生物体及其活动规律的科学，广义的生命科学还包括生物技术、医学、农学、生物与环境、生物学与其他学科交叉的领域。

就目前的认识，基础生命科学涵盖的最基本的内容至少应该包括：生命的化学组成，细胞的结构和功能，能量与代谢，遗传与变异，遗传信息的传递与控制，生命的起源，生物的进化与系统分类，生物个体的发育、结构、功能和行为，生态环境，生物技术，身体健康和重大疾病预防等。

作为生命科学的基础和入门课程，由于课时和篇幅的限制，也为了体现现代生命科学的最新进展，本教材只选取了生命的化学组成、细胞的结构和功能、能量与代谢、遗传与遗传信息的传递、生态环境、人体健康和重大疾病预防等方面内容，而对于生命的起源，生物的进化与系统分类，生物个体的发育、结构、功能和行为，生物技术等不作介绍。

生命科学本身既是自然科学，又是建立在数学、物理、化学、信息科学等学科深入发展基础之上的应用性较强的“中心科学”。通过本课程的学习，我们还应该积极去思考生命科学与其他各门学科的内在联系，促进生命科学与其他学科的交叉渗透。

教与学的要点

1. 细胞是生命的基本结构和功能单位，新陈代谢、生长、运动、遗传、变异是生命的基本特征，DNA是生物遗传的基本物质，生命通过繁殖而延续，生物具有个体发育和系统发育的历史，生物对各种刺激具有应激性，对环境具有适应性。认识生命的本质首先应该了解生命的这些基本特征。

2. 人类从在生产生活实践中认识生命，到描述并研究生命，直到在揭示生命奥秘方面取得实践性成就，其中包含了许多人的不懈努力。今天，生命科学在自然科学中的位置已经有了突破性的变化，解决人类生存与发展所面临的一系列重大问题和挑战，在很大程度上还将依赖于生命科学的发展；生命科学代表着现代自然科学的前沿，它与人类和社会的联系比其他任何科学都更加紧密。作为21世纪的现代大学生，无论是生命科学还是非生命科学专业，都应该了解现代生命科学的基本知识。

第一章　细胞的分子组成及结构

第一节　组成生物体的元素和化合物

地球上的生物，现在已知的大约有200万种。不同种类的生物体，在个体大小、形态结构和生理功能等方面都不相同，但是，它们在化学组成上却表现出了高度的相似性。生物体的生命活动都有共同的物质基础，这主要是指组成生物体的化学元素和化合物是大体相同的。所有生物大分子的构建都是以自然界的材料和化学规律为基础的，这反映了在生命界和非生命界之间并不存在截然不同的界限。生物大分子结构与其功能紧密相关，即生命的各种生物学功能正是起始于化学水平。对生命的化学组成的深入了解，是揭示生命本质的基础。

一、组成细胞的化学元素

1. 组成细胞及生物体的主要元素

新鲜植物材料在105℃下烘去水分，剩下的物质称为干物质。在植物的干物质中，植物生长所必需、含量超过1 000ppm以上的元素为大量元素（macroelement）。其中C、H、O、N、P、S共占细胞总量的97%以上，又称主要元素。无论干重还是鲜重，碳（C）、氢（H）、氧（O）和氮（N）都是含量最多的四种元素，因此称它们为细胞的基本元素。这四种元素占元素总量的90%左右。组成生物体的最基本元素是碳（C），碳构成细胞中有机物的基本骨架。微量元素（microelement）通常指生物生活所必需，但需要量却很少的元素。这些微量元素数量过多时，反而会对生物体有害。自然界中的生物和非生物都是由化学元素组成的。科学家通过研究各种生物细胞内的生命物质，查明了组成生物体的化学元素的种类、数量和作用。

（1）按含量分：①大量元素：C、H、O、N、P、S、K、Ca、Mg；②微量元素：Fe、Mn、B、Zn、Mo、Cu。

在鲜重和干重条件下，细胞中各种元素的含量是不同的，以人体为例：

鲜重条件下：O（65%）>C（18%）>H（10%）>N（3%）>P（1.4%）>S（0.3%）；干重条件下：C（55.99%）>O（14.62%）>N（9.33%）>H（7.46%）>Ca（4.67%）>S、P。

（2）按作用分：①主要元素：C、H、O、N、P、S；②基本元素：C、H、O、N；③最

基本元素：C。

在人体细胞干重中含量最多的元素为 C，鲜重中含量最多的元素为 O。

组成生物体不可缺少的 20 多种化学元素，在无机自然界中都可以找到，没有一种化学元素是生物界所特有的。这个事实说明，生物界和非生物界具有统一性。

组成生物体的化学元素，在生物体内和在无机自然界中的含量相差很大。例如，在地球上含量最丰富的元素是 O、Si、Al、Fe，但是在生物体中含量最丰富的元素是 O、C、H、N。在自然界中，C、H、N 三种元素的总和还不到元素总量的1%，然而在人体中 O、C、H、N 四种元素竟占了 96%（图 1－1）。这一事实又说明，生物界和非生物界具有差异性。

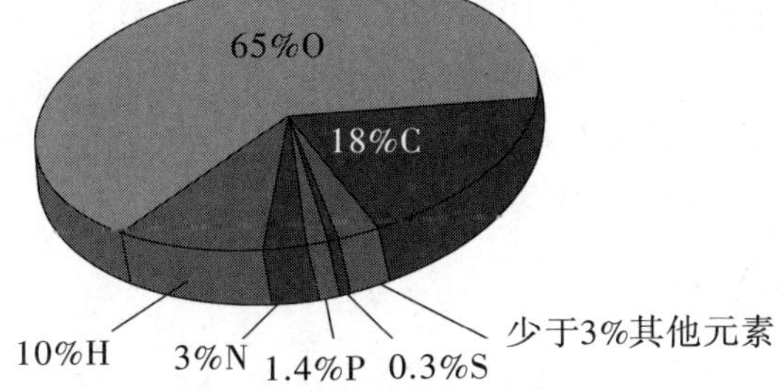

图 1－1　组成人体细胞的元素（占细胞鲜重的百分比）

无论是大量元素还是微量元素，都是生物体必需的元素，它们对于维持生物体的生命活动起着非常重要的作用。如 P 是组成 ATP、膜结构等的重要成分，Ca、P 是组成骨骼、牙齿的成分，Mg 是叶绿素的组成成分，Fe 是血红蛋白的组成成分。

2. 化学元素的生理功能

化学元素能参与生物体物质的组成或能影响生物体的生命活动。如：

缺 Fe：人体患贫血；果树患黄叶病。

缺 B：华而不实（只开花不结果）。

缺 Se：患克山病（原发性心脏病）。

缺 Zn：影响人体生长发育、大脑发育和性成熟。

缺 I：人幼年患呆小症；成年患甲状腺肿大。

缺 Mg：影响植物叶绿素的合成，影响光合作用的进行。

缺 Ca：成年人缺钙患骨质疏松症；人血液中缺钙会出现抽搐现象。

$Ca_3(PO_4)_2$ 是骨骼的主要成分，Ca^{2+} 对肌细胞的兴奋性有重要影响；血钙过高，兴奋性降低，导致肌无力；血钙过低，兴奋性过高，导致抽搐。Ca^{2+} 还能参与血液凝固，缺少 Ca^{2+} 血液不能正常凝固。

3. 生命具有富集稀有元素的功能

具有富集自然界中稀有元素或物质的能力是生命现象的一个突出特征。例如，海藻中碘含量是海水中的 200 万倍，某些海洋动物所富集的钒和碘是周围海水的 1 000 倍等。而环境中的污染物，如砷、铬、汞以及 DDT 等，都可以通过生物富集作用和食物链大量进入人体和其他生物体内而沉积下来。

4. 生命中的同位素

每一种元素都含有质子数相同，而中子数不同的一组原子，称为同位素（isotope）。它们在元素周期表中的位置相同。例如碳元素有三种同位素：碳－12、碳－13、碳－14。它们都各有6个质子和6个电子，但中子数分别是6、7、8，通常写作^{12}C、^{13}C、^{14}C。在自然界中^{12}C的存在量约为99%，^{13}C约为1%，^{14}C含量极少。^{12}C和^{13}C属于稳定的同位素；而^{14}C属于不稳定的同位素，会不断地发生衰变，所以也叫放射性同位素（radioactive isotope）。生物死亡年代可以通过测定其遗骸中^{14}C和^{12}C衰变的比率得以确认。因为生物体死后不能再摄入新的^{14}C，原有的^{14}C却仍在继续衰变，^{14}C的半衰期为5 570年。根据化石或遗骸中$^{14}C/^{12}C$比率的测定、计算，所确定的某种生物个体死亡年代误差仅为±40年，因此^{14}C同位素测定在古生物学、古人类学和考古学上都有重要的应用价值。

放射性同位素对生物是有害的，但在生物学研究和医学中却有许多用途。和非放射性同位素一样，生物体也吸收含有放射性同位素的化合物。放射性极易用照相底片或计数器检测出来，所以可以利用放射性同位素显示某种原子在生物体内的来踪去迹，这种技术称为同位素示踪。例如，生物学家要了解二氧化碳在光合作用中的变化，便将$^{14}CO_2$引入植物体内，看^{14}C的变化途径，由此查明CO_2转变为糖的全过程。

二、组成细胞的化合物

在生物体内，由组成生物体的化学元素构成各种化合物。活的细胞之所以能够进行一切生命活动，与组成细胞的各种化合物有密切关系。

组成细胞的化合物包括无机化合物（水、矿物质）和有机化合物（糖类、脂类、蛋白质、核酸）。并不是所有细胞中化合物的含量都相同，不同生物的细胞、同一个体不同种类的细胞，各种化合物的含量往往有所不同，但化合物的种类基本相同。一般情况下，这些化合物占人体细胞鲜重的情况如表1－1所示。各种化合物在细胞中的存在形式不同，所具有的功能也不相同。

表1－1　各种化合物的质量分数

化合物	水	无机盐	蛋白质	脂类	糖类和核酸
质量分数/%	85～90	1～1.5	7～10	1～2	1～1.5

（一）细胞中的无机物

1. 水

生命离不开水，绝大多数生物没有水就不能存活。地球上如果没有水，就没有生命。

水在各种细胞中的含量都是最多的，占体重的60%～95%。不同生物体水的含量不同：水母为97%，毛豆为60%；不同结构水的含量不同：骨为22%，肌肉为76%，脑为86%；不同生长阶段水的含量不同：婴儿为72%，成人为60%，老人为50%。随着细胞的生长和衰老，细胞的含水量逐渐下降。

水在细胞中以两种形式存在：一种是自由水（free water），也叫游离水，以游离的形式存在，可以自由流动，约占全部水分的95%；另一种是结合水（bound water），也叫束缚水，通过氢键或其他键与蛋白质结合，占全部水分的4%～5%。

自由水在细胞内可以自由流动，是良好的溶剂，可溶解许多物质；可以参与物质代谢，如运送新陈代谢所需物质和代谢产物。自由水的含量影响细胞代谢强度，含量越大，新陈代谢越旺盛。

结合水在生物体内或细胞内主要是与蛋白质、多糖等物质相结合，这部分水不蒸发，不能离析，无流动性。结合水是细胞结构的重要组成成分，不能溶解其他物质，不参与代谢作用。结合水赋予各种组织、器官一定的形状、硬度和弹性，因此某些组织器官的含水量虽多（如人的心肌含水79%），但仍呈现坚韧的形态。

自由水/结合水的比值升高，生物体的新陈代谢旺盛，生长迅速；反之，代谢缓慢，但抗逆性增强。自由水和结合水在一定条件下可以相互转化，如血液凝固时，部分自由水就转变成结合水。当自由水向结合水转化较多时，代谢强度就会下降，抗寒、抗热、抗旱的性能提高。旱生植物比水生植物具有较强的抗旱能力，其生理原因之一就是结合水含量较高。

2. *矿物质*

矿物质（也称无机盐或灰分元素）在细胞中的含量很少，占细胞鲜重的1%～1.5%。

细胞中绝大多数无机盐以离子形式存在，少量以化合态存在。含量较多的阳离子有Na^+、K^+、Ca^{2+}、Mg^{2+}、Fe^{2+}、Fe^{3+}等，阴离子有Cl^-、SO_4^{2-}、PO_4^{3-}、HCO_3^-等。

其功能包括：① 细胞结构的重要组成成分。如$Ca_3(PO_4)_2$是骨骼的主要成分，PO_4^{3-}是构成磷脂、核酸、ATP的成分，Mg^{2+}是叶绿素的组成成分，Fe^{2+}是血红蛋白的组成成分。② 维持生命活动。哺乳动物的血液中必须含有一定量的钙盐，如果血液中钙盐的含量太低，这种动物就会出现抽搐。③ 维持酸碱平衡，调节渗透压。如生理盐水（含0.9% NaCl的水溶液）能保证细胞正常的渗透平衡，这是生物体进行正常生命活动必要的条件。患急性肠炎的患者脱水时需要及时补充水分，同时也需要补充体内丢失的无机盐，因此，输入葡萄糖盐水是常见的治疗方法。大量出汗会排出过多的无机盐，导致体内的水盐平衡和酸碱平衡失调，这时应多喝淡盐水。

（二）细胞中的糖类和脂类

1. *生物大分子的碳链骨架与功能基团*

除了水和部分矿物质以外，细胞中几乎所有的分子都是碳的化合物。我们知道，元素的化学性质主要是由其最外层电子决定的，由于碳原子比较小，有4个外层电子，能和其他原子形成4个强的共价键，碳原子之间及与其他原子间以共价键等形式相结合，可以形成大量化学性质与分子质量不同的生物分子，从而造成了在生物体中存在着数量很大的各种含碳化合物。更为重要的是，碳原子彼此之间可以连接成链状或环状的巨大分子，像糖类、脂类、蛋白质和核酸这四种重要的生物大分子的基本骨架就是这样的链状或环状。可以说生物大分子就是以碳为基本骨架建立起来的。

除了碳骨架外，有机化合物的性质还取决于与碳骨架相连接的某些含氧、氮、硫、磷的原子团（又称为功能基团），因为这些功能基团往往可以引发有机化合物间特定的化学反应。在组成细胞的分子中最为重要的功能基团有四种：羟基（—OH）、羰基（$\rangle C{=}O$）、羧基（—COOH）、氨基（$—NH_2$）。这四种功能基团的名称、结构和存在形式等如表1-2所示。

表 1-2　四种重要的功能基团

名称	结构	含该基团的化合物	化合物举例	存在形式
羟基 (—OH)	—OH	醇类	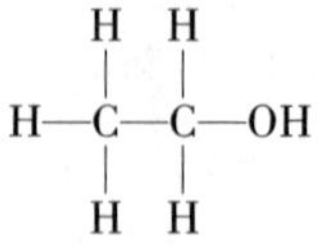 乙醇	糖类、水溶性维生素
羰基 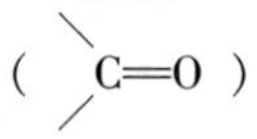	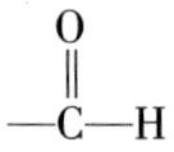	醛类	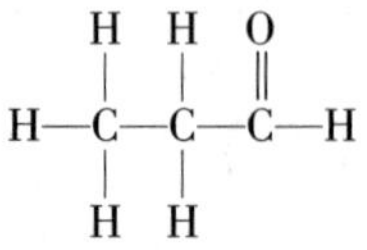 丙醛	某些糖类、甲醛
		酮类	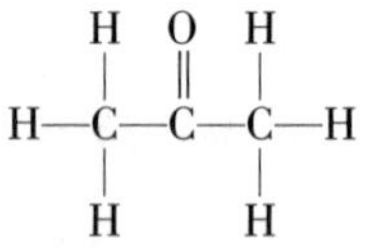 丙酮	某些糖类
羧基 (—COOH)	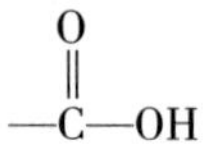	羧酸	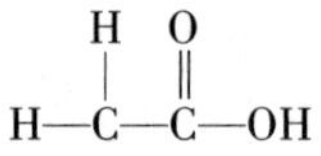 乙酸	氨基酸、蛋白质、脂肪酸、维生素
氨基 ($—NH_2$)	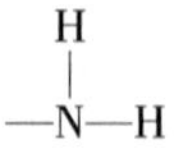	胺类	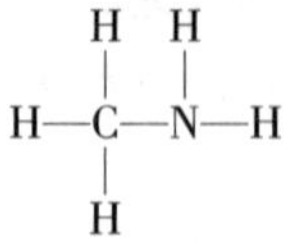 甲胺	氨基酸、蛋白质、尿素

2. 糖类

糖类（saccharide）是自然界存在最多的一类有机物。植物干重的 50% ~80% 为糖类，糖类是重要的食物之一。糖类不仅是动、植物的结构物质，而且是重要的信息物质，在生命过程中发挥着重要的生理功能。糖类由 C、H、O 三种元素组成，C : H : O = 1 : 2 : 1，其结构通式是 $C_m(H_2O)_n$，m 与 n 可相同，也可不同。过去误认为它是碳的水合物，称碳水化合物（carbohydrates）。实际上符合这一通式的不一定都是糖，如甲醛（CH_2O）、乙酸（CH_3COOH）等不是糖，而鼠李糖（$C_6H_{12}O_5$）、脱氧核糖（$C_5H_{10}O_4$）等单糖又不符合这一通式。有的糖中还含有 N、S。1927 年开始改称碳水化合物为糖族，现在则称为糖类。

（1）糖的分类：根据糖类水解后形成的物质，糖类大致可以分为单糖、二糖和多糖三类（表 1-3）。

表 1－3　糖类的种类和功能

种类			分布	功能
单糖	五碳糖	核糖（$C_5H_{10}O_5$）	细胞中都有	组成 RNA 的成分
		脱氧核糖（$C_5H_{10}O_4$）	细胞中都有	组成 DNA 的成分
	六碳糖（$C_6H_{12}O_6$）	葡萄糖	细胞中都有	主要的能源物质
		果糖	植物细胞中	提供能量
		半乳糖	动物细胞中	提供能量
二糖（$C_{12}H_{22}O_{11}$）	麦芽糖		发芽的小麦、谷粒中含量丰富	提供能量
	蔗糖		甘蔗、甜菜中含量丰富	
	乳糖		人和动物的乳汁中含量丰富，乳汁成分	
多糖（$(C_6H_{10}O_5)_n$）	淀粉		粮食作物的种子、植物变态根或茎等储藏器官中	储存能量
	纤维素		构成植物细胞壁的原料	支持、保护细胞
	糖原	肝糖原	动物的肝脏中	储存能量、调节血糖
		肌糖原	动物的肌肉组织中	储存能量

单糖是最简单的糖类，其中的核糖是五碳糖，它是核糖核酸（RNA）的组成成分，主要存在于细胞质内。脱氧核糖也是五碳糖，比核糖少一个氧原子，它是脱氧核糖核酸（DNA）的组成成分，主要存在于细胞核内。（图 1－2）

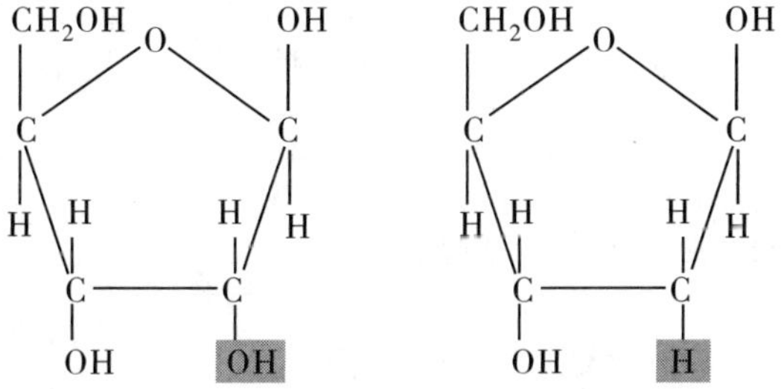

核糖　　脱氧核糖

图 1－2　核糖和脱氧核糖的结构差异

二糖是水解后能够生成两分子单糖的糖。多糖是水解后能够生成许多单糖的糖，它是自然界中含量最多的糖类。按生物学功能，多糖可分为储能多糖（如植物淀粉、动物的糖原）和结构多糖（如植物的纤维素）。二糖和多糖在动植物细胞中的种类不同。

（2）颜色反应：可溶性还原糖如葡萄糖、果糖、麦芽糖、乳糖等，可与斐林试剂发生作用，在加热情况下生成砖红色沉淀。非还原糖如淀粉、蔗糖、纤维素、糖原等则不能。

（3）糖类的水解：某物质在一定的条件下，与水反应而分解，叫做该物质的水解。

单糖不能发生水解反应。

二糖水解后能生成 2 分子单糖，如：

蔗糖 + 水 $\xrightarrow{\text{酶}}$ 葡萄糖 + 果糖

麦芽糖 + 水 $\xrightarrow{\text{酶}}$ 2 分子葡萄糖

乳糖 + 水 $\xrightarrow{\text{酶}}$ 半乳糖 + 葡萄糖

多糖水解后生成多个单糖分子，如淀粉和纤维素是最常见的多糖，它们都是葡萄糖的高聚物，它们水解的最终产物都是葡萄糖。淀粉和纤维素因所含的葡萄糖分子的数目不同，造成结构上及功能上的差异。值得注意的是，人体内无纤维素酶，因此不能对纤维素进行水解消化，但食物中的纤维素有利于促进胃肠蠕动，可以预防便秘，减少癌症的发生。

3. 脂类

脂类（lipid）是一大类物质的总称。这类物质在结构上差异很大，但它们却有共同之处，即都不溶于水，而溶于氯仿、苯、乙醚等有机溶剂。脂类是细胞代谢的重要储能化合物，由于含有更多的 H 原子，其储存的能量大大高于糖类。脂类也是由 C、H、O 三种元素组成的，磷脂中还含有 P，固醇中含有 N。脂类主要包括脂肪、类脂和固醇等，这些物质普遍分布在生物体内（表 1 –4）。富含脂肪的种子可被苏丹Ⅲ染液染成橘红色，被苏丹Ⅳ染液染成红色。

表 1 –4　脂类的种类和功能

种类		功能	分布
脂肪		生物体内的主要储存能量的物质，在高等动物和人体内还有减少热量散失、维持体温恒定、减少摩擦、缓冲外界压力的作用	大量存在于某些植物的种子、果实及动物体的脂肪组织中
类脂	磷脂	是构成细胞膜、线粒体膜、叶绿体膜等膜结构的重要成分	在动物的脑和卵中、大豆的种子中，磷脂的含量较多。
	糖脂		
固醇	胆固醇	动物体内的重要成分，可以从食物中获得或在体内合成，代谢异常会引起心血管方面疾病	在许多动物性食物中含量丰富
	性激素	促进性器官发育，激发并维持第二性征	由动物的性腺分泌，进入血液、组织液
	肾上腺皮质激素	控制糖类和无机盐的代谢，增强机体防御能力	由动物的肾上腺分泌，进入血液、组织液
	维生素 D	促进人体对钙、磷的吸收和利用	人体表皮细胞中的胆固醇经日光照射，可转变成维生素 D

（三）生命活动的主要承担者——蛋白质

蛋白质（protein）是决定生物体结构和功能的重要成分。蛋白质占细胞鲜重的 7% ~ 10%、干重的 50% 以上。在生命活动中，蛋白质是一类极为重要的大分子，几乎各种生命活动无不与蛋白质的存在有关。蛋白质不仅是细胞的主要结构成分，而且更重要的是，生物专有的催化剂——酶绝大多数是蛋白质，因此细胞的代谢活动离不开蛋白质。

蛋白质是一种高分子化合物，也就是说，它是相对分子质量很大的生物大分子。我们知道，水分子的相对分子质量是18，而蛋白质相对分子质量的变化范围很大，从几千到一百万以上。例如，牛的胰岛素的相对分子质量是5 700，人的血红蛋白的相对分子质量是64 500。

蛋白质溶液可被双缩脲试剂染成紫色。

1. 蛋白质的元素组成

蛋白质的基本元素是：C、H、O、N；平均含氮量约为16%，这是蛋白质的化学元素组成的一个特点。同时应该指出，很多重要的蛋白质还含有S元素，因此可用放射性同位素 ^{35}S 标记蛋白质；某些蛋白质中还含有其他元素，如P、Fe、Cu、Mn、I、Zn等元素。

2. 蛋白质的基本单位

蛋白质的基本组成单位是α－氨基酸（amino acid）（约20种）。此外，生物体中尚有150多种氨基酸并不参与蛋白质组成，如瓜氨酸、鸟氨酸等，它们是代谢的中间产物。

α－氨基酸分子的结构通式如下：

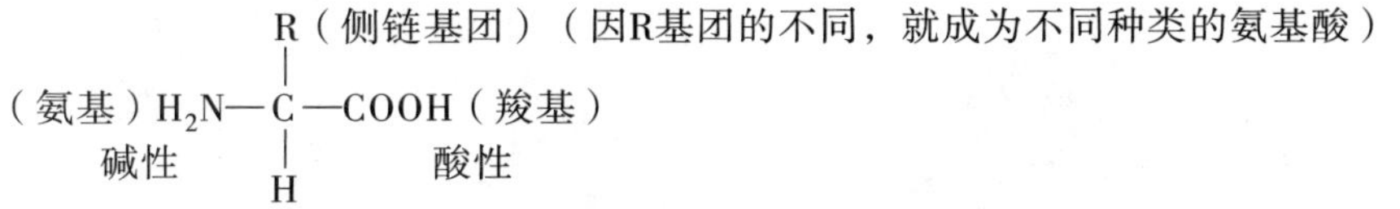

从这个通式可以知道，氨基酸分子的结构特点：①每种氨基酸分子至少含有一个氨基（$—NH_2$）和一个羧基（—COOH）；②都有一个氨基和一个羧基连接在同一个α碳原子上（如果有$—NH_2$和—COOH但不是连在同一个α碳原子上就不叫α－氨基酸）；③R基的不同导致氨基酸的种类不同。可以根据R基的不同，将氨基酸区别为不同的种类。例如，甘氨酸的R基是一个氢原子，而丙氨酸的R基是一个甲基（$—CH_3$）。

在水中，氨基酸的羧基是 H^+ 的供体，呈酸性；氨基则是 H^+ 的受体，呈碱性，因此氨基酸是两性电解质。

氨基酸可分为必需氨基酸（essential amino acid）及非必需氨基酸（non-essential amino acid）。必需氨基酸是体内不能合成却必须消耗的氨基酸，如赖氨酸、苯丙氨酸等。非必需氨基酸则是可由生物体内其他化合物合成而不需从外界摄取的氨基酸。在评价各种食物中蛋白质成分的营养价值时，人们格外注重其中必需氨基酸的含量。例如，谷类蛋白质，尤其是玉米的蛋白质中缺少赖氨酸，因此以玉米为主食的人群，特别是儿童应额外补充赖氨酸。经常食用奶制品、肉类、蛋类和大豆制品，一般是不会缺乏必需氨基酸的。

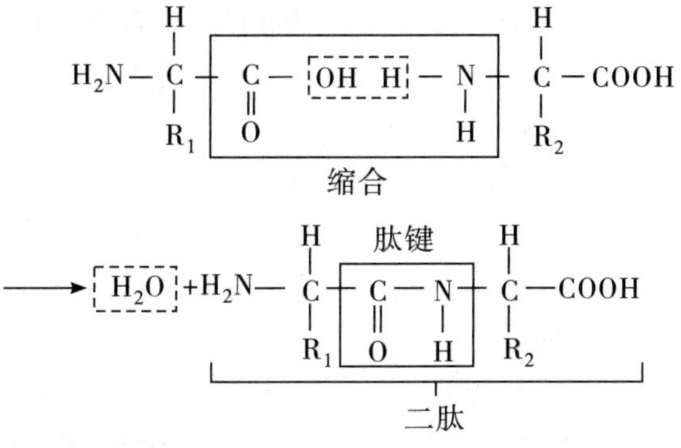

图1－3　二肽的合成

3. 分子结构

蛋白质是由许多个氨基酸分子互相连接而成的。氨基酸分子互相结合的方式是：一个氨基酸分子的羧基（—COOH）和另一个氨基酸分子的氨基（$—NH_2$）相连接，同时失去一分子的水，这种结合方式叫做脱水缩合反应（dehydration-condensation reaction）

（图1－3）。连接两个氨基酸分子的那个键（—CO—NH—）叫做肽键（peptide bond）。

由两个氨基酸缩合成的肽，称二肽；由三个氨基酸缩合成的肽称三肽，以此类推。由 n 个氨基酸分子缩合，失去（$n-1$）分子水而生成含（$n-1$）个肽键的化合物（$n \geq 3$），叫做多肽（polypeptide）。多肽通常呈链状结构，叫做肽链（peptide chain）。

4. 空间结构

一个蛋白质分子可以含有一条或几条肽链，肽链通过一定的化学键互相连接在一起。这些肽链不呈直线，也不在同一个平面上，而是形成非常复杂的空间结构（图1－4）。

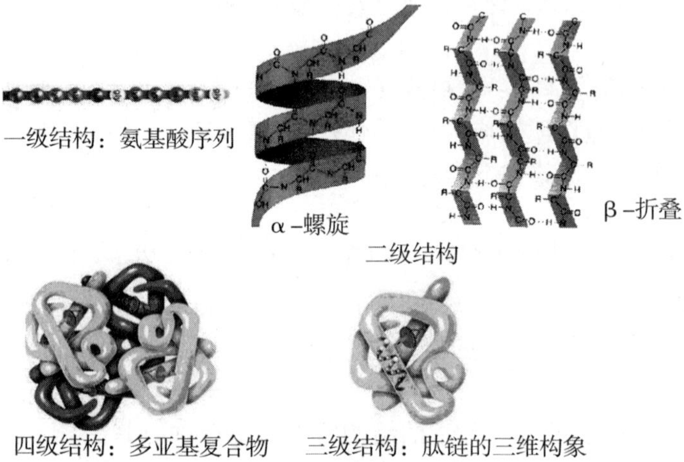

图1－4 蛋白质的空间结构

蛋白质具有四级结构：

一级结构：又称初级结构或化学结构，是指蛋白质分子的多肽链中氨基酸的种类、数量和排列顺序。

二级结构：指蛋白质分子中多肽链本身的折叠方式（包括肽链内α－螺旋和肽链间的β－折叠）。

三级结构：具有二级结构的肽链，按照一定方式再进一步卷曲、盘绕、折叠成的复杂的空间结构。

四级结构：指含有两条或多条肽链的蛋白质分子中，通过一些非共价键（如静电引力、分子引力等）结合起来，而成为具有生物功能的蛋白质大分子。

每条肽链都有一、二、三级结构，单独存在时并没有生物活性，只有完整的四级结构才具有生物活性。

5. 蛋白质分子结构的多样性

由于组成每种蛋白质分子的氨基酸的种类不同，数目成百上千，排列次序变化多端，由氨基酸形成的肽链的空间结构千差万别，因此，蛋白质分子的结构是极其多样的，产生出许多不同种类的蛋白质。

6. 主要功能

蛋白质分子结构多种多样，在细胞中承担的功能也是多种多样的，根据功能的不同，可以将蛋白质分为结构蛋白和功能蛋白两种：①许多蛋白质是构成细胞和生物体结构的重要物质，称为结构蛋白。如鸟雀的羽毛、肌肉、头发、蛛丝等的成分主要是蛋白质。②许多蛋白质在身体中承担特定的功能，称为功能蛋白。另外，有些蛋白质有催化功能（如酶可催化细胞的化学反应）；有些蛋白质有运输功能（如红细胞中的血红蛋白可运输氧）；有些蛋白质有调节功能（如胰岛素和生长激素都是蛋白质，能够调节人体的新陈代谢和生长发育）；有些蛋白质有免疫作用（如动物和人体内的抗体能消除外来病原体对机体的生理功能的干扰，起到免疫作用）。总之，蛋白质是细胞中主要的有机化合物，它是一切生命活动的体现者。

7. 与蛋白质相关的计算（表1－5）

表1－5　与蛋白质相关的计算

肽链数	氨基酸数	肽键数	脱去水分子数	蛋白质相对分子量	氨基数	羧基数
1条	n	$n-1$	$n-1$	$na-18(n-1)$	至少1个	至少1个
m条	n	$n-m$	$n-m$	$na-18(n-m)$	至少m个	至少m个
	1. 脱去水分子数＝肽键数＝氨基酸数－肽链数 2. 氨基数＝肽链数＋R基上的氨基数＝各氨基酸中氨基的总数－肽键数 3. 羧基数＝肽链数＋R基上的羧基数＝各氨基酸中羧基的总数－肽键数 注：a为氨基酸的平均分子质量；18为水分子的分子质量					

（四）遗传信息的携带者——核酸

核酸（nucleic acid）是生物体中一类重要的生物大分子，它储存遗传信息，控制蛋白质的合成。任何有机体，包括病毒、细菌、动植物等，都含有核酸。核酸占细胞干重的5%～15%。

1. 基本元素组成

核酸由C、H、O、N、P 5种元素组成。

2. 核酸的分类

核酸可以分为两大类：一类是含有脱氧核糖的，叫做脱氧核糖核酸（deoxyribonucleic acid），简称DNA。另一类是含有核糖的，叫做核糖核酸（ribonucleic acid），简称RNA。

DNA主要存在于细胞核内，它与蛋白质构成了染色体（染色质），是细胞核中的遗传物质。此外，在线粒体和叶绿体中，也含有DNA。储存遗传信息的特殊DNA片段称为基因，它主要编码蛋白质的氨基酸序列，从而决定蛋白质的功能。通过蛋白质的作用，DNA实际上控制着细胞和生物体的生命过程。RNA主要存在于细胞质中。

甲基绿可将DNA染成绿色，吡罗红可将细胞质中的RNA染成红色。

3. 基本组成单位

核酸的基本组成单位是核苷酸（nucleotide）。每个核酸分子是由几百个到几千个核苷酸互相连接而成的长链。一个核苷酸是由一分子磷酸、一分子五碳糖（DNA为脱氧核糖、RNA为核糖）和一分子含氮的碱基组成的（图1－5）。组成DNA的核苷酸叫做脱氧（核糖）核苷酸，DNA含两条脱氧核苷酸链。组成RNA的核苷酸叫做核糖核苷酸，RNA含一条核糖核苷酸链。

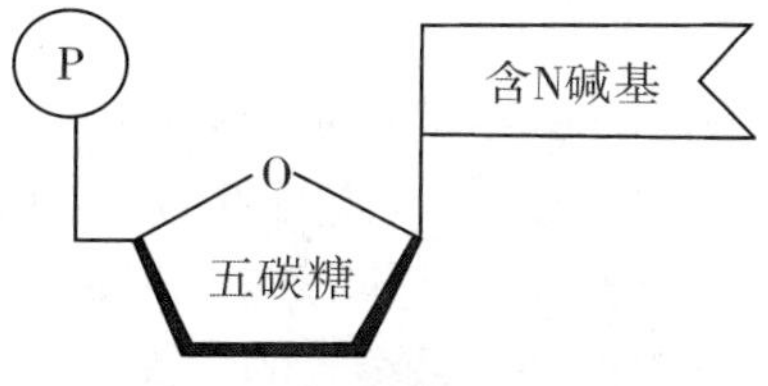

图1－5　核苷酸结构图

碱基分为两类：一类是嘌呤（purine），包括腺嘌呤（adenine，A）和鸟嘌呤（guanine，G）2种；一类是嘧啶（pyrimidine），包括胸腺嘧啶（thymine，T）、胞嘧啶（cytosine，C）和尿嘧啶（uracil，U）3 种。DNA 所含碱基有：腺嘌呤（A）、鸟嘌呤（G）、胞嘧啶（C）和胸腺嘧啶（T）。RNA 所含碱基有：腺嘌呤（A）、鸟嘌呤（G）、胞嘧啶（C）和尿嘧啶（U）（图 1－6）。

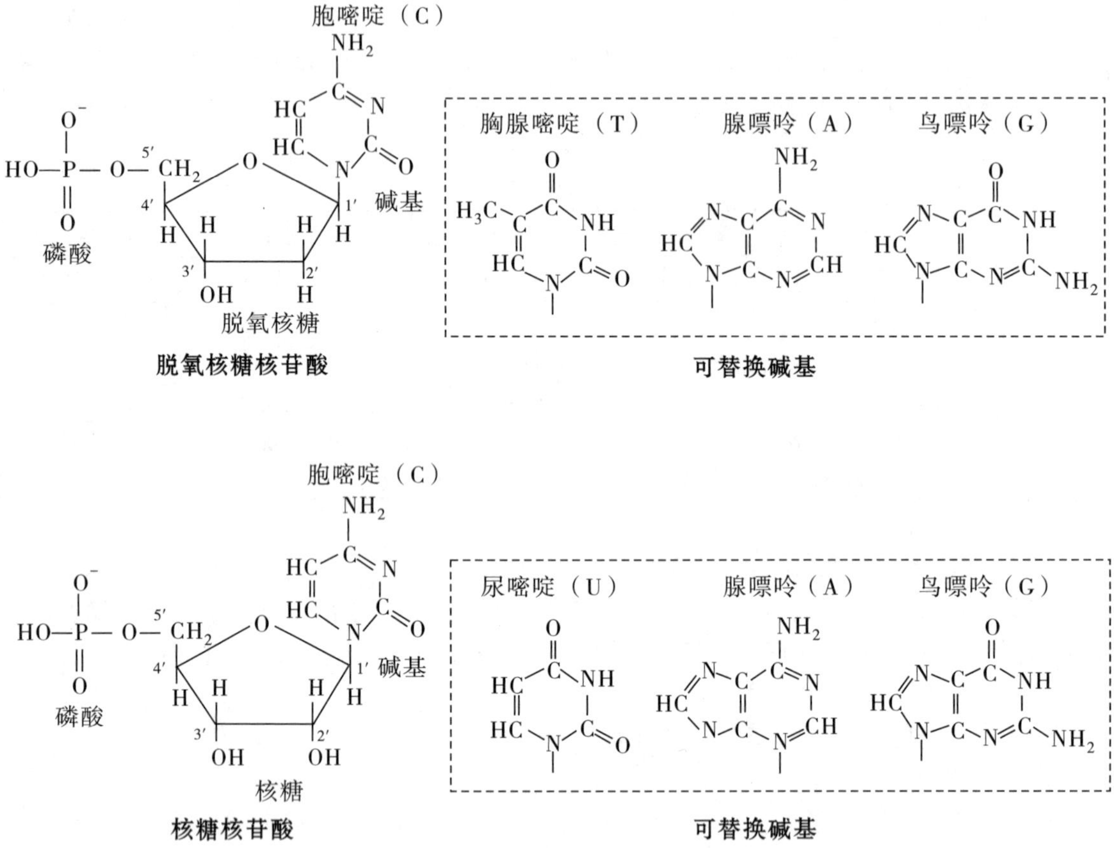

图 1－6　核苷酸结构图

不同生物体内核酸、核苷酸以及碱基的种类和数量不同（表 1－6）。

表 1－6　生物体内核酸、核苷酸以及碱基的种类和数量

比较项目	核酸	核苷酸	碱基	举例
具有细胞结构的生物	DNA 和 RNA 两种	8 种	5 种	人、草履虫、大肠杆菌
无细胞结构的生物（病毒）	DNA	4 种	4 种	噬菌体
	RNA	4 种	4 种	HIV、SARS

4. 核酸的空间结构

核酸是由一定数量的核苷酸通过 3′，5′－磷酸二酯键连接起来的，核苷酸链第一个核苷酸的糖 C－5′上磷酸基未形成磷酸二酯键，为自由磷酸基，称 5′末端；最末一个核苷酸的糖 C－3′上羟基是游离的，称为 3′末端，即核苷酸链具有方向性。书写核苷酸链序列时，一般为 5′→3′（图 1－7）。DNA 分子是由两条链组成的，这两条链按反向平行方式盘旋成双螺旋结构，而 RNA 通常是单链结构。

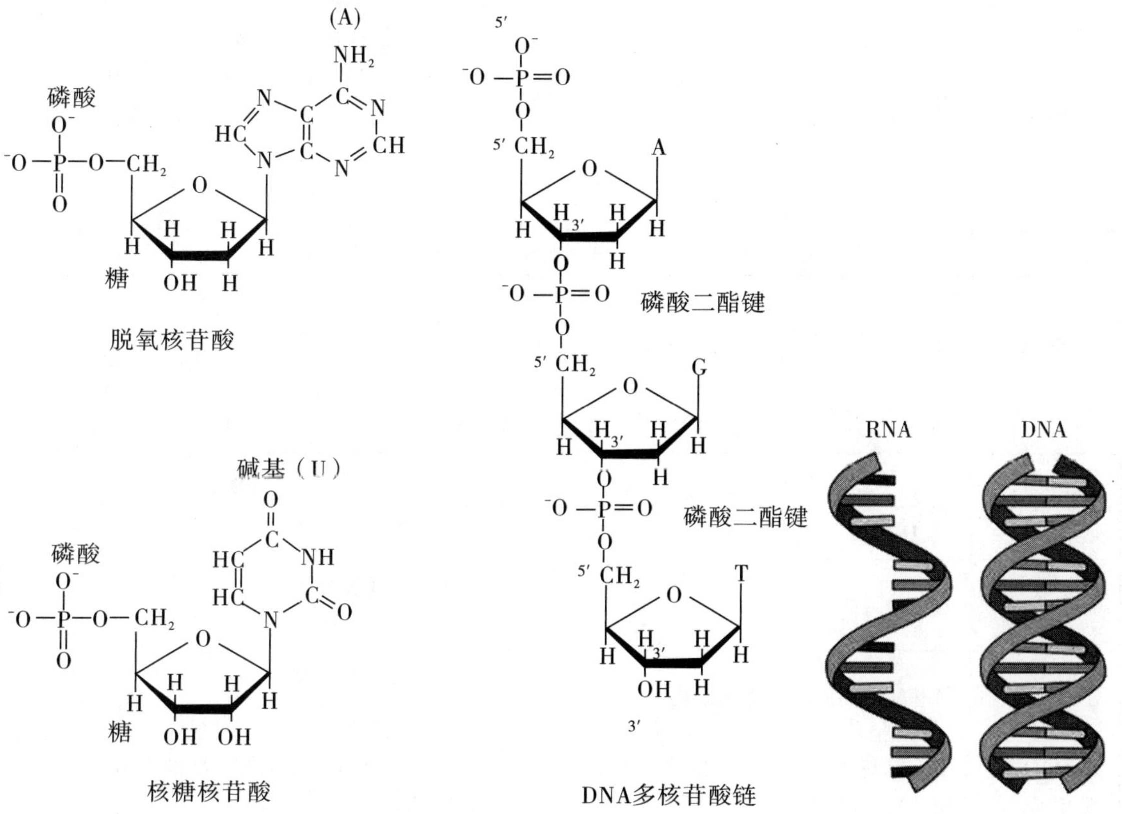

图 1－7　核酸分子的化学结构（左；引自 Russell，2000）和空间结构（右）

综上所述，核酸的组成如下（表 1－7）：

表 1－7　核酸的分类和结构

类别		脱氧核糖核酸（DNA）	核糖核酸（RNA）
基本单位		脱氧核糖核苷酸	核糖核苷酸
核苷酸种类		腺嘌呤脱氧核苷酸、鸟嘌呤脱氧核苷酸、胞嘧啶脱氧核苷酸、胸腺嘧啶脱氧核苷酸	腺嘌呤核糖核苷酸、鸟嘌呤核糖核苷酸、胞嘧啶核糖核苷酸、尿嘧啶核糖核苷酸
成分	碱基	腺嘌呤（A）、鸟嘌呤（G）、胞嘧啶（C）、胸腺嘧啶（T）	腺嘌呤（A）、鸟嘌呤（G）、胞嘧啶（C）、尿嘧啶（U）
	五碳糖	脱氧核糖	核糖
	磷酸	磷酸	磷酸
空间结构		规则的双螺旋结构	常为单链

（续上表）

类别	脱氧核糖核酸（DNA）	核糖核酸（RNA）
功能	能进行复制、参与转录过程，从而实现遗传信息的传递，是主要遗传物质	①作为遗传物质：只在 RNA 病毒中 ②参与蛋白质的合成：传递遗传信息（mRNA），组成核糖体（rRNA）运输氨基酸 ③催化作用：酶的一种
存在	主要在细胞核中，少量在线粒体和叶绿体中	主要在细胞质中

5. 蛋白质和核酸的比较（表 1－8）

表 1－8　蛋白质和核酸的比较

类别	蛋白质	核酸
元素	C、H、O、N	C、H、O、N、P
单体	氨基酸	DNA：脱氧核糖核苷酸 RNA：核糖核苷酸
分子结构	氨基酸→多肽链→空间结构→蛋白质分子	DNA：双螺旋结构 RNA：一般是单链
分子多样性原因	由于氨基酸种类、数量和排列顺序以及空间结构不同	由于 DNA 中 4 种脱氧核苷酸的数量、序列和比例不同
形成场所	核糖体	DNA：在细胞核内复制 RNA：在细胞核内合成
主要功能	是细胞和生物体的重要组成成分，调节细胞和生物体的代谢过程，有的还有免疫作用	是一切生物的遗传物质
相互关系	①生物多样性的直接原因是蛋白质多样性，根本原因是 DNA 多样性 ②蛋白质的合成受 DNA 控制，蛋白质的性质由核酸决定；DNA 的复制、信使 RNA 的转录、翻译等过程要有酶的参与，蛋白质（酶）控制了核酸代谢 ③两者之间相互作用，形成了细胞生命活动的一个自动控制体系，是生命活动的基本特征	

活细胞内各种化合物的含量和比例不断变化，但又保持相对稳定，以保证细胞生命活动的正常进行。

总之，细胞中的每一种化合物，都有其重要的生理功能。但是，任何一种化合物都不能单独地完成某一种生命活动，只有按照一定的方式有机地组织起来，才能表现出细胞和生物体的生命现象。

教与学的要点

1. 生命的分子组成。

- 生命的分子组成
  - 元素
    - 基本元素：C、H、O、N
    - 大量元素：C、H、O、N、P、S、K、Ca、Mg 等
    - 微量元素：Fe、Mn、B、Zn、Mo、Cu 等
    - 最基本元素：C，生物大分子以碳链为骨架
  - 化合物
    - 无机化合物
      - 水：主要组成成分，一切生命活动都离不开水
      - 无机盐：对维持生物体的生命活动有重要作用
    - 有机化合物
      - 蛋白质：生命活动（或性状）的主要承担者（体现者）
      - 核酸：携带遗传信息
      - 糖类：主要的能源物质
      - 脂类：主要的储能物质

2. 生物大分子的组成特点及多样性的原因（表 1－9）。

表 1－9　生物大分子的组成特点及多样性的原因

名称	基本单位	化学通式	聚合方式	多样性的原因
多糖	葡萄糖	$C_6H_{12}O_6$	脱水缩合	①葡萄糖数目不同 ②糖链的分支不同 ③化学键不同
蛋白质	氨基酸	R | H_2N—C—COOH | H		①氨基酸数目不同 ②氨基酸种类不同 ③氨基酸排列次序不同 ④肽链的空间结构
核酸 （DNA 和 RNA）	核苷酸	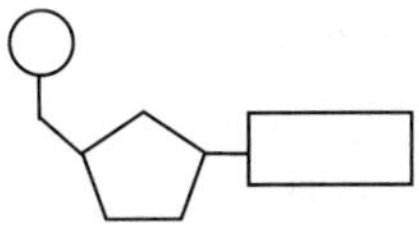		①核苷酸数目不同 ②核苷酸排列次序不同 ③核苷酸种类不同

3. 生命世界在物质组成上的统一性。

（1）细胞是由多种元素和化合物构成的生命系统，C、H、O、N 等化学元素是构成细胞中主要化合物的基础。

（2）以碳链为骨架的糖类、脂类、蛋白质、核酸等有机化合物，是构成细胞生命大厦的基本框架。

（3）糖类和脂肪提供了生命活动的重要能源。

（4）水、无机盐与其他物质，共同承担起构建细胞、参与细胞生命活动等重要功能。

（5）活细胞内各种化合物的含量和比例不断变化，但又保持相对稳定，以保证细胞生命活动的正常进行。

4. 水在各种细胞中含量最多。水在细胞中以两种形式存在：一种是自由水，可以自由流动，是良好的溶剂，可溶解许多物质及参与物质代谢；另一种是结合水，是细胞结构的重

要组成成分，赋予各种组织、器官一定形状、硬度和弹性。自由水和结合水在一定条件下可以相互转化。

5. 矿物质在细胞中的含量很少，大多以离子形式存在，少量以化合态存在。

6. 糖类由C、H、O三种元素组成，结构通式是$C_m(H_2O)_n$。糖类可以分为单糖、二糖和多糖。单糖是最简单的糖类，其中的五碳糖包括核糖和脱氧核糖，它们是核酸的组成成分。六碳糖中的葡萄糖是细胞内的主要能源物质。二糖是水解后能够生成两分子单糖的糖。多糖是水解后能够生成许多单糖的糖，它是自然界中含量最多的糖类。二糖和多糖在动植物细胞中的种类不同。

7. 脂类共同的特征是不溶于水，而溶于氯仿、苯、乙醚等有机溶剂。脂类也是由C、H、O三种元素组成的，有些种类含N和P等元素。脂类主要包括脂肪、类脂和固醇等，这些物质普遍分布在生物体内。

8. 构成蛋白质的基本单位是α-氨基酸，共有20种。此外，生物体中尚有150多种氨基酸并不参与蛋白质组成。α-氨基酸在其α位碳原子上都连有一个羧基和一个氨基，它是一种两性电解质。有8种氨基酸是人体必需氨基酸。氨基酸通过肽键连接，聚合成多肽。蛋白质具有以下结构：一级结构是指多肽链中的氨基酸数目、种类和排列顺序；二级结构是指肽链的α螺旋和β折叠；三级结构是指多肽链进一步盘绕折叠；四级结构是指具有亚基的蛋白质结构。

9. 核酸包括脱氧核糖核酸（DNA）和核糖核酸（RNA）两类。核酸的基本组成单位是核苷酸，一个核苷酸由一分子磷酸、一分子戊糖（RNA为核糖，DNA为脱氧核糖）和一分子含氮的碱基组成。DNA的基本组成单位是脱氧核糖核苷酸，RNA的基本组成单位是核糖核苷酸。DNA与RNA的区别在于：核糖不同，碱基不同。核酸是由几百个到几千个核苷酸通过3′，5′-磷酸二酯键连接起来的长链。RNA通常为单链，DNA则为双链。

10. 生物组织中各种化合物的鉴定。

（1）还原糖：还原糖溶液+斐林试剂→水浴加热→砖红色沉淀。

（2）脂肪：富含脂肪的种子制成临时切片+苏丹Ⅲ染液→镜检→橘红色。

（3）蛋白质：蛋白质溶液+双缩脲试剂→紫色。

（4）核酸：DNA+甲基绿→绿色，RNA+吡罗红→红色。

练习与应用

一、选择题

1. 下列化合物中，主要以离子形式存在于细胞中的是（　　）

A. 无机盐　　B. 蛋白质　　C. 糖类　　D. 核酸

2. C、H、N三种化学元素在组成人体的化学成分中，质量分数共占74%左右，而这三种元素在岩石圈中，其质量分数还不到1%。这个事实说明（　　）

A. 生物界与非生物界具有统一性　　B. 生物界与非生物具有差异性

C. 生物体内的元素在自然界中都可找到　　D. 生物界的特殊性

3. 某人喜欢晒太阳，却经常出现抽搐，那么应该建议他服用哪种物质以防抽搐（　　）

A. 维生素A　　B. 生理盐水　　C. 糖水　　D. 钙片

4. 某蛋白质由两条多肽链构成，共有肽键 500 个，缩合成两条肽链的氨基酸分子数和生成的水分子数分别是（　　）

A. 198 和 498　　B. 500 和 500　　C. 502 和 500　　D. 501 和 500

5. 组成蛋白质与 DNA 的共同元素是（　　）

A. C、H、O、N、P　　B. C、H、O、N、S　　C. C、H、O、N　　D. C、H、O

6. 纤维素是一种多糖，在下列哪种生物中容易找到（　　）

A. 水螅　　B. 草履虫　　C. 芹菜　　D. 竹节虫

7. 下列关于核酸的叙述，正确的是（　　）

A. 核酸由 C、H、O、N 四种元素组成　　B. 核酸的基本结构单位是脱氧核苷酸

C. 核酸是一切生物的遗传物质　　D. 除病毒外，一切生物都有核酸

8. 构成细胞的化学元素没有一种是生命物质所特有的，这个事实说明（　　）

A. 生物与非生物具有统一性　　B. 生物体由无机物构成

C. 生物与非生物完全相同　　D. 生物与非生物完全不同

9. 组成蛋白质的氨基酸间的肽键结构式是（　　）

A. NH—CO　　B. —NH—CO—　　C. NH_2—COOH—　　D. NH_2—COOH

10. 下列关于鉴定还原性糖、脂肪和蛋白质时所用的试剂及出现的颜色，正确的是（　　）

A. 斐林试剂（砖红色）、双缩脲试剂（紫色）、苏丹Ⅲ染液（红色）

B. 斐林试剂（砖红色）、苏丹Ⅲ染液（紫色）、双缩脲试剂（红色）

C. 苏丹Ⅲ染液（红色）、双缩脲试剂（紫色）、斐林试剂（砖红色）

D. 斐林试剂（砖红色）、苏丹Ⅲ染液（橘红色）、双缩脲试剂（紫色）

11. 细胞内结合水的生理作用是（　　）

A. 各种离子、分子的良好溶剂　　B. 为各种生化反应提供液体环境

C. 吸收热量维持体温恒定　　D. 细胞结构的组成物质之一

12. 已知 20 种氨基酸的平均分子量是 128，现有一蛋白质分子由 2 条多肽链组成，共有肽键 98 个，此蛋白质的分子量最接近于（　　）

A. 12 800　　B. 12 544　　C. 11 036　　D. 12 288

13. 甲硫氨酸的 R 基是—CH_2—CH_2—S—CH_3，它的分子式是（　　）

A. $C_5H_{11}O_2NS$　　B. C_3H_7S　　C. $C_4H_{11}O_2S$　　D. $C_5H_{10}O_2N$

14. 一个由 n 条肽链组成的蛋白质分子中有 m 个氨基酸，该蛋白质分子完全水解，共需水分子（　　）

A. m 个　　B. n 个　　C. $m+n$ 个　　D. $m-n$ 个

15. 在下列物质中，有的是构成蛋白质的氨基酸，有的不是。若将其中的构成蛋白质的氨基酸缩合成肽，则其中含有的氨基、羧基和肽键的数目依次是（　　）

（1）NH_2—CH_2—COOH　（2）NH_2—CH_2—CH_2OH　（3）NH_2—CH_2—CH_2—COOH

```
         COOH                              H
          |                                |
(4)  NH2—CH—CH2—COOH           (5)  NH2—C—(CH2)4—NH2
                                           |
                                          COOH
```

A. 3，3，2　　B. 4，3，3　　C. 2，2，2　　D. 3，4，2

二、非选择题

1. 构成细胞的化合物中，含量最多的是________，它在细胞中以________和__________两种形式存在。
2. 蛋白质分子结构多样性的原因是：组成蛋白质分子的__________不同，________成百上千，________变化多端，______________也千差万别。
3. 组成蛋白质的基本单位是__________，约有20种；组成核酸的基本单位是__________，共有__________种。组成DNA的基本单位是__________，组成RNA的基本单位是__________。
4. 细胞中的核酸可以分为两大类：一类含核糖，叫__________，简称______；另一类含脱氧核糖，叫______，简称______。其中______主要存在于细胞核中。
5. 下图是某化合物的结构图解，请根据图回答问题：

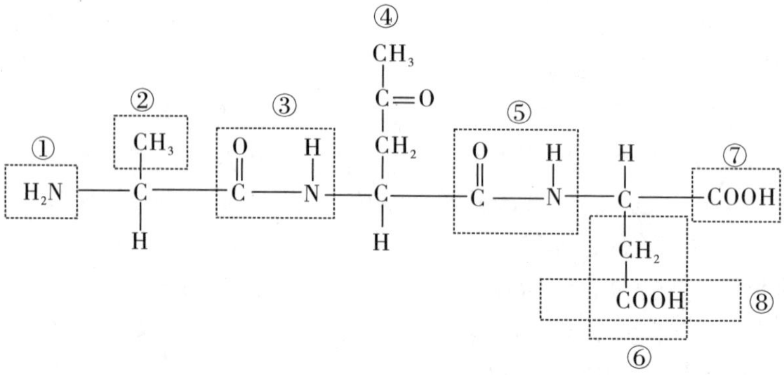

(1) 图中有__________个氨基，编号是__________。
(2) 图中有__________个羧基，编号是__________。
(3) 该化合物有__________种氨基酸，决定氨基酸种类的R基编号分别是__________。
(4) 该化合物有__________个氨基酸，有肽键__________个，脱去__________个水分子。
(5) 该化合物的分子式可写成__________。

6. 根据下列化合物的结构分析回答问题：

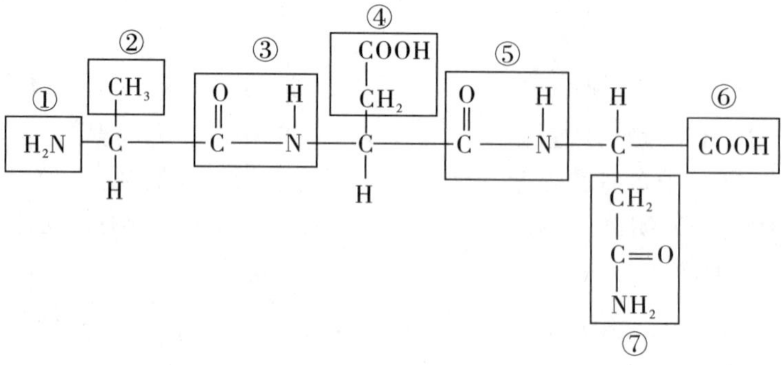

（1）该化合物有__________个氨基和__________个羧基。
（2）该化合物有__________种氨基酸，造成这种不同的基团编号是__________。
（3）该化合物是由__________个氨基酸失去__________分子水而形成的。这样的反应叫做__________。
（4）该化合物中肽键编号是__________，该化合物是______________。

第二节　走近细胞

一、生物与细胞的关系

从一望无垠的大海到峻峭挺拔的崇山峻岭，从冰天雪地的南极大陆到骄阳似火的热带丛林，到处都有生物的存在。一切生物，除了最低等的生物如病毒之外，都是由细胞构成的，少者只有一个细胞，如草履虫，多者可达几万亿。一个成人就是 1 000 万亿个细胞“堆在”一起的。细胞是生命活动的承载者。

所有的细胞都能显示出生命的各种属性，在它们之中进行着新陈代谢活动。植物的光合作用就是在细胞里进行的。通过光合作用，绿色植物把二氧化碳、水合成了有机物和氧，把太阳能转变成化学能，贮藏在有机物中。细胞内还一直进行着呼吸作用，通过呼吸作用将有机物分解，释放能量，能量用于各种生命活动。细胞内时时刻刻进行着新陈代谢，旧的物质不断被分解，新的物质不断被合成。总之，一切复杂的瞬息万变的生命活动都是在细胞内进行的。

生命存在的一个重要表现是自我繁殖，细胞能通过分裂不断地产生新的细胞。科学家所研究的单倍体育种，把一种植物的花粉细胞培养成完整的植物体，就是细胞有生命力的证据。此外，细胞和生命一样，表现出生长、衰老、死亡的过程。这一切说明，细胞是生物体最小的结构和功能单位。了解细胞有助于理解生命。

花草树木、虫鱼鸟兽和人等生物体，都是由细胞构成的。但在显微镜（microscope）还未发明时，组成生物的物质一直是个谜。细胞之所以直到 17 世纪才被发现，就是因为 17 世纪有了显微镜，弥补了人眼的不足。人眼的分辨力（resolving power）只有 0.1mm（100 000nm）。这就是说，如果两条平行线之间的距离小于 0.1mm，在人的眼里就成了一条线。光学显微镜的分辨力可达到 200nm，是人眼分辨力的 500 倍。利用光学显微镜，人们才打开了微观领域的大门。

1665 年英国人罗伯特·胡克（Robert Hooke）用自己设计与制造的显微镜（放大倍数为 40～140 倍，图 1－8）观察了软木（栎树皮）的薄片，第一次描述了植物细胞的构造，并首次用拉丁文“cella”（小室）这个词来称呼他所看到的类似蜂巢的极小的封闭状小室（实际上只是观察到纤维质的细胞壁）。其实，他看到的仅是死细胞。细胞中是否还有内含物？胡克当时并没有提出明确的看法，只是说其中含有空气或液汁。尽管如此，毕竟是他首次观察描述并提出了“细胞”一词，因

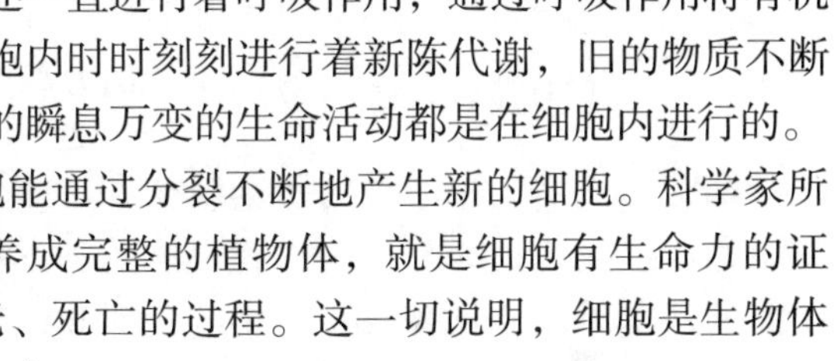

图 1－8　罗伯特·胡克和他的显微镜

此一般都公认他是细胞的发现者。

20 世纪 30 年代，人类发明了电子显微镜，它的高倍放大率使生物学家对细胞的构造有了更透彻的了解。电子显微镜利用电子束代替光线，能把物体的影像放大至 50 万倍（图1 -9）。

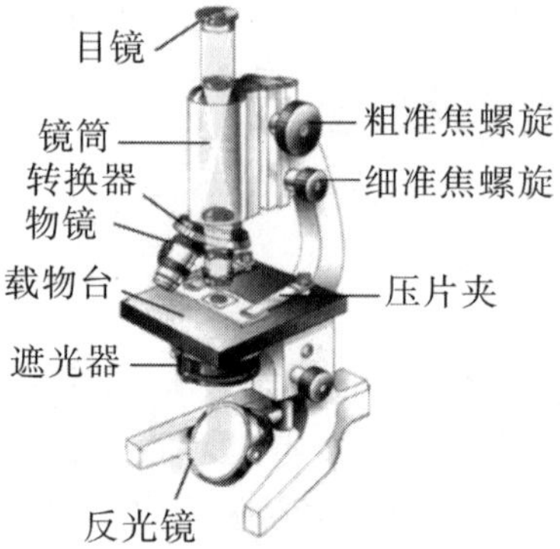

光学显微镜

电子显微镜

胡克使用的显微镜

图 1 -9　各种显微镜

细胞是一切生命活动的基本结构和功能单位。一般认为：细胞通过质膜与周围环境进行物质和信息交流；细胞是构成有机体的基本单位，是有机体生长发育的基础；细胞是代谢与功能的基本单位，具有一套完整的代谢和调节体系；细胞是遗传的基本单位，具有发育的全能性。

二、细胞学说

在 19 世纪以前，许多学者的工作都着眼于细胞的显微结构方面，进行细胞形态上的描述，而对各种有机体中出现细胞的意义一直没有作出理论的概括。在这种背景下，德国植物学家施莱登（Matthias Jacob Schleiden，1804—1881）于 1838 年提出了细胞学说的主要论点，次年（1839 年），又经德国动物学家施旺（Theodar Schwann，1810—1882）（图 1 -10）加以充实，最终创立了细胞学说。该学说的主要内容是：① 所有生物都是由细胞和细胞的产物组成的；② 细胞是生物的基本构造单位和机能单位；细胞是一个相对独立的单位，既有它自己的生命，又对与其他细胞共同组成的整体的生命起作用；③ 新的细胞必须经过已存在细胞的分裂或融合而产生。

施旺

施莱登

图 1 -10　细胞学说的创立者

细胞学说的创立，使人们从表面上无限多

样的生物界中看到了它的统一性，有力地证明了生物彼此之间存在着亲缘关系，从而为达尔文的进化论奠定了唯物主义的基础。因此，恩格斯把细胞学说、生物进化论以及能量守恒定律列为19世纪自然科学的三大发现。

三、细胞的形状和大小

由于结构、功能和所处的环境不同，各类细胞形态千差万别，有圆形、椭圆形、柱形、方形、多角形、扁形、梭形，甚至不定形（图1－11）。

高等生物的细胞形状与细胞功能和细胞间的相互关系有关。如动物体内具有收缩功能的肌肉细胞呈长条形或长梭形；红细胞为圆盘状，有利于 O_2 和 CO_2 的气体交换；植物叶表皮的保卫细胞呈半月形，两个细胞围成一个气孔，以利于呼吸和蒸腾；细胞离开了生物体独自存在时，形状往往会发生变化，如平滑肌细胞在体内呈梭形，而在离体培养时则呈多角形。

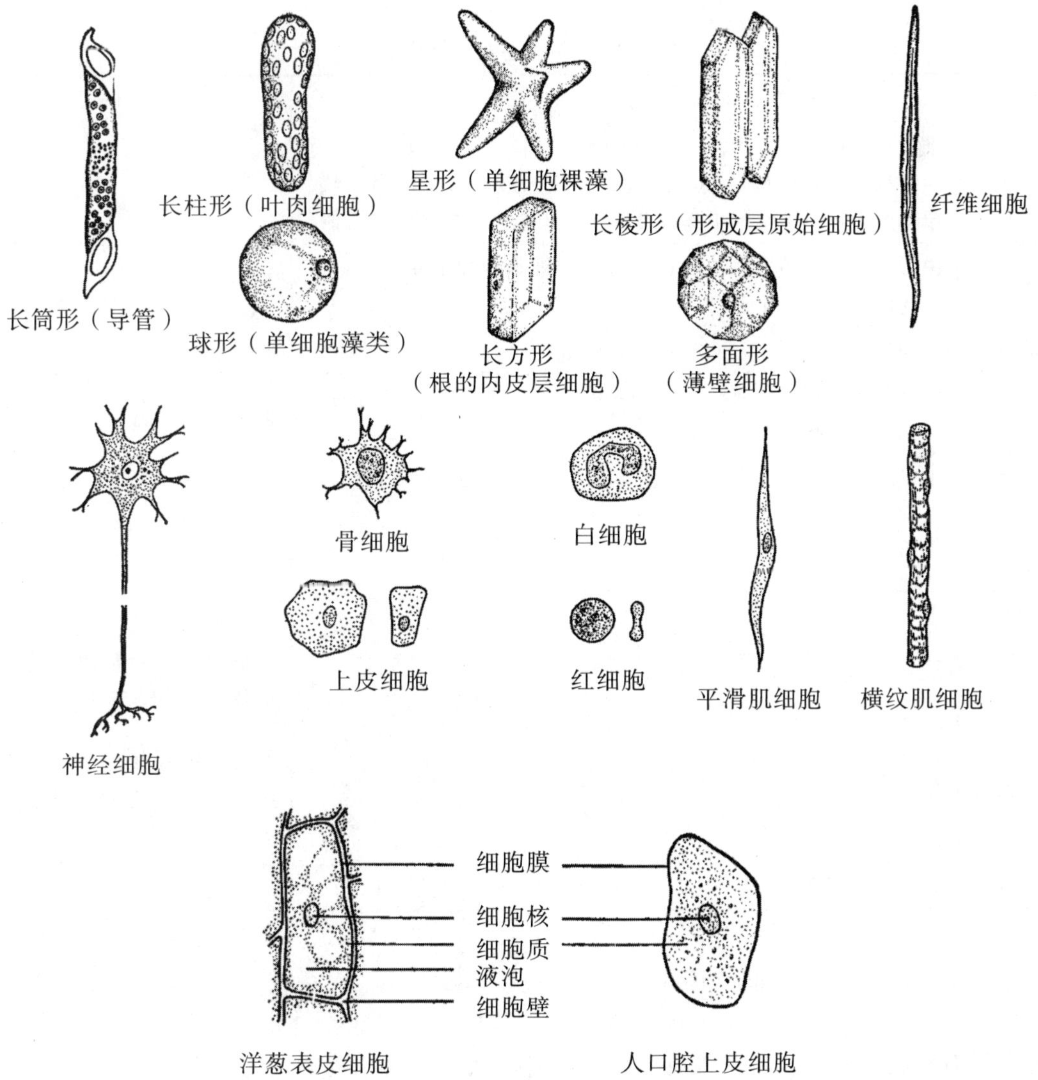

图1－11　细胞的形态

（上：几种植物细胞　中：几种动物细胞　下：动植物细胞比较）

一般说来，真核细胞（有细胞核）的体积大于原核细胞（没有细胞核），卵细胞大于体细胞。大多数动植物细胞直径一般为 20～30μm（表 1－10）。鸵鸟的卵黄直径可达 5cm，支原体仅 0.1μm，人的坐骨神经细胞可长达 1m。

表 1－10 几种细胞的大小

名称	人卵	口腔上皮细胞	肝细胞	红细胞	变形虫	伤寒菌	肺炎球菌
大小/μm	120	75	20	7	100	2.4×0.5	0.2×0.1

四、生命系统的结构层次

生命系统的结构层次如下：细胞→组织→器官→系统→个体→种群和群落→生态系统→生物圈（表 1－11、图 1－12）。

表 1－11 生命系统的结构层次

结构层次	概念	举例
细胞	细胞是生物体的基本结构和功能单位。除了病毒以外，所有生物都是由细胞构成的。细胞是地球上最基本的生命系统。单细胞生物、多细胞生物以及病毒的生命活动均离不开细胞	心肌细胞
组织	由形态相似、结构和功能相同的一群细胞和细胞间质联合在一起构成	肌肉组织
器官	不同的组织按照一定的次序结合在一起	心脏、血管
系统	能够共同完成一种或几种生理功能的多个器官按照一定的次序组合在一起	血液循环系统
个体	由不同的器官或系统协调配合共同完成复杂的生命活动的生物	一匹马、一只龟
种群	生活在一定区域的同种生物的全部个体是一个种群	同一鱼塘内的鲤鱼或同一树林内的杨树
群落	在一定的区域内，所有的种群组成一个群落	一片树林中的所有生物是一个群落，一片草地上的所有生物也是一个群落
生态系统	在一定的区域内，生物群落与无机环境相互作用形成的统一整体	森林生态系统、草原生态系统、海洋生态系统、淡水生态系统等
生物圈	由地球上所有的生物和这些生物生活的无机环境共同组成	地球上只有一个生物圈

也有例外的情况，例如，植物：由器官直接构成个体，无系统层次，只有器官层次。单细胞生物：一个细胞就是一个个体，既属于细胞层次又属于个体层次。病毒没有结构层次，因为它没有细胞结构，属于非细胞生物，病毒不属于生命系统的任何层次。

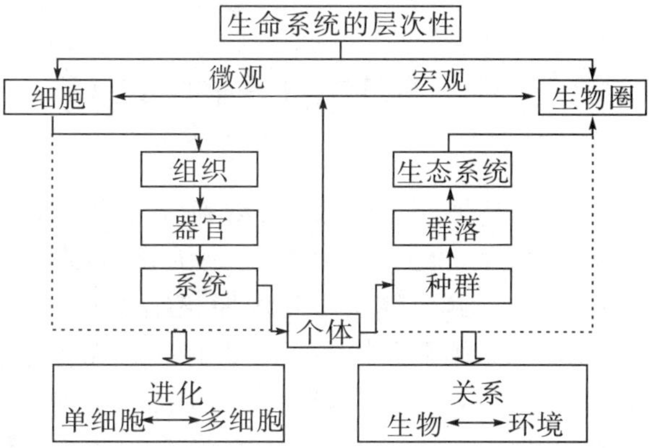

图 1－12　生命系统的结构层次

第三节 细胞的结构和功能

根据细胞结构的特点和复杂程度的不同，可将细胞分为原核细胞（prokaryotic cell）和真核细胞（eukaryotic cell）两大类。绝大多数生物是由真核细胞构成的，叫做真核生物(eukaryotes)。支原体、细菌、蓝藻和放线菌等是由原核细胞构成的，叫做原核生物（prokaryote)。真核细胞的结构比原核细胞复杂得多，由细胞膜、细胞质和细胞核等构成。

真核细胞由外到内的构造有细胞壁、细胞膜、细胞质、细胞核。下面分别介绍各部分的结构和功能（图1－13、图1－14)。

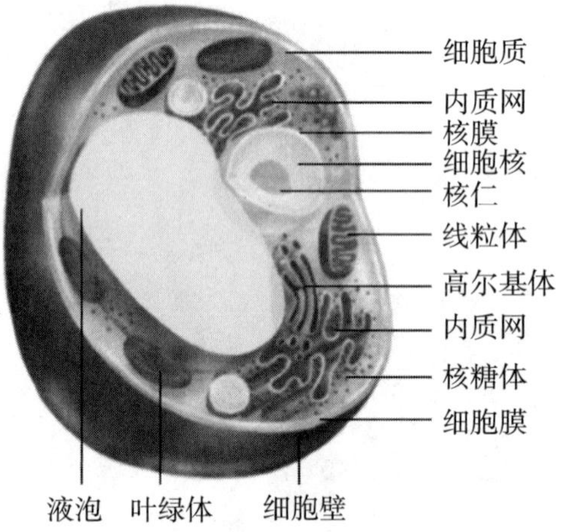

图1－13 植物细胞亚显微结构模式图

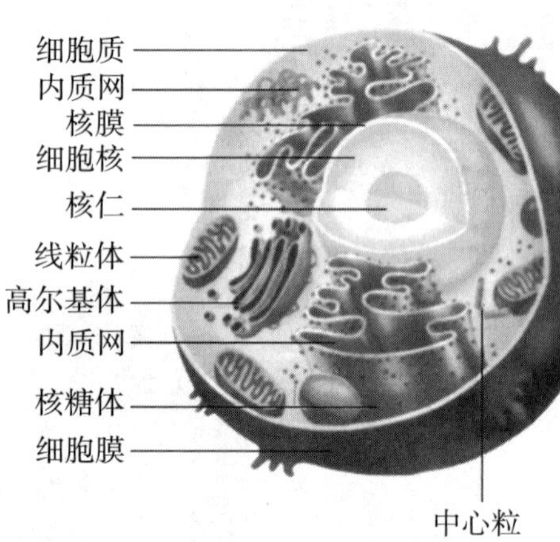

图1－14 动物细胞亚显微结构模式图

一、细胞壁

植物细胞的最外面有一层细胞壁（cell wall，图1－15)，它的化学成分主要是纤维素和果胶。

植物细胞壁是植物细胞区别于动物细胞的主要特征之一。细胞壁的功能是支持和保护，同时还能防止细胞吸胀而破裂，保持细胞正常形态。细胞壁本身结构疏松，外界物质可通过细胞壁进入细胞中，细胞壁具有全透性。用纤维素酶除掉细胞壁的植物细胞不再保持原来的形态，将这样的细胞放置在清水中时，它会像红细胞一样吸水破裂。从这一事实可得出以下结论：细胞壁具有机械支持和保护作用。

图1－15 植物细胞壁

除了植物细胞外，细菌和真菌细胞也都覆盖着细胞壁结构。

细菌细胞壁的主要成分是肽聚糖（peptidoglycan)，又称黏肽（mucopeptide)。细胞壁上带有多种抗原决定簇；

细胞壁的机械强度依赖于肽聚糖的存在，合成肽聚糖是原核生物特有的能力。凡能破坏肽聚糖结构或抑制其合成的物质，都有抑菌或杀菌作用。

真菌（如酵母菌）细胞壁的主要成分是多糖，主要有几丁质（甲壳质）、纤维素、葡聚糖、甘露聚糖等，这些多糖都是单糖的聚合物。一种真菌的细胞壁组分并不是固定的，在其不同生长阶段，细胞壁的成分有明显不同。

二、细胞膜——系统的边界

细胞膜（cell membrane）又称细胞质膜（plasma membrane），是细胞表面的一层薄膜，有时称为细胞外膜或原生质膜。生物体的生命活动主要是以细胞为基本单位进行的，细胞表面有细胞膜，它使每个细胞与周围环境隔离开，维持着相对稳定的细胞内部环境，并且具有保护细胞的作用。同时，细胞主要依靠细胞质与周围环境不断地交换与运输物质。

真核细胞除了具有质膜、核膜外，发达的细胞内膜还形成了许多功能区隔。由膜围成的各种细胞器，如内质网、高尔基体、线粒体、叶绿体、溶酶体等，在结构上形成了一个连续的体系，称为内膜系统（endomembranc system）。内膜系统将细胞质分隔成不同的区域，即所谓的区隔化（compartmentalization）。区隔化是细胞的高等性状，它不仅使细胞内表面积增加了数十倍，也使各种生化反应能够有条不紊地进行，而且细胞代谢能力比原核细胞大为提高。活细胞中的各种代谢活动，都与细胞膜的结构和功能有密切关系。

1. 对生物膜结构的探索历程

1895 年奥弗顿（E. Overton）发现，凡是溶于脂肪的物质都很容易透过植物的细胞膜，而不溶于脂肪的物质不易透过细胞膜。根据化学中“相似相溶”原理，他大胆推测细胞膜由一层连续的脂类物质组成。30 年后，霍尔特（E. Gorter）和格伦德尔（F. Grendel）用有机溶剂提取了人的红细胞膜的脂类成分，将其以单分子层在水溶液表面平铺，测出膜脂展开的面积是细胞表面积的 2 倍。因此他们推测细胞膜由双层脂分子组成。1935 年达尼埃利（J. Danielli）和戴维森（H. Davson）发现细胞膜的表面张力比油—水界面的张力低得多，进而推测膜中含有蛋白质，这就是细胞膜“三夹板模型”的雏形。1959 年，他们在上述基础上提出了修正模型，认为膜上还具有贯穿脂双层的蛋白质通道，供亲水物质通过。至此，细胞膜的大致构造终于被人们清楚地了解了。

2. 生物膜的化学成分及空间结构

细胞膜主要由蛋白质分子和脂类分子构成，蛋白质分子以球蛋白为主，还包括酶。脂类分子以磷脂分子为主，还有胆固醇和糖脂分子。

经过实验和研究，近代学者提出了流动镶嵌模型（fluid mosaic model）的细胞膜结构（图 1－16）。流动镶嵌模型突出了膜的流动性和不对称性，认为细胞膜由流动的磷脂双分子层和嵌在其中的蛋白质组成。磷脂双分子层亲水性头部朝向两侧，疏水性尾部朝向内侧，组成生物膜骨架。蛋白质有镶在表面、嵌入、横跨三种，或结合在脂双层表面，或镶嵌在其内部，或横跨整个脂双层，表现出分布的不对称性。细胞膜上存在两类主要的蛋白质，即载体蛋白（carrier protein）和通道蛋白（channel protein）。载体蛋白又称作载体（carrier），能够与特定溶质结合，通过自身构象的变化，将与它结合的溶质转移到膜的另一侧。通道蛋白与所转运物质的结合能力较弱，它能形成亲水的通道，当通道打开时能允许特定的溶质通过，所有通道蛋白均以自由扩散的方式运输溶质。构成细胞膜的磷脂分子和蛋白质分子大都是可以流动的，而不是静止的，体现了膜的结构特点：有一定的流动性。细胞膜的这种结构特点，对于它完成各种生理功能是非常重要的。

细胞膜中的蛋白质是膜功能的主要体现者，其中有的与物质的运输有关，如载体；有的是酶，能催化与膜有关的生化反应；有的是激素或其他有生物活性物质的受体。不同细胞膜上的蛋白质的具体种类是不同的，所以其生理功能也有一定的差异。

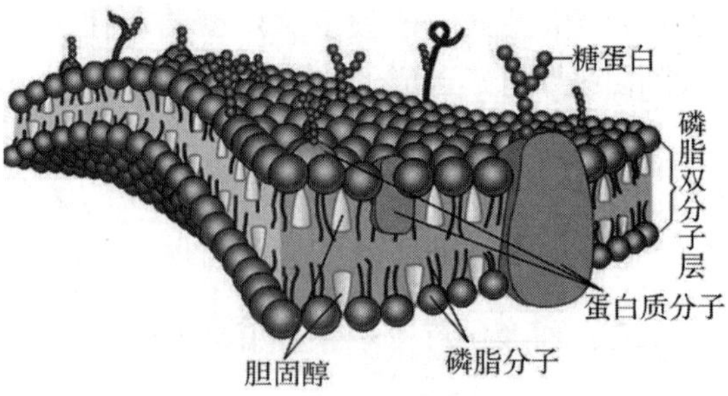

图 1－16 细胞膜的结构

细胞膜中的糖类是少量的，主要与蛋白质或脂质结合形成糖蛋白或糖脂，是细胞膜上的标记物，与细胞的识别有关，如红细胞膜上的凝集原即为糖蛋白。

在动物细胞质膜的外表，有一层由细胞膜上的蛋白质与多糖结合形成的糖蛋白，叫做糖被（glycocalyx），它有识别、保护和润滑作用。

知识拓展

关于细胞的相互识别

细胞识别是细胞通过其表面的受体与胞外信号物质分子发生选择性的相互作用，从而引起细胞内一系列生理生化的变化，最终使细胞表现出相应的生物学效应的过程。细胞识别是细胞通讯的一个重要环节。细胞膜表面的受体主要是糖蛋白。

在人体内，免疫细胞就是依靠识别细胞膜上的糖蛋白，作为是否发起攻击的依据。如人细胞表面有一种蛋白质抗原（HLA）（能和特异的抗体相结合），它是一种变化极多的糖蛋白，不同的人有不同的 HLA 分子，器官移植时，被植入的器官常被排斥，就是因为植入细胞的 HLA 分子不为受体所接受。人在输血前要严格配血，也与细胞的识别有关。

植物传粉之后，同种的和不同种的花粉粒都会落在雌蕊的柱头上，同种的花粉粒能萌发，异种的花粉粒不能萌发或萌发很慢，就与细胞之间的相互识别有关。

3. 细胞膜的主要功能

细胞膜有多种重要功能，它与细胞的物质交换、细胞识别、分泌、排泄、免疫等都有密切的关系。具体包括以下几方面：

（1）为细胞的生命活动提供相对稳定的内环境；

（2）选择性的物质运输，包括代谢底物的输入与代谢产物的排出；

（3）提供细胞识别位点，并完成细胞内外信息的跨膜传递；

（4）为多种酶提供结合位点，使酶促反应高效而有序地进行；

（5）介导细胞与细胞、细胞与基质之间的连接；

（6）参与形成具有不同功能的细胞表面特化结构。

4. 物质的跨膜运输方式

活细胞不停地进行生命活动，它必须不断地与周围环境交换物质，物质通过细胞膜进出细胞。离子和小分子物质进出细胞主要通过自由扩散、协助扩散和主动运输等方式（图 1－17、表 1－12），而大分子和颗粒性物质主要通过胞吞作用进入细胞。

（1）自由扩散（free diffusion）。遵循渗透作用的原理，被选择吸收的物质从高浓度一边顺着浓度梯度通过细胞膜运输到低浓度一边，没有载体蛋白的协助，不需要消耗能量。例如水、O_2、CO_2、甘油和固醇等物质进出细胞膜。

（2）协助扩散（facilitated diffusion）。通过膜上的载体蛋白的协助，将自由扩散不能透过细胞膜的物质，和自由扩散一样顺着浓度梯度运输而不消耗能量。例如，红细胞膜上的载体能携带葡萄糖分子进入细胞内部。

（3）主动运输（active transport）。一些物质可以逆浓度梯度运输，但需要载体蛋白的帮助，还需要能量或与释放能量的过程偶联。例如，轮藻细胞中 K^+ 的含量是它所生存的水环境中 K^+ 的 63 倍。人的红细胞中 K^+ 的浓度比血浆中 K^+ 的浓度要高出 30 倍，而红细胞中 Na^+ 的浓度却比血浆中 Na^+ 的浓度低 6 倍。可见，轮藻细胞和人的红细胞具有不断地积累 K^+ 和运出 Na^+ 的能力，因此不会使细胞膜内外的 K^+ 和 Na^+ 的浓度达到平衡。

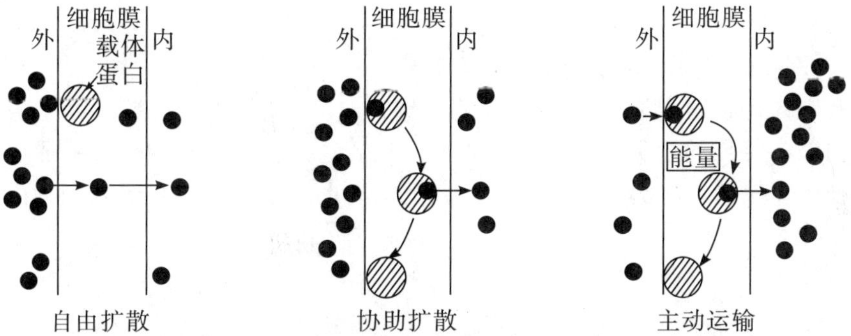

图 1－17　物质出入细胞的三种方式（黑点代表物质分子）

主动运输这种物质出入细胞的方式，最能体现细胞膜的特性，它能够保证活细胞按照生命活动的需要，主动地选择性吸收所需要的营养物质，排出新陈代谢产生的废物和对细胞有害的物质。可见，主动运输对于活细胞完成各项生命活动有重要作用。

表 1－12　物质出入细胞的三种方式比较

	自由扩散	协助扩散	主动运输
运输方向	由高浓度向低浓度	由高浓度向低浓度	由低浓度向高浓度
载体	不需要	需要	需要
能量	不消耗	不消耗	消耗
举例	水、CO_2、O_2、N_2、乙醇、甘油、苯、脂肪酸、维生素等	葡萄糖进入红细胞	钾离子、氨基酸、葡萄糖进入小肠上皮细胞等
作用	使细胞能得到被选择吸收的物质	可以将自由扩散所不能渗透过来的物质吸收进来	能保证细胞按生命活动的需要，主动地吸收所需要的营养物质
说明	载体是一种酶，载体与传送的物质之间有一定的互补作用，像锁和钥匙那样。载体对传送的物质有高度的专一性，所以细胞膜能选择性地吸收物质		

上面介绍的物质通过细胞膜出入细胞的三种方式，可以说明细胞膜是一种选择透过性膜

(selective permeable membrane)。这种膜可以让水分子自由通过，细胞要选择吸收的离子和小分子也可以通过，而其他的离子、小分子和大分子则不能通过。膜的选择透过性与膜上的相应载体有关。流动性是细胞膜结构的固有属性，无论细胞是否与外界发生物质交换关系，流动性总是存在的，而选择透过性是细胞膜生理功能的描述，这一特性只有在流动性基础上，在完成物质交换功能时方能体现出来。它们的关系总结如下：

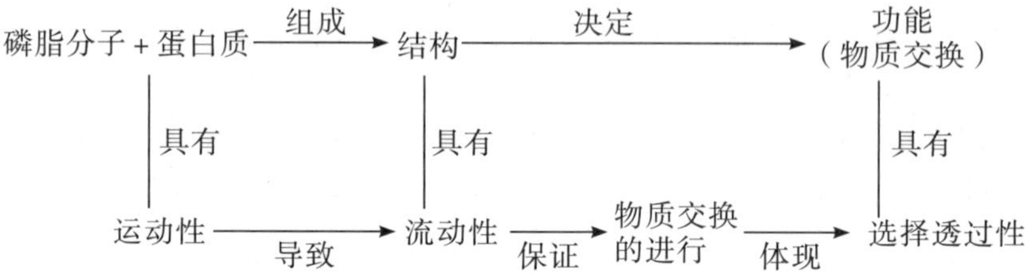

5. 大分子物质出入细胞的方式：胞吞、胞吐

大分子和颗粒性物质主要通过胞吞作用（图1－18）进入细胞。这些物质由于与细胞膜上的某些蛋白质有特异的亲和力而附着在膜上，然后这部分细胞膜内陷，形成小囊，这些物质就被包围在内。接着，小囊从细胞膜上分离下来而形成小泡，并且进入细胞内部，这种现象叫做胞吞作用。

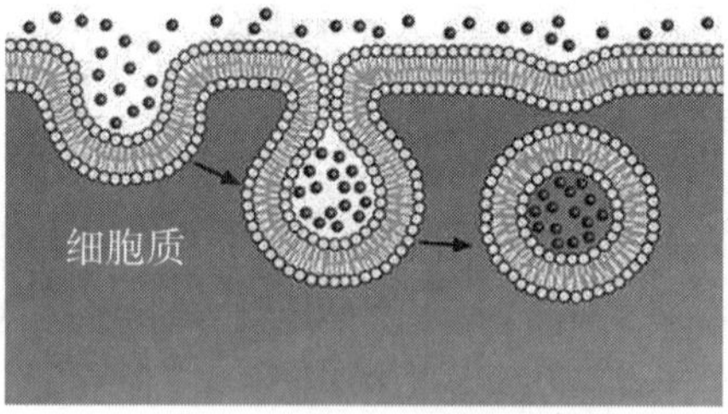

图1－18 胞吞作用

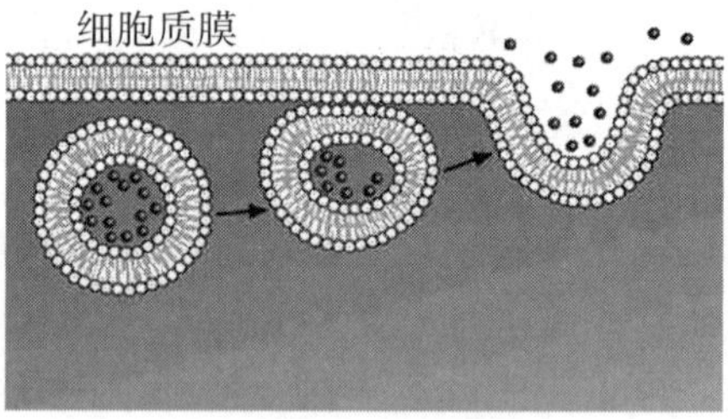

图1－19 胞吐作用

与胞吞作用相反，有些物质在细胞膜内被一层膜所包围，形成小泡，小泡逐渐移到细胞表面，小泡膜与细胞膜融合在一起，并且向细胞外张开，使内含物质排出细胞之外，这种现象叫做胞吐作用（图1－19）。细胞通过外排作用向外分泌物质。胞吞、胞吐不属于跨膜运输方式，但与细胞膜的流动性有关，且需要能量。

三、细胞器——系统内的分工合作

在细胞膜以内、细胞核以外的全部原生质，叫做细胞质（cytoplasm）。用光学显微镜观察活细胞，可以看到细胞质是均匀透明的胶状物质。活细胞中的细胞质处于不断流动的状态中。细胞质主要包括细胞质基质（cytoplasmic matrix）和细胞器（cell organelle）。细胞质中具有可辨认形态和能够完成特定功能的结构叫做细胞器。除细胞器外，细胞质的其余部分称为细胞质基质或胞质溶胶（cytosol），其体积约占细胞质的一半。细胞质基质并不是均一的溶胶结构，其中还含有由微管、微丝和中间纤维组成的细胞骨架结构。

（一）细胞质基质

在细胞质基质中，含有水、无机盐离子、脂类、糖类、氨基酸和核苷酸等，还有很多种

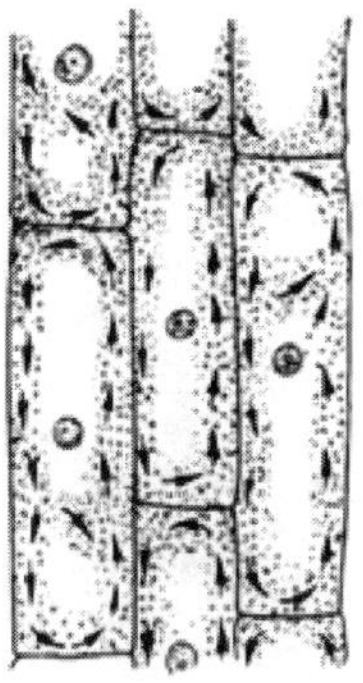

图 1－20　黑藻细胞质的流动

酶。细胞质基质是活细胞进行新陈代谢的主要场所，许多代谢过程是在细胞质基质中完成的，如蛋白质的合成、脂肪酸的合成、糖酵解、信号转导等。细胞质基质为新陈代谢的进行提供所需要的物质和一定的环境条件。例如，提供 ATP、核苷酸、氨基酸等。细胞质基质具有较大的缓冲容量，为细胞内各类生化反应的正常进行提供了相对稳定的离子环境。细胞质基质中的细胞骨架参与维持细胞形态，作为细胞器和酶的附着点，并与细胞运动、物质运输和信号转导有关（图 1－20）。

（二）细胞器

在细胞质基质中，悬浮着多种细胞器，主要有线粒体和叶绿体，此外还有内质网、核糖体、高尔基体、溶酶体、中心体和液泡等。每一种细胞器都有特定的形态结构，完成各自专有的功能。

1. 线粒体

线粒体（mitochondria）普遍存在于植物细胞和动物细胞中，它是活细胞进行有氧呼吸的主要场所，通常分布在细胞功能旺盛的区域。呼吸作用可产生很多高能化合物——三磷酸腺苷（ATP），因此线粒体是细胞内产生 ATP 的重要部位。现在我们已经知道，细胞生命活动所必需的能量，大约 95% 来自线粒体。因此，有人把线粒体叫做细胞内供应能量的“动力工厂”。

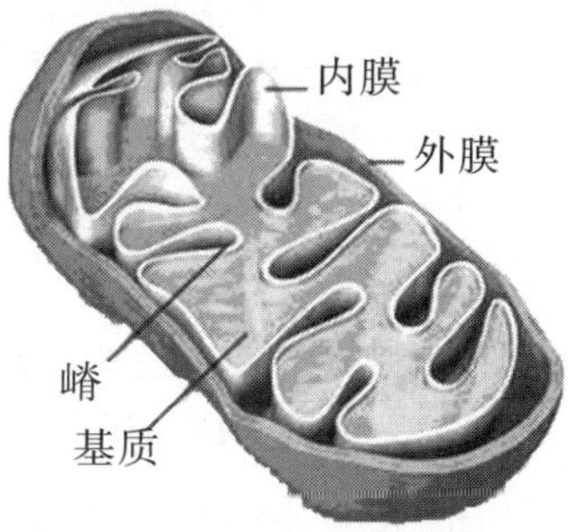

立体结构模型

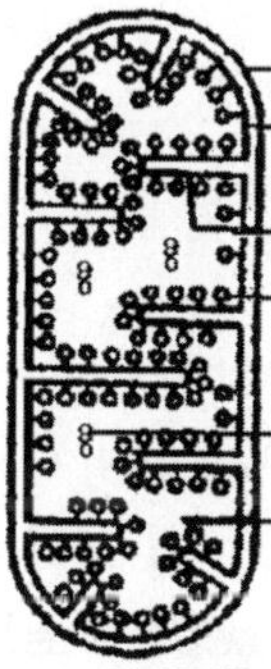

平面结构模型

图 1－21　线粒体

在光学显微镜下观察，线粒体大多数呈椭球形（图 1－21），一般直径为 0.5～1.0μm，长 1.5～3.0μm。在电子显微镜下观察，线粒体具有双层膜结构，内外膜不相通，形成膜腔（intermembrane space）。外膜（out membrane）是平滑而连续的界膜，使线粒体与周围的细胞质基质分开。内膜（inner membrane）反复延伸折入内部空间，形成嵴（cristae）。嵴能显著扩大内膜表面积（达 5～10 倍），且其周围充满液态的基质（matrix）。线粒体的内膜上分布着许多小颗粒，叫做基粒（elementary particle）。在内膜、基粒和基质中，有许多种与有氧呼吸有关的酶。线粒体内还有少量的核糖体与环状的 DNA，能合成一些蛋白质，但是大部分蛋白质还要在细胞质内合成，因而线粒体是半自主性细胞器。

线粒体一般均匀地分布在细胞质基质中，但是它在活细胞中能自由地移动，往往在细胞内新陈代谢旺盛的部位比较集中。

2. 叶绿体

叶绿体（chloroplast）主要存在于绿色植物叶肉细胞里，是绿色植物叶肉细胞中进行光合作用的细胞器（图1－22）。它能利用光能同化二氧化碳和水，合成糖，同时产生氧，将光能转化为化学能。因此，有人把它比喻为“养料制造工厂”和“能量转换站”。

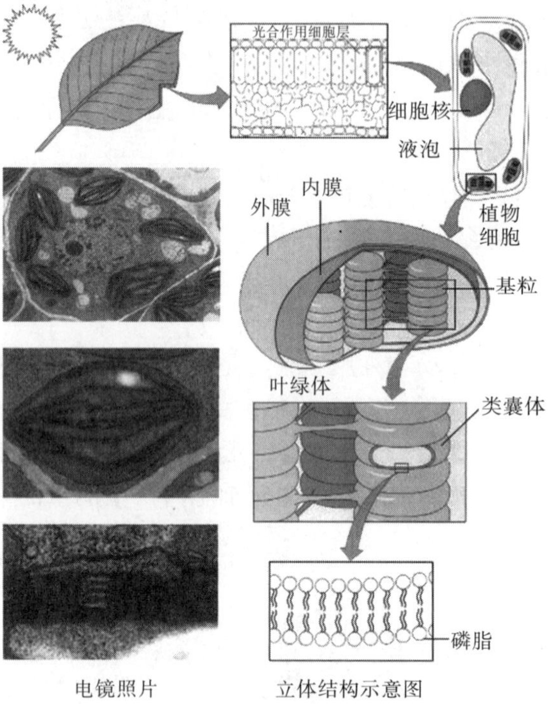

图1－22 叶绿体

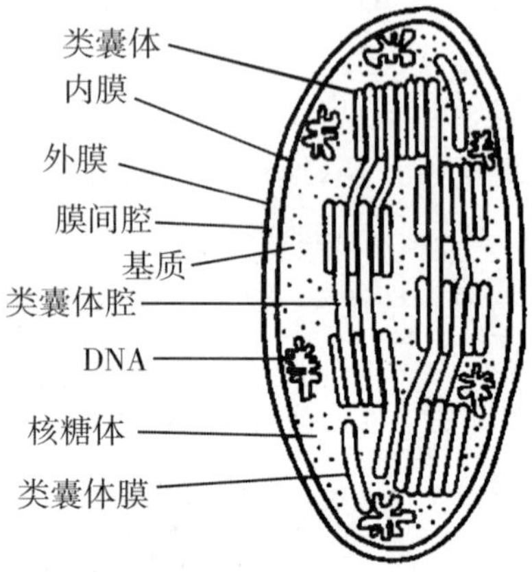

图1－23 叶绿体的平面结构示意图

在光学显微镜下观察高等植物的叶绿体，可以看到它一般呈扁平的椭球形或球形。在电子显微镜下，可以看到叶绿体具有双层膜结构（图1－23），两膜间没有联系。在叶绿体内部存在复杂的层膜结构，它悬浮于基质中，这些层膜又叫类囊体（thylakoids），与叶绿体内膜可能无联系。类囊体也是双层膜结构，呈扁盘状。类囊体通常是几十个垛叠在一起而成为基粒（grana），类囊体膜上有光合作用的色素（叶绿素、胡萝卜素、叶黄素）、酶和电子传递系统。基粒和基粒之间充满基质（stroma），基质含光合作用所需的酶，还含有蛋白质、脂类、少量的DNA和核糖体。和线粒体一样，叶绿体中也有环状的DNA和核糖体，能合成某些蛋白质，也是半自主性细胞器。叶绿体内共生起源假说为许多人所认可。

叶绿体、白色体（leucoplast）和有色体（chromoplast）合称为质体（plastid），质体为植物细胞所特有。白色体不含色素，分布在植物体内不见光的部分，有储存淀粉和油滴的作用；有色体含叶黄素和胡萝卜素，分布在果实和花瓣的细胞里，使果实和花瓣呈红色或黄橙色等。

线粒体与叶绿体都是细胞内进行能量转换的场所，两者在结构上具有一定的相似性：① 均由两层膜包被而成，且内外膜的性质、结构有显著的差异；② 均为半自主性细胞器，具有自身的DNA和蛋白质合成体系。因此，绿色植物的细胞内存在3个遗传系统。

3. 内质网

内质网（endoplasmic reticulum，ER）存在于绝大多数的动植物细胞内，一般真核细胞中都有内质网，只有少数高度分化的真核细胞，如人的成熟红细胞以及原核细胞中没有内质网。在电镜下可以看到内质网是一种复杂的内膜结构，它是由单层膜围成的扁平囊状的腔或管（图1－24），这些管腔彼此之间以及与核被膜之间是相连通的，内质网膜约占细胞总膜面积的一半，是真核细胞中最多的膜，内连核膜，外连细胞膜（图1－25）。内质网按功能分为粗面型内质网（rough endoplasmic reticulum，RER）或粗面内质网（rough ER）和滑面型内质网（smooth endoplasmic reticulum，SER）或光面内质网（smooth ER）两类。粗面内质网上所附着的颗粒是核糖体，核糖体是蛋白质合成的场所，因此粗面内质网最主要的功能是加工运输分泌性蛋白质、质膜蛋白以及内质网、高尔基体和溶酶体中的蛋白质，其次是参与制造更多的膜。光面内质网上没有核糖体，但是在膜上却镶嵌着许多具有活性的酶，光面内质网最主要的功能是合成脂类，包括脂肪、磷脂和甾醇等。

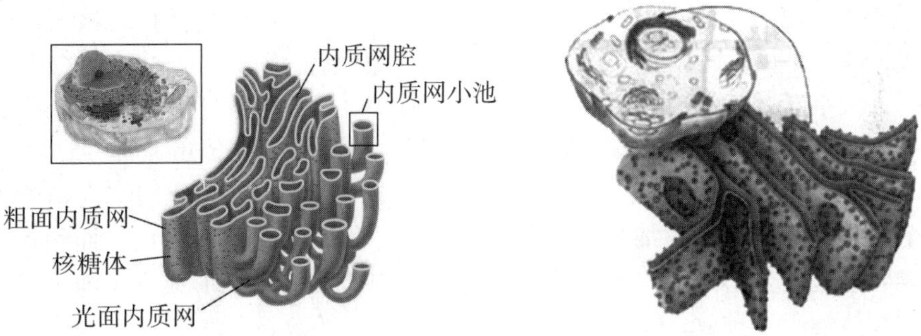

图1－24　内质网的结构（左）和粗面内质网（右）

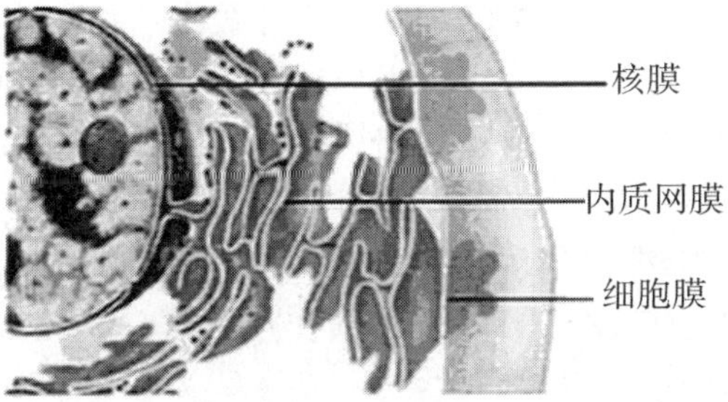

图1－25　内质网膜与细胞膜、核膜在结构上的关系

内质网增大了细胞内的膜面积，膜上附着很多种酶，为细胞内各种化学反应的正常进行提供了有利条件。粗面内质网不仅是核糖体附着的支架，也是核糖体所合成的蛋白质的加工运输通道；光面内质网与脂类、类固醇、激素等物质的合成有关。内质网与脂类和糖类的合成过程有关，也是蛋白质等的加工运输通道。有人比喻说，内质网是有机物合成的“车间”。

4. 核糖体

核糖体（ribosome）是椭圆形的粒状小体（图1－26），Robinson 和 Brown（1953）发现于植物细胞，Palacle（1955）发现于动物细胞。Roberts（1958）建议将其命名为核糖核蛋白体，简称核糖体。

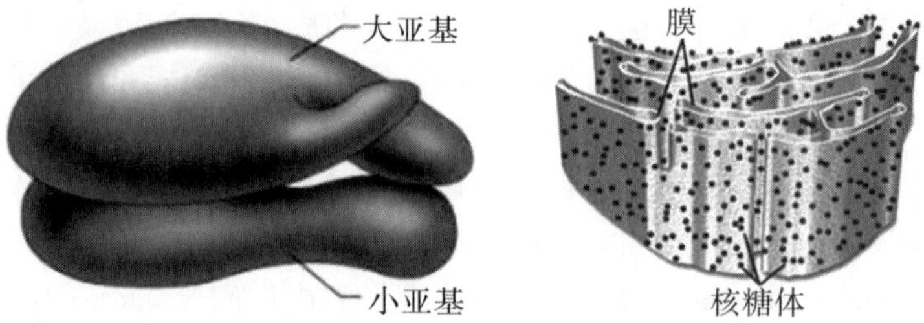

图1-26 核糖体（左）及其与粗面内质网膜的关系

有些核糖体附着在内质网上，有些游离在细胞质基质中。核糖体是细胞内将氨基酸合成为蛋白质的场所，因此，有人把它比喻成蛋白质的“装配机器”。

核糖体含40%的蛋白质、60%的RNA，蛋白质在表面，RNA在内部，并以共价键结合。蛋白质按照一定的顺序与RNA结合，组成两个核糖体亚基，所有的核糖体都由大小两个亚基构成，核糖体的大小亚基只有在以mRNA为模板合成蛋白质时才结合在一起，肽链合成终止后，大小亚基就解离，游离于细胞质基质中。核糖体并不是单独工作的，而是由多个甚至几十个串联在一条mRNA分子上，称多聚核糖体（polyribosome）。这样，越长的mRNA就可以结合越多的核糖体，加快了蛋白质合成的速度。每一个细胞内核糖体的数目可达数百万个。游离核糖体合成细胞质留存的蛋白质，如膜中的结构蛋白；而附在内质网上的核糖体合成向细胞外分泌的蛋白质，合成后向粗面内质网输送，形成分泌泡，输送到高尔基体，由高尔基体加工、排放。

5. 高尔基体

高尔基体（Golgi bodies）是由许多扁平的囊泡构成的以分泌为主要功能的细胞器，又称高尔基器或高尔基复合体，在高等植物细胞中称分散高尔基体。它最早被发现于1855年，1898年由神经学家、组织学家高尔基（Camillo Golgi，1844—1926）在光学显微镜下研究银盐浸染的猫头鹰神经细胞内观察到了清晰的结构，因此定名为高尔基体。20世纪50年代以后人们才正确认识它的存在和结构。

高尔基体普遍存在于植物细胞和动物细胞中。大多位于细胞核附近的细胞质中（图1-27）。在电镜下得到确认的高尔基体由单层膜围成的扁平囊和小泡组成，分泌旺盛的细胞中高尔基体较发达。成堆的囊并不像内质网那样相互连接。在一个细胞中高尔基体只有少数几堆，至多不过上百。扁平膜囊是高尔基体最富特征性的结构组分，扁平膜囊的直径为1μm，由单层膜构成，膜厚6~7nm，中间形成囊腔，周缘多呈泡状。在一般的动、植物细胞中，3~7个扁平膜囊重叠在一起，略呈弓形。运输小泡散在于扁平膜囊周围。

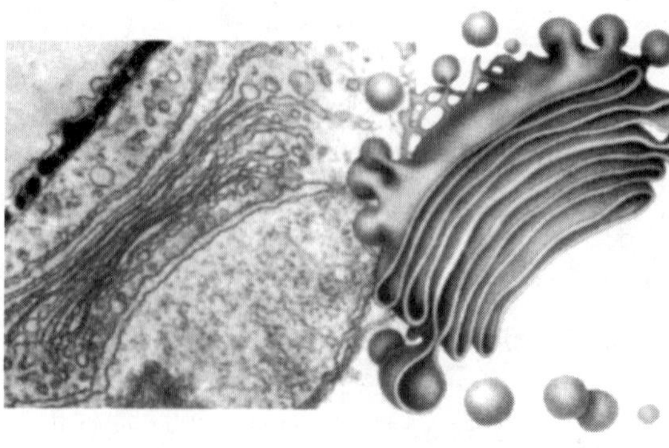

电镜照片　　结构示意图

图1-27 高尔基体结构图

一般认为，动物细胞中高尔基体的主要功能是将内质网输送来的蛋白质进行加工、分类与包装，然后分门别类地送到细胞特定的部位或分泌到细胞外，因此有人把它比喻成蛋白质的“加工厂”。植物细胞分裂时，高尔基体合成植物细胞壁中的纤维素和果胶，参与植物细胞壁的形成。

知识拓展

分泌蛋白的合成和运输

1. 分泌蛋白的概念

有些蛋白质是在细胞内合成后，分泌到细胞外起作用的，这种蛋白质叫分泌蛋白。例如消化酶、抗体和一部分激素。

2. 分泌蛋白的合成和分泌

(1) 提供能量的细胞器：线粒体。

(2) 合成场所：附着在内质网上的核糖体。

3. 合成和分泌途径

核糖体（合成肽链）→内质网（加工成具有一定空间结构的蛋白质）→高尔基体（进一步修饰加工）→囊泡→细胞膜→细胞外。

分泌蛋白的形成过程中（图1－28），需要核糖体、内质网、高尔基体、线粒体、细胞膜的有序分工和紧密联系。内质网把核糖体合成的分泌蛋白加工成比较成熟的蛋白质，然后通过出芽形成小泡，转移到高尔基体上，形成成熟的蛋白质，再通过小泡与细胞膜融合把分泌物排出，此过程需要线粒体提供能量才能完成。

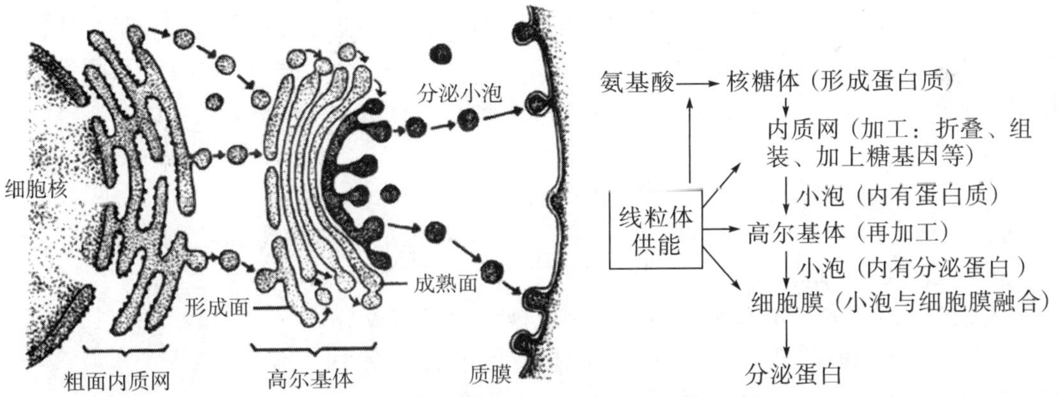

图1－28 合成的分泌蛋白运输到细胞外的过程示意图

6. 溶酶体

溶酶体（lysosome）只存在于动物细胞中，是细胞内的消化中心。它是由高尔基体断裂产生，单层膜包裹的囊泡状细胞器（图1－29）。数目不定，大小也不等，含有60多种能够分解多糖、磷脂、核酸和蛋白质的酸性酶。溶酶体能够分解很多种物质，有“消化车间”之称，内含多种水解酶，能分解衰老、损伤的细胞器，吞噬并杀死侵入细胞的病毒或病菌。

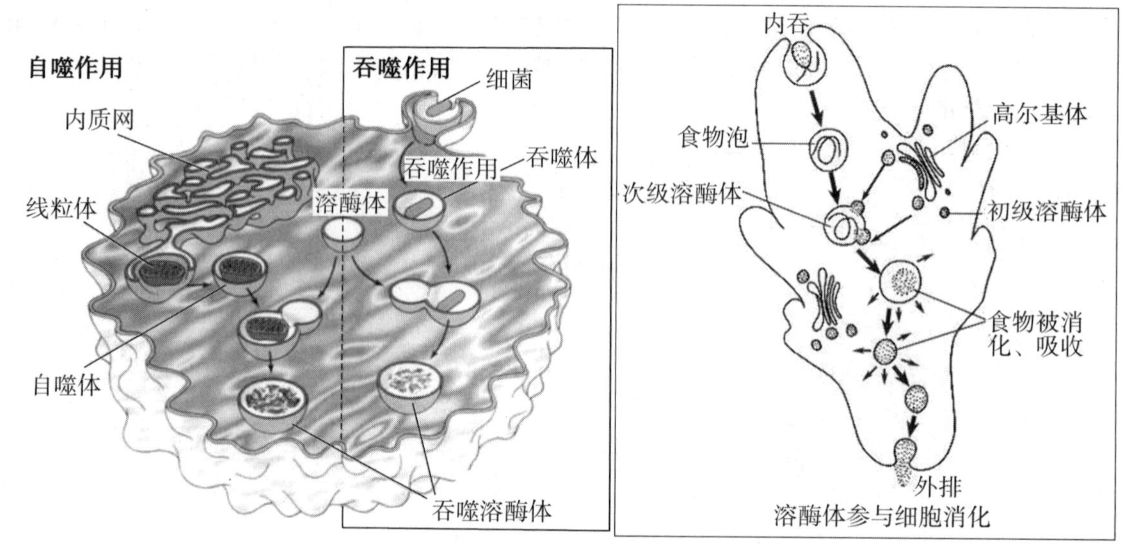

图1－29 进入细胞或胞内物质被转运入溶酶体

注：① 自噬作用。暂不需要的大分子和衰老的细胞器，被光面内质网或高尔基体的膜包围形成自噬体，然后再与初级溶酶体融合，成为次级溶酶体，其内容物被消化。自噬体与初级溶酶体识别、配合，是一个精确调控过程。② 吞噬作用。如巨噬细胞可吞入病原体细菌，形成吞噬体，再与初级溶酶体融合，成为次级溶酶体，在溶酶体中将病原体杀死和降解。

根据溶酶体完成生理功能的不同阶段，大致可分为初级溶酶体（primary lysosome）、次级溶酶体（secondary lysosome）和残余小体（residual body）。初级溶酶体含有水解酶，但它是未进行消化作用的溶酶体。次级溶酶体（消化泡）是由初级溶酶体与细胞吞噬作用所产生的吞噬体相互融合而成的，并且是已供给水解酶的溶酶体。在次级溶酶体中含有摄食的物质，并对其进行消化，消化后所残留的未消化物称为残余小体。一般认为，残余小体在变形虫等细胞中被排出细胞之外，但在其他细胞中，则长期留在细胞中，而成为细胞衰老的原因。

7. 中心体

中心体（centrosome）存在于动物细胞和低等植物细胞（如团藻）中，它由两个相互垂直的中心粒（centriole）及其周围物质组成。每个中心粒是由排列成圆筒状的9束三连体微管组成的，通常位于细胞核附近（图1－30）。

图1－30 中心体结构模型

动物细胞的中心体与有丝分裂有关，因此被称为“有丝分裂器”，在有丝分裂的间期，一个中心体经过复制形成两个中心体，进入分裂前期，一个中心体不动，另一个向细胞的另一极移动。在移动的过程中，中心体的周围发出放射状的星射线，彼此连接形成纺锤体。某些星射线附着在染色体的着丝点上，牵动着染色体从散乱状态到整齐排列在赤道板上，再将着丝点断裂后的染色体平均分配到细胞两极。纺锤体是保证染色体平均分配所必不可少的结构，用秋水仙素处理后，会抑制细胞中纺锤体的形成，从而使加倍后的染色体存在于一个细胞中，导致染色体数目的加倍。

8. 液泡

液泡（vacuole）是植物细胞质中的泡状结构（图1－31），主要存在于成熟植物细胞中。

年幼的细胞只有很少的、分散的小液泡，而在成长的细胞中，这些小液泡就逐渐合并而发展成一个大液泡，成熟的植物细胞中的液泡很大，可占据整个细胞体积的90%，而将细胞质和细胞核挤压到细胞的边缘。液泡的表面有液泡膜，液泡膜为单层膜。

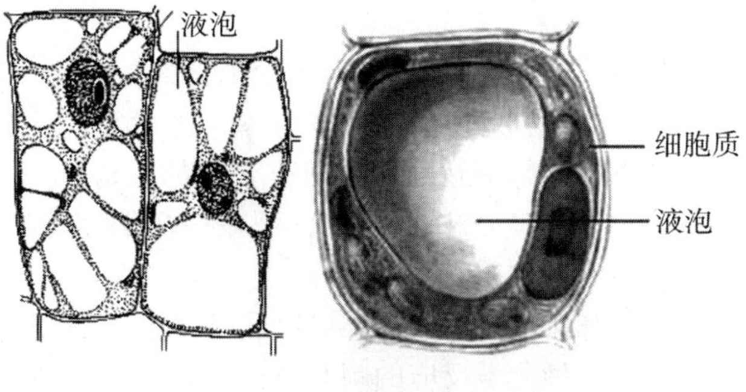

图 1－31 植物细胞的液泡

植物液泡中的液体称为细胞液（cell sap），其中溶有无机盐、有机酸、生物碱、蛋白质、氨基酸、糖类以及各种色素，特别是花青素（anthocyanin）等。细胞液中的花青素与植物颜色有关，花、果实和叶的紫色、深红色都是由花青素决定的。细胞液是高渗的，所以植物细胞经常处于吸胀饱满的状态。液泡具有维持细胞形态、储存养料、调节细胞渗透吸水的作用。

由上述内容可知，细胞质基质是活细胞新陈代谢的主要场所。在活细胞完成各种生命活动的过程中，细胞质基质和细胞器是相互协调的，各种细胞器之间也是密切联系的。

四、细胞核——系统的控制中心

细胞核（nucleus）是细胞内最重要的结构，1781 年 Trontana 发现于鱼类细胞；1831 年 Brown 发现于植物细胞。通常情况下，1 个细胞只有 1 个细胞核，但成熟的植物筛管和哺乳动物红细胞没有细胞核，肝细胞和心肌细胞有 1～2 个细胞核，骨骼肌细胞有数百个细胞核。正在生长的细胞中，核位于细胞中央；在分化成熟的细胞中，常因细胞内含物或特殊结构的存在，核被挤到细胞的边缘。

细胞核一般呈圆形，但因生物的种类而异。在分裂旺盛的组织中，细胞核呈圆形；在长形细胞中多呈椭圆形；在扁平细胞中多为扁圆形；在蛾蝶类的丝腺细胞中为分枝状；在胚乳细胞中呈网状。

细胞核的大小与细胞的大小有关，最小的核直径不足 1μm，而最大的核如苏铁科某些植物卵细胞核直径可达 500～600μm。植物细胞核的直径通常为 1～4μm，动物为 10μm 左右。同一种生物，由于遗传物质的含量是恒定的，因此核的大小也比较恒定。

细胞核的主要结构包括核被膜（nuclear envelope）、核仁（nucleolus）、核基质（nuclear matrix）、染色质（chromatin）等部分（图 1－32）。

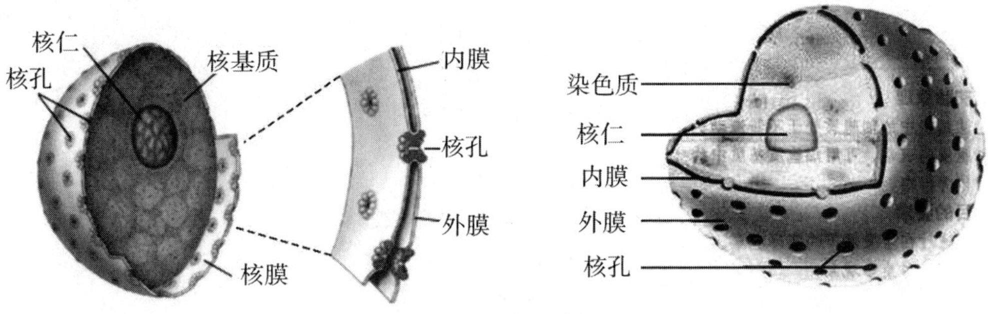

图 1－32 细胞核的结构

1. 核被膜

核被膜（也称核膜）包围在细胞核的外面，由内外两层膜构成，把细胞质与核内的物质分开。外核膜胞质面附有核糖体，并与内质网相连。在核被膜上有许多小孔，叫做核孔。核孔是细胞核与细胞质之间物质交换的通道，一方面细胞核的蛋白质都是在细胞质中合成的，通过核孔定向输入细胞核；另一方面细胞核中合成的各类 RNA、核糖体亚单位需要通过核孔运到细胞质。

离子和比较小的分子，可以通过核膜，如氨基酸和葡萄糖。在核膜上有大量的多种酶，这有利于各种化学反应的顺利进行。在原核细胞中，DNA 集中于某个区域，但无核被膜包围，故称拟核（nucleoid）。

2. 核仁

核仁见于细胞分裂间期的细胞核内，呈圆球形，一般为 1 ~ 2 个，也有的多达 3 ~ 5 个。核仁的位置不固定，或位于核中央，或靠近内核膜，核仁的数量和大小因细胞种类和功能而异。蛋白质合成旺盛和分裂增殖较快的细胞一般有体积较大和数目较多的核仁；反之，核仁很小或缺如。核仁在分裂前期消失，在分裂末期又重新出现。核仁的主要功能是转录 rRNA 和组装核糖体单位。核糖体是细胞中蛋白质合成的场所，所以不难理解，蛋白质合成旺盛的细胞，常有较大或较多核仁。

3. 核基质

核基质也称核质或核骨架（nucleoskeleton），为真核细胞核内的网络结构，是指除核被膜、染色质及核仁以外的核内网架体系。由于核基质与 DNA 复制、RNA 转录和加工、染色体组装及病毒复制等生命活动密切相关，故日益受到重视。核基质的功能：① 为 DNA 的复制提供支架，提供 DNA 复制所需要的酶；② 是基因转录加工的场所，新合成的 RNA 结合在核骨架上，并在这里进行加工和修饰；③ 与染色体构建有关。

4. 染色质

1848 年，Hofmeister 在鸭跖草的小孢子母细胞中发现染色体。1888 年，Waldeyer 把它正式定名为 Chromosome。1879 年，W. Flemming 提出了染色质这一术语，用以描述细胞核内容易被洋红或苏木精等碱性染料染成深色的细丝状物质。染色质主要由 DNA 和组蛋白组成，DNA 是遗传信息的携带者。

在分裂间期细胞核中，染色质呈细长的丝状，并且交织成网状，这是细胞间期遗传物质存在的特定形态。当细胞进入分裂期时，每条染色质细丝就高度螺旋化，缩短变粗，成为一条圆柱状或杆状的染色体（chromosome）（图 1 - 33），这是细胞分裂期遗传物质存在的特定形态。因此，染色质和染色体是同一种物质在不同时期细胞中的两种形态。

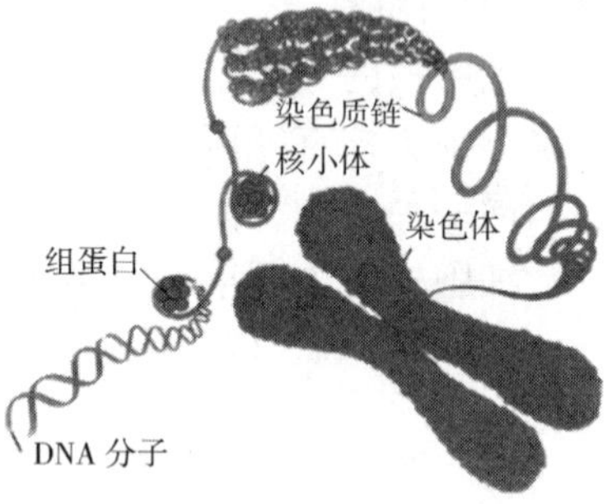

图 1 - 33　从 DNA 到染色体

间期	染色质（丝状）
	↓高度螺旋化缩短变粗
分裂期	染色体（棒状）
	↓解螺旋
分裂结束 又进入间期	染色质（丝状）

细胞核是遗传物质储存和复制的场所，是细胞遗传性和细胞代谢活动的控制中心，因此，它是细胞结构中最重要的部分。细胞核的主要功能体现在两个方面：遗传和发育。前者表现为通过 DNA 染色体的复制和细胞分裂，维持物种的世代连续性。后者表现为通过调节基因表达的时空顺序，控制细胞的分化，完成个体发育的使命。

大量科学实验表明，凡是无核的细胞，既不能生长也不能分裂，如成熟的红细胞。人工去核的细胞，一般不能存活多久。例如，变形虫去除细胞核以后，新陈代谢减弱，运动停止，当重新移入细胞核后，又能够恢复生命活动。由此可见，细胞核在细胞生命活动中起着决定性的重要作用。

上面主要介绍了真核细胞的细胞膜、细胞质、细胞核的结构和功能。必须指出的是，细胞的各个部分不是彼此孤立的，而是互相紧密联系、协调一致的，实际上一个细胞就是一个有机的统一整体。细胞只有保持完整性，才能够正常地完成各项生命活动。

五、原核细胞的结构

原核细胞没有核膜，遗传物质集中在一个没有明确界限的核区，称为拟核。核区内有裸露的 DNA，没有与蛋白质结合成染色体。DNA 为环状分子，称为质粒，通常作为基因工程中的运载体。原核生物没有高尔基体、线粒体、内质网和叶绿体等复杂的细胞器，只有分散的核糖体。原核细胞构成的生物称为原核生物，均为单细胞生物。原核生物种类少，如所有细菌、放线菌、支原体和蓝藻等都是原核生物。而酵母菌、霉菌等属真菌是真核生物。噬菌体（细菌病毒）不具有细胞结构，所以既不是真核细胞，也不是原核细胞。原核细胞和真核细胞构造的比较如图 1－34、表 1－13 所示。

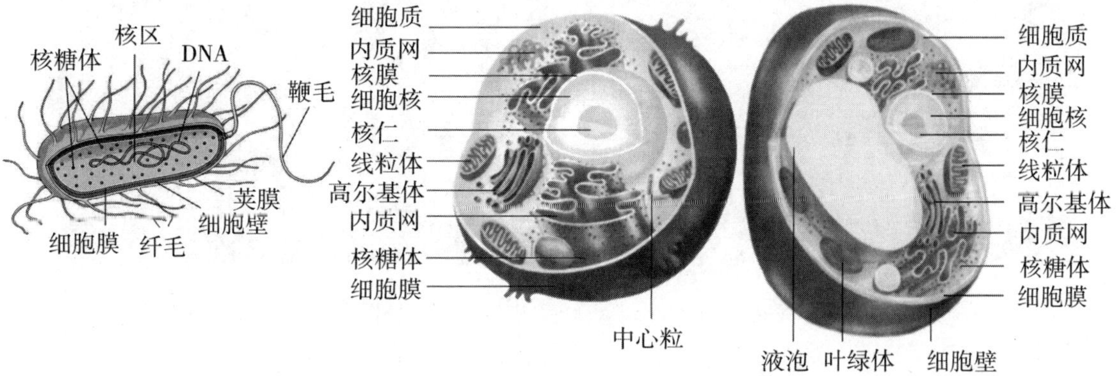

图 1－34　原核细胞（左）和真核细胞（中为动物细胞，右为植物细胞）结构模式图

表 1－13　原核细胞和真核细胞构造的比较

	原核细胞	真核细胞
细胞大小	较小（1～10μm）	较大（10～100μm）
染色体	无染色体。一个细胞只有一条 DNA，与蛋白质等不联结在一起	一个细胞有几条染色体，DNA 与蛋白质等联结在一起
细胞核	无核膜和核仁	有核膜和核仁
细胞器	有核糖体，无其他细胞器	有核糖体和其他细胞器

（续上表）

	原核细胞	真核细胞
细胞壁	成分是肽聚糖、氨基酸、胞壁酸	植物细胞壁的主要成分是纤维素和果胶等
细胞膜	有，成分和结构与真核细胞相似	有
分裂方式	二均分裂方式、出芽；一般不进行有丝分裂	能进行有丝分裂
实例	细菌、蓝藻、放线菌、衣原体、支原体等	绝大多数生物细胞（高等动植物）

下面简单介绍支原体和蓝藻。

1. 支原体

支原体（mycoplasma）的大小通常为0.2～0.3μm，可通过滤菌器。无细胞壁，不能维持固定的形态而呈现多形性。细胞膜中胆固醇含量较多，约占36%，这对保持细胞膜的完整性是必需的，凡能作用于胆固醇的物质（如两性霉素B、皂素等）均可引起支原体膜的破裂而使支原体死亡。

肺炎支原体（图1－35）的一端有一种特殊的末端结构（terminal structure），能使支原体黏附于呼吸道黏膜上皮细胞表面，与致病性有关。

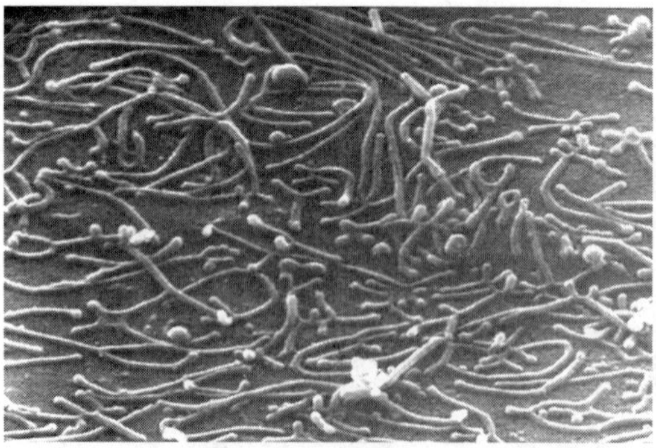

图1－35 肺炎支原体

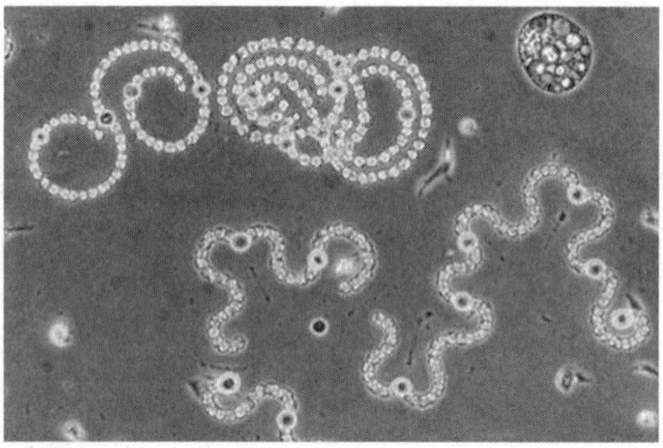

图1－36 项圈藻（*Anabaena Cyanobacteria*）

2. 蓝藻

蓝藻（图1－36）又称蓝细菌（*cyanobacterium*），能进行与高等植物类似的光合作用，被认为是最简单的植物。蓝藻没有叶绿体，仅有十分简单的光合作用结构装置。蓝藻细胞遗传信息载体与其他原核细胞一样，是一个环状DNA分子，但遗传信息量很大，可与高等植物相比。蓝藻属单细胞生物，有些蓝藻经常以丝状的细胞群体存在。

教与学的要点

1. 没有显微镜就不可能有细胞的发现和细胞学说的建立。1665年英国人罗伯特·胡克用自己设计制造的显微镜观察了软木（栎树皮）的薄片，第一次描述了植物细胞的构造，并首次命名细胞。1839 年，德国植物学家施莱登和动物学家施旺提出细胞学说。细胞学说、生物进化论和能量守恒定律被恩格斯列为 19 世纪自然科学的三大发现。

2. 由于结构、功能和所处的环境不同，各类细胞形态千差万别，大多数动植物细胞的直径为 20～30μm。

3. 一般来说，植物细胞、细菌、真菌的外层都覆盖着一层细胞壁。植物细胞壁的化学成分主要是纤维素和果胶，是植物细胞区别于动物细胞的主要特征之一。

4. 细胞膜的分子结构：主要由磷脂和蛋白质分子构成。现在大家所普遍接受的膜结构模型是流动镶嵌模型：两层磷脂分子作为基本骨架，蛋白质分子镶嵌或贯穿于其中。在细胞膜上有一层由蛋白质和多糖结合形成的糖蛋白，称为糖被，与细胞表面的识别有密切关系。细胞膜的结构特点为具有一定的流动性，功能特点为选择透过性。

5. 物质进出细胞的方式有三种：自由扩散、协助扩散和主动运输。自由扩散遵循渗透作用的原理，物质从高浓度一侧顺着浓度梯度通过细胞膜运输到低浓度一侧，没有载体蛋白的协助，不需要消耗能量。协助扩散也是顺着浓度梯度运输而不消耗能量，但需载体蛋白的协助。主动运输可以逆浓度梯度运输，但需要载体蛋白的帮助，也需要能量或与释放能量的过程偶联。主动运输最能体现细胞膜选择透过性的特性。

6. 所有真核细胞中都含有细胞核。细胞核的主要结构包括核被膜、核仁、核基质、染色质等部分。细胞核是遗传物质储存和复制的场所，是细胞遗传性和细胞代谢活动的控制中心，因此，它是细胞结构中最重要的部分。

7. 细胞质基质中含有水、无机盐离子、脂类、糖类、氨基酸和核苷酸等，还含有很多种酶。细胞质基质是活细胞进行新陈代谢的主要场所，为新陈代谢的进行提供所需要的物质和一定的环境条件。

8. 细胞核、线粒体、叶绿体都具有双层膜；细胞膜、内质网、高尔基体、溶酶体、液泡都具有单层膜；细胞壁、核糖体、中心粒没有膜。

9. 细胞器是细胞质中具有一定结构和功能的亚显微结构。细胞器分为线粒体、叶绿体、内质网、高尔基体、核糖体、溶酶体、液泡、中心体等。

线粒体是细胞进行有氧呼吸的主要场所。它又被称为“动力工厂”。细胞生命活动所需的能量，大约 95% 来自线粒体。叶绿体是绿色植物中能进行光合作用的细胞含有的细胞器，是“养料制造工厂”和“能量转换站”。内质网是由膜连接而成的网状结构，与蛋白质加工、脂类和糖类的合成有关，也是蛋白质等的运输通道。高尔基体是对来自内质网的蛋白质进行加工、分类和包装的“加工厂”及“发送站”。核糖体是蛋白质的“装配机器”，有的依附在内质网上称为附着核糖体，有的游离分布在细胞质中称为游离核糖体。溶酶体可分解衰老、损伤的细胞，吞噬并杀死入侵的病毒或细菌。液泡可调节细胞内的环境，是使植物细胞保持坚挺的细胞器，含有色素（花青素）。中心体与动物细胞的有丝分裂有关，由两个相互垂直的中心粒构成。

10. 构成细胞的各部分结构并不是彼此孤立的，而是互相紧密联系、协调一致的，一个细胞是一个有机的统一整体，细胞只有保持完整性，才能够正常地完成各项生命活动。

11. 根据细胞结构的特点和复杂程度的不同，可将细胞分为原核细胞和真核细胞两大类。真核细胞由外到内的构造有细胞壁、细胞膜、细胞质、细胞核。原核细胞由外到内的构造有细胞壁、细胞膜、细胞质。真核细胞与原核细胞的根本区别如下：① 真核细胞出现了核膜，将遗传物质复制、转录的环境（细胞核），与蛋白质合成及其他代谢的微环境（细胞质）分开。② 真核细胞有多种内膜围成的细胞器，使细胞内部结构和功能出现了区域化和专一化。③ 真核细胞遗传信息量与遗传装置的扩增和复杂化。

练习与应用

一、选择题

1. 真核细胞与原核细胞的最根本区别是（　　）
   A. 原核细胞没有遗传物质　　B. 原核细胞没有成形细胞核
   C. 原核细胞体积小　　D. 原核细胞没有核糖体
2. 下列物质出入红细胞时，既不需要载体，也不消耗能量的是（　　）
   A. 氧气　　B. 葡萄糖　　C. 氨基酸　　D. 钾离子
3. 人体中，K^+容易穿过细胞膜，但红细胞中K^+浓度比血浆中K^+浓度高30倍，那么K^+进入红细胞的方式是（　　）
   A. 自由扩散　　B. 协助扩散　　C. 主动运输　　D. 渗透作用
4. 细胞内进行有氧呼吸的主要场所是（　　）
   A. 线粒体　　B. 核糖体　　C. 叶绿体　　D. 高尔基体
5. 下列细胞器中，具有双层膜结构的一组是（　　）
   A. 线粒体、中心体　　B. 细胞核、高尔基体
   C. 细胞膜、叶绿体　　D. 线粒体、叶绿体
6. 松树和鼠的体细胞中都有的结构是（　　）
   ①细胞壁　②细胞膜　③线粒体　④叶绿体　⑤中心体　⑥核糖体　⑦内质网　⑧高尔基体
   A. ①②⑥⑦⑧　　B. ②④⑥⑦⑧　　C. ②③⑥⑦⑧　　D. ②③④⑥⑧
7. 染色质和染色体的相互关系是（　　）
   A. 两种物质不同时期的两种表现　　B. 同种物质不同时期的两种表现
   C. 同种物质同一时期的不同表现　　D. 两种物质同一时期的不同表现
8. 下列哪一项反映了协助扩散与主动运输的相同之处（　　）
   ①高浓度→低浓度　②需要载体　③消耗能量　④低浓度→高浓度　⑤不需要载体　⑥不消耗能量
   A. ①②③　　B. ①⑥　　C. ②　　D. ④⑥
9. 将鼠的肝细胞磨碎，离心后发现试管中有一层成分含许多呼吸酶，它可能来自（　　）
   A. 细胞膜　　B. 细胞核　　C. 细胞质　　D. 核膜
10. 如果一分子CO_2从叶肉细胞的线粒体基质中扩散出来，进入一个相邻细胞的叶绿体基质中，那么，这个CO_2分子共穿过的膜的层数是（　　）
    A. 5　　B. 6　　C. 7　　D. 8
11. 下列哪组细胞器含有DNA（　　）
    A. 核糖体和高尔基体　　B. 线粒体和叶绿体
    C. 线粒体和高尔基体　　D. 叶绿体和核糖体
12. 下列几种细胞器中，不具有膜结构的是（　　）

A. 线粒体和内质网　　B. 高尔基体和内质网
C. 中心体和核糖体　　D. 叶绿体和液泡

13. 影响蛋白质合成的药物，具体是通过影响哪种细胞器的功能来实现的（　　）
A. 细胞质　　B. 着丝点　　C. 核糖体　　D. 液泡

14. 某种毒素因妨碍细胞的呼吸而影响有机体的生活，这种毒素最可能是作用于细胞的哪个结构（　　）
A. 核糖体　　B. 细胞核　　C. 线粒体　　D. 细胞膜

15. 动、植物细胞都有，但功能不同的一种细胞器是（　　）
A. 中心体　　B. 内质网　　C. 高尔基体　　D. 核糖体

二、非选择题

1. 根据细胞结构的不同特点，可以把细胞分为__________细胞和__________细胞两大类，其中，细菌和蓝藻细胞属于__________细胞，而动物和植物细胞属于__________细胞。

2. 下图是动植物细胞亚显微结构模式图。请据图回答问题。

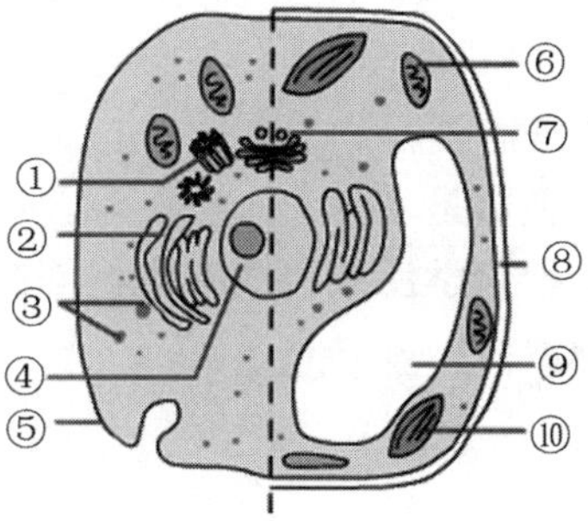

（1）比较动植物细胞亚显微结构，高等植物细胞内不含有［　　］__________（细胞器）。

（2）吞噬细胞摄取抗原的过程体现了⑤的__________特性。

（3）控制动植物性状的物质主要位于［　　］__________中。

（4）在进行植物体细胞杂交时，首先要采用__________酶去除［　　］__________。

（5）在一个植物细胞内由⑥产生的某气体物质扩散到⑩中被利用，最少要穿过__________层生物膜。

（6）能对蛋白质进行加工和运输的细胞器是［　　］__________和［　　］__________。

3. 下图为细胞膜结构示意图，据图回答问题：

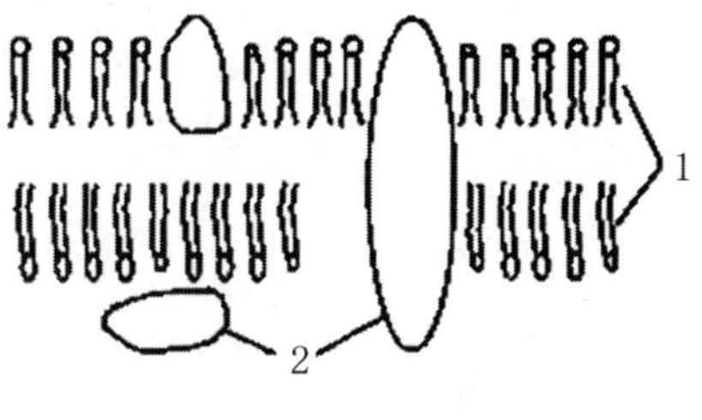

（1）图中所指的结构名称 1 为______层，它是细胞膜的______，2 为________。

（2）细胞膜的结构特点是__________________，功能特点是____________________。

（3）被选择吸收的物质进出细胞的三种方式是________、________、________。

4. 右图为某细胞器结构示意图，据图回答问题：

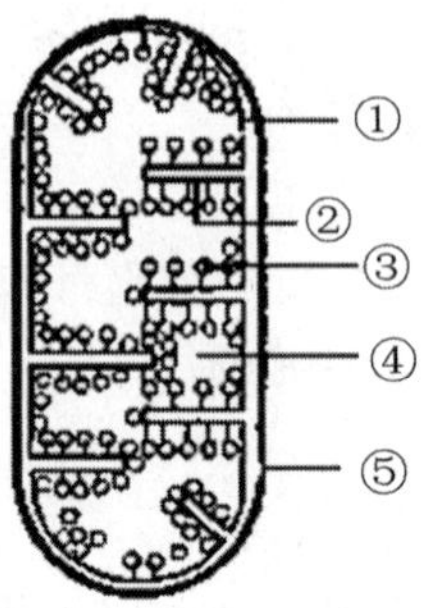

（1）右图为______结构示意图，它是细胞进行__________的主要场所。

（2）该结构内含有与其生理功能有关的酶分布在____、____、____上。（填标号）

（3）图中①是_________，②是__________，③是_________，④是____________，⑤是____________。

5. 下列模式简图表示几种细胞器，据图回答问题（填写标号）：

A　B　C　D　E

（1）能把光能转变为化学能的细胞器是__________。

（2）与细胞壁的形成有关的细胞器是____________。

（3）在酶的参与下，为进行多种化学反应合成有机物创造有利条件的细胞器是________。

（4）高等植物细胞没有的细胞器是__________。

（5）能形成 ATP 的细胞器是______________。

第二章　细胞的代谢

对于细胞来说，能量的获得和利用都必须通过化学反应。生物体内时刻都在进行着许多化学反应，细胞内的所有化学反应总称为新陈代谢（metabolism）。只有在新陈代谢的基础上，生物体才能表现出生长、发育、遗传和变异等基本特征。新陈代谢一旦停止，生命也就结束了。因此，新陈代谢是生物与非生物最本质的区别。

新陈代谢按不同的标准可分为合成代谢（anabolism，也叫同化作用）和分解代谢（catabolism，也叫异化作用），其中同化作用又可分为自养型和异养型，异化作用又可分为需氧型和厌氧型。

物质代谢：是指生物体与外界环境之间物质的交换和生物体内物质的转变过程。可细分为：从外界摄取营养物质并转变为自身物质（同化作用）；自身的部分物质被氧化分解并排出代谢废物（异化作用）。

能量代谢：是指生物体与外界环境之间能量的交换和生物体内能量的转变过程。可细分为：储存能量（同化作用）；释放能量（异化作用）。在新陈代谢过程中，既有同化作用，又有异化作用。

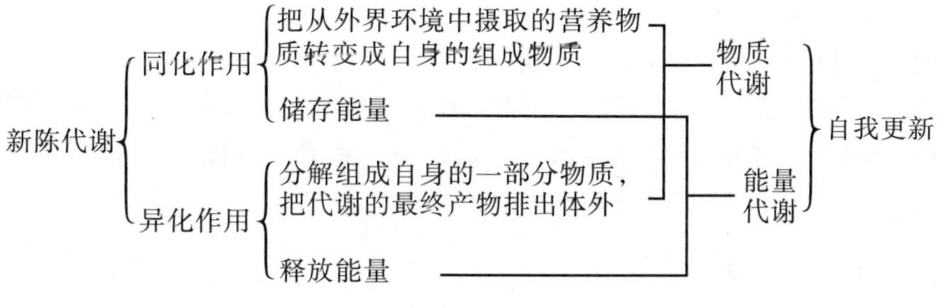

第一节　细胞的物质输入和输出

细胞是一个开放的系统，每时每刻都与环境进行着物质的交换，物质的进进出出都要经过细胞的边界——细胞膜，细胞内外的许多物质并不能自由地出入细胞，细胞膜能够对进出细胞的物质进行选择。这一层薄薄的细胞膜为什么能够控制物质的出入呢?

一、渗透作用

渗透作用（osmosis）指水分子（或者其他溶剂分子）透过半透膜（允许溶剂分子通过，不允许溶质分子通过的膜），从低浓度溶液向高浓度溶液扩散的现象，或水分子从水势高的一方通过半透膜向水势低的一方移动的现象。

把蚕豆种皮（或动物膀胱膜）紧缚在漏斗上，注入蔗糖溶液，然后把整个装置浸入盛有清水的烧杯中，漏斗内外液面相等。由于蚕豆种皮接近半透膜（semipermeable membrane）（即让水分子通过而蔗糖分子不能透过的一种薄膜），所以整个装置就成为一个渗透系统。实验开始后，漏斗管内的液面逐渐上升，这说明烧杯内的水分子通过半透膜，向漏斗内的蔗糖溶液中扩散。水分子为什么能够通过半透膜进行扩散呢？这与半透膜两侧溶液的浓度差有关系。由于单位体积清水中的水分子比单位体积蔗糖溶液中的水分子多，所以在单位时间内，水分子由烧杯通过半透膜进入漏斗内的数量，多于水分子由漏斗通过半透膜进入烧杯内的数量，因此，漏斗管内的液面上升了。在一个渗透系统中，水的移动方向取决于半透膜两边溶液的水势高低。水势高的溶液的水，流向水势低的溶液。实质上，半透膜两边的水分子是可以自由通过的，可是清水的水势高，蔗糖溶液的水势低，从清水到蔗糖溶液的水分子比从蔗糖溶液到清水的水分子多，所以在外观上，烧杯中的清水流入漏斗内，漏斗内的玻璃管内液面上升（图2-1）。

这种水分子（或其他溶剂分子）通过半透膜的扩散，叫做渗透作用。上述实验表明，渗透作用的产生必须具备两个条件：一是具有半透膜；二是半透膜两侧的溶液具有浓度差。

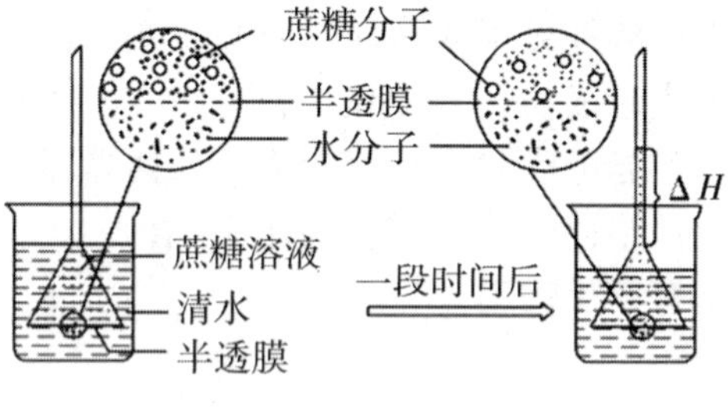

图2-1 渗透作用

漏斗内液面高出烧杯液面所形成的一段液柱 ΔH 对半透膜会产生一个向下的压力，随着液柱越来越高，所形成的压力也越来越大，这个向下的压力会迫使漏斗内的水分子往烧杯方向移动。

刚开始时，由于半透膜两侧的浓度差比较大，且高出烧杯液面的液柱产生的向下的压力也不是很大，单位时间内由于渗透作用进入漏斗的水分子比由于液柱压力出来的水分子数多，漏斗液面仍然能够持续上升，但是随着高出部分的液柱越来越高。因此产生的向下的压力也将越来越大，终有一个时刻两力相互抗衡，单位时间内进出漏斗的水分子数将完全相等，从而呈现出“动态平衡”的状态，液柱停止上升。我们将这种状态称为渗透平衡。

二、细胞的吸水和失水

植物细胞的液泡中充满的水溶液叫细胞液，我们可以将液泡膜、细胞质及细胞膜称为原生质层，这相当于半透膜。细胞与细胞之间，或细胞浸于溶液或水中，只要原生质层两侧溶液有浓度差，都会发生渗透作用。实际上，生物膜并非理想半透膜，它是选择透过性膜，既允许水分子通过也允许某些溶质通过，但通常是溶剂分子比溶质分子通过要多得多，因此可以发生渗透作用。植物细胞由于细胞壁的存在，细胞壁有保护和支持作用，可以产生压力而逐渐使细胞内外水势相等，细胞满足动态平衡。所以植物细胞放在水中一般不会破裂。动物细胞如红细胞放入水中即会因吸水而破裂。

1. 植物细胞吸水方式

植物细胞吸收水分的方式有两种：吸胀作用和渗透作用（表2－1）。

表2－1　植物细胞吸水方式

	吸胀作用	渗透作用
细胞结构	形成成熟液泡前	形成成熟液泡后
原理	利用亲水性物质的吸胀作用	渗透作用
吸收后水的状态	主要是结合水	自由水

吸胀作用（imbibition）：亲水凝胶吸附水分子，并使其膨胀的过程。它为非生命的物理过程。植物组织中含有很多这类物质，如纤维素、果胶物质、淀粉和蛋白质等，它们具有很强的亲水性，在未被水饱和时，就潜伏着很强的吸水能力。最明显的例子是风干种子，因为其内贮存着大量蛋白质或淀粉。蛋白质与水结合的趋势大于淀粉，因此，豆类种子吸胀作用极为明显。吸胀物体由于吸附水分子而膨胀，其压力是很大的，如将干种子塞满岩石裂缝，借其吸水产生的吸胀压力能使岩石破裂。

吸胀作用是没有液泡的植物细胞吸收水分的方式，如生长点的细胞、干种子细胞等，原理是细胞中有大量亲水性物质，这些亲水性物质能够从外界吸收大量的水分，活细胞、死细胞都能通过吸胀作用吸收水分。

渗透作用是具有液泡的成熟的植物细胞吸收水分的方式，成熟的植物细胞有细胞壁、细胞膜、细胞质和细胞核等。细胞壁是全透性的，水和溶质都可以通过。细胞膜和液泡膜与细胞壁不同，它们都是选择透过性膜：水分子可以自由通过，细胞要选择吸收的离子和小分子也可以通过，而其他的离子、小分子（如蔗糖分子）和大分子则不能通过。从整个植物细胞来看，我们可以把原生质层（主要包括细胞膜、液泡膜和这两层膜之间的细胞质）看作是一层半透膜。这层膜把液泡里面的细胞液与外界溶液隔离开来。细胞液中含有许多溶于水的物质，因此具有一定的浓度。外界溶液同样具有一定的浓度。由于原生质层相当于一层半透膜，并且原生质层两侧的溶液具有浓度差，因此，当成熟的植物细胞与外界溶液接触时，细胞液就会通过原生质层与外界溶液发生渗透作用。

一个成熟的植物细胞是一个渗透系统。验证通过渗透作用吸水或失水的最佳实例是质壁分离和质壁分离复原的实验。

植物细胞由于液泡失水而使原生质层与细胞壁分离的现象，叫做质壁分离（图2－2）。

质壁分离是植物生活细胞所具有的一种特性（细胞体积大，成熟的细胞才能发生质壁分离）。当外界溶液的浓度比细胞液的浓度高时，细胞液的水分就会穿过原生质层向细胞外渗出，液泡的体积缩小，由于细胞壁的伸缩性有限，而原生质体的伸缩性较大，所以在细胞壁停止收缩后，原生质体继续收缩，这样细胞膜与细胞壁就会逐渐分开，原生质体与细胞壁之间的空隙里就充满了外界浓度较高的溶液（图2－3）。

如果把发生了质壁分离现象的细胞再浸入浓度很低的溶液或清水中，外面的水就进入细胞，液泡变大，整个原生质层又慢慢恢复到原来的状态，这种现象叫做质壁分离复原。

归纳如下：外界溶液浓度 $>$ 细胞液浓度时，细胞质壁分离；外界溶液浓度 $<$ 细胞液浓度

时，细胞质壁分离复原；外界溶液浓度 = 细胞液浓度时，水分进出细胞处于动态平衡。

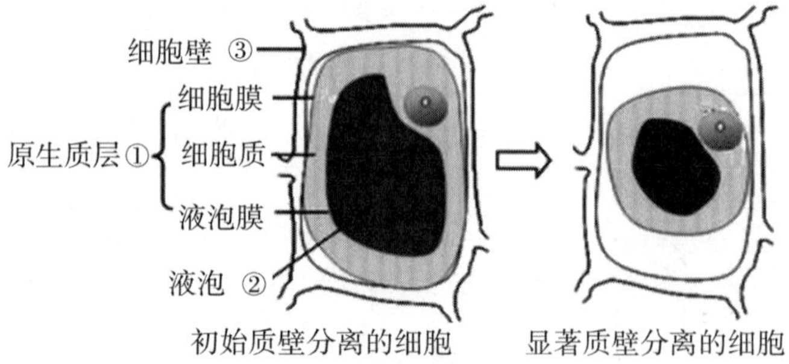

图 2-2　质壁分离

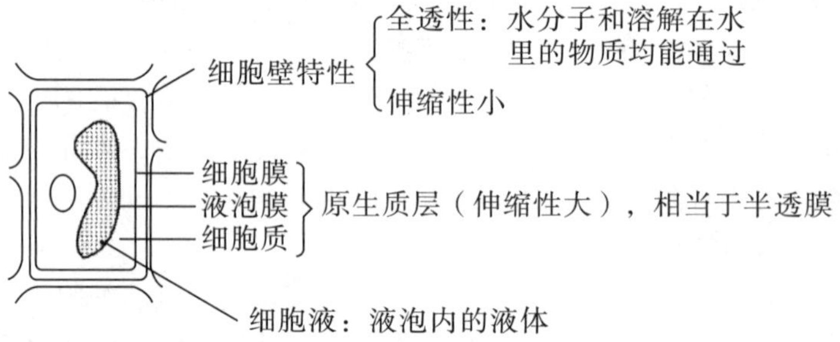

图 2-3　质壁分离原理

2. 动物细胞的吸水和失水

动物细胞的吸水和失水是一种渗透现象，动物细胞吸水靠的是被动运输，是依靠内外离子浓度进行的。外界溶液浓度 < 细胞质浓度时，细胞吸水膨胀；外界溶液浓度 > 细胞质浓度时，细胞失水皱缩；外界溶液浓度 = 细胞质浓度时，水分进出细胞处于动态平衡（图 2-4）。

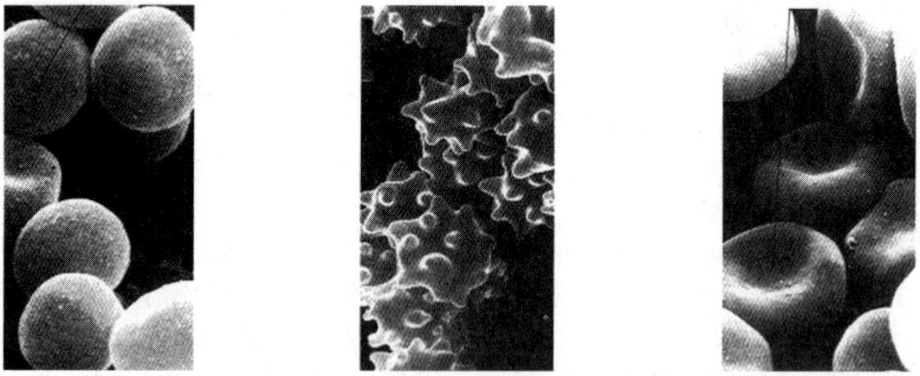

图 2-4　不同盐度对红细胞的影响

知识拓展

细胞的吸水和失水（原理：渗透作用）

1. 动物细胞的吸水和失水

外界溶液浓度＜细胞质浓度时，细胞吸水膨胀；

外界溶液浓度＞细胞质浓度时，细胞失水皱缩；

外界溶液浓度＝细胞质浓度时，水分进出细胞处于动态平衡。

2. 植物细胞的吸水和失水（质壁分离与复原）

细胞外溶液	中央液泡大小	原生质层位置	细胞大小
蔗糖溶液	变小	脱离细胞壁	基本不变
清水	逐渐恢复原来大小	恢复原位	基本不变

外界溶液浓度＞细胞液浓度时，细胞质壁分离；

外界溶液浓度＜细胞液浓度时，细胞质壁分离复原；

外界溶液浓度＝细胞液浓度时，水分进出细胞处于动态平衡。

（1）细胞内的液体环境主要指的是液泡里面的细胞液。

（2）原生质层：细胞膜和液泡膜以及两层膜之间的细胞质。

（3）原生质体（protoplast）：脱去细胞壁的细胞叫原生质体，动物细胞也可算做原生质体。

（4）原生质：细胞内生命物质的总称，主要包括糖类、脂质、核酸和蛋白质。所以原生质是细胞结构和生命活动的物质基础。

（5）原生质体由原生质分化形成，具体包括细胞膜和膜内细胞质及其他具有生命活性的细胞器。

3. 质壁分离产生的条件

（1）具有大液泡；

（2）具有细胞壁；

（3）外界溶液浓度＞细胞液浓度。

4. 质壁分离产生的原因

内因：原生质层伸缩性大于细胞壁伸缩性；外因：外界溶液浓度＞细胞液浓度。

教与学的要点

1. 新陈代谢是生物最基本的特征，是生物与非生物的最本质的区别。新陈代谢包括合成代谢（也叫同化作用）和分解代谢（也叫异化作用）两个方面。

2. 渗透作用的产生必须具备两个条件：一是具有半透膜；二是半透膜两侧的溶液具有浓度差。

3. 没有液泡的植物细胞吸收水分的方式是吸胀作用，具有液泡的成熟的植物细胞吸收水分的方式是渗透作用。验证通过渗透作用吸水或失水的最佳实例是质壁分离和质壁分离复原的实验。

4. 动物细胞的吸水和失水也是一种渗透现象。植物细胞由于细胞壁的存在，细胞壁有保护和支持作用，所以植物细胞放在水中一般不会破裂；动物细胞如红细胞放入水中即会因吸水而破裂。

练习与应用

一、选择题

1. 下列情况能发生渗透作用的是（　　）

①萎蔫的黄瓜放在清水中恢复原状　②大豆种子在水中膨大　③小麦种子在阳光下晒干　④ 放在盐水中的萝卜变软

A. ②③　　B. ①④　　C. ①②　　D. ②④

2. 放在30%的蔗糖溶液中，不会发生质壁分离的一组细胞是（　　）

①洋葱根尖生长点细胞　②人的口腔上皮细胞　③洋葱表皮细胞　④干种子细胞　⑤蛔虫卵细胞　⑥洋葱根尖成熟区细胞

A. ①②④⑤　　B. ①④⑤⑥　　C. ①②④⑥　　D. ②③④⑤

3. 下列细胞能成功用于做质壁分离实验的材料的是（　　）

A. 人的口腔上皮细胞　　B. 洋葱根尖分生区细胞

C. 叶的下表皮细胞　　D. 用开水煮过的洋葱鳞片叶紫色外表皮细胞

4. 在0.9%的生理盐水中，人和哺乳动物的细胞能维持正常的形态，其原因是（　　）

A. 水分不进不出　　B. 膜具有全透性　　C. 水分进出平衡　　D. 膜具有流动性

5. 细胞发生质壁分离的过程中，它的吸水力应当是（　　）

A. 由大到小　　B. 吸水力不变　　C. 由小到大　　D. 吸水力为0

6. 下列细胞中，依靠渗透吸水的是（　　）

A. 根尖分生区的细胞　　B. 失水的叶肉细胞

C. 茎形成层的细胞　　D. 干种子的细胞

7. 一学生做质壁分离和复原实验时，显微镜下只有一个细胞没有发生质壁分离，其他细胞都出现了明显的质壁分离现象，这可能是因为（　　）

A. 该细胞是正在发育过程中的细胞　　B. 该细胞是死细胞

C. 蔗糖溶液浓度太小　　D. 实验操作不正确

8. 下列哪种细胞在合适条件下将会出现质壁分离现象（　　）

A. 刚撕下的蚕豆叶表皮细胞

B. 尚未萌发的菜豆种子的胚芽细胞

C. 用95%的乙醇浸泡过的洋葱鳞片叶上表皮细胞

D. 刚切下的小麦根尖的分生区的细胞

9. 下列属于渗透作用的是（　　）

A. 水分子通过细胞膜　　B. K^+通过细胞膜

C. 蛋白质通过细胞　　D. 蔗糖溶液通过细胞壁

10. 取正常生活且具有大液泡的甲、乙两个植物细胞，分别放入蔗糖溶液和甘油中，两种溶液的浓度均比细胞液的浓度高。蔗糖分子不能透过膜，甘油分子可较快地透过膜。在显

微镜下连续观察甲、乙两个细胞的变化是（　　）

A. 都不发生质壁分离　　B. 乙会发生质壁分离

C. 甲会发生质壁分离　　D. 均会发生质壁分离

11. 根尖的分生区细胞吸水的原因是（　　）

A. 细胞排列紧密　　B. 细胞的细胞液浓度高

C. 细胞含有大液泡　　D. 细胞含亲水性物质多

12. 若植物根毛细胞间隙的溶液浓度为 A，细胞液浓度为 B，细胞质基质的浓度为 C，则当它因缺水而萎蔫时，三者间的浓度关系是（　　）

A. $A>B>C$　　B. $A>C>B$　　C. $B>C>A$　　D. $B>A>C$

13. 渗透作用指的是（　　）

A. 水分子由多的地方向少的地方运动　　B. 溶液中分子的运动

C. 大分子物质通过膜的扩散　　D. 水分子通过半透膜的扩散

14. 下列哪种现象是由渗透作用引起的（　　）

A. 食盐在潮湿空气中逐渐溶解　　B. 肺泡中的氧气进入毛细血管中

C. 种子萌发时吸水膨胀　　D. 萎蔫的菜叶放入水中变挺直

15. 成熟区表皮细胞从土壤溶液中吸收水分的原因是（　　）

A. 细胞壁由亲水性的物质组成　　B. 细胞液浓度低于土壤溶液浓度

C. 细胞液浓度高于土壤溶液浓度　　D. 细胞液浓度等于土壤溶液浓度

二、非选择题

1. 植物的根毛细胞能否从土壤溶液中吸水，取决于________。当所施化肥浓度偏高时，植物发生萎蔫现象，这是由于土壤溶液浓度________细胞液浓度引起的。

2. 蚕豆植株根尖的根毛细胞主要靠______作用来吸收水分。这可以通过______来证明。

3. 右图是根据实验结果观察的细胞图像，据此回答问题：

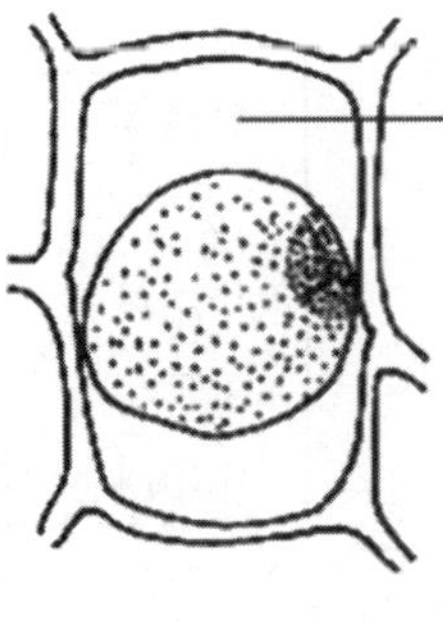

（1）右图所示是植物细胞的什么现象？________。

（2）在 A 处充满的是______________。它是通过________进入 A 处的。

（3）做此实验时，常用的实验材料是________。

（4）在低倍镜下观察到此现象后，如果要使物像清晰，要转换成________，同时还需要调节________。

（5）要使这个细胞较快地恢复原状，需在盖玻片一侧滴入________。

（6）此实验说明，当外界溶液的浓度________细胞液的浓度时，植物细胞就通过________失水；当外界溶液浓度________细胞液的浓度时，植物细胞就通过________吸水。

4. 将紫色洋葱鳞片叶中的表皮制成临时装片，放在显微镜下观察，可以看到液泡呈紫色，然后在盖玻片的一侧滴入 30% 的蔗糖溶液，在另一侧用吸管吸引，这样重复几次，再进行观察，就可以看到液泡体积由________，颜色由________。此时，还可以看到原生质层的界面，其外界面实际上是________。

5. 下图是处于不同生理状态的三个洋葱鳞片叶表皮细胞，请回答：

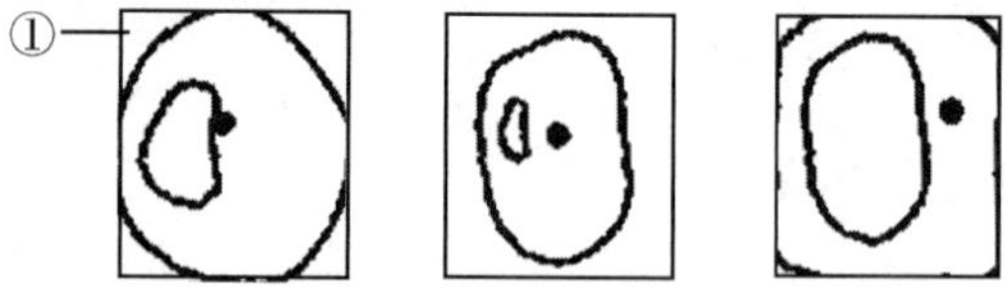

（1）A 细胞处于______________生理状态，图中①处的液体是______________。

（2）图中各细胞抵抗失水的能力，依次是______________。

（3）图中各细胞所处的外界溶液浓度是______________。

（4）三个细胞最有可能死亡的是______________。

第二节　降低化学反应活化能的酶

一、酶的本质

正如所有化学反应一样，生物的代谢作用并不会自动发生，即使发生，速度也极缓慢，无法维持生命。活细胞内的酶能大大加快化学反应速度。

酶（enzyme）是活细胞产生的、具有催化功能的有机物，其中绝大多数酶是蛋白质，少数是 RNA。酶也叫做生物催化剂（biological catalyst），旧称酵素。酶的化学本质是蛋白质，这一认识直到20 世纪 80 年代后才被科学家修正过来。科学研究表明，一些 RNA 分子也具有酶的催化功能，称为核酶（表 2－2）。

表 2－2　酶

化学本质	绝大多数是蛋白质	少数是 RNA（核酶）
合成原料	氨基酸	核糖核苷酸
合成场所	核糖体	细胞核（真核细胞）
来源	一般来说，活细胞都能产生酶	
作用场所	细胞内、外或生物体外均可（胞内酶、胞外酶）	
生理功能	生物催化作用	
作用原理	降低化学反应的活化能	

1981 年，美国科罗拉多大学切赫（T. Cech）等人，在原生动物四膜虫（Tetrahymena）rRNA 前体中发现了与蛋白质无关的剪切、拼接过程，剪下的 RNA 部分具有酶的活性，被命名为核酶（ribozyme）。Cech 等人因此而荣获 1989 年诺贝尔化学奖。后来人们只是在真菌和细菌等少数物种中发现有相似的 RNA 片段，因此核酶当属一个特例，它的发现只是对酶定义的补充，即酶的化学本质除了少数具有催化活性的 RNA 外都是蛋白质，但核酶在生命起源研究中有着重要意义。

在生命活动中所发生的各种生物化学反应过程都是在酶催化下进行的。酶可以改变生化反应速率，但自身并没有被反应所消耗。有酶参与的生物化学反应一般称为酶促反应。酶所催化的反应中的反应物称为底物（substrate），酶只能识别一种或一类专一的底物并催化专一的化学反应过程。

二、酶的催化作用机理

任何一个分子要发生化学反应，都必须先被活化，即增加能量。分子从常态转变为容易发生化学反应的活跃状态所需要的能量称为活化能（activation energy）。例如，汽油极易燃烧，跟空气中的氧气发生氧化反应，但在常温下不会自发地起火，只有遇火时才会燃烧。这是因为在高温下，少数汽油分子获得了一定的能量而被活化，才能发生氧化反应。正是由于分子发生化学反应需要活化能，生物体内许多化学性质活泼的物质才能保持稳定。如 ATP 是很容易被水解的，但由于水解需要 ATP 被活化，所以在水很丰富的环境（细胞）中，ATP 仍能保持稳定。ATP 的水解只有在专一性的酶——ATP 酶（ATPase）的催化下才易发生。

酶之所以能加速化学反应的进行，是因为它能降低反应的活化能，增加反应物分子越过活化能屏障和完成反应的概率（图 2－5）。

酶的作用机制是，在反应中酶与底物暂时结合，形成了酶—底物活化复合物。这种复合物对活化能的需求量低，因而在单位时间内复合物分子越过活化能屏障的数量就比单纯分子要多。反应完成后，酶分子迅速从酶—底物活化复合物中解脱出来（图 2－6）。酶的催化反应可以写成：

S（底物）＋E（酶）⟶SE（中间产物）⟶E＋P（反应产物）

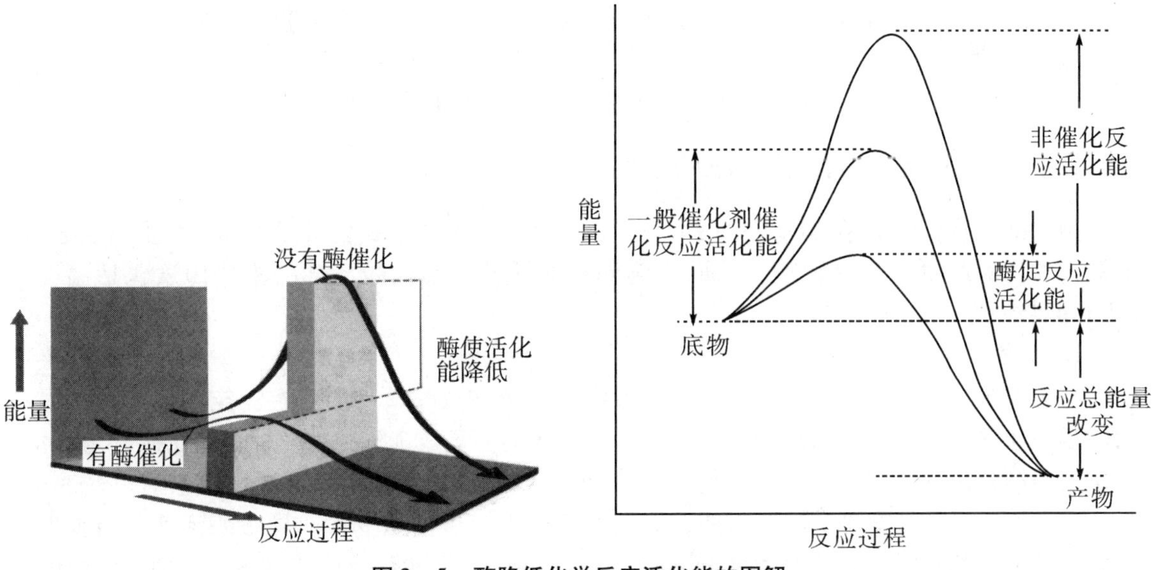

图 2－5　酶降低化学反应活化能的图解

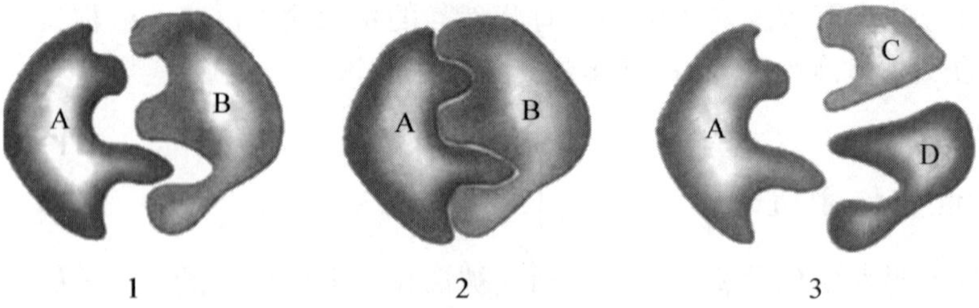

A. 酶 B. 底物 C、D. 产物

图2-6 酶的作用机制图解

三、酶的特性

酶作为生物催化剂，具有以下特点：

（1）催化效率高（高效性）。酶的催化效率比一般催化剂高 $10^7 \sim 10^{13}$ 倍。例如，蔗糖酶催化蔗糖水解的速度约为强酸的 2×10^{12} 倍。

（2）专一性，或叫特异性。酶的特异性是指酶对它所催化的反应以及底物结构有严格的选择性，一种酶只对一种物质或一类结构相似的物质起作用。酶比一般催化剂的特异性强，由于酶是一种蛋白质，结构复杂，在其精细的空间构象中，存在一个特殊部分“活性部位”，能专一地与对应的底物结合，在形成酶—底物活化复合物后，它就跟底物分子作用，体现酶的特异性。

（3）多样性。每一种酶催化一种化学反应，而生物体中化学反应的种类很多，如在一个直径为 10μm 的细胞中，有一千多种不同的化学反应，便有相对应的酶的数量，因此酶具有多样性。

（4）易变性。酶是蛋白质，所有酶和一般蛋白质的特性相同，凡能影响蛋白质的因素都可以影响酶。

（5）反应条件温和。酶促反应在常温、常压、生理 pH 条件下进行。

四、影响酶活性或酶促反应的因素

酶大都是具有四级结构的蛋白质大分子，外界的许多物理和化学因素都会对蛋白质分子的结构和构象产生一定的影响，从而影响到酶的活性。影响酶活性的主要因素包括温度、pH 和抑制剂等。

1. 温度

与大多数化学反应一样，温度对酶活性有显著影响（图 2-7）。在一定的温度范围内，酶的活性通常随着温度的升高而升高，因为有更多的分子成为活化分子，提高了底物与酶活性位点的结合速度和频率。通常温度每升高 10℃，反应速度加快一倍左右，最后反应速度达到最大值。另外，酶是一种蛋白质，温度升高可引起蛋白质变性，导致酶活性逐渐丧失。因此，每种酶都有它的最适温度（optimal temperature），即酶促反应速度达最大值时的温度。如果反应温度超过最适温度，随着温度的升高，反应速度逐渐下降，以至完全停止反应。通常酶的最适温度接近于它所存在的生物体的温度，比如，人体中的大多数酶的最适温度在 37℃左右，某些生长在温泉中的细菌所含的酶的最适温度高达 70℃～80℃。

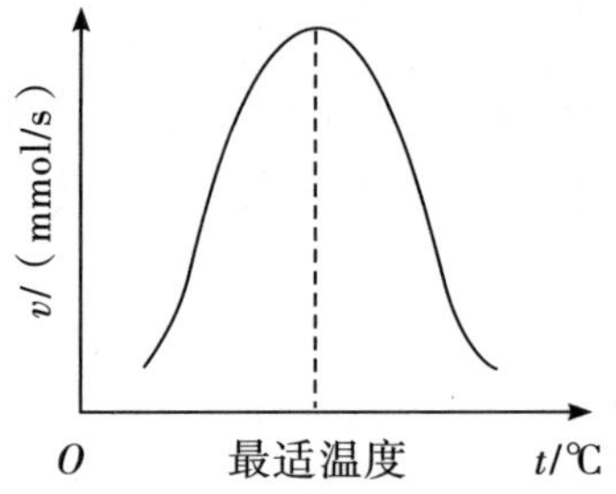

图 2－7　酶的活性受温度的影响

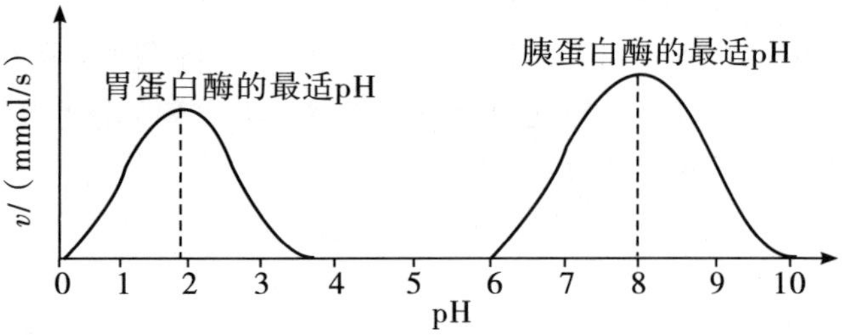

图 2－8　酶的活性受 pH 的影响

2. pH

酶活力受环境 pH 的影响，在一定 pH 下，酶表现最大活性，高于或低于此 pH，酶活力降低，通常把表现出酶最大活力的 pH 称为该酶的最适 pH。动物体内的最适 pH 多为 6～8（图 2－8），但不同酶的最适 pH 差别很大。例如，胃蛋白酶的最适 pH 为 1.9，而胰蛋白酶的最适 pH 为 8.1。pII 影响酶活力的主要原因有以下几个方面：首先，pH 影响酶分子活性部位上有关基团的解离，另外，也影响底物的解离状态，从而影响酶活性中心与底物的结合或催化；其次，有关基团解离状态的改变影响酶的空间构象，甚至会使酶变性。尽管有一些酶能忍受较大的 pH 的变化，但大多数酶保持活性的 pH 范围很窄。正因为如此，生物体使用缓冲液调节体内的适宜 pH。

3. 酶的抑制剂

有些化合物可以选择性地抑制酶的活性，称为酶的抑制剂（inhibitor）。有些抑制剂与正常的底物结构相似，它和底物竞争性地与酶的活性位点结合，从而妨碍底物进入酶的活性中心，减少酶与底物的作用机会，这种抑制剂称为竞争性抑制剂（competitive inhibitor）。这种抑制是可逆的，因此增加底物的浓度可以降低或解除抑制剂的影响。

另有一种非竞争性抑制剂（noncompetitive inhibitor），它们结合在酶的非活性中心部位，导致酶分子形状改变，使之不能与底物分子相匹配和结合（图 2－9）。

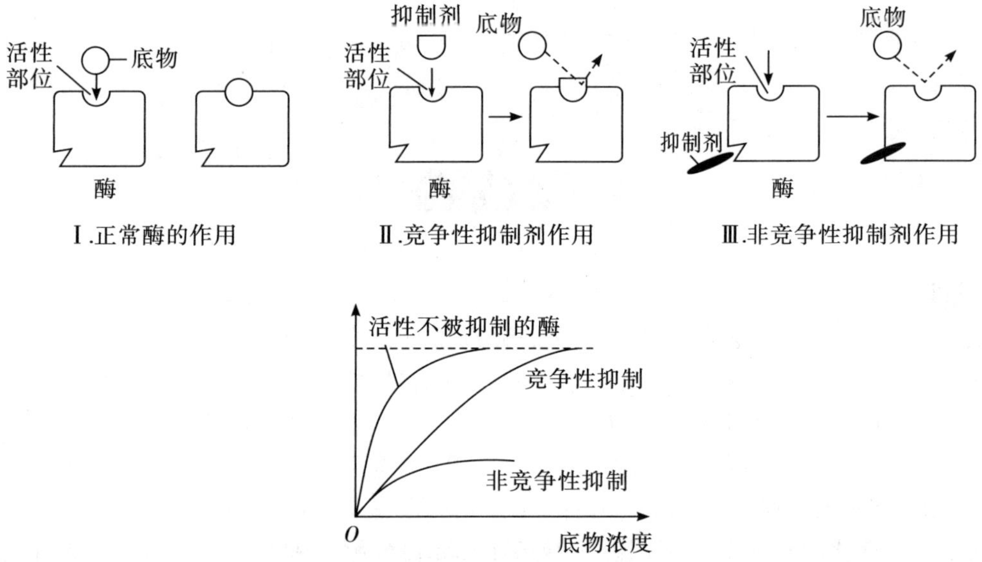

图 2－9　竞争性抑制和非竞争性抑制

一些酶的抑制剂对生物代谢具有毒性。例如，杀虫剂 DDT 是一种神经系统关键酶的抑制剂，对环境和人畜具有污染和毒害作用。许多抗生素是细菌中一些特定酶的抑制剂。例如，青霉素可以与细菌合成细胞壁的关键酶的活性中心结合，阻碍细菌细胞壁的合成，从而达到杀死细菌的效果。

4. 底物浓度和酶浓度对酶促反应的影响（图 2－10）

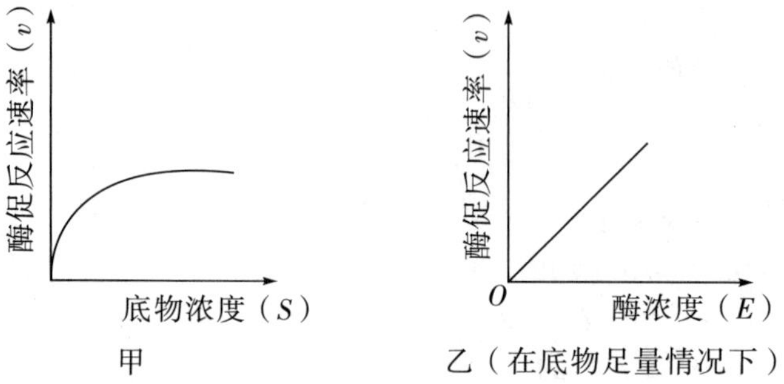

图 2－10　底物浓度和酶浓度对酶促反应的影响

甲图：在其他条件适宜、酶量一定的情况下，酶促反应速率随底物浓度增加而加快，但当底物达到一定浓度后，受酶数量和酶活性限制，酶促反应速率不再增加。

乙图：在底物充足、其他条件适宜的情况下，酶促反应速率与酶浓度成正比。

教与学的要点

1. 酶是活细胞产生的一类具有生物催化作用的有机物，其中绝大多数酶是蛋白质，少数酶是 RNA。核酶的发现只是对酶定义的补充。

2. 酶的特性有高效性、专一性、多样性等；酶的催化反应速率与温度、pH、底物的浓度、酶的浓度等因素有关，并受抑制剂的影响。

3. 酶的催化作用机理是酶与底物暂时结合，形成了酶—底物活化复合物，降低了反应的活化能。

练习与应用

一、选择题

1. 胃蛋白酶只能将蛋白质分解为多肽，这是酶的（　　）

　A. 高效性　　B. 专一性　　C. 多样性　　D. 催化作用

2. 下列关于酶的叙述，不正确的是（　　）

　A. 酶被分解后，可以得到氨基酸　　B. 酶的化学本质是蛋白质

　C. 酶的化学本质是氨基酸　　D. 酶是生物催化剂

3. 淀粉酶只能催化淀粉水解成麦芽糖，不能催化淀粉分解成葡萄糖；而麦芽糖酶不能催化淀粉的水解，只能催化麦芽糖水解成葡萄糖。这表明酶具有（　　）

A. 特异性　　B. 专一性　　C. 多样性　　D. 高效性

4. 活细胞内合成酶的场所主要是（　　）

A. 高尔基体　　B. 核糖体　　C. 线粒体　　D. 细胞核

5. 蛋白酶使蛋白质水解为多肽，但不能使多肽水解为氨基酸，这一事实说明了酶的（　　）

A. 高效性　　B. 专一性　　C. 多样性　　D. 特异性

6. 下列关于酶的叙述，正确的是（　　）

A. 由活细胞产生，在细胞内起作用　　B. 酶在催化过程中不断被消耗

C. 绝大多数酶是在核糖体上合成的　　D. 酶的种类单一

7. 下列关于蛋白质和酶的叙述，错误的一项是（　　）

A. 蛋白质的结构多样性决定功能多样性

B. 组成酶的基本单位是氨基酸

C. 肽酶能使蛋白质分解为多肽

D. 相同种类、数目的氨基酸，组成的蛋白质可能不同

8. 将乳清蛋白、淀粉、胃蛋白酶、唾液淀粉酶和适量水混合装入一个容器内，调整 pH 至 2.0，保存于37℃的水溶锅中，过一段时间后，容器内剩余的物质是（　　）

A. 淀粉、胃蛋白酶、多肽、水

B. 唾液淀粉酶、淀粉、胃蛋白酶、水

C. 唾液淀粉酶、胃蛋白酶、多肽、水

D. 唾液淀粉酶、麦芽糖、胃蛋白酶、多肽、水

9. 人在发高烧时食欲降低，感觉食之无味，其原因是（　　）

A. 体温升高，导致肠胃不能及时排空

B. 体温升高，完全抑制了消化酶的分泌

C. 体温升高，消化酶的活性受到影响

D. 体温升高，破坏了体温调节系统，从而影响了肠胃的吸收

10. 下列对酶的描述中，不正确的是（　　）

A. 酶是生物催化剂　　B. 大多数酶是蛋白质

C. 某些 RNA 也是酶　　D. 酶活性随温度增加而增强

11. 催化脂肪酶水解的酶是（　　）

A. 肽酶　　B. 蛋白酶　　C. 脂肪酶　　D. 淀粉酶

12. 把酶放在 0℃ 和 100℃ 的温度条件下处理后，酶均失去活性。下列说法中正确的是（　　）

A. 经过 0℃处理的酶的活性能够恢复　　B. 经过 100℃处理的酶的活性能够恢复

C. 经过 0℃处理的酶的空间结构遭破坏　　D. 经过 100℃处理的酶被水解成了氨基酸

13. 同一个体内各类活细胞所含的酶（　　）

A. 种类有差异，数量相同　　B. 种类有差异，数量不同

C. 种类无差异，数量相同　　D. 种类无差异，数量不同

14. 进入冬眠的动物代谢极为缓慢，最根本的原因是（　　）

A. 体内酶的活性低　　B. 气温低　　C. 进食少　　D. 耗能少

15. 血液凝固是一系列酶促反应的过程。在下列哪种体外温度条件下，采集到的血液凝固最快（　　）

A. 0℃　　B. 15℃　　C. 25℃　　D. 35℃

二、非选择题

1. 酶是______所产生的，具有催化能力的一类特殊的______。
2. 下图表示温度对酶的催化作用效率的影响。请据图回答问题：

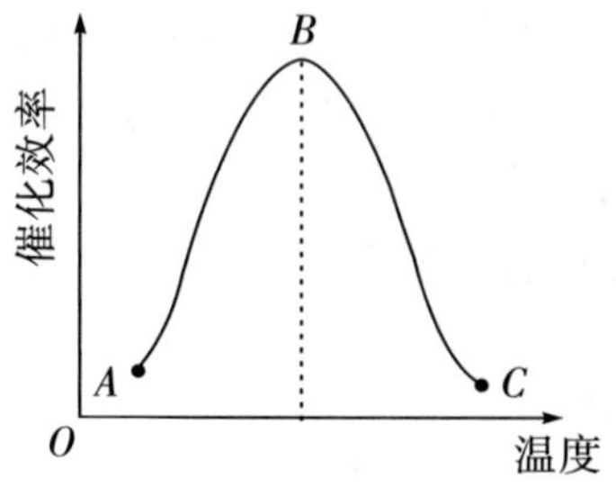

（1）曲线中 *AB* 段表示：______。
（2）曲线中 *B* 点表示：______。
（3）曲线中 *BC* 段表示：______。

3. 下图为人体在某项生理过程中所发生的化学反应的示意图。

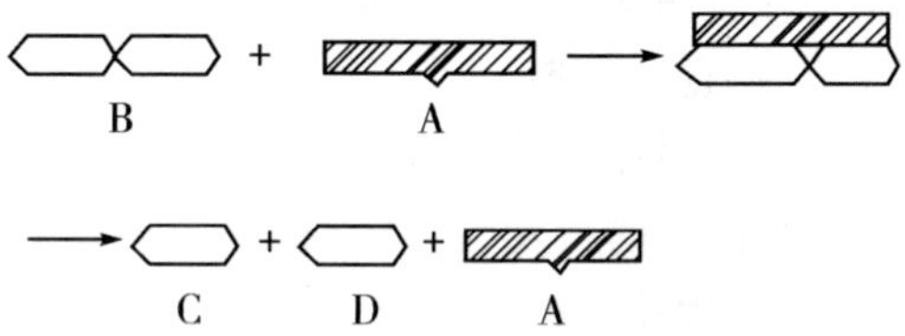

（1）图中标有字母的物质中，______代表酶，其化学本质是______，基本组成单位是______。
（2）如果 B 代表麦芽糖，则 C 和 D 代表______。
（3）有关葡萄糖与蔗糖的说法，错误的是（　　）
A. 它们的分子式不同，但元素组成相同　　B. 蔗糖能水解，葡萄糖却不能
C. 它们是同分异构体　　D. 葡萄糖是单糖，蔗糖是二糖

4. 将萝卜磨碎制得提取液，取少量分别加入 pH 为 3 ~9 的盛有等量过氧化氢（H_2O_2）溶液的几个试管中，保持30℃的温度，结果每个试管都产生气体。重复上述实验，只是提取液的添加量减半。两次实验过氧化氢含量的变化曲线如右图所示，请问：

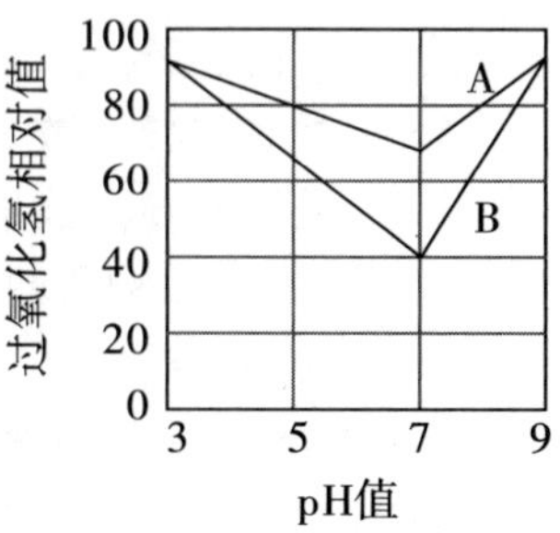

（1）萝卜提取液中含有的物质是______。
（2）为什么曲线 A 和 B 中，过氧化氢的含量最低点位于同一直线上？______。
（3）A 是第______次实验，理由是______。
（4）如果把提取液进行加热处理，处理后进行第三次实验，结果是______，这说明______。

第三节　细胞的能量通货——ATP

我们知道，糖类是细胞的主要能源物质之一，脂肪是生物体内储存能量的主要物质。但是，这些有机物中的能量都不能直接被生物体利用，它们只有在细胞中随着这些有机物逐步氧化分解而释放出来，并且储存在 ATP 中才能被生物体利用。所以说，新陈代谢所需要的能量是由细胞内的 ATP 直接提供的，ATP 是新陈代谢所需能量的直接来源。

知识拓展

细胞中的能源物质、主要能源物质、主要贮能物质、直接能源物质

（1）在细胞中，糖类、脂肪、蛋白质都是有机化合物，其中贮存大量的化学能。当其被氧化分解时，这些化学能就释放出来，供生命活动所利用。因此，它们都是能源物质。

（2）在正常情况下，糖类分解供能约占总能量的 70% 以上，因此，糖类是生命活动的主要能源物质。

（3）脂肪分子中贮存的能量多（每克糖类或蛋白质完全氧化时放出 17.15kJ 的能量，每克脂肪完全氧化时放出 38.91kJ 的能量，是同质量的糖类、蛋白质的 2 倍还多），是理想的贮能物质，所以脂肪主要是生物体的贮能物质。蛋白质在细胞内主要是结构物质和调节物质，虽也少量地分解供能，但供能比例小，所以虽是能源物质，但不是主要能源物质。

（4）细胞中还有高能化合物，如 ATP、动物细胞中的磷酸肌酸等，它们的分子中有高能键。ATP 水解时可放出较多的能量，直接为生命活动供能，所以 ATP 是直接能源物质。在动物细胞中 ATP 有盈余时，可把一个高能键和磷酸基转移给肌酸生成磷酸肌酸。在细胞中 ATP 供应不足时，磷酸肌酸中的高能键和一个磷酸基再转移给 ADP，生成 ATP。

（5）三大能源物质的供能顺序是：先是糖类氧化供能；当糖类供能不足时，依次由脂肪、蛋白质供能；蛋白质除在正常代谢中提供部分能量外，一般不供能，当需要由蛋白质大量供能时，说明生物体已病重或生命接近终结。

（6）特别提醒：①能源物质的功能不一定主要是供能，如蛋白质的主要功能是参与构成细胞的结构和调节代谢。②含有大量能量的物质不一定是生命活动主要的供能物质，如脂肪、糖原都含有很高能量，但只有在葡萄糖供能不足时，才为生命活动供能。

一、ATP 的分子简式

在生物化学中，三磷酸腺苷或称腺苷三磷酸（adenosine triphosphate，ATP）是一种核苷酸，作为细胞内能量传递的“分子通货”，贮存和传递化学能。ATP 在核酸合成中也具有重要作用。

ATP 分子的结构（图 2－11）可以简写成 A－P～P～P，其中，A 代表腺苷；P 代表磷酸基团；～代表一种特殊的化学键，叫做高能磷酸键，高能磷酸键断裂时，大量的自由能会被释放出来。ATP 可以水解，ATP 的水解实际上是指 ATP 分子中高能磷酸键的水解。高能磷酸化合物是指水解时释放的能量在 20.92kJ/mol（千焦每摩尔）以上的磷酸化合物，ATP 的高能磷酸键水解时释放的能量多达 30.54kJ/mol，所以说 ATP 是细胞内一种高能磷酸化合物。ATP 分子组成中的一磷酸腺苷（即 AMP）就是组成核酸 RNA 的基本单位之一的腺嘌呤核糖核苷酸。

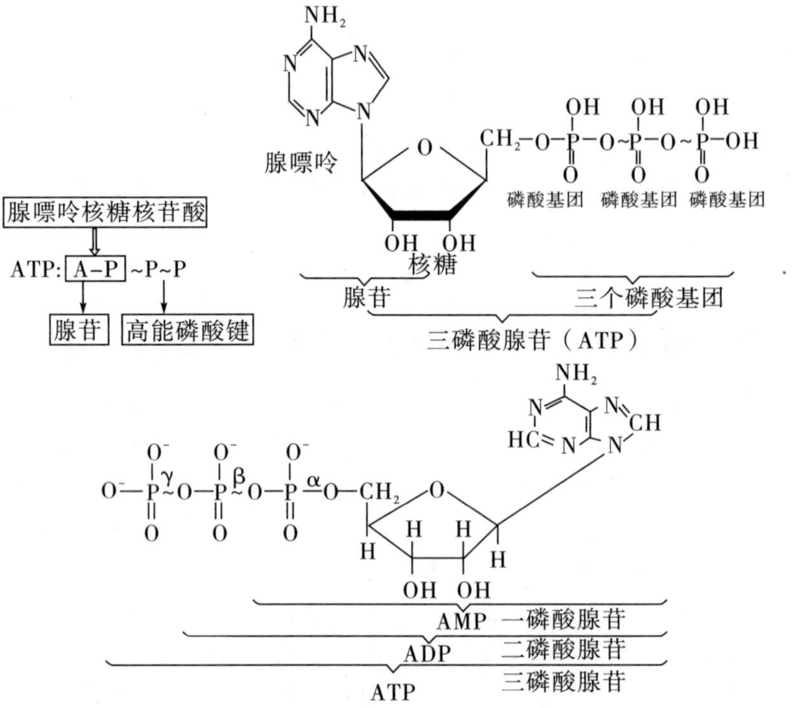

图 2-11　三磷酸腺苷的分子结构

二、ATP 与磷酸肌酸

高能磷酸化合物中重要的有 ATP 和磷酸肌酸（简称 C ~ P）。磷酸肌酸主要存在于动物和人体细胞中，特别是骨骼肌细胞中，当由于能量大量消耗而使细胞中 ATP 含量过分减少时，磷酸肌酸就释放出所储存的能量，供 ADP 合成为 ATP，这是动物体内 ATP 形成的一个途径。当肌细胞中的 ATP 浓度过高时，肌细胞中的 ATP 可将其中的高能磷酸键转移给肌酸，生成磷酸肌酸，其变化可表示为：

$$\text{磷酸肌酸（C ~ P）} + \text{ADP} \xrightleftharpoons{\text{酶}} \text{ATP} + \text{肌酸（C）}$$

磷酸肌酸是能量的一种储存形式，但是不能直接被利用。对于动物和人来说，它在能量的释放、转移和利用之间起着缓冲作用，使细胞内 ATP 的含量保持相对的稳定。

三、ATP 与 ADP 的相互转化

科学研究表明，ATP 分子中远离 A 的那个高能磷酸键，在一定的条件下很容易水解，也很容易重新形成：水解时伴随有能量的释放，重新形成时伴随有能量的储存。在相关酶的催化作用下，ATP 分子中远离 A 的那个高能磷酸键水解，远离 A 的那个磷酸基团脱离开，形成磷酸（Pi），同时，储存在这个高能磷酸键中的能量释放出来，三磷酸腺苷就转化成二

磷酸腺苷（adenosine diphosphate，ADP）。在另一种酶的催化作用下，ADP可以接受能量，同时与一个磷酸结合，从而转化成ATP（图2－12）。

$$\mathrm{A-P\sim P\sim P} \xrightleftharpoons{\text{酶}} \mathrm{A-P\sim P} + \mathrm{Pi} + \text{能量}$$

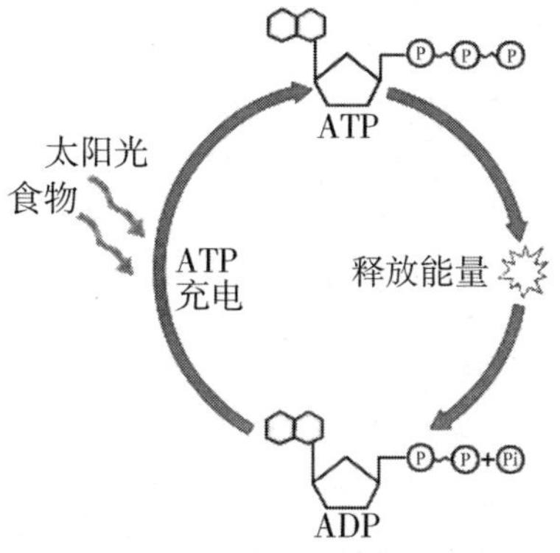

图2－12　ATP与ADP相互转化示意图

ATP不能被储存，也不稳定，因此ATP合成后必须在短时间内被消耗。ATP在细胞内的含量是很少的，但是ATP在细胞内的转化是十分迅速的，这样，细胞内ATP的含量总是处在动态平衡之中，这对于构成生物体内部稳定的供能环境，具有重要的意义。人体中的ATP总量只有大约0.1mol。人体细胞每天的能量需要水解200～300mol的ATP，这意味着每个ATP分子每天要被重复利用2 000～3 000次。

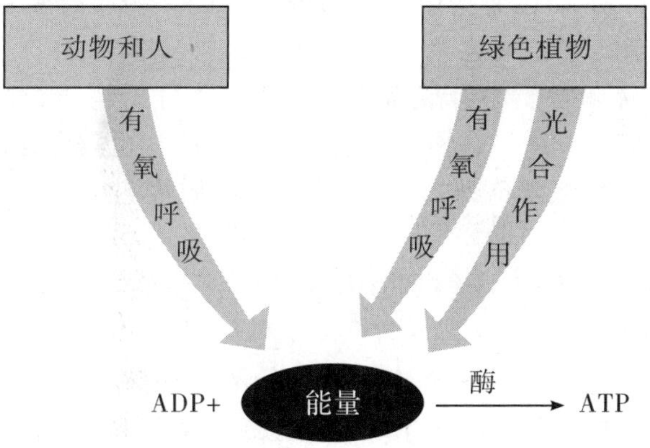

图2－13　ADP转化成ATP所需能量来源示意图

那么，生物体内的活细胞怎样使ADP转化成ATP，以便保证能量的不断供应呢？对于动物和人来说，ADP转化成ATP时所需要的能量，主要来自线粒体内有氧呼吸过程中分解有机物释放出的能量。对于绿色植物来说，ADP转化成ATP时所需要的能量，除了来自有氧呼吸过程中分解有机物释放出的能量外，还来自光合作用（图2－13）。有关这方面的内容，将在后面进一步讲述。总之，构成生物体的活细胞，根据生命活动的需要，内部时刻进行着ATP与ADP的相互转化，同时也就伴随有能量的储存和释放。我们可以形象地把ATP比喻成细胞内流通着的“能量货币”。正是由于细胞内具有这种流通着的“能量货币”，生物体的生命活动才能及时地得到能量供应，新陈代谢才能顺利地进行下去。

四、ATP中能量的利用

在生物体内能量的转换和传递中，ATP是一种关键的物质。ATP是生物体内直接供给可利用能量的物质，是细胞内能量转换的“中转站”，各种形式的能量转换都是以ATP为中心环节的。生物体内有各种酶作为生物催化剂，同时又有细胞中生物膜系统的存在。因此，ATP中的能量可以直接转化成其他各种形式的能量，用于各项生命活动。

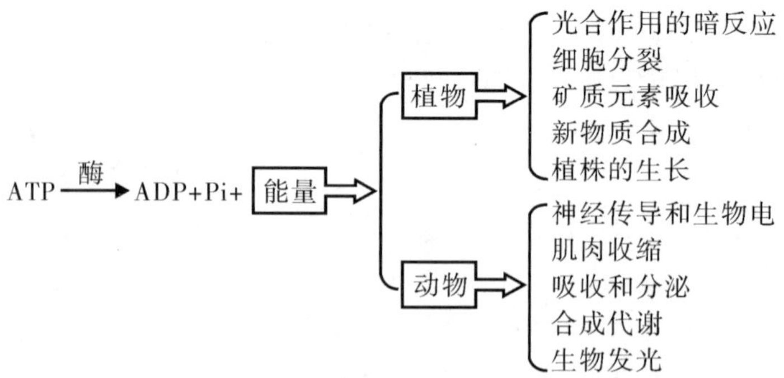

（1）机械能。生物体内的细胞以及细胞内各种结构的运动都在做机械功，所消耗的就是机械能。例如，纤毛和鞭毛的摆动、肌细胞的收缩、细胞分裂期间染色体的运动等，都是由 ATP 提供能量来完成的。

（2）电能。生物体内神经系统传导冲动和某些生物能够产生电流，此时消耗的就是电能。电能也是由 ATP 所提供的能量转化而成的。

（3）渗透能。细胞的主动运输是逆浓度梯度进行的，物质跨膜移动所做的功消耗了能量，这些能量叫做渗透能，渗透能也来自 ATP。

（4）化学能。生物体内物质的合成需要化学能，小分子物质合成大分子物质时，必须有直接或间接的能量供应。此外，物质在分解的开始阶段，也需要化学能来活化成能量较高的物质（如葡萄糖活化成磷酸葡萄糖）。在生物体的物质代谢中，可以说到处都需要由 ATP 转化的化学能来做化学功。

（5）光能。关于生物发光的生理机制还没有完全弄清楚，但是已经知道，用于发光的能量仍然直接来源于 ATP。

（6）热能。生物体内的热能，来源于有机物的氧化分解。大部分的热能通过各种途径向外界环境散发，只有一小部分热能用于维持细胞或恒温动物的体温。通常情况下，热能的形成往往是细胞能量转换和传递过程中的副产品。

教与学的要点

1. ATP 是新陈代谢所需要能量的直接来源。ATP 分子中含有两个高能磷酸键，当 ATP 分解时，远离 A 的那个高能磷酸键断裂将大量的能量释放出来。ATP 在细胞内的含量是很少的。ATP 和 ADP 在细胞内的相互转化是十分迅速的。

2. 对于动物和人来说，ADP 转化成 ATP 时所需要的能量，主要来自呼吸作用。对于绿色植物来说，ADP 转化成 ATP 时所需要的能量，除了呼吸作用外，还来自光合作用。

3. ATP 中的能量可以直接转化成其他各种形式的能量，用于各项生命活动。这些能量形式主要有机械能、电能、渗透能、化学能、光能、热能。

练习与应用

一、选择题

1. 下列能代表三磷酸腺苷的分子简式的是（　　）

A. A－P－P－P　　B. A－P－P～P　　C. A－P～P～P　　D. A～P～P～P

2. 在 ATP 与 ADP 的相互转化的简式中，正确的是（　　）

A. ATP $\rightleftharpoons$ ADP＋Pi＋能量　　B. ATP $\xrightarrow{酶}$ ADP＋Pi＋能量

C. ADP＋能量 $\xrightarrow{酶}$ ATP　　D. ATP $\overset{酶}{\rightleftharpoons}$ ADP＋Pi＋能量

3. 生物体生命活动的直接能源物质是（　　）

A. ATP　　B. 蛋白质　　C. 糖类　　D. 脂肪

4. 关于动物细胞中 ATP 的叙述，正确的是（　　）

A. ATP 与 ADP 的转化可以任意进行，不需任何条件

B. ATP 中含三个高能磷酸键

C. ATP 普遍存在于动物细胞中，但含量不多

D. 动物体细胞中的 ATP 只能通过呼吸作用产生

5. 下列生理过程中不需要消耗 ATP 的是（　　）

A. 在核糖体上合成血红蛋白　　B. 在肺泡表面进行气体交换

C. 小肠吸收氨基酸　　D. 神经冲动的中枢传导

6. 一个 ADP 中，含有腺苷、磷酸基和高能磷酸键的数目依次是（　　）

A. 1、2、2　　B. 1、2、1　　C. 2、1、2　　D. 2、1、1

7. 下列关于 ATP $\xrightarrow{酶}$ ADP＋Pi＋能量的反应式的叙述，正确的是（　　）

A. 反应式物质可逆，能量不可逆

B. 反应式能量可逆，物质不可逆

C. 两者均可逆

D. 生物体内 ADP 转化成 ATP 所需能量都来自呼吸作用

8. 生物体进行生命活动所需要的主要能源物质是（　　）

A. 糖类　　B. 蛋白质　　C. 脂肪　　D. ATP

9. 直接供给人体细胞生命活动能量的能源物质是（　　）

A. ATP　　B. 葡萄糖　　C. 脂肪　　D. 阳光

10. 已知 1 个葡萄糖分子经过彻底氧化分解可产生 36 或 38 个 ATP。1mol/L ATP 的高能磷酸键储存能量约 30. 54kJ；1mol/L 葡萄糖氧化共释放 2 872. 2kJ 能量。则细胞中能量的转化率最低为（　　）

A. 25%　　B. 30%　　C. 38%　　D. 46%

11. ATP 在细胞内的含量及其生成是（　　）

A. 很多、很快　　B. 很少、很慢　　C. 很多、很慢　　D. 很少、很快

12. 人体内生成 ATP 的细胞器是（　　）

A. 叶绿体　　B. 线粒体　　C. 核糖体　　D. 高尔基体

13. 绿色植物的细胞中，能生成 ATP 的细胞器是（　　）

A. 叶绿体和线粒体　　B. 线粒体和核糖体
C. 核糖体和高尔基体　　D. 高尔基体和叶绿体

14. 高等植物体内产生 ATP 的生理过程有（　　）
A. 呼吸作用、渗透作用　　B. 呼吸作用、蒸腾作用
C. 光合作用、主动运输　　D. 光合作用、呼吸作用

15. 在新陈代谢过程中，起重要作用的两种物质是（　　）
A. 有机酸和糖类　　B. 酶和 ATP　　C. 核酸和 ATP　　D. 蛋白质和核酸

二、非选择题

1. 在反应式 $ATP \xrightleftharpoons{酶} ADP + Pi +$ 能量中，从左到右释放出来的能量，可以用在生物体的__________中，从右到左需要的能量，对动物和人来说主要来自__________，对绿色植物来说还可来自__________。此反应中，高能磷酸键的断裂和形成相应伴随着能量的__________和__________。
2. 当 ATP 分子彻底水解时，可有______个高能磷酸键断裂。
3. ATP 是______________的简称，分子式可以简写成：______________。

第四节　能量之源——光与光合作用

万物生长靠太阳，地球上所有的生命最终都靠太阳提供能量。太阳光经过 1.6 亿千米的长途跋涉到达地球，植物捕获和利用太阳能，将无机物（CO_2和 H_2O）合成有机物，并放出氧气，将太阳能转化为化学能并储存在葡萄糖和其他有机分子中，这一过程称为光合作用（photosynthesis）。植物之所以被称为食物链的生产者，是因为它们能够通过光合作用利用无机物生产有机物并且储存能量。通过食用，食物链的消费者可以吸收到植物所储存的能量，效率为10%左右。对大多数生物来说，这个过程是他们赖以生存的关键。而地球上的碳氧循环，光合作用是其中最重要的一环。

一、光合作用的发现

17 世纪以前，人们一直以为植物体内的全部营养物质都是从土壤中获得的，并不认为植物体能够从空气中得到什么。17 世纪中叶，比利时的一位医生 Jan Baptista van Helmont 对此产生怀疑，他将一株小柳树进行盆栽，只浇水。5 年后柳树长大，重量增加了约 75kg，而土壤的重量只减少了约 60g。于是他得出了正确的结论，即植物生长所用的物质主要不是来自土壤，但是他却错误地认为植物重量的增加主要是由于吸收了水。

1771 年，英国科学家普利斯特利发现，将点燃的蜡烛与绿色植物一起放在一个密闭的玻璃罩内，蜡烛不容易熄灭；将小鼠与绿色植物一起放在玻璃罩内，小鼠也不容易窒息而死。因此，他指出植物可以更新空气（图 2－14）。但是，他并不知道植物更新了空气中的哪种成分，也没有发现光在这个过程中所起的关键作用。后来，经过许多科学家的实验，才逐渐发现光合作用的场所、条件、原料和产物。下面介绍其中几个著名的实验（表 2－3）。

表 2－3 探索光合作用的几个著名的实验

发现者	实验（依据）	结论
普利斯特利	小鼠与绿色植物放在同一个玻璃罩内，小鼠没有窒息死亡	植物可以更新空气
英格豪斯	500 多次植物更新空气实验	植物只有绿叶在阳光照射下，才能更新空气
梅耶	根据能量转化和守恒定律	光合作用把光能转化成化学能储存起来
萨克斯	绿叶 $\xrightarrow[12h]{黑暗}$ {曝光 $\xrightarrow{碘蒸气}$ 蓝色 遮光 $\xrightarrow{碘蒸气}$ 无颜色变化}	植物叶片在光合作用中合成淀粉
恩吉尔曼	水绵 + 好氧细菌 $\xrightarrow[无空气]{黑暗}$ {完全曝光→好氧细菌分布于叶绿体所有受光部位 极细光束照射→好氧细菌集中于叶绿体被光束照射的部位}	叶绿体是进行光合作用的场所；叶绿体光合作用释放 O_2
鲁宾和卡门	$H_2{}^{18}O + CO_2$→植物→$^{18}O_2$ $H_2O + C^{18}O_2$→植物→O_2	光合作用释放的 O_2 来自水
卡尔文	用 ^{14}C 标记的 $^{14}CO_2$ 供小球藻进行光合作用，然后追踪检测其放射性⇒$^{14}CO_2 \rightarrow {}^{14}C_3 \rightarrow$（$^{14}CH_2O$）	CO_2 中的碳在光合作用中转化为有机物的途径

图 2－14 普利斯特利的实验

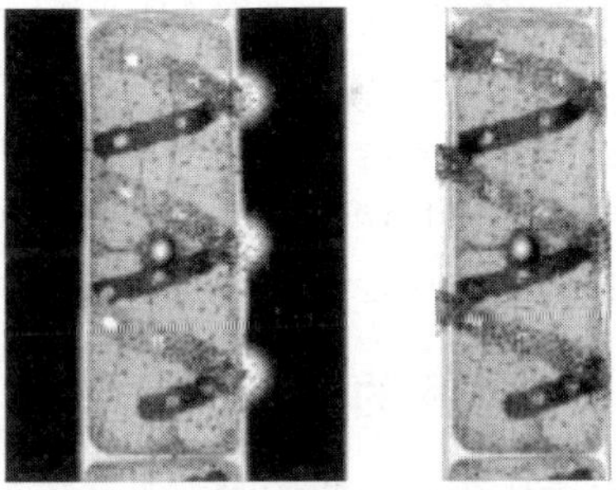

图 2－15 恩吉尔曼实验的示意图

1864 年，德国科学家萨克斯做了这样一个实验：把绿色叶片放在暗处几小时，目的是让叶片中的营养物质消耗掉，这个过程也叫饥饿处理。然后把这个叶片一半曝光，另一半遮光。过一段时间后，用碘蒸气处理叶片，发现遮光的那一半叶片没有发生颜色变化，曝光的那一半叶片则呈深蓝色。这一实验成功地证明了绿色叶片在光合作用中产生了淀粉。

1880 年，德国科学家恩吉尔曼用水绵进行了光合作用的实验（图 2－15）：把载有水绵和好氧细菌的临时装片放在没有空气并且是黑暗的环境里，然后用极细的光束照射水绵。通过显微镜观察发现，好氧细菌只集中在叶绿体被光束照射到的部位附近；如果上述临时装片完全暴露在光下，好氧细菌则集中在叶绿体所有受光部位的周围。恩吉尔曼的实验证明：氧是由叶绿体释放出来的，叶绿体是绿色植物进行光合作用的场所。

二、光合作用反应式的演变

早在19世纪末期，植物生理学家已采用下列公式代表光合作用：

$$6CO_2 + 6H_2O \xrightarrow[\text{叶绿体}]{\text{光}} C_6H_{12}O_6 + 6O_2$$

这一公式表明，在光合作用过程中，光能是动力，叶绿体好比机器，二氧化碳与水是原料，而葡萄糖和氧则是产物。释放的氧气与吸入的二氧化碳之间存在着准量（同体积）的关系，加上葡萄糖可用 $(CH_2O)_6$表示，好像是6个碳原子与6个水分子结合而成的。从而早期一度造成错觉，让人们以为氧气来自二氧化碳。直到1939年，英国科学家希尔发现把离体的叶绿体放入草酸高铁溶液内，照光后，草酸高铁会还原成草酸低铁，同时放出氧气。人们这才认识到叶绿体所吸收的光能是用来分解水的。光合作用中释放出的氧到底是来自水，还是来自二氧化碳呢？20世纪30年代，美国科学家鲁宾和卡门采用同位素标记法研究了这个问题。他们用氧的同位素——^{18}O，分别标记 H_2O 和 CO_2，使它们分别成为 $H_2^{18}O$ 和 $C^{18}O_2$，然后进行两组光合作用实验：第一组向绿色植物提供 $H_2^{18}O$ 和 CO_2；第二组向同种绿色植物提供 H_2O 和 $C^{18}O_2$。在相同的条件下，他们对两组光合作用实验释放出的氧进行了分析，结果表明第一组释放的氧全部是$^{18}O_2$，第二组释放的氧全部是 O_2。这个实验证明，光合作用释放的氧全部来自水。因此，确切的光合作用公式应是：

$$6CO_2 + 12H_2O^* \xrightarrow[\text{叶绿体}]{\text{光}} C_6H_{12}O_6 + 6O_2^* \uparrow + 6H_2O\ \text{（通式）}$$

$$\text{或 } CO_2 + 2H_2O^* \xrightarrow[\text{叶绿体}]{\text{光}} (CH_2O) + O_2^* \uparrow + H_2O\ \text{（通式）}$$

（$*$表示^{18}O）

注意：上式中等号两边的水不能抵消，这在化学上式子显得很特别。原因是左边的水是植物吸收所得，而且用于制造氧气和提供电子和氢离子；而右边的水分子中的氧原子则是来自二氧化碳。

三、光合作用的过程

植物与动物不同，它们没有消化系统，因此必须依靠光合作用的方式来摄取营养，这就是所谓的自养生物。对于绿色植物来说，在阳光充足的白天，它们将利用阳光的能量来进行光合作用，以获得生长发育所必需的养分。

光合作用过程的关键参与者是细胞内的叶绿体。叶绿体在阳光的作用下，把经由气孔进入叶子内部的二氧化碳和由根部吸收的水转变成为淀粉，同时释放氧气。

1. 叶绿体和其中的色素

叶绿体主要存在于绿色植物的叶肉细胞中，它的表面有双层膜，可以控制物质的进出。它的内部充满了无色的基质和绿色的基粒。在电子显微镜下观察叶绿体的超薄切片，可以看到每个基粒都是由一个个囊状的结构垛叠而成的，这些由膜围成的囊状结构叫做类囊体（图2－16）。在类囊体的薄膜上，有进行光合作用的色素，这些色素可以吸收、传递和转化光能。实际上，光合作用的能量转化就是在类囊体膜上进行的。在类囊体的薄膜上和叶绿体内的基质中有许多种酶，这些酶可催化光合作用过程中的一系列化学反应。

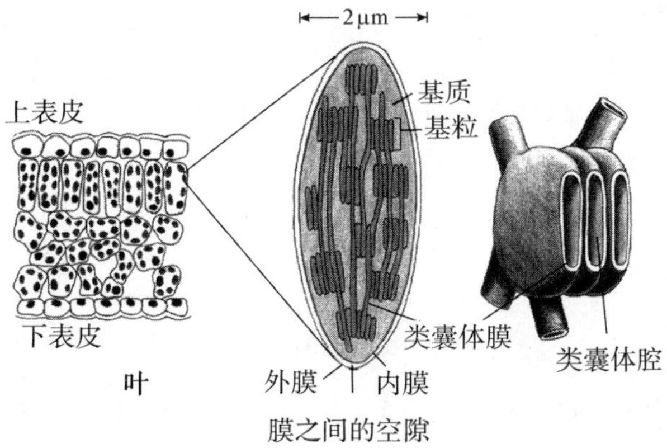

图 2－16 叶绿体

叶绿体中的色素包括叶绿素和类胡萝卜素两类，叶绿素含量约占总量的3/4，包括叶绿素 a（呈蓝绿色）和叶绿素 b（呈黄绿色）两种；类胡萝卜素约占总量的1/4，包括胡萝卜素（呈橙黄色）和叶黄素（呈黄色）两种（表 2－4）。

表 2－4 叶绿体中的色素及作用

色素种类	叶绿素（3/4）		类胡萝卜素（1/4）	
	叶绿素 a	叶绿素 b	胡萝卜素	叶黄素
	蓝绿色	黄绿色	橙黄色	黄色
分布	叶绿体的类囊体薄膜上			
作用	吸收、传递光能（叶绿体中所有色素）、转化光能（只有少数叶绿素 a）；叶绿素主要吸收红光和蓝紫光，类胡萝卜素主要吸收蓝紫光（如大棚选用的薄膜是无色透明的）			
特性	不溶于水，但能溶于有机溶剂如无水乙醇中			

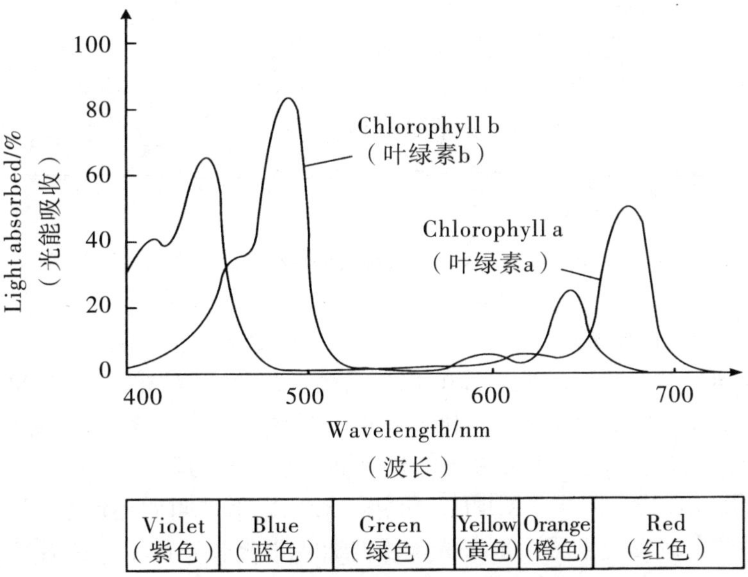

图 2－17 叶绿体中叶绿素的吸收光谱

将提取出的叶绿体中的色素溶液放在可见光光束和三棱镜之间，可以看到连续光谱中有些波长的光被吸收了。叶绿素 a 和叶绿素 b 主要吸收蓝紫光和红橙光，胡萝卜素和叶黄素主要吸收蓝紫光（图 2 - 17）。这些色素吸收的光，都能用于光合作用。叶绿素 a 和叶绿素 b 对绿光的吸收量最少，正是因为如此，绿光被反射出来，叶绿体才呈现绿色。

知识拓展

植物的叶色

植物的叶色是各种色素的综合表现，其中主要取决于叶绿素和类胡萝卜素含量的比例。一般说来，高等植物在正常情况下，叶肉细胞内叶绿素是类胡萝卜素的四倍，因此叶子总是呈现绿色。秋天，气候条件差或叶片衰老时，叶绿素较易被破坏，数量减少，而类胡萝卜素比较稳定，所以呈现黄色。有些植物（如枫树），因秋天降温，叶绿素受到破坏，细胞液里花青素的颜色随着细胞液酸碱度的变化而变化，酸性时呈红色，从而使叶子呈红色。

有些植物，除了含有叶绿素和类胡萝卜素外，还含有其他色素，如蓝藻类还含有藻蓝素，褐藻类还含有藻黄素，红藻类还含有藻红素等。因此，这些植物呈现出各自不同的颜色。

2. 光合作用的过程

光合作用是一个非常复杂的反应过程，它包括许多化学反应。大体上来说，根据是否需要光能，光合作用的过程可以分为两个阶段：光反应阶段和暗反应阶段（图 2 - 18）。

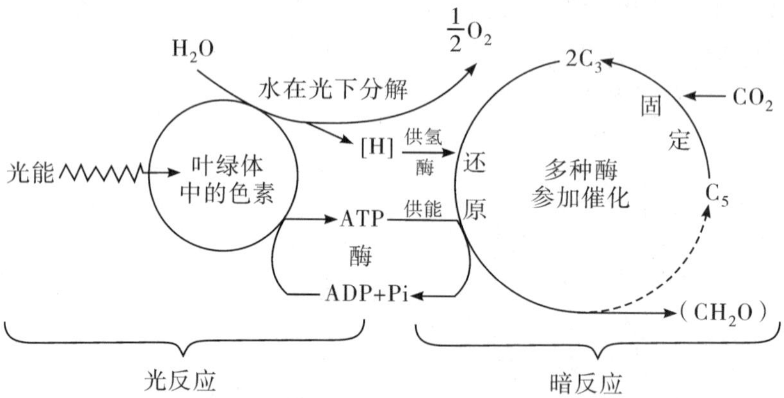

图 2 - 18 光合作用过程的图解

光反应阶段：光合作用第一个阶段中的化学反应，必须有光才能进行，这个阶段叫做光反应（light reaction）阶段。光反应阶段的化学反应是在叶绿体内的类囊体膜上进行的。

光反应的本质是由可见光引起的光化学反应，具体如下：① 水的光解反应：通过光合色素对光能的吸收、传递，在其中部分光能作用下把水分解为氢和氧，氧原子结合形成氧气释放出去，氢与 NADP 结合形成 NADPH。氢用［H］表示，叫做还原氢，作为还原剂参与暗反应。② ATP 的合成反应：另一部分光能由光合色素吸收、传递，最后光能通过 H^+ 转移给 ADP，结合一个磷酸形成 ATP，也就将光能转化成活跃的化学能储存在 ATP 的高能磷酸键上，这些 ATP 也参与到第二个阶段的化学反应中去。

$$H_2O \xrightarrow{\text{光解}} 2[H] + \frac{1}{2}O_2；ADP + Pi + \text{能量} \longrightarrow ATP \text{（[H]和 ATP 用于暗反应）}$$

暗反应阶段：光合作用第二个阶段中的化学反应，没有光在黑暗中也可以进行，这个阶段叫做暗反应（dark reaction）阶段。暗反应阶段中的化学反应是在叶绿体的基质中进行的。

暗反应实际上是一个由多种酶的催化才能完成的酶促反应，主要包括三个步骤：① 二氧化碳的固定：一个二氧化碳分子与一个五碳化合物分子结合形成两个三碳化合物分子，这个反应的作用在于使反应活性不高的二氧化碳分子活化。② 三碳化合物的还原：在有关酶的催化下，一些三碳化合物接受光反应产生的 ATP 分解时释放的能量并被光反应产生的［H］还原，经一系列复杂的变化，形成糖类。③ 五碳化合物的再生：另一些三碳化合物则经复杂的变化，又重新生成五碳化合物，从而使暗反应阶段的化学反应不断地进行下去。

$$CO_2\text{固定：}CO_2 + C_5 \xrightarrow{\text{酶}} 2C_3；CO_2\text{还原：}2C_3 \xrightarrow[\text{ATP 供能}]{\text{酶、[H]供氢}} C_6H_{12}O_6$$

光合作用是一种氧化还原反应：水分子失去了氢被氧化，而二氧化碳分子获得了氢被还原，如下所示：

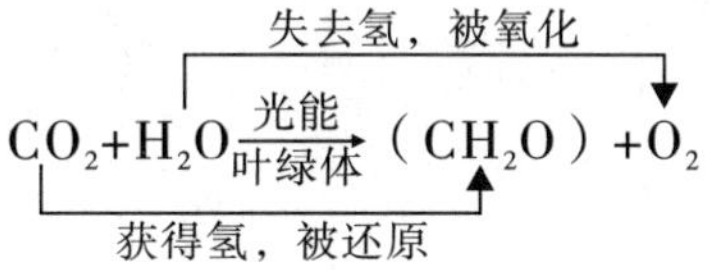

长期以来，人们以为光合作用的产物只有糖类和氧，而蛋白质和脂肪等有机物都是植物体利用糖类再度合成的。事实上，一部分蛋白质和脂肪也是光合作用的直接产物（合成蛋白质时，还需要含氮的化合物）。所以，确切地说，光合作用的产物是有机物和氧。由此可见，光反应阶段和暗反应阶段是一个整体，在光合作用的过程中，二者是紧密联系、缺一不可的。

知识拓展

藻类和细菌的光合作用

真核藻类，如红藻、绿藻、褐藻等，和植物一样具有叶绿体，也能够进行产氧光合作用。光可被叶绿素吸收，而很多藻类的叶绿体中还具有其他不同的色素，赋予了它们不同的颜色。

能够进行光合作用的细菌并不具有叶绿体，而是直接在细胞内进行。属于原核生物的蓝藻（或者称“蓝细菌”）同样含有叶绿素，和叶绿体一样进行产氧光合作用。事实上，人们普遍认为叶绿体是由蓝藻进化而来的。其他光合细菌具有多种多样的色素，称作细菌叶绿素或菌绿素，但不氧化水生成氧气，而以其他物质（如硫化氢、硫或氢气）作为电子供体。不产氧光合细菌包括紫硫细菌、紫非硫细菌、绿硫细菌、绿非硫细菌和太阳杆菌等。

四、影响光合速率的因素及在生产上的应用

1. 影响光合速率的内部因素

植物的种类不同，光合速率不同；同一植物在不同的生长发育阶段、同一植株不同部位的叶片、同一叶片的不同生长发育时期，光合速率都有明显差异。

2. 影响光合速率的环境因素

（1）光照强度。光是光合作用的能量来源，光照强度直接影响光合速率（图 2－19）。在其他条件都适宜的情况下，在一定范围内，光合速率随光照强度增加而加快。当光照强度达到一定数值后，光照强度再增加而光合速率不再加快，这种现象叫光饱和现象。达到光饱和现象的光照强度称为光饱和点。在光饱和点以下，随着光照强度减弱，光合速率减慢，当减弱到一定光照强度时，光合吸收二氧化碳量与呼吸释放二氧化碳的量处于动态平衡，这时的光照强度称为光补偿点，此时植物制造有机物量和消耗有机物量相等。不同类型植物的光饱和点和光补偿点是不同的，阳生植物的光饱和点和光补偿点一般都高于阴生植物。

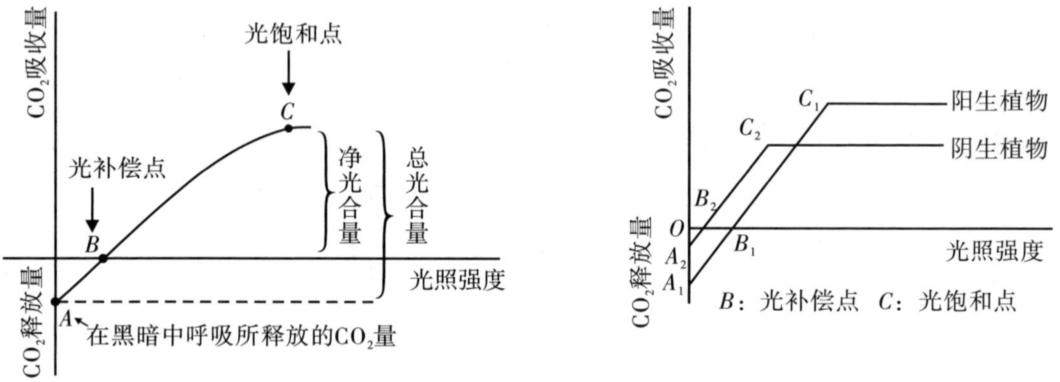

图 2－19　光照强度对光合速率的影响

曲线分析：

A 点：光照强度为 0，只进行呼吸作用，*A* 点即表示植物呼吸速率。

AB 段：随光照强度增加，光合作用逐渐增强，但光合速率小于呼吸速率。

B 点：光合速率等于呼吸速率，*B* 点称为光补偿点。（白天光照强度在光补偿点以上，植物才能生长。）

BC 段：随着光照强度增加，光合作用逐渐增强，且光合速率大于呼吸速率。

C 点：随着光照强度增加，光合作用基本不变，*C* 点称为光合作用的光饱和点。

两个点的移动方向问题：当条件的改变有利于光合作用进行时（如适当提高温度、适当增加 CO_2浓度、适当增加矿质元素含量等），光补偿点左移，光饱和点右移；当条件的改变不利于光合作用进行时（如降低 CO_2浓度、减少矿质元素含量等），光补偿点右移，光饱和点左移。

应用：①大棚种植在阴雨天应补充光照；②根据阳生植物和阴生植物对光照的不同要求，控制光照强度。如间作、套种时农作物种类搭配、林带树种的搭配等。

（2）二氧化碳浓度。二氧化碳是光合作用的两种原料之一，因此，环境中二氧化碳的浓度与光合速率有密切关系。在自然条件下，陆生植物主要从空气中吸收二氧化碳，水生植

物或暂时浸泡在水中的植物体，吸收溶于水中的二氧化碳。

空气中二氧化碳含量占空气体积的0.033%左右，据研究，这一含量对植物光合作用来说是比较低的，在较强的光照下，它限制了光合速率。例如，将棉花、玉米放在二氧化碳为0.064%的空气中与0.033%的自然条件下进行比较，结果棉花的光合速率提高了1.5倍，玉米的光合速率提高了15%。

（3）温度的高低。温度会直接影响酶的活性，主要是影响暗反应。不同植物对温度的反应不同，一般最适温度在25℃（图2－20）。

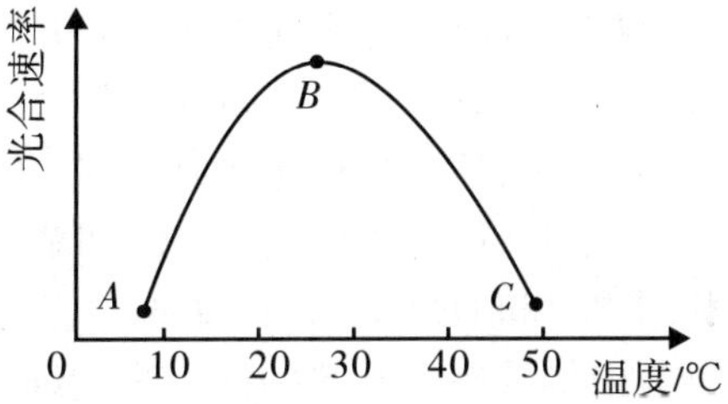

图2－20　温度对光合速率的影响

应用：①大田适时播种；②温室栽培时，白天适当提高温度，晚上适当降温。

（4）矿质元素（N、P、Mg、K）。N：合成叶绿素、酶、ATP等。P：合成ATP、构成类囊体膜的磷脂等。Mg：合成叶绿素。K：促进光合产物的运输。

应用：根据作物的需肥规律，适时、适量地增施肥料，可提高农作物产量。

（5）水的影响。水是光合作用的原料，缺水既可直接影响光合作用，又会导致叶片气孔关闭，限制CO_2进入叶片，从而间接影响光合作用。

五、光合作用的意义

光合作用为包括人类在内的几乎所有生物的生存提供了物质来源和能量来源。因此，光合作用对于人类和整个生物界都具有非常重要的意义。

1. 把无机物变成有机物

植物通过光合作用制造有机物的规模非常大。据估计，每年自然界通过光合作用形成的有机物约四五千亿吨，远远超过世界上其他物质生产的数量，难怪人们把绿色植物称为庞大的绿色工厂。实际上，今天人类所吃的食物（粮食）和某些工业原料（衣、住），都是直接或间接来源于光合作用的结果。

2. 蓄积太阳能量

植物在同化无机碳化合物的同时，把太阳能转化为化学能，储存在形成的有机化合物中。有机物储存的化学能，除了供植物本身之用外，更重要的是可作为人类营养和活动的能量来源。我们所利用的能源，如煤炭、天然气、木材等等，都是现在或过去的植物通过光合作用形成的。因此可以说，光合作用是今天能源的主要来源之一。

3. 环境保护

生物在呼吸过程中要吸收氧气和呼出二氧化碳，工厂中燃烧各种燃料，也大量地消耗氧气排出二氧化碳。假如没有植物光合作用所产生的大量氧气，那么氧气的缺乏将会是一个非常现实的问题，生命的存在也就岌岌可危。正是光合作用吸收二氧化碳放出氧气，从而保证了大气中氧气和二氧化碳含量的相对稳定，为人类的生活生产提供了保障。

4. 促进生物进化

在绿色植物出现以前，地球的大气中并没有氧。只是在距今20亿至30亿年以前，绿色植物在地球上出现并逐渐占有优势以后，地球的大气中才逐渐含有氧，从而使地球上其他进行有氧呼吸的生物得以产生和发展。大气中的一部分氧转化成臭氧（O_3），臭氧在大气上层形成的臭氧层，能够有效地滤去太阳辐射中对生物具有强烈破坏作用的紫外线，从而使水生生物逐渐能够在陆地上生活。经过长期的生物进化过程，最后才出现广泛分布在自然界的各种动植物。

因此，无论从哪个角度来说，光合作用都是地球上一切生命存在、繁荣和发展的根本源泉。

六、化能合成作用

自然界中存在某些微生物（如硝化细菌），它们能以二氧化碳为主要碳源，以无机含氮化合物为氮源，合成细胞物质，并通过氧化外界无机物获得生长所需要的能量，这一过程就称为化能合成作用（chemosynthesis）。

在系统学上，化能合成作用比光合作用更高级。

能够进行化能合成作用的细菌称为化能无机营养细菌。例如：亚硝化细菌和硝化细菌，利用 NH_3 和 HNO_2 氧化所释放的能量合成有机物；硫细菌能够氧化 H_2S，把 S 积累在体内；环境中如果缺少 H_2S 的话，这类细菌就把体内的 S 氧化成硫酸；铁细菌是能够氧化硫酸亚铁，并利用氧化释放的能量合成有机物的一类细菌。

（1）硝化细菌和亚硝化细菌：利用 NH_3 和 HNO_2 氧化所释放的能量合成有机物。

$2NH_3 + 3O_2 \longrightarrow 2HNO_2 + 2H_2O$ + 能量（1）

$2HNO_2 + O_2 \longrightarrow 2HNO_3$ + 能量（2）

$6CO_2 + 6H_2O$ + 能量（1）（2）$\longrightarrow C_6H_{12}O_6 + 6O_2$

（2）硫细菌：能够氧化 H_2S，把 S 积累在体内。如果环境中缺少 H_2S，这类细菌就把体内的 S 氧化成硫酸，氧化过程中释放的能量可用于合成有机物。

$2H_2S + O_2 \longrightarrow 2H_2O + 2S$ + 能量（1）

$2S + 3O_2 + 2H_2O \longrightarrow 2H_2SO_4$ + 能量（2）

$6CO_2 + 6H_2O$ + 能量（1）（2）$\longrightarrow C_6H_{12}O_6 + 6O_2$

（3）铁细菌：能够氧化硫酸亚铁，并利用氧化释放的能量合成有机物。

$4FeSO_4 + 2H_2SO_4 + O_2 \longrightarrow 2Fe_2(SO_4)_3 + 2H_2O$ + 能量

$6CO_2 + 6H_2O$ + 能量 $\longrightarrow C_6H_{12}O_6 + 6O_2$

这些微生物的化能合成作用，对维持地球上物质循环的平衡以及对净化环境具有重要作用。例如，土壤中硝化细菌的活动，可提高土壤肥力，增加植物可利用的氮素营养。利用硫细菌可降低土壤 pH 值，提高土壤矿质盐的可溶性，从而改善作物的矿质营养。利用某些自养微生物的化能合成作用，可在贫矿尾矿中进行细菌浸矿。还可利用氢细菌进行单细胞蛋白生产，其最大优点在于原料取之不尽。但某些菌亦可对人类造成危害，例如对金属的腐蚀等。在海底，几乎没有光照的情况下，进行光合作用是不可能的。但是，那些能进行化能合成作用的生物仍旧可以作为生产者正常地生长，这就使得大洋底下的生态系统得以延续。因此，就某些方面而言，进行该种化能合成作用的生物也是自然界中不可缺少的一部分。

教与学的要点

1. 光合作用是指绿色植物通过叶绿体，利用光能，把二氧化碳和水转化成储存能量的有机物，并且释放出氧的过程。光合作用释放的氧全部来自水。

2. 在高等植物中，与光合作用有关的主要色素有叶绿素和类胡萝卜素两类，叶绿素包括叶绿素 a 和叶绿素 b 两种；类胡萝卜素包括胡萝卜素和叶黄素两种。叶绿素 a 和叶绿素 b 主要吸收蓝紫光和红橙光，胡萝卜素和叶黄素主要吸收蓝紫光。

3. 光合作用分为光反应和暗反应两个过程。光反应发生在叶绿体的类囊体膜上，它是将光能转化成化学能，并放出氧气的过程；暗反应发生在叶绿体的基质中，它是利用光反应产生的 ATP 和 NADPH，将 CO_2还原为糖的过程。

4. 影响光合作用速度的因素包括内部因素和环境因素。环境因素包括光照强度、二氧化碳浓度、温度等。

5. 光合作用的意义包括把无机物变成有机物、蓄积太阳能量、环境保护、促进生物进化等。

练习与应用

一、选择题

1. 在光合作用的暗反应中，与 CO_2的固定有关的物质是（　　）

A. 水　　B. ［H］　　C. ATP　　D. 五碳化合物

2. 暗反应中，C_3 被还原的条件是（　　）

A. ATP、酶、还原氢　　B. ATP、氧气、还原氢

C. 水、ADP　　D. CO_2、酶

3. 下列物质不是光反应的产物的是（　　）

A. H_2O　　B. ATP　　C. NADPH　　D. O_2

4. 盆栽的天竺葵，暴露在下列哪组光下放出的氧气最多（　　）

A. 蓝紫光和红光　　B. 蓝紫光和黄光　　C. 红光和黄光　　D. 黄光和绿光

5. 绿色植物在暗处不能放出氧气是因为（　　）

A. CO_2的固定受阻　　B. 三碳化合物的还原需要光

C. 水的分解不能进行　　D. 五碳化合物的再生困难

6. 绿色植物通过光合作用，积累了 4 摩尔的葡萄糖，同时也释放多少摩尔氧气（　　）

A. 4　　B. 8　　C. 16　　D. 24

7. 在室温条件下，下列措施中，不利于提高光合作用强度的是（　　）

A. 适当增加空气温度　　B. 适当增加 CO_2的浓度

C. 适当增加光照强度　　D. 延长光照时间

8. 光照增强，光合效率提高，但在光照最强的夏季的中午，光合作用反而下降，主要是因为（　　）

A. 水分解产生的［H］数量不足　　B. 叶绿素利用吸收的光能合成的 ATP 少

C. 光照过强破坏叶绿素分子　　D. 由于气孔关闭，暗反应过程中 C_3 减少

9. 阳光经三棱镜分光照在丝状绿藻上，在哪些范围内聚集着最多的好气性细菌（　　）

A. 绿光和红光　B. 黄光和蓝紫光　C. 红光和蓝紫光　D. 红光和橙光

10. 小麦在适宜条件下，改变下列哪一项，小麦的有机物含量将增加（　　）

A. 空气中的 O_2　B. 空气中的 N_2　C. 空气中的 H_2O　D. 空气中的 CO_2

11. 用含同位素 ^{18}O 的水来浇灌植物，经光照后，^{18}O 可发现于（　　）

A. 生成的葡萄糖中　B. 生成的淀粉中　C. 合成的蛋白质中　D. 周围的空气中

12. 右图是小球藻进行光合作用的示意图。图中物质①与物质②的分子量比为（　　）

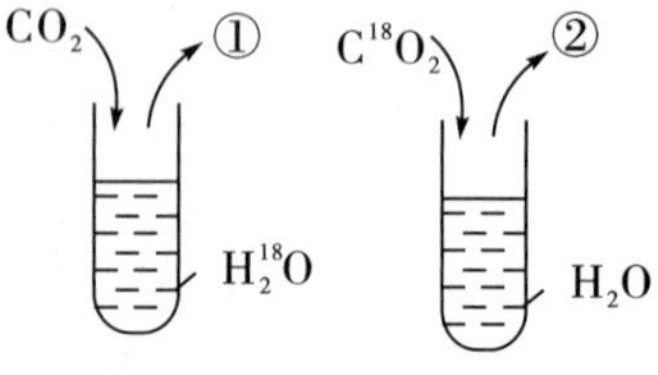

A. 1∶2

B. 9∶8

C. 2∶1

D. 8∶9

13. 对某植株作如下处理：（甲）持续光照 10 分钟；（乙）光照 5 秒后再黑暗处理 5 秒，连续交替进行 20 分钟。若其他条件不变，则在甲、乙两种情况下，植物所制造的有机物总量是（　　）

A. 甲多于乙　B. 甲少于乙　C. 甲和乙相等　D. 无法确定

14. 叶绿体是植物进行光合作用的场所。下列关于叶绿体结构与功能的叙述，正确的是（　　）

A. 叶绿体中的色素主要分布在类囊体腔内

B. H_2O 在光下分解为［H］和 O_2 的过程发生在基质中

C. CO_2 的固定过程发生在类囊体薄膜上

D. 光合作用的产物——淀粉是在基质中合成的

15. 如果要测定藻类植物是否完成了光反应，最好是检验其（　　）

A. 葡萄糖的形成　B. 淀粉的形成　C. 氧气的释放　D. CO_2 的吸收量

二、非选择题

1. 将盛有等量衣藻的 8 支试管在暗室中放置 48 小时，然后通过棱镜色散的太阳光依次照射在 8 支试管上，如下表所示：

1	2	3	4	5	6	7	8
紫外	紫	蓝	青	绿	黄	橙	红

（1）经两小时后，往试管中滴加碘酒后发现变蓝最显著的是＿＿＿＿＿＿＿，原因是＿＿＿＿＿＿＿。

（2）2～8 号试管中，CO_2 浓度最高的是＿＿＿＿＿＿＿，原因是＿＿＿＿＿＿＿。

（3）1 号试管中的衣藻可能发生的变化是＿＿＿＿＿＿＿。

2. 下图为夏季晴朗的白天，从早晨 6 时到下午 4 时内，某植物叶片光合作用强度的变化曲线图，请观察后回答问题：

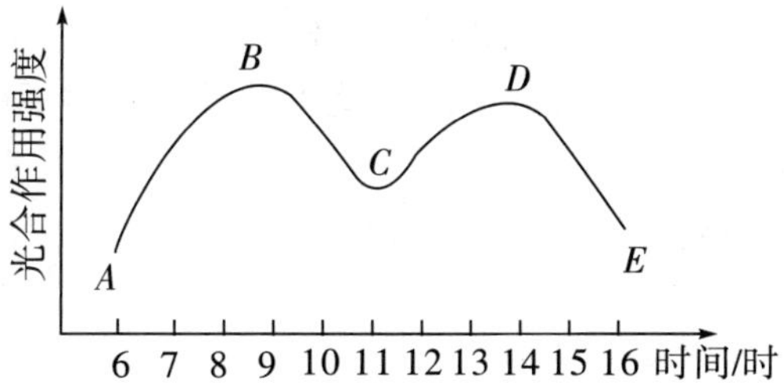

（1）曲线 AB 表明光合作用强度随光照增强而__________。

（2）对于 C 点光合作用强度减弱的解释是：由于中午的__________过高，__________作用过大，叶片气孔关闭，使光合作用原料之一的__________供应大量减少，以致__________阶段植物体内的五碳化合物不能与之结合，使__________的形成大量减少。

（3）DE 段光合作用下降的原因是__________，以致光合作用__________产生的__________减少，因而影响了__________的进行。

3. 下图是一个光合作用的简略的示意图，请填写各字母代表的物质：

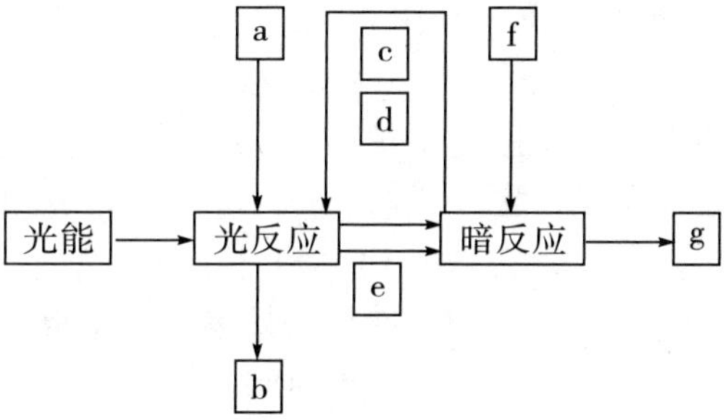

a：__________；b：__________；c：__________；d：__________；
e：__________；f：__________；g：__________。

4. 图甲表示某植物的某种生理活动，图乙表示该植物在不同的光照条件下，吸收 O_2 和释放 O_2 的状况，请据图回答下面的问题。

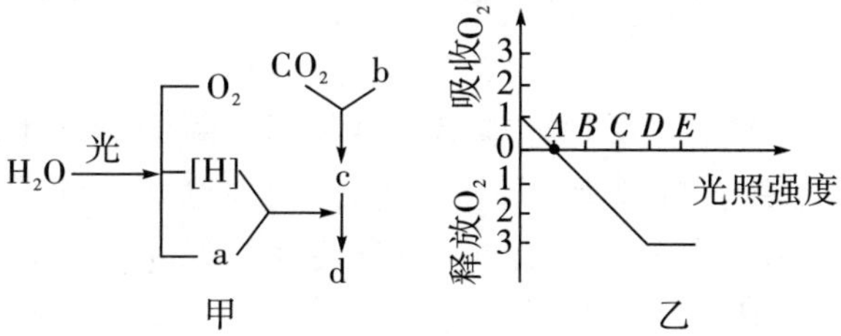

（1）图甲反应进行的场所是__________，其中 a 表示__________，b 表示__________。

（2）当突然停止光照，图甲中 c 的含量将__________（填“增加”“减少”或“不变”）。

（3）图乙中 *A* 点时，该植物生理活动的特点是________________________。

（4）若图乙是 CO_2 浓度为 0.1% 条件下测得的，在其他条件不变的情况下，当 CO_2 浓度升到 0.3% 时，*A* 点向哪个方向移动？____________。

5. 下图是光合作用过程的图解，请据图回答问题：

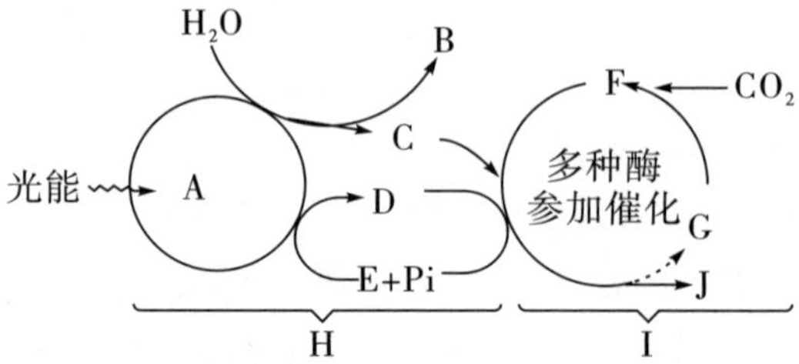

（1）图中 A 代表____________，其功能是____________。

（2）图中 B 是____________。

（3）图中 C 是____________，它被传递到叶绿体的____________部位，用于____________，最终形成____________。

（4）图中 D 是在有关酶的催化下，利用____________将____________与____________结合形成的。

（5）图中 E 是（写中文）__________，它是由一分子__________和__________分子____________结合而成，含____________个高能磷酸键。

（6）图中 F 叫____________，它是由 CO_2 和____________结合后又分解而成，从而使化学性质____________的 CO_2 能够直接参与化学反应。

（7）H 是____________，此阶段是在叶绿体的____________进行的；I 是____________，此阶段是在叶绿体的____________中进行的。

（8）C 进入 I 称为____________；由 D 到 E，对 I 来说是____________；由 F 到 G 叫____________；由 G 到 F 叫____________。

（9）确切地说，J 代表____________。

第五节　ATP 的主要来源——细胞呼吸

任何生物体的每一个细胞，每时每刻都需要源源不断的能量供应，才能维持生命。例如，人体内心脏的跳动、肺部的呼吸、体温的保持、食物的消化等等，都需要能量。一般情况下，为维持基本生命活动所需的能量约占一个人每天所进膳食中能量的 75%。所以人体的细胞总是在不停地进行呼吸，不管是熟睡时还是剧烈运动时都是如此，都在不停地合成 ATP。生物的生命活动需要的能量，来自生物体内糖类、脂类和蛋白质等有机物的氧化分解。生物体内的有机物在细胞内经过一系列的氧化分解，最终生成二氧化碳或其他产物，并且释放出能量的总过程，叫做细胞呼吸（cellular respiration），又叫生物氧化。

人们通常将呼吸理解为通过口腔或鼻腔将 O_2 吸入到肺部再呼出 CO_2 的过程。这种通常意义的呼吸其实是一种气体交换，它与细胞呼吸是有关联的。以人为例，气体交换发生在肺中，氧气进入肺再进入血流，通过动脉和毛细血管进入每个细胞。在每一个细胞中发生着细胞呼吸，将葡萄糖氧化产生二氧化碳。二氧化碳又通过毛细血管和静脉进入肺中，并被呼出体外。

葡萄糖分子含有许多化学能，例如，10g 葡萄糖（大约一小汤匙）就含有 167kJ 的能量，这些能量可以维持一个成年人做 15min 的快速跑步运动。而 1 个 ATP 分子所含有的化学能大约只有 1 个葡萄糖分子的 1%，这并不意味着细胞呼吸过程中每个葡萄糖分子有氧分解可以形成 100 个 ATP 分子，实际上经过细胞的有氧呼吸，葡萄糖中 30% ~40% 的能量被转化储存在 ATP 中，葡萄糖分子的其他能量则被转化成热能。与汽车发动机只能将汽油化学能的 15% ~25% 转化为动能相比，细胞呼吸的产能效率是相当高的。

一、有氧呼吸

生物的细胞呼吸包括有氧呼吸和无氧呼吸两种类型。有氧呼吸（aerobic respiration）是指细胞在氧气的参与下，通过酶的催化作用，把糖类等有机物彻底氧化分解，产生二氧化碳和水，同时释放出大量能量的过程。有氧呼吸是高等动物和植物进行呼吸作用的主要形式。细胞进行有氧呼吸的主要场所是线粒体。

一般说来，葡萄糖是细胞进行有氧呼吸时最常利用的物质，因此，有氧呼吸的过程可以表示如下：

$$C_6H_{12}O_6 + 6O_2 \xrightarrow{\text{酶}} 6CO_2 + 6H_2O + \text{能量}$$

当葡萄糖分子被氧化时，其中的碳形成了 CO_2，氢形成了水，实际上就是葡萄糖分子失去了氢而氧分子获得了氢，葡萄糖分子被氧化，氧分子被还原，原来存在于葡萄糖分子中的能量释放出来。如下式所示：

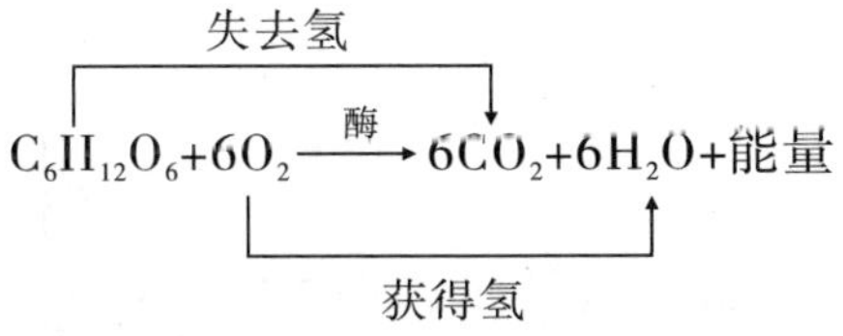

所以细胞呼吸也是一种氧化还原反应。

有氧呼吸的全过程，可以分为三个阶段：

第一个阶段称为糖酵解（glycolysis）。在细胞质基质中，在酶的作用下，一分子的葡萄糖（六碳化合物）分解成两分子的丙酮酸（pyruvic acid）（三碳化合物），同时脱下 4 个[H]；释放出少量的能量，其中一部分能量用于合成 ATP，产生少量的 ATP。

$$C_6H_{12}O_6 \xrightarrow{\text{酶}} 2C_3H_4O_3 + 4[H] + 2ATP\text{（少量）（细胞质基质）}$$

第二个阶段为克雷伯循环（Kerbs cycle），又称柠檬酸循环（citric acid cycle）或三羧酸循环（tricarboxylic acid cycle）。丙酮酸进入线粒体的基质中，经过一系列变化，两分子丙酮酸和6个水分子中的氢全部脱下，共脱下20个［H］，丙酮酸被氧化分解成二氧化碳；在此过程释放少量的能量，其中一部分用于合成ATP，产生少量的ATP。

$$2C_3H_4O_3 + 6H_2O \xrightarrow{\text{酶}} 6CO_2 + 20[H] + 2ATP$$（少量）（线粒体）

第三个阶段为电子传递链（electron transport chain）。在线粒体的内膜上，前两个阶段脱下的共24个［H］和电子，经过一系列电子传递体最后传递给 O_2，与从外界吸收或叶绿体光合作用产生的6个 O_2 结合成水；在此过程中释放大量的能量，其中一部分能量用于合成ATP，产生大量的ATP。

$$24[H] + 6O_2 \xrightarrow{\text{酶}} 12H_2O + 34ATP$$（大量）（线粒体）

以上三个阶段中的各个化学反应是由不同的酶来催化的。

有氧呼吸的全过程可以用图2－21表示：

通过上面的分析可以知道，每氧化1mol的葡萄糖，会生成6mol的二氧化碳和6mol的水，同时生成38mol的ATP。1mol的ADP形成ATP，一般需要约30.54kJ的能量，那么，38mol的ATP就需要1 160.52（38×30.54）kJ的能量，每氧化1mol葡萄糖所放出来的总能量是2 870kJ，其中只有1 160.52kJ被保留在ATP内，供给植物生命活动之用。所以呼吸作用的能量转化效率只有40.4%左右，其余的能量都以热能的形式散失了。我们应该认识到，细胞中这种能量转化率是比较高的，因为人类发明的内燃机，其热能转化率最高也就25%左右。

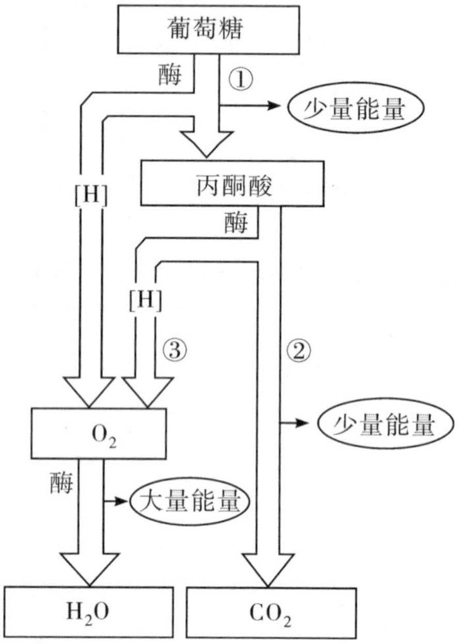

图2－21 有氧呼吸过程的图解

二、无氧呼吸

在远古时期，地球的大气中没有氧气，那时的微生物适合在无氧的条件下生活，所以这些微生物（专性厌氧微生物）体内缺乏氧化酶类，至今仍只能在无氧的条件下生活。随着地球上绿色植物的出现，大气中出现了氧气，于是也出现了体内具有有氧呼吸酶系统的好氧微生物。可见，有氧呼吸是在无氧呼吸的基础上发展而成的。尽管现今生物体的呼吸形式主要是有氧呼吸，但仍保留有无氧呼吸的能力。

无氧呼吸（anaerobic respiration）一般是指细胞在无氧条件下，通过酶的催化作用，把葡萄糖等有机物质分解成为不彻底的氧化产物，如 C_2H_5OH 或 $C_3H_6O_3$，同时释放出少量能量的过程。这个过程对于高等植物、高等动物和人来说，称为无氧呼吸。如果用于微生物（如乳酸菌、酵母菌），则习惯上称为发酵（fermentation）。细胞进行无氧呼吸的场所是细胞质基质。在有 O_2 存在时，无氧呼吸会受抑制。

无氧呼吸的全过程，可以分为两个阶段：第一个阶段与有氧呼吸的第一个阶段相同；第二个阶段是丙酮酸在不同酶的催化下，分解成酒精和二氧化碳，或者转化成乳酸。以上两个阶段中的各个化学反应是由不同的酶来催化的。在无氧呼吸中，因为分解不彻底，氧化产物中还储存着能量，所以释放的能量少。例如，1mol 的葡萄糖在分解成乳酸以后，共放出 196.65kJ 的能量，其中有 61.08kJ 的能量储存在 ATP 中，其余的能量都以热能的形式散失了。

无氧呼吸不一定只有在无氧条件下才能进行，如小麦、水稻、玉米等种子的胚芽的早期，在有氧条件下也可进行无氧呼吸，但一些高等植物在通气不良时，会诱发无氧呼吸，如苹果、梨贮存久了就会产生酒味。因为酒精对细胞有毒害作用，所以一般陆生植物不能长期进行无氧呼吸。高等植物在水淹的情况下，可以进行短时间的无氧呼吸，将葡萄糖分解为酒精和二氧化碳，并且释放出少量的能量，以适应缺氧的环境条件。其反应式是：

$$C_6H_{12}O_6 \xrightarrow{\text{酶}} 2C_2H_5OH\text{（酒精）} + 2CO_2 + \text{能量}$$

高等动物和人体在剧烈运动时，尽管呼吸运动和血液循环都大大加强了，但是仍然不能满足骨骼肌对氧的需要，这时骨骼肌内就会出现无氧呼吸。高等动物和人体的无氧呼吸产生乳酸。其反应式是：

$$C_6H_{12}O_6 \xrightarrow{\text{酶}} 2C_3H_6O_3\text{（乳酸）} + \text{能量}$$

此外，还有一些高等植物的某些器官在进行无氧呼吸时也可以产生乳酸，如马铃薯块茎、甜菜块根等。

三、有氧呼吸与无氧呼吸的比较

由上述分析可以看出，有氧呼吸和无氧呼吸有明显的不同。

1. 有氧呼吸与无氧呼吸的比较（表 2－5）

表 2－5　有氧呼吸与无氧呼吸的比较

呼吸方式		有氧呼吸	无氧呼吸
不同点	场所	先在细胞质基质中，后在线粒体中	在细胞质基质中
	条件	氧气、多种酶	无氧参加，需多种酶
	物质变化	葡萄糖彻底分解，产生 CO_2 和 H_2O	葡萄糖分解不彻底，生成乳酸或酒精和二氧化碳等
	能量变化	释放大量能量，形成大量 ATP	释放少量能量，形成少量 ATP（还有部分能量储存在产物中）
相同点	联系	第一阶段的反应完全相同，都是葡萄糖分解成丙酮酸，并且都在细胞质基质内进行	
	实质	分解有机物，释放能量，形成 ATP，供生命活动需要	
	意义	为植物各项生命活动提供能量	

无氧呼吸和有氧呼吸的过程虽然有明显的不同，但并不是完全不同。从葡萄糖到丙酮酸这个阶段完全相同，只是从丙酮酸开始，它们才分别沿着不同的途径形成不同的产物：在有氧条件下，丙酮酸彻底氧化分解成二氧化碳和水，全过程释放较多的能量；在无氧条件下，丙酮酸则分解成为酒精和二氧化碳，或者转化成乳酸，全过程释放较少的能量。

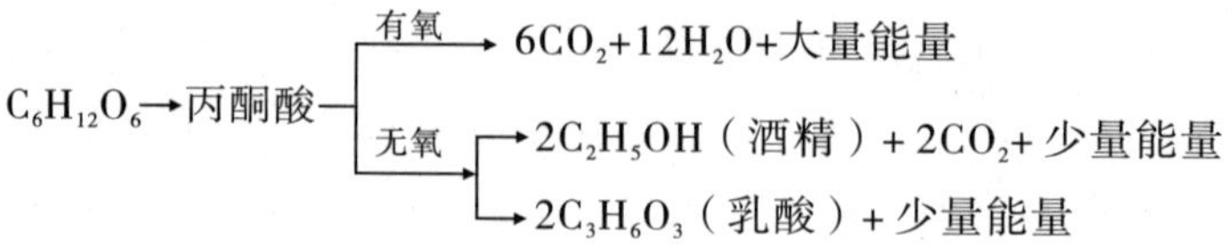

2. 呼吸作用产生的能量的利用情况（表 2－6）

表 2－6　呼吸作用产生的能量的利用情况

呼吸类型	被分解的有机物	储存的能量/kJ	释放的能量/kJ	可利用的能量/kJ	能量利用率/%
有氧呼吸	1mol 葡萄糖	2 870	2 870	1 160.52	40.4
无氧呼吸		2 870	196.65	61.08	31

注：无氧呼吸释放的能量值为分解为乳酸时的值。不同的无氧呼吸类型释放的能量可能稍有不同。

3. ATP 产生速率与 O_2 供给量之间的关系（图 2－22）

（1）*A* 点表示在无氧条件下，细胞可通过无氧呼吸分解有机物，产生少量 ATP。

（2）*AB* 段表示随 O_2 供应量增多，有氧呼吸明显加强，通过有氧呼吸分解有机物释放的能量增多，ATP 的产生速率随之增加。

（3）*BC* 段表示 O_2 供应量超过一定范围后，ATP 的产生速率不再加快，此时的限制因素可能是酶、ADP、磷酸等。

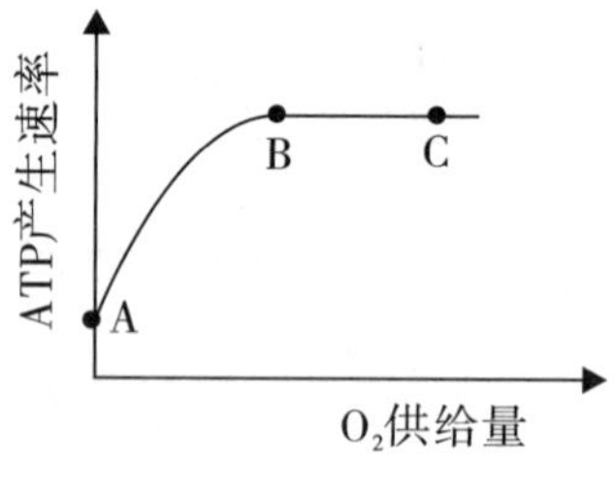

图 2－22　ATP 产生速率与 O_2 供给量之间的关系

四、呼吸作用的意义

对生物体来说，呼吸作用具有非常重要的生理意义，这主要表现在以下两个方面：第一，呼吸作用能为生物体的生命活动提供能量。呼吸作用释放出来的能量，一部分转化为热能而散失，另一部分储存在 ATP 中。当 ATP 在酶的作用下分解时，就把储存的能量释放出来，用于生物体的各项生命活动，如细胞的分裂、植株的生长、矿质元素的吸收、肌肉的收缩、神经冲动的传导等。第二，呼吸过程能为体内其他化合物的合成提供原料。在呼吸过程中所产生的一些中间产物，可以成为合成体内一些重要化合物的原料。例如，葡萄糖分解时的中间产物丙酮酸是合成氨基酸的原料。

知识拓展

兼性厌氧型生物——酵母菌

酵母菌（图 2－23）是单细胞真菌，通常分布在含糖量较高和偏酸性的环境中，如蔬菜、水果的表面和菜园、果园的土壤中。酵母菌是兼性厌氧微生物，在温度适合时，氧气和养料充足的条件下，将糖类物质分解成二氧化碳和水，以出芽方式迅速增殖（图 2－24）。在缺氧的条件下，将糖类物质分解成二氧化碳和乙醇（俗称酒精）。在酿酒过程中，酒精被保留下来；在烤面包或蒸馒头的过程中，二氧化碳将面团发起，而酒精则挥发。酵母菌在生产中的应用十分广泛，除了熟知的酿酒、发面外，还能用于生产有机酸、提取多种酶等。

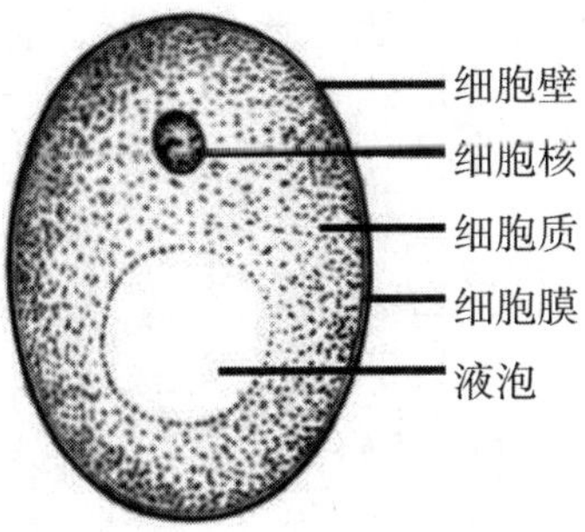

图 2－23　酵母菌的结构

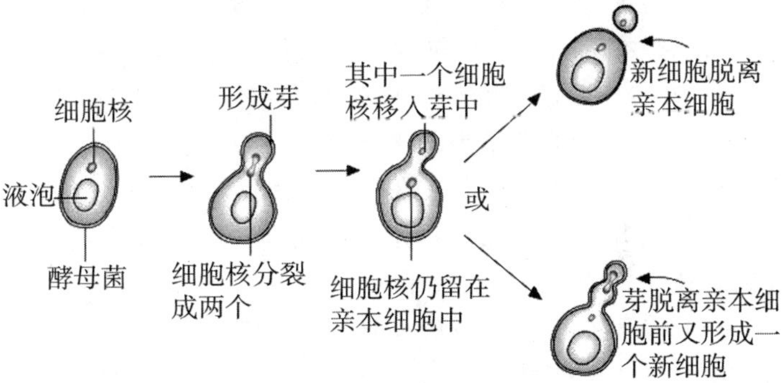

图 2－24　酵母菌的出芽生殖

光合作用与呼吸作用的关系

<table>
<tr><th></th><th>光合作用</th><th>呼吸作用</th></tr>
<tr><td>场所</td><td>叶绿体</td><td>细胞质基质和线粒体</td></tr>
<tr><td>条件</td><td>只在光下进行</td><td>有光、无光都能进行</td></tr>
<tr><td>物质变化</td><td>无机物合成有机物</td><td>有机物分解成无机物</td></tr>
<tr><td>能量变化</td><td>光能→ATP 中活跃的化学能→有机物中稳定的化学能</td><td>有机物中稳定的化学能→ATP 中活跃的化学能＋热能</td></tr>
<tr><td>实质</td><td>合成有机物，储存能量</td><td>分解有机物，释放能量</td></tr>
<tr><td>代谢类型</td><td>同化作用（或合成作用）</td><td>异化作用（或分解作用）</td></tr>
<tr><td>范围</td><td>绿色植物细胞</td><td>几乎所有活细胞</td></tr>
<tr><td>联系</td><td colspan="2">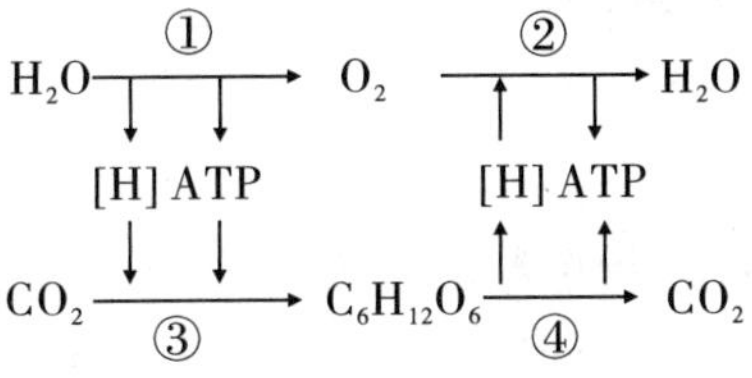

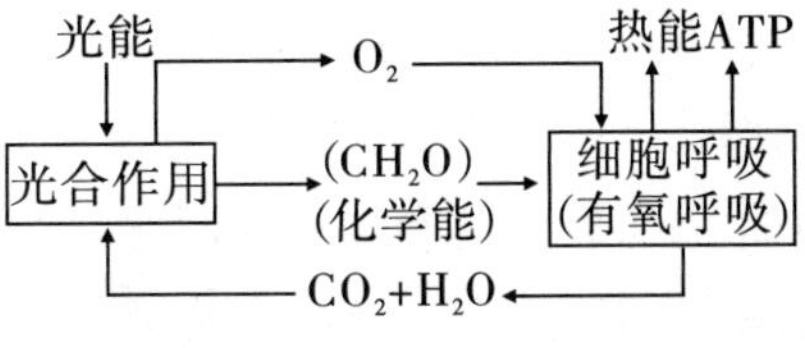

注：①③过程为光合作用；②④过程为呼吸作用</td></tr>
</table>

教与学的要点

1. 任何生物体的每一个细胞，每时每刻都需要源源不断的能量供应，才能维持生命。生物的生命活动需要的能量，来自生物体内糖类、脂类和蛋白质等有机物的氧化分解。

2. 有氧呼吸：从物质变化的角度来看，有氧呼吸是有机物脱去氢，生成 CO_2，脱下的氢与氧结合生成水，最后分解成无机物；从能量的角度来看，有氧呼吸是在有机物的逐渐分解中，使储存在有机物中的能量逐步释放一部分转移到 ATP 中，另一部分能量则以热能形式散失。要透彻理解有氧呼吸，需注意以下几点：

（1）条件：主要在线粒体中进行，需氧参加。

（2）物质变化：有机物彻底分解成无机物。

（3）能量变化：释放大量能量。有氧呼吸之所以能正常进行，是因为线粒体中含大量与有氧呼吸有关的酶，有机物之所以能彻底氧化分解，是因为有 O_2 的参加。

3. 细胞进行有氧呼吸的主要场所是线粒体，全过程可分为三个阶段：

（1）一分子的葡萄糖分解成两分子的丙酮酸，产生少量的［H］，同时释放出少量能量，这个阶段是在细胞质基质中进行的。

（2）丙酮酸和水在线粒体内彻底分解成二氧化碳和［H］，同时释放少量的能量，这个阶段是在线粒体中进行的。

（3）前两个阶段产生的［H］和氧气结合形成水，同时释放出大量的能量，这个阶段也是在线粒体中进行的。

每一阶段的化学反应是由不同的酶来催化的。

4. 无氧呼吸。条件：只需相应的酶，不需 O_2；在有 O_2 存在时，无氧呼吸会受抑制。物质变化：由于缺氧，$C_6H_{12}O_6$ 不能被彻底氧化分解，而产生不彻底氧化产物，如 C_2H_5OH 或 $C_3H_6O_3$。能量变化：因为分解不彻底，氧化产物中还储存着能量，所以释放能量少。无氧呼吸不一定只有在无氧条件下才能进行，如小麦、水稻、玉米等种子的胚芽的早期，在有氧条件下就可进行无氧呼吸，但一些高等植物在通气不良时，会诱发无氧呼吸，如苹果、梨贮存久了就会产生酒味。因为酒精对细胞有毒害作用，所以一般陆生植物不能长期进行无氧呼吸。

5. 无氧呼吸的全过程可分为两个阶段：

第一个阶段与有氧呼吸的第一个阶段相同；第二个阶段有两种类型（一种是丙酮酸在有关酶的作用下，分解成酒精和二氧化碳；另一种是丙酮酸在有关酶的作用下，分解成乳酸），场所是在细胞质基质中。

练习与应用

一、选择题

1. 用 ^{18}O 标记的氧气，参加有氧呼吸，可以在哪种物质中发现它（　　）

A. 丙酮酸　B. 二氧化碳　C. 水　D. 水和二氧化碳

2. 在有氧呼吸的三个阶段中，都能产生的物质是（　　）

A. 还原氢　B. 三磷酸腺苷　C. 水　D. 二氧化碳

3. 在有氧呼吸的过程中，产生 ATP 最多的阶段是（　　）

A. 葡萄糖分解成丙酮酸　　B. 丙酮酸分解成 CO_2 和氢
C. 氢和氧结合生成水　　D. 葡萄糖分解成 CO_2 和 H_2O

4. 关于呼吸作用产物的叙述，只适用于有氧呼吸的是（　　）
A. 产生 ATP　　B. 产生丙酮酸　　C. 产生 H_2O　　D. 产生 CO_2

5. 在呼吸作用过程中，若有 CO_2 放出，则可推断此过程一定（　　）
A. 是有氧呼吸　　B. 是无氧呼吸　　C. 不是酒精发酵　　D. 不是乳酸发酵

6. 贮藏蔬菜或水果时，增加 CO_2 或 N_2 或是抽掉空气都是有利于贮藏的措施，这样做的目的主要是（　　）
A. 抑制有氧呼吸　　B. 促进有氧呼吸　　C. 加速物质的转化　　D. 促进水分的散失

7. 有甲、乙两组等量的酵母菌，甲组进行有氧呼吸，乙组进行酒精发酵，若它们消耗了等量的 $C_6H_{12}O_6$，则它们放出的 CO_2 之和与它们所消耗的 O_2 之和的比值是（　　）
A. 1∶1　　B. 6∶0　　C. 0∶6　　D. 4∶3

8. 贮藏在地窖中的大量马铃薯处在相对缺氧的状态下，可以通过无氧呼吸获得少量的能量，这时有机物葡萄糖被分解成了（　　）
A. 乳酸和二氧化碳　　B. 乳酸　　C. 酒精和二氧化碳　　D. 二氧化碳和水

9. 宇宙空间站内绿色植物积累 240 摩氧气，这些氧气可供宇航员血液中多少血糖分解，大约使多少能量储存在 ATP 中（　　）
A. 40 摩，28 675 千焦　　B. 240 摩，28 675 千焦
C. 40 摩，50 200 千焦　　D. 240 摩，50 200 千焦
（提示：1 摩的葡萄糖分解，产生 2 870 千焦的总能量，只有 1 255 千焦可以储存在ATP 中）

10. 洋葱根尖分生区的细胞中，把二磷酸腺苷转变成三磷酸腺苷的酶分布在（　　）
A. 叶绿体和线粒体内　　B. 叶绿体和细胞质基质内
C. 线粒体和细胞质基质内　　D. 叶绿体、线粒体和细胞质基质内

11. 把小白鼠和青蛙从 25℃ 室温中移至 5℃ 的环境中，这两种动物的需氧量会发生的变化为（　　）
A. 两种动物的耗氧量都减少
B. 两种动物的耗氧量增加
C. 青蛙的耗氧量减少，小白鼠的耗氧量增加
D. 青蛙的耗氧量增加，小白鼠的耗氧量减少

12. 苹果内部腐烂时消耗一定量的葡萄糖可产生 Amol 的二氧化碳，其植物叶片在正常时消耗同样数量的葡萄糖可产生二氧化碳（　　）
A. Amol　　B. $2A$mol　　C. $3A$mol　　D. $6A$mol

13. 光合作用过程中产生的［H］和呼吸作用过程中产生的［H］（　　）
A. 都用于还原 CO_2　　B. 都用于还原 O_2
C. 前者还原 O_2，后者还原 CO_2　　D. 前者还原 CO_2，后者还原 O_2

14. 要检验绿色植物在呼吸过程中放出 CO_2，以下哪一项是必要的（　　）
A. 要用一株叶子多的植物　　B. 要在黑暗条件下
C. 把植物淹没在水中　　D. 要用一株幼小植物

15. 在天气晴朗的早晨，摘取一植物叶片（甲），于 100℃ 下烘干，称其重量；如果这一叶片是黄昏时采下的（乙），其结果将是（　　）

A. 甲叶片比乙叶片重
B. 乙叶片比甲叶片重
C. 两叶片重量相等
D. 无法推测

二、非选择题

1. 高等植物进行呼吸作用的主要方式是______________，微生物的发酵实际上是__________。
2. 拿1摩葡萄糖来说，无氧呼吸中释放出的能量比有氧呼吸释放出的能量______，未释放出的能量则储存在____中。
3. 贮藏在有机物中稳定的化学能转变成活跃的化学能的生理作用是________，它主要发生在细胞的__________。
4. 根据下图回答问题：

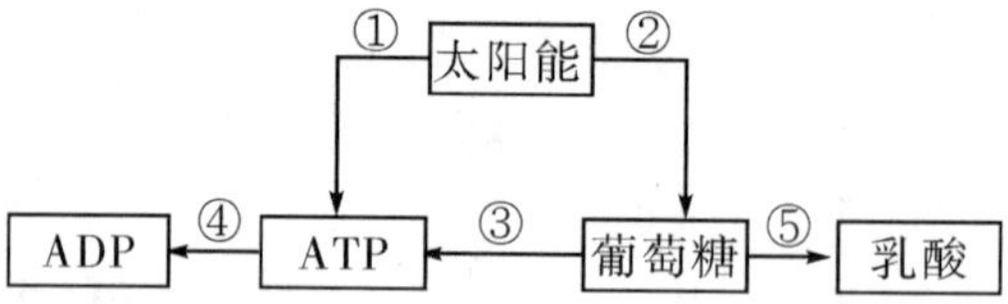

(1) 图中①过程是________；
(2) 图中②过程是________；
(3) 图中③过程是________；
(4) ④过程发生在________时；
(5) ⑤过程发生在________时。

5. 下图表示大气中的氧的浓度对植物组织内CO_2产生的影响，试据图回答问题：

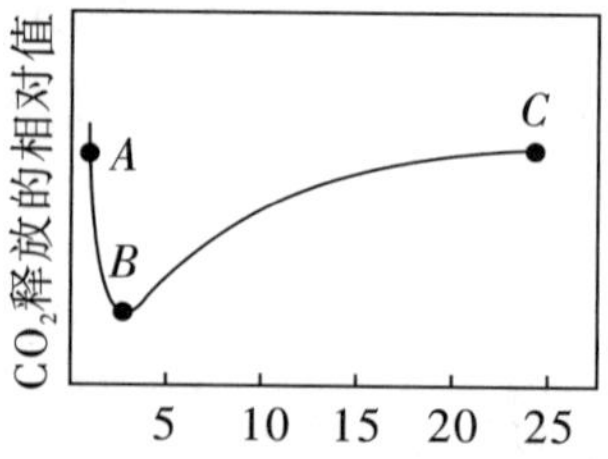

大气中 O_2 的浓度

(1) A点表示植物组织释放的CO_2较多，这些CO_2是__________的产物。
(2) 由A点到B点，CO_2的释放量急剧减少，其原因是__________。
(3) 由B点到C点，CO_2的释放量又不断增加，其主要原因是__________。
(4) 为了有利于贮藏蔬菜或水果，贮藏室内的氧气应调节到图中的哪一点所对应的浓度？__________。采取这一措施的理由是__________。

6. 将酵母菌研磨离心后，得到上清液（含有细胞质基质）和沉淀物（含有细胞器），把等量的上清液、沉淀物和未离心的匀浆分别放入甲、乙、丙三支试管中，进行三项实验。请在下列供选答案中，填入符合三项实验内容答案的代号。

A. 乙醇 + CO_2
B. $H_2O + CO_2$
C. $H_2O + O_2$
D. 无反应

实验一：向三支试管中分别滴加等量的葡萄糖液，各试管的最终产物是：

甲：______________；乙：______________；丙：______________。

实验二：在隔绝空气的条件下，重复实验一，各试管的最终产物是：

甲：______________；乙：______________；丙：______________。

实验三：向三支试管分别滴加等量的丙酮酸，各试管的最终产物是：

甲：______________；乙：______________；丙：______________。

第三章　细胞的生命历程

生物会经历出生、生长、成熟、繁殖、衰老直至最后死亡的生命历程，活细胞也一样。鲜花吐蕊，绿叶葱茏，抑或花瓣凋落，枯叶飘零，展示着个体的生命现象，折射出细胞的生命历程。细胞的生命历程大都短暂，却对个体的生命有着一份贡献。

第一节　细胞的增殖

细胞分裂（cell division）是生命的基本特征，种族的繁衍、个体的发育、机体的修复等都离不开细胞分裂。细胞的增殖是靠细胞分裂来实现的。单细胞生物，以细胞分裂的方式产生新的个体。多细胞生物，以细胞分裂的方式产生新的细胞，用来补充体内衰老和死亡的细胞；同时，多细胞生物可以由一个受精卵，经过细胞的分裂和分化，最终发育成一个新的多细胞个体。一个受精卵发育为初生婴儿，细胞数目增至 10^{12} 个，长至成年有 10^{14} 个，而成人体内每秒钟仍有数百万新细胞产生，以补偿血细胞、小肠黏膜细胞和上皮细胞的衰老和死亡。必须指出的是，通过细胞分裂，可以将复制的遗传物质，平均地分配到两个子细胞中去。可见，细胞分裂是生物体生长、发育、繁殖和遗传的基础。细胞分裂是细胞周期（cell cycle）中的一个环节，细胞周期的有序运行是通过相关基因的严格监视和调控来保证的。细胞无限制增长对个体来说意味着癌症，个体无限制繁殖对地球来说意味着灾难。

细胞分裂可分为无丝分裂（amitosis）、有丝分裂（mitosis）和减数分裂（meiosis）三种类型（表 3 – 1）。

表 3 – 1　细胞分裂的方式

方式	发生对象	特点
无丝分裂	青蛙红细胞	无染色体和纺锤体的出现
有丝分裂	大多数真核生物体细胞	有染色体和纺锤体的出现，分裂前后细胞中染色体数目不变
减数分裂	生殖细胞形成过程中	有染色体和纺锤体的出现，分裂后细胞中染色体数目减半

无丝分裂，又称为直接分裂，由 R. Remark（1841）首次发现于鸡胚血细胞。无丝分裂表现为细胞核伸长，从中部缢缩，最后细胞质分裂，其间没有纺锤体形成及染色体变化，故

称为无丝分裂。无丝分裂不仅发现于原核生物，同时也发现于高等动植物，如植物的胚乳细胞、动物的胎膜及肌肉细胞等。

有丝分裂，又称为间接分裂，由 E. Strasburger（1880）发现于植物，W. Fleming（1882）发现于动物。其特点是有纺锤体、染色体出现，子染色体平均分配到子细胞，这种分裂方式普遍见于高等动植物。

减数分裂是指染色体复制一次而细胞连续分裂两次的分裂方式，是高等动植物有性生殖过程中配子形成的分裂方式。

一、细胞不能无限长大的原因

活细胞不停地进行着代谢，在一定范围内可以不断地生长。细胞为什么不能无限地长大而要进行分裂呢？这是因为细胞的生长要受到细胞核与细胞质以及细胞表面积与体积的比率等因素的制约。

1. 受细胞表面积与体积之比的限制

细胞要通过它的表面不断地和周围环境及邻近的细胞进行物质交换，这样它就必须有足够的表面积，否则它的代谢作用就很难进行。当细胞的体积由于生长而逐步增大时，细胞表面积和体积的比率就会变得越来越小，导致表面积不够，使细胞内部和外界的物质交换适应不了细胞的需要，就会引起细胞的分裂，以恢复其原来的表面积与体积的适宜比率。

2. 要维持细胞核与细胞质体积之间的平衡状态

细胞质中的生理、生化过程都受到细胞核中遗传信息的指引和控制。一个细胞核内所含的 DNA 是一定的，控制细胞活动也就有一定的限度，使细胞不可能太大。细胞核与细胞质的体积比一般为 1∶3，因此当细胞质的体积增长太大时，细胞核对这样大范围的细胞质的调控作用就会相对地减少，以致造成核质的不平衡，从而引起细胞分裂，以恢复其细胞核与细胞质体积之间的稳定状态。有人曾做过这样的实验：当人工培养的变形虫快要分裂时，把它的细胞质切去一大块，这个变形虫就不再分裂。等它长大到又要分裂时，又切去一块，它也不再分裂。但如果让其继续生长，体积达到一定大小时，它又会分裂。

3. 细胞内物质的交流受到细胞体积的制约

细胞体积过大，影响物质流动速度，细胞内的生命活动就不能灵敏地控制与缓冲。由此可见，数百微米直径的细胞就是上限了。卵细胞不受限制是因为其在细胞质内储存大量养料，与周围物质交换较少。

二、细胞周期

细胞周期是指连续分裂的细胞，从一次细胞分裂结束到下一次细胞分裂结束所经历的过程。所需的时间叫细胞周期时间。细胞周期时间的长短与物种的细胞类型有关，如小鼠十二指肠上皮细胞的周期为 10h，人类胃上皮细胞为 24h，骨髓细胞为 18h。不同类型细胞的分裂期时间大致相同，而 G_1 期时间长短不同，是造成细胞周期差异的主要原因。

一个完整的细胞周期包括两个阶段：分裂间期（interphase）和分裂期（mitotic phase）（图 3 - 1）。从细胞在一次分裂结束之后到下一次分裂之前，是分裂间期，可视为有丝分裂的准备阶段，间期跨越的时间较长。分裂间期又分为三个时期：G_1 期（gap1）、S 期（synthesis phase）、G_2 期（gap2）。分裂期即有丝分裂期，简称 M 期或 D 期（mitosis 或 division）。在正常情况下，细胞沿着 G_1 期→S 期→G_2 期→M 期的路线运转，通过 M 期，细胞一分为二，产生两个子细胞。

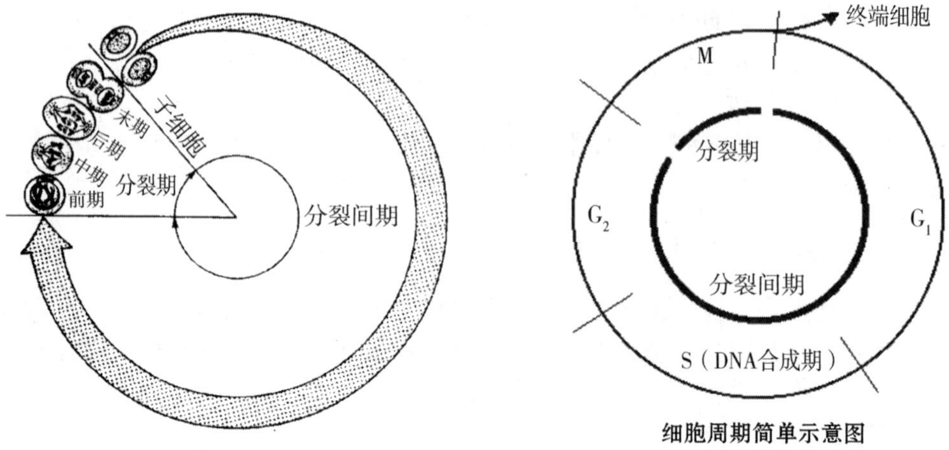

图 3－1　有丝分裂细胞周期

G_1期：为 DNA 复制前期，此时细胞体积增大，合成细胞生长所必需的蛋白质、糖类和脂类等生化物质，为 DNA 复制作准备。

S 期：为 DNA 复制期，这时进行 DNA 复制（也叫染色体复制），结果 DNA 的含量增加一倍。出现染色单体，两条姐妹染色单体由一个着丝粒连着。

G_2期：DNA 合成完毕，这时还进行一些 RNA 和蛋白质的合成，为分裂期作准备。

分裂期（M 期）：有丝分裂是一个连续的动态变化过程，包括核分裂和细胞质的分割，最后细胞分裂。由于核的变化明显，又将分裂期分为前、中、后、末四个时期。其实，分裂期的各个时期的变化是连续的，并没有严格的时期界限。

从增殖的角度来看，可将高等动物的细胞分为三类：① 周期细胞，在细胞周期中连续运转，又称为连续分裂细胞，如人类表皮生发层细胞、部分骨髓细胞。② G_0期细胞，细胞休眠暂不分裂，但在适当的刺激下可重新进入细胞周期，如淋巴细胞、肝细胞、肾细胞等。③ 终端细胞，指不可逆地脱离细胞周期，不再分裂的细胞，又称不分裂细胞，如神经、肌肉细胞等。

三、有丝分裂

（一）有丝分裂的过程

有丝分裂是真核生物进行细胞分裂的主要方式。多细胞生物体以有丝分裂的方式增加体细胞的数量。在分裂过程中出现由许多纺锤丝构成的纺锤体，细胞内的染色体要复制成两份，并有规则地分开，平均分配到两个子细胞中去，使分裂后的两个子细胞内含有与母细胞相同的染色体数目。有丝分裂一般包括两个过程：一是核分裂，主要是核的形状及其内含物发生一系列变化，结果使原来的核产生两个子核；二是胞质分裂，即在两个细胞核之间形成新的细胞膜或细胞壁，从而产生两个子细胞。体细胞进行有丝分裂是有周期性的，也就是具有细胞周期。

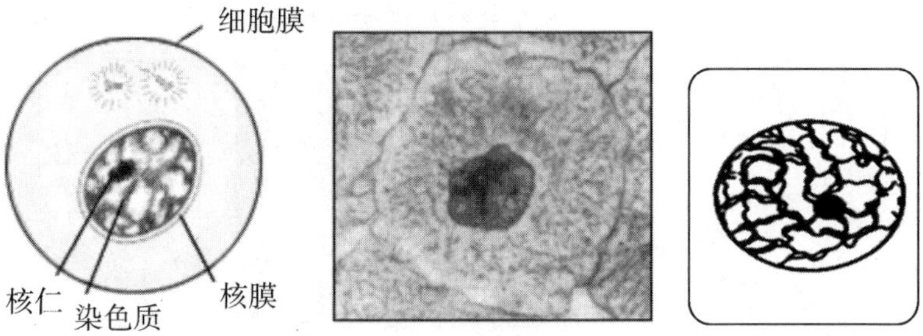

图 3－2 间期的动物细胞（左）及对应的显微镜图（中）和间期的植物细胞（右）

有丝分裂过程是一个连续的过程，为了便于描述，将其人为地划分为五个时期：间期（interphase）、前期（prophase）、中期（metaphase）、后期（anaphase）和末期（telophase）。其中间期包括 G_1 期、S 期和 G_2 期，主要进行 DNA 复制、蛋白质合成等准备工作（图 3－2）。下面介绍有丝分裂过程中分裂期的有关内容。

1. 前期

前期的主要事件有（图 3－3）：① 染色质凝缩；② 分裂极确立与纺锤体（spindle）开始形成；③ 核仁解体；④ 核膜消失。

前期最显著的特征是染色质通过螺旋化和折叠，变短变粗，形成光学显微镜下可以分辨的染色体，每条染色体包含 2 条染色单体，互称姐妹染色单体。

动物细胞有中心体，早在 S 期，两个中心粒已完成复制。在细胞分裂的前期，细胞中有两组中心粒，在前期移向两极，两组中心粒之间形成纺锤体微管。当核膜解体时，两组中心粒已到达两极，在这两组中心粒的周围，发出无数条放射状的星射线，形成了纺锤体。

植物没有中心粒和星体，其纺锤体叫做无星纺锤体，分裂极的确切机理尚不明确。

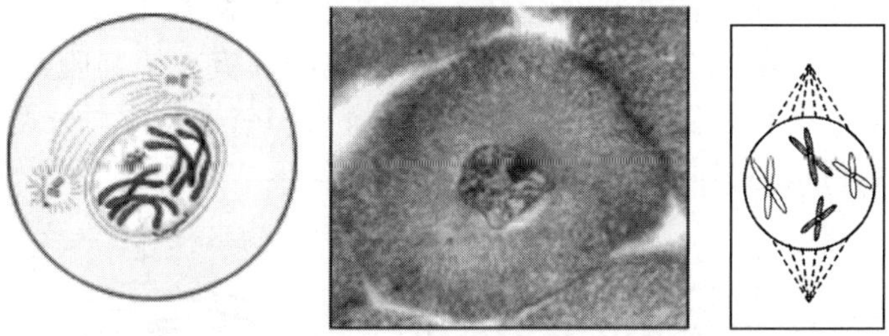

图 3－3 前期的动物细胞（左）及对应的显微镜图（中）和前期的植物细胞（右）

2. 中期

中期指从染色体排列到赤道面（一个假想的平面）上，到姐妹染色单体开始分向两极的一段时间（图 3－4）。

纺锤体微管向细胞内部侵入，与染色体的着丝点结合。在纺锤体的牵引下，染色体移向纺锤体中部，最后，每条染色体的着丝点排列在细胞中央的赤道板上。此时染色体的形态比较固定，数目比较清晰，便于清楚观察。

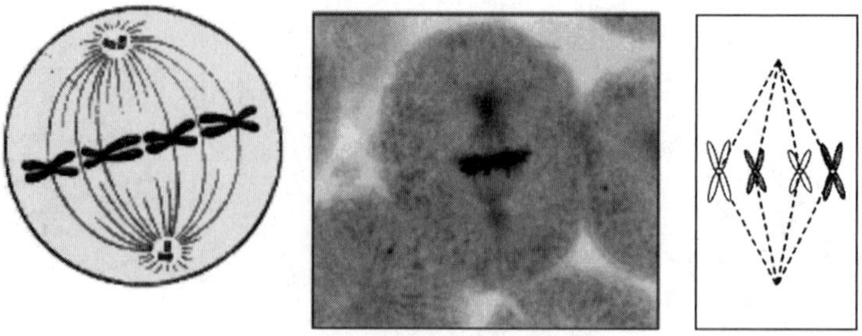

图3－4　中期的动物细胞（左）及对应的显微镜图（中）和中期的植物细胞（右）

3. 后期

后期指姐妹染色单体分开并移向两极的时期。当子染色体到达两极后，标志着这一时期结束（图3－5）。

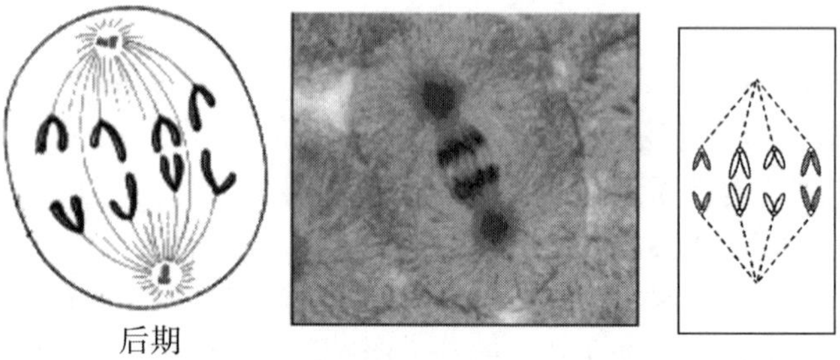

图3－5　后期的动物细胞（左）及对应的显微镜图（中）和后期的植物细胞（右）

细胞分裂的后期，每一个着丝点分裂成两个，原来连接在同一个着丝点上的两条姐妹染色单体也随之分离开来，成为两条子染色体。纺锤丝牵引着子染色体分别向细胞的两极移动。这时细胞核内的全部染色体就平均分配到了细胞的两极，使细胞的两极各有一套染色体。这两套染色体的形态和数目是完全相同的，并且每一套染色体与分裂以前的亲代细胞中的染色体的形态和数目也是相同的（图3－6）。

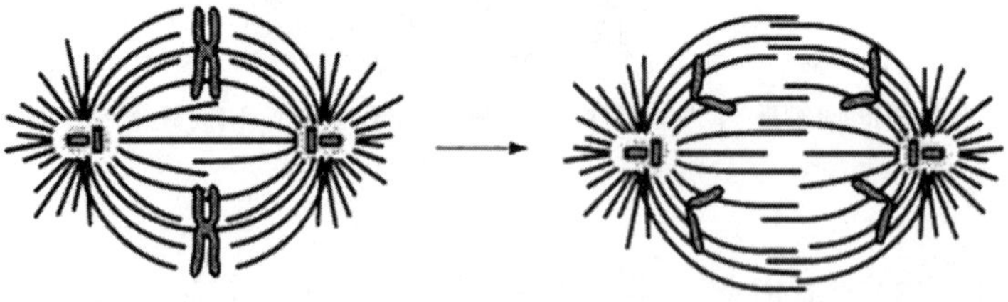

图3－6　从中期到后期的变化

4. 末期

末期是从子染色体到达两极至形成两个新细胞为止的时期。末期涉及子核的形成和胞质分裂两个方面（图3－7）。

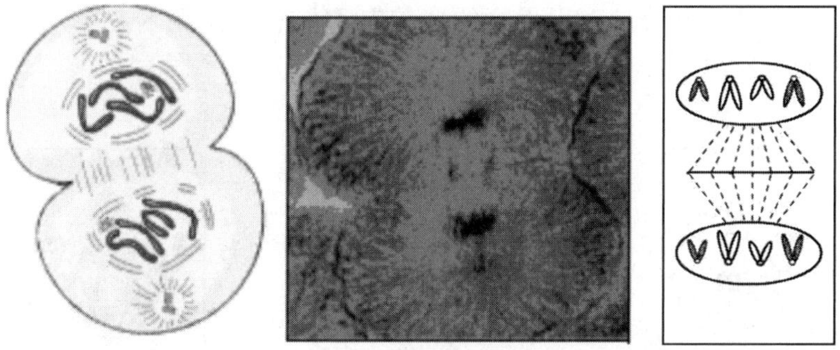

图 3－7 末期的动物细胞（左）及对应的显微镜图（中）和末期的植物细胞（右）

（1）子核的形成。末期子核的形成，大体经历了与前期相反的过程，即染色体解聚、纺锤体解体、核仁出现和核膜重新形成。

当这两套染色体分别到达细胞的两极以后，每条染色体的形态发生变化，又逐渐变成细长而盘曲的丝。同时，纺锤丝逐渐消失，出现新的核膜和核仁。核膜把染色体包围起来，形成了两个新的细胞核。

（2）胞质分裂。虽然核分裂与胞质分裂是相继发生的，但属于两个分离的过程，例如大多数昆虫的卵，其核可进行多次分裂而无胞质分裂；某些藻类的多核细胞可长达数尺，之后胞质才分裂形成单核细胞。

植物细胞的末期，在赤道板的位置出现了一个细胞板，细胞板由细胞的中央向四周扩展，逐渐形成了新的细胞壁。最后，一个细胞分裂成为两个子细胞（图 3－8）。

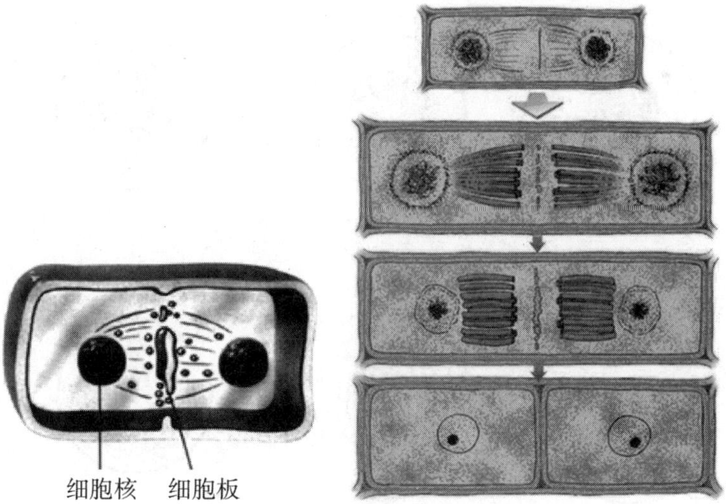

图 3－8 植物细胞壁的形成

动物细胞分裂的末期，细胞的中部并不形成细胞板，而是细胞膜从细胞的中部向内凹陷，最后把细胞缢裂成两部分，每部分都含有一个细胞核。这样，一个细胞就分裂成了两个子细胞。

细胞有丝分裂的重要意义，是将亲代细胞的染色体经过复制以后，精确地平均分配到两个子细胞中去。由于染色体上有遗传物质，因而在生物的亲代和子代之间保持了遗传性状的稳定性。可见，细胞的有丝分裂对于生物的遗传有重要意义。图3－9、图3－10分别表示了植物、动物细胞有丝分裂的全过程。

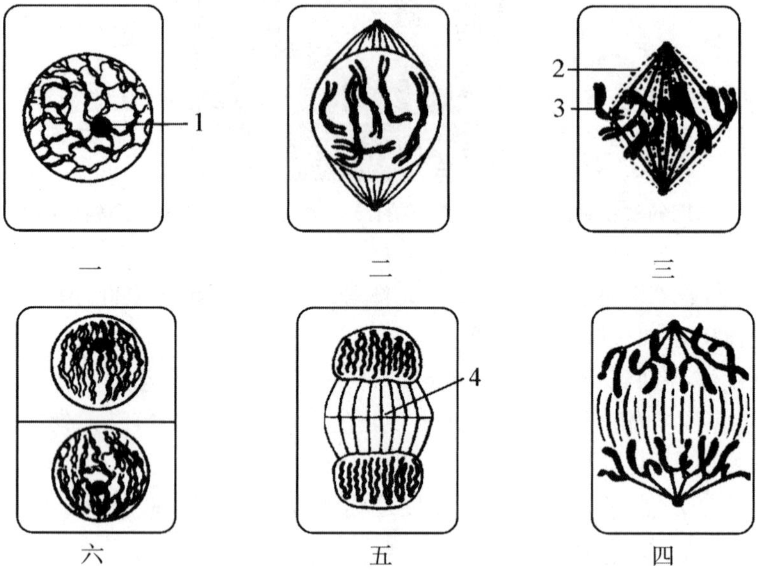

一、间期　二、前期　三、中期　四、后期　五、末期　六、末期
1. 核仁　2. 纺锤体　3. 染色体　4. 细胞板

图3－9　植物细胞的有丝分裂

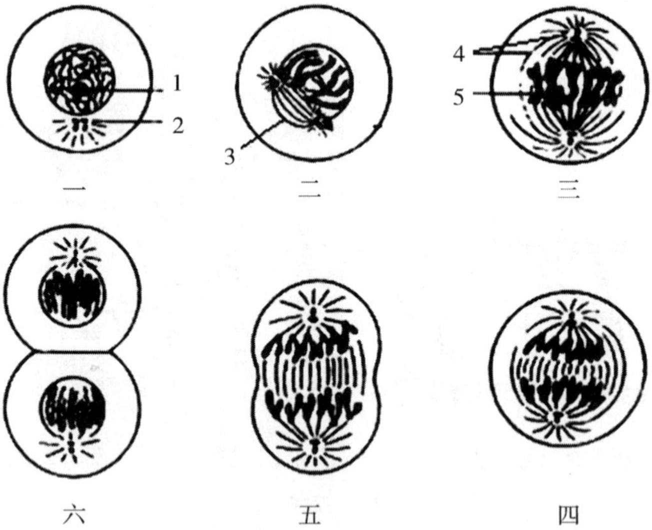

一、间期　二、前期　三、中期　四、后期　五、后期　六、末期
1. 核仁　2. 中心粒　3. 星射线　4. 纺锤体　5. 染色体

图3－10　动物细胞的有丝分裂

（二）动植物细胞有丝分裂的异同

表 3－2　植物与动物细胞的有丝分裂的比较

<table>
<tr><th colspan="2"></th><th>植物细胞</th><th>动物细胞</th></tr>
<tr><td rowspan="2">不同点</td><td>前期纺锤体的来源</td><td>由两极发出的纺锤丝直接产生</td><td>由中心体周围产生的星射线形成</td></tr>
<tr><td>末期细胞质的分裂</td><td>细胞中部出现细胞板形成新细胞壁将细胞隔开</td><td>细胞中部的细胞膜向内凹陷使细胞缢裂</td></tr>
<tr><td colspan="2">相同点</td><td colspan="2">①都有间期和分裂期，分裂期都有前、中、后、末四个阶段
②分裂产生的两个子细胞的染色体数目和组成完全相同，且与母细胞完全相同，染色体在各期的变化也完全相同
③有丝分裂过程中染色体、DNA 分子数目的变化规律，动物细胞和植物细胞完全相同</td></tr>
</table>

（三）有丝分裂过程中某些重要事件的细节

1. 核膜的裂解和再生

前面讲过，核膜由双层膜构成，它与内质网构成一个连续的整体。在有丝分裂的前期，核膜和其上的核孔分别崩解，核膜裂解成或大或小的封闭的小泡，即膜泡，其形状和内质网膜难以区分。在有丝分裂的末期，膜泡重新结合而成核膜，包围在各染色体外，核孔也重新装配到新的核膜上。在染色体解聚而成染色质时，核膜也融合为一，其上的核孔也开始执行主动运输的任务，即核所需要的蛋白质，如组蛋白等从核孔入核，rRNA、mRNA 等从核孔输出。至此，一个完整的核膜就形成了。

2. 纺锤体的形成

纺锤体的纤维是由成束的微管和与微管相结合的蛋白质组成的。在分裂的细胞中，微管的装配是需要微管组织中心（microtubule organizing center，MTOC）的。真核细胞的微管组织中心就是中心体，中心体既存在丁动物细胞中，也存在于植物细胞中。所有高等植物虽无中心体也能形成功能正常的纺锤体。动物细胞在间期时，微管就开始围绕着中心体装配，中心体与四射的微管合称为星体，在细胞分裂时，移向细胞两极的星体参与了纺锤体的形成。

3. 有丝分裂过程中 DNA、染色体、染色单体的数量变化

染色体、染色单体、DNA 三者之间的关系可用下图（图 3－11）表示：

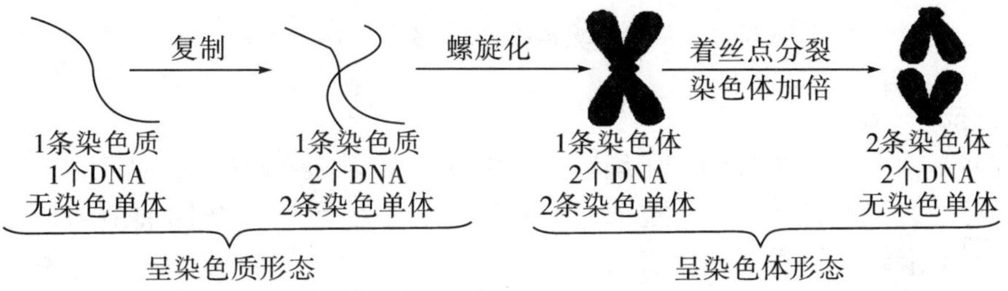

图 3－11　染色体（质）、染色单体和 DNA 三者的关系

在有丝分裂间期中的S期，进行DNA复制（也叫染色体复制），此时位于DNA分子上的基因也进行了复制。假设体细胞中染色体数为$2n$，DNA分子的含量为$2c$，复制的结果每条染色体都变成了一个着丝粒连接两条姐妹染色单体的形状，但染色体数目不变，依然为$2n$，由于每一条姐妹染色单体都带有一个DNA分子，所以DNA的含量加倍，由$2c$变为$4c$。

染色体完成复制后，仍然以高度弥散的染色质丝状存在于细胞核中，进入分裂期前期后，细长丝状的染色质高度浓缩、螺旋化成为在光镜下可辨的早期染色体结构。到前中期染色体完成浓缩，纺锤丝与染色体着丝粒相连。中期时染色体在纺锤丝牵引下逐渐向细胞中央移动，最后排列在中央赤道板上，这两个时期仅是染色体形态、位置的变化，而染色体数目及DNA含量保持不变，染色体依然为$2n$，DNA分子含量维持在$4c$水平。

分裂期后期，由于纺锤丝的不断收缩，使着丝粒受力分裂，由同一着丝粒连接的两条姐妹染色单体随之分离，成为彼此独立的一对染色体，并分别移向细胞两极，由于细胞质还没分裂，导致细胞中染色体的数目暂时加倍，由$2n$变为$4n$，但DNA分子含量仍维持在$4c$水平。

纺锤丝不断收缩，染色体逐渐向细胞两极移动，到达两极后染色体逐渐解螺旋为细丝状的染色质，随之细胞质分裂，细胞一分为二，形成两个子细胞，每个子细胞染色体数目由$4n$变为$2n$，DNA含量也由$4c$变为$2c$，即经过有丝分裂，形成的子细胞中染色体数目、DNA含量和基因组成与亲代细胞完全一样。

有丝分裂过程中染色体数目及DNA含量变化见表3-3、图3-12。

表3-3　有丝分裂过程中染色体数目及DNA含量变化

项目	间期	前期	中期	后期	末期
染色体数目	$2n$	$2n$	$2n$	$2n \to 4n$	$4n \to 2n$
DNA数目	$2c \to 4c$	$4c$	$4c$	$4c$	$4c \to 2c$

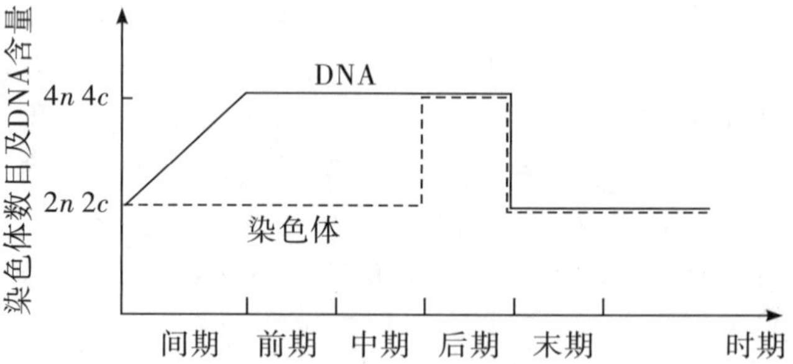

图3-12　有丝分裂过程中染色体数目及DNA含量变化

4. 细胞器的分配

实验证明，在细胞分裂成两个子细胞时，不仅获得了成套染色体，也获得了细胞中的各种细胞器。子细胞获得的细胞器只能通过原有的细胞分裂增生，它们不能在细胞质中重新产生。例如，线粒体在细胞分裂时也分裂一次，子细胞就得到一份线粒体。高尔基体和内质网是在细胞分裂时，破成碎片或小泡，再分别进入子细胞中。各种细胞器的增生，都是在细胞分裂之前的间期发生的，细胞器在子细胞中的分配并不是平均的。

5. 植物细胞有丝分裂各时期特点归纳（表 3-4）

表 3-4 植物细胞有丝分裂各时期特点归纳

细胞周期		各期特点	染色体数（2N）	DNA 含量（2c）
分裂间期		DNA 复制和有关蛋白质合成；每条染色体含两条姐妹染色单体，呈染色质形态	不变 2N	加倍 4c
分裂期	前期	两个“出现”：染色体、纺锤体出现 两个“消失”：核膜、核仁消失	不变 2N	不变 4c
	中期	着丝点排列在赤道板上，染色体形态固定，数目清晰	不变 2N	不变 4c
	后期	着丝点分裂，染色单体变成染色体，移向两极	加倍 4N	不变 4c
	末期	两个“消失”：纺锤体消失，染色体变为染色质 两个“出现”：新的核膜、核仁；中央细胞板扩展成新的细胞壁	平分 2N	平分 2c

四、无丝分裂

无丝分裂又称为直接分裂，由 R. Remark（1841）首次发现于鸡胚血细胞。因为在分裂过程中没有出现纺锤丝和染色体，所以叫做无丝分裂。

关于无丝分裂，长期以来有不同的看法。有些人认为无丝分裂不是正常细胞的增殖方式，而是一种异常分裂现象；另一些人则主张无丝分裂是正常细胞的增殖方式之一，主要见于高度分化的细胞，如肝细胞、肾小管上皮细胞、肾上腺皮质细胞等。

这种分裂方式常出现于高度分化成熟的组织中，如蛙的红细胞的分裂（图 3-13），在某些植物的胚乳中胚乳细胞的分裂等。这里要注意的是，蛙的红细胞是无丝分裂，但人的红细胞不是无丝分裂。哺乳动物的红细胞已永久失去分裂的能力，它是通过骨髓中造血干细胞分裂产生的细胞，再分化发育而来的。

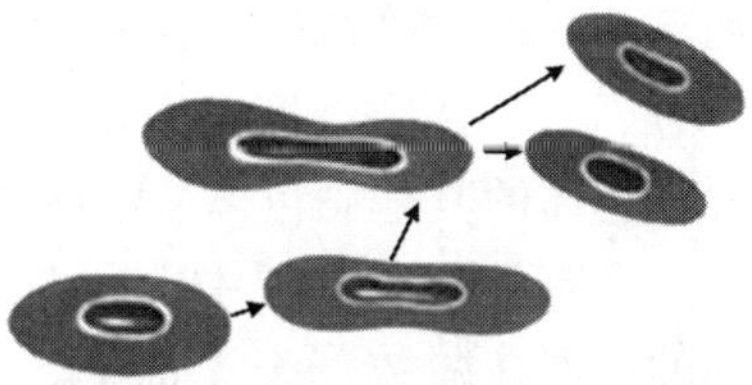

图 3-13 蛙的红细胞的无丝分裂

无丝分裂的早期，球形的细胞核和核仁都伸长；然后细胞核进一步伸长呈哑铃形，中央部分狭细；最后，细胞核分裂，这时细胞质也随之分裂，并且在滑面型内质网的参与下形成细胞膜。在无丝分裂中，核膜和核仁都不消失，没有染色体和纺锤丝的出现，当然也就看不到染色体复制的规律性变化。但是，这并不说明染色质没有发生深刻的变化，实际上染色质也要进行复制，并且细胞要增大。当细胞核体积增大一倍时，细胞核就发生分裂，核中的遗传物质就分配到子细胞中去。至于核中的遗传物质 DNA 是如何分配的，还有待进一步的研究。无丝分裂不能保证母细胞的遗传物质平均地分配到两个子细胞中去。

由于无丝分裂比较简单，分裂后遗传物质不一定能平均分配给子细胞，这涉及遗传的稳定性等问题。无丝分裂具有以下独特的优越性：比有丝分裂消耗的能量少，分裂迅速并可能同时形成多个核，分裂时细胞核保持正常的生理功能，在不利条件下仍可进行细胞分裂。

五、减数分裂

在生物体有性生殖过程中，有性生殖细胞是怎样形成的呢？科学研究表明，有性生殖细胞的形成需要经过一种特殊方式的有丝分裂，这就是减数分裂。减数分裂的特点是 DNA 复制一次，而细胞连续分裂两次，形成单倍体的精子或卵子，通过受精作用又恢复二倍体，减数分裂过程中同源染色体间发生交换，使配子的遗传多样化，增强了后代的适应性。因此，减数分裂不仅是保证生物中染色体数目稳定的机制，而且也是物种适应环境变化不断进化的机制。

（一）减数分裂的概念

凡是进行有性生殖的生物，在原始的生殖细胞（如动物的精原细胞或卵原细胞）发展为成熟的生殖细胞（精子或卵细胞）的过程中，都要进行减数分裂。在整个减数分裂过程中，染色体只复制一次，而细胞连续分裂两次。减数分裂的结果是，新产生的生殖细胞中的染色体数目，比原始的生殖细胞减少了一半。例如，人的精原细胞和卵原细胞中各有 46 条染色体，而经过减数分裂形成的精子和卵细胞中，只含有 23 条染色体。又如，水稻的原始生殖细胞中有 24 条染色体，而经过减数分裂形成的卵细胞或精子中，只含有 12 条染色体。减数分裂由紧密连接的两次分裂构成。通常减数分裂Ⅰ分离的是同源染色体，所以称为异型分裂（heterotypic division）或减数分裂（reductional division）；减数分裂Ⅱ分离的是姐妹染色单体，类似于有丝分裂，所以称为同型分裂（homotypic division）或均等分裂（equational division）。和有丝分裂一样，为了描述方便，将减数分裂分为几个期。下面结合哺乳动物精子和卵细胞的形成，讲述减数分裂的过程。

（二）减数分裂相关名词

1. 同源染色体、非同源染色体与四分体

在正常二倍体的体细胞中，任何一条常染色体都有与其形状结构、大小和遗传功能相似的另一条对应染色体，它们称为一对同源染色体。若追溯到受精卵阶段可知：其中一条来自父方，另一条来自母方。如图 3－14 中的 1 与 2，3 与 4。非同源染色体是指除去与之互称同源染色体的其他染色体。如图中所示的 1 与 3，2 与 4，1 与 4，2 与 3。

在有丝分裂过程中，同源染色体通常是不发生配对行为的，而在减数分裂Ⅰ前期，同源染色体两两配对，并发生遗传物质的交换。

四分体是指联会的一对同源染色体，共包含四条染色单体。四分体只出现在减数分裂过程中，在有丝分裂过程中，虽然细胞中也有同源染色体，但同源染色体之间并不联会，当然也就谈不上四分体了。如图 3－14 所示，A 和 B 所代表的结构，就分别是一个四分体。由此可见，四分体的个数与联会的同源染色体的对数是一致的。

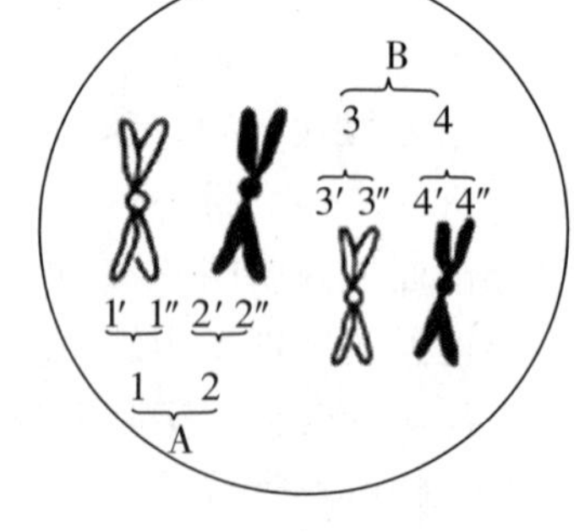

图 3－14　相关名词图形

2. 姐妹染色单体与非姐妹染色单体

在细胞分裂的间期，染色体经过复制形成的两个完全一样的染色单体，互称姐妹染色单体。如图 3－14 所示 1′与 1″，2′与 2″，3′与 3″，4′与 4″。而 1′与 2′，1′与 3′，1′与 4′等就是非姐妹染色单体。图中有 8 条染色单体，不能称为 8 条姐妹染色单体。

（三）精子的形成过程

哺乳动物的精子是在睾丸中形成的。睾丸（也叫做精巢）位于阴囊内，里面有许多极度弯曲的曲细精管。曲细精管中含有大量的原始生殖细胞，叫做精原细胞（spermatogonium）。每个精原细胞中的染色体数目都与体细胞的相同。在个体发育过程中，精原细胞进行有丝分裂。当雄性动物性成熟以后，睾丸里的一部分精原细胞就开始进行减数分裂，经过两次连续的细胞分裂——减数第一次分裂和减数第二次分裂，就形成了成熟的生殖细胞——精子（sperm）（图 3－15、图 3－16）。

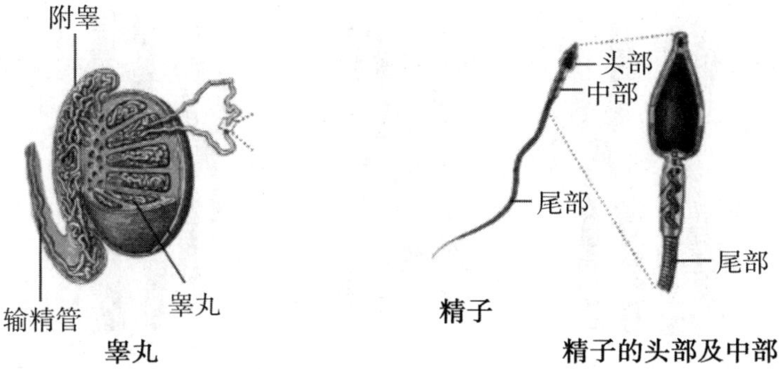

图 3－15　睾丸和精子

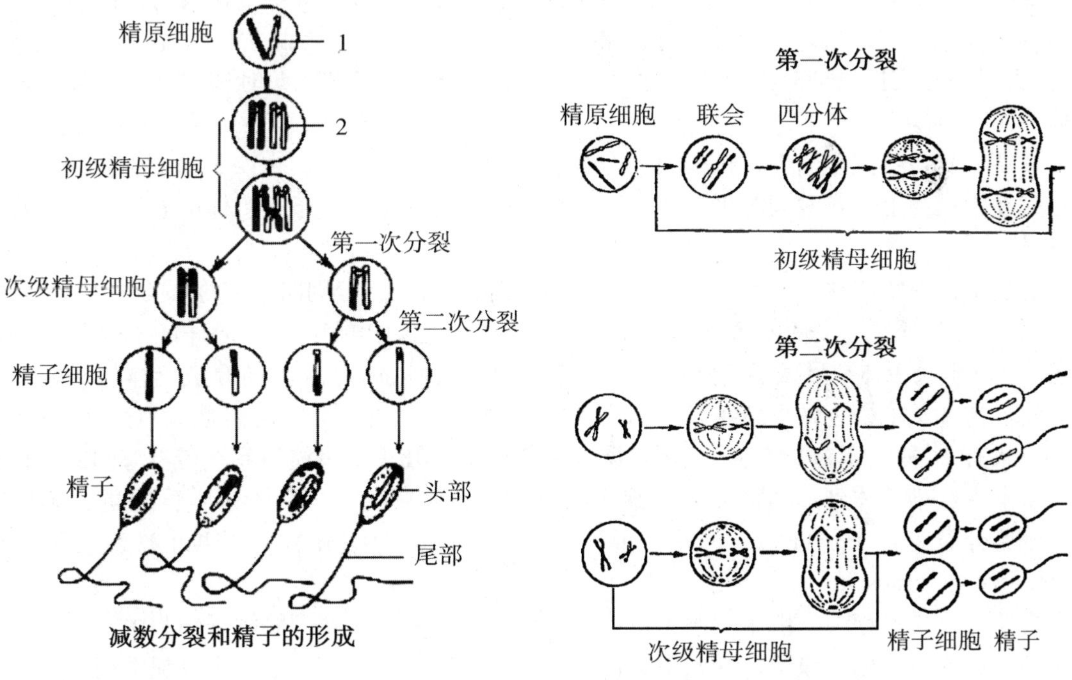

1. 一条染色体　2. 一条染色体（含有姐妹染色单体）

图 3－16　精子的形成过程

1. 减数分裂 Ⅰ

间期 Ⅰ：有丝分裂细胞在进入减数分裂之前要经过一个较长的间期，称前减数分裂间期

(premeiotic interphase)。前减数分裂间期也可分为 G_1 期、S 期和 G_2 期，这时精原细胞的体积略微增大，染色体进行复制，成为初级精母细胞（primary spermatocyte）。复制后的每条染色体都含有两条姐妹染色单体，这两条姐妹染色单体并列在一起，由同一个着丝点连接着。

在 G_1 期和 S 期将麝香百合的花粉细胞在体外培养，发现细胞进行有丝分裂，将 G_2 晚期的细胞在体外培养则向减数分裂进行，说明 G_2 期是有丝分裂向减数分裂转化的关键时期。

前期Ⅰ：减数分裂的特殊过程主要发生在前期Ⅰ，初级精母细胞中最显著的变化是原来分散存在的染色体进行配对。配对的两条染色体，形状和大小一般都相同，一条来自父方，一条来自母方，叫做同源染色体。同源染色体两两配对的现象就叫做联会。

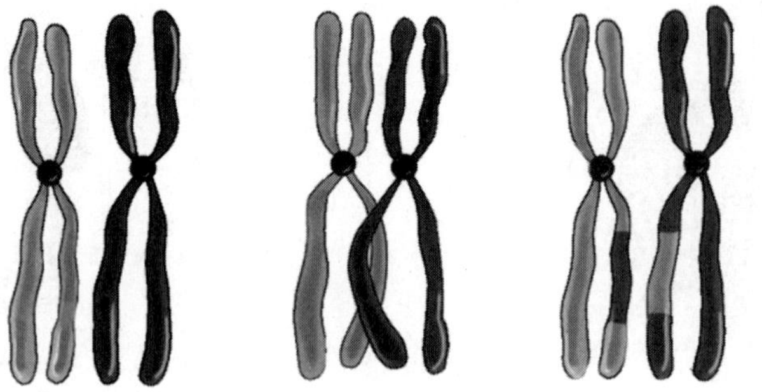

图 3－17　染色体交叉互换

这时，由于每一条染色体都含有两条姐妹染色单体，因此，联会后的每对同源染色体就含有四条染色单体，叫做四分体。四分体中的非姐妹染色单体之间常常发生交叉（图 3－17），并且相互交换一部分染色体，这在遗传学上有着重要意义。此时核仁开始消失，核被膜解体。

中期Ⅰ：核仁完全消失，核被膜完全解体，标志进入中期Ⅰ，中期Ⅰ的主要特点是染色体排列在赤道面上。各对同源染色体排列在细胞的赤道板上，每条染色体的着丝点都附着在纺锤丝上。

后期Ⅰ：在纺锤丝牵引下，配对的同源染色体彼此分离，分别向细胞的两极移动，成为新的两组染色体。这样，细胞的每个极只得到各对同源染色体中的一条。由于相互分离的是同源染色体，所以染色体数目减半。但每个子细胞的 DNA 含量仍为 $2c$。同源染色体随机分向两极，使母本和父本染色体重新组合，产生基因组的变异。如人类染色体是 23 对，染色体组合的方式有 2^{23} 种（不包括交换），因此除同卵孪生外，几乎不可能得到遗传上等同的后代。

末期Ⅰ：染色体到达两极后，解旋为细丝状，核膜重建，核仁形成，同时进行胞质分裂。细胞分裂为两个子细胞，也就是说，一个初级精母细胞分裂成了两个次级精母细胞（secondary spermatocyte）。

在这次分裂过程中，由于同源染色体相互分离，分别进入到不同的子细胞中，使得每个次级精母细胞只得到初级精母细胞中染色体总数的一半。因此，减数分裂过程中染色体数目的减半发生在减数第一次分裂中（图 3－18）。

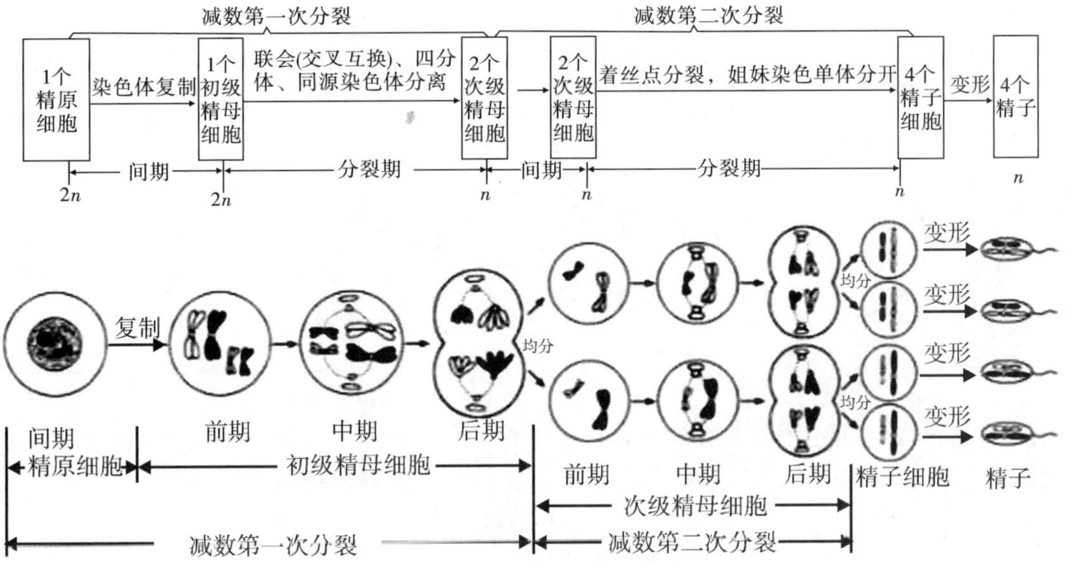

图 3－18 哺乳动物精子的形成过程图解

2. 减数分裂Ⅱ

减数分裂Ⅰ和减数分裂Ⅱ之间的间期很短，不进行 DNA 的合成，有些生物没有间期，而由末期Ⅰ直接转为前期Ⅱ。减数分裂Ⅱ的分裂期可分为前期Ⅱ、中期Ⅱ、后期Ⅱ、末期Ⅱ四个时期，与有丝分裂相似。在次级精母细胞中，在后期Ⅱ时每条染色体的着丝点分开，两条姐妹染色单体也随之分开，成为两条染色体。在纺锤丝的牵引下，这两条染色体分别向细胞的两极移动，并且随着细胞的分裂，进入到两个子细胞中。这样，在减数第一次分裂中形成的两个次级精母细胞，经过减数第二次分裂，就形成了四个精子细胞（sperm cell）。与初级精母细胞相比，每个精子细胞都含有数目减半的染色体。精子细胞再经过一系列复杂的形态变化，形成精子。精子呈蝌蚪状，头部含有细胞核，尾很长，能够摆动。各时期的特点和图形归纳如表 3－5 所示。

表 3－5 精子形成过程中各时期的特点和图形

间期：精原细胞体积增大，染色体复制，初级精母细胞形成				
减数第一次分裂	前期 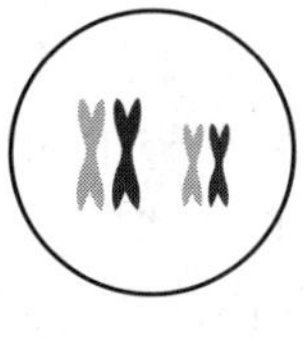	中期 	后期 	末期 
特点	同源染色体联会，四分体出现，非姐妹染色单体交叉互换	同源染色体排列在赤道板上	同源染色体分离，向细胞两极移动，非同源染色体自由组合	形成两个次级精母细胞，染色体数目减半

（续上表）

细胞种类	初级精母细胞			次级精母细胞
减数第二次分裂	前期 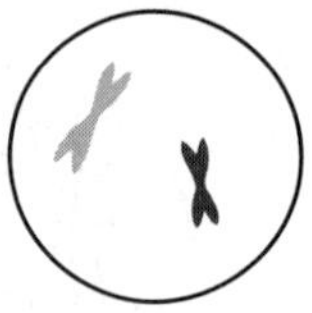	中期 	后期 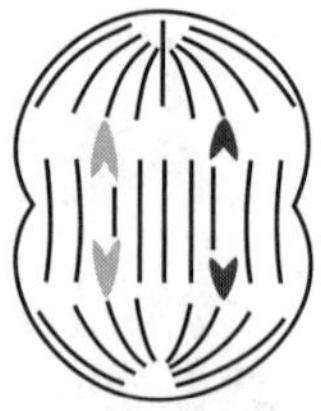	末期 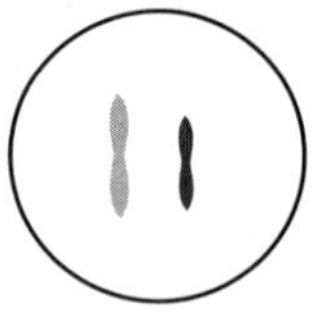
特点（无同源染色体）	染色体散乱分布在纺锤体中央	染色体的着丝点排列在赤道板上	着丝点分裂，染色体一分为二，姐妹染色单体向两极移动	分裂结果为形成四个精子细胞
细胞种类	次级精母细胞			精子

（四）卵细胞的形成过程

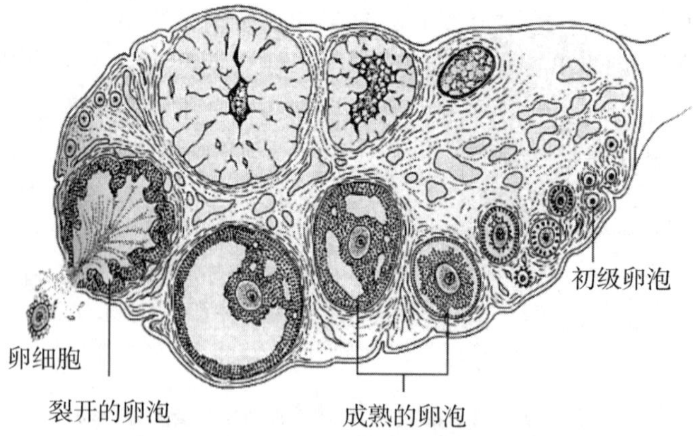

图3－19　卵巢

哺乳动物的卵细胞是在卵巢中形成的。卵巢位于动物身体的腹腔内，内部有许多发育程度不同的卵泡，位于卵泡中央的一个细胞就是卵细胞（图3－19）。卵细胞的形成过程与精子的基本相同，原始的生殖细胞叫做卵原细胞（oogonia）。每个卵原细胞中的染色体数目与体细胞的相同。在卵细胞的形成过程中，首先是卵原细胞增大，染色体进行复制，成为初级卵母细胞（primary oocyte）。然后，初级卵母细胞经过减数第一次和第二次分裂，形成卵细胞。卵细胞与精子形成过程的主要区别是：初级卵母细胞经过减数第一次分裂，形成一个大的细胞和一个小的细胞。大的细胞叫做次级卵母细胞（secondary oocyte），小的细胞叫做极体（polocyte）。接着，次级卵母细胞进行减数第二次分裂，形成一个卵细胞和一个极体。与此同时，第一次分裂过程中形成的极体也分裂成为两个极体。这样，一个初级卵母细胞经过减数分裂后，就形成一个卵细胞和三个极体（图3－20、图3－21）。卵细胞和极体中都含有数目减半的染色体。不久，三个极体都退化消失了，结果是一个卵原细胞经过减数分裂，最终只形成一个卵细胞。

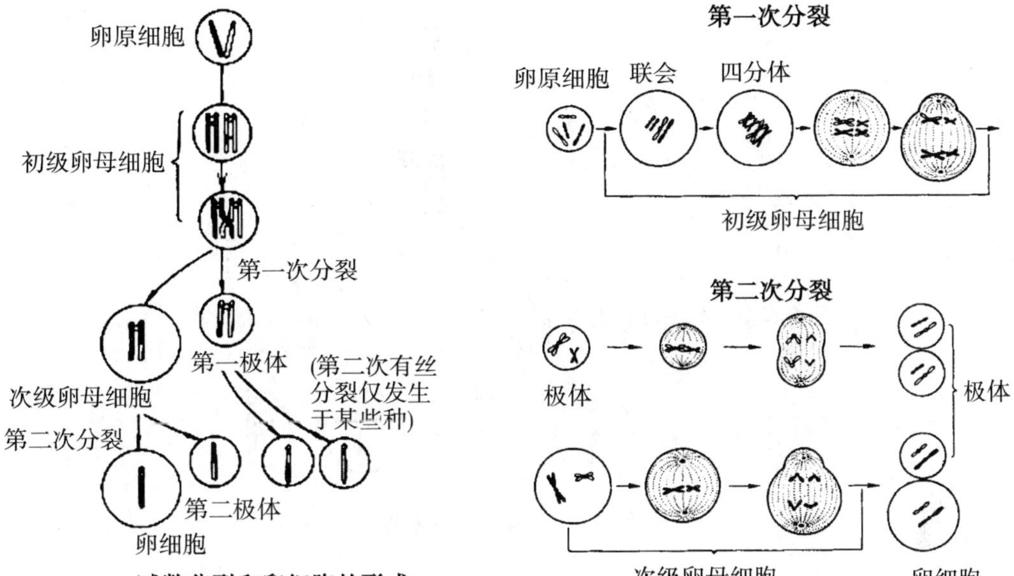

减数分裂和卵细胞的形成

图 3－20　卵细胞的形成过程

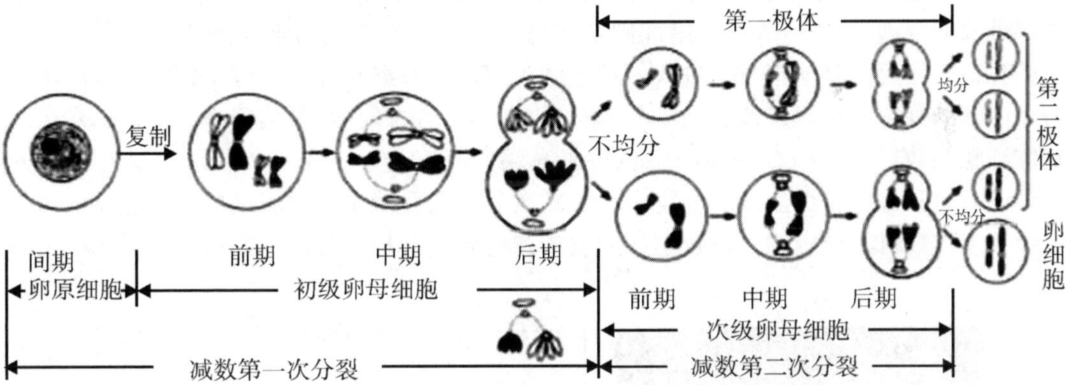

图 3－21　卵细胞的形成过程图解

综上所述，减数分裂的过程可以用下图来概括（图 3－22）：

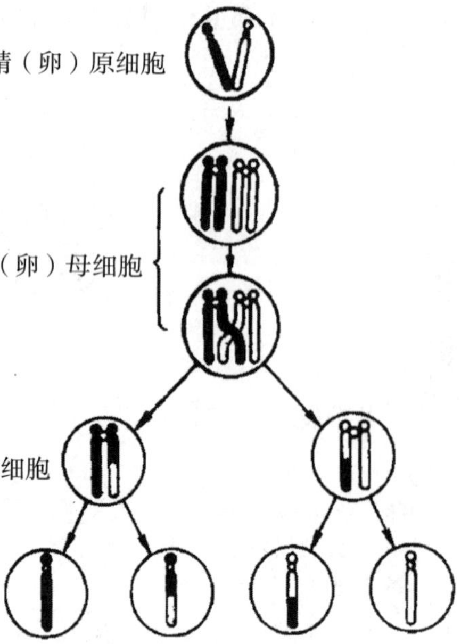

图 3－22　减数分裂图解

（五）受精作用

在生物体的有性生殖过程中，精子和卵细胞通常要融合在一起，才能发育成新个体。精子与卵细胞融合成为受精卵的过程，叫做受精作用（fertilization）。在受精时，通常是精子的头部进入卵细胞（图 3－23），尾部则留在外面。紧接着，在卵细胞细胞膜的外面出现一层受精膜，以便阻止其他精子再进入。精子的头部进入卵细胞以后，位于精子头部的细胞核就与卵细胞的细胞核相遇，彼此的染色体会合在一起。这样，在受精卵中，染色体数目又恢复到体细胞的数目，其中有一半的染色体来自精子（父方），另一半来自卵细胞（母方）。由此可见，对于进行有性生殖的生物来说，减数分裂和受精作用对于维持每种生物前后代体细胞中染色体数目的恒定性，以及生物的遗传和变异，都是十分重要的。

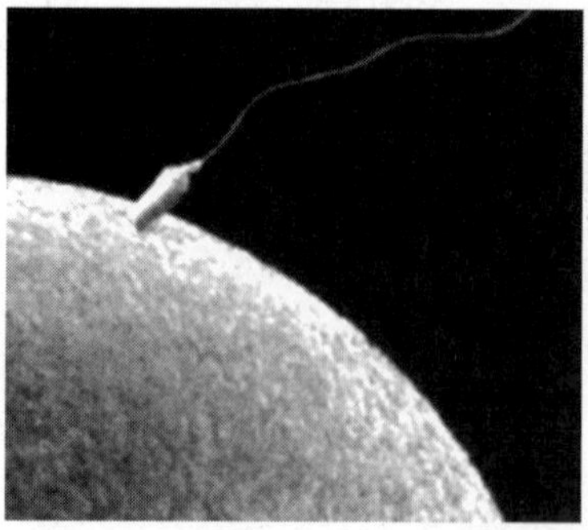

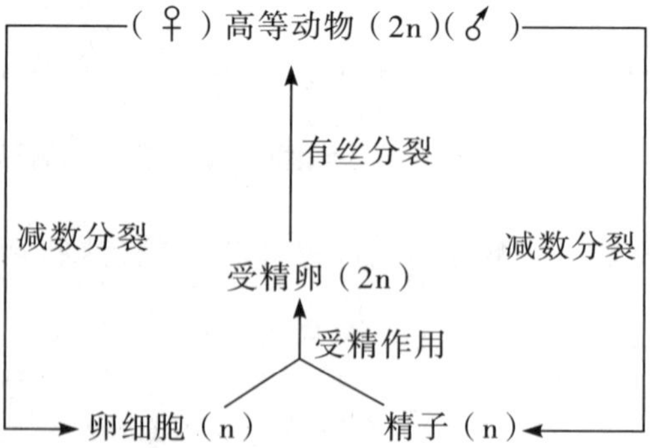

图 3－23　受精作用

（六）减数分裂过程中 DNA、染色体、染色单体的数目变化

减数分裂过程中染色体、DNA 和染色单体的数目变化如表 3－6 所示：

表 3－6 减数分裂过程中染色体、DNA 和染色单体的数目变化

减数第一次分裂过程	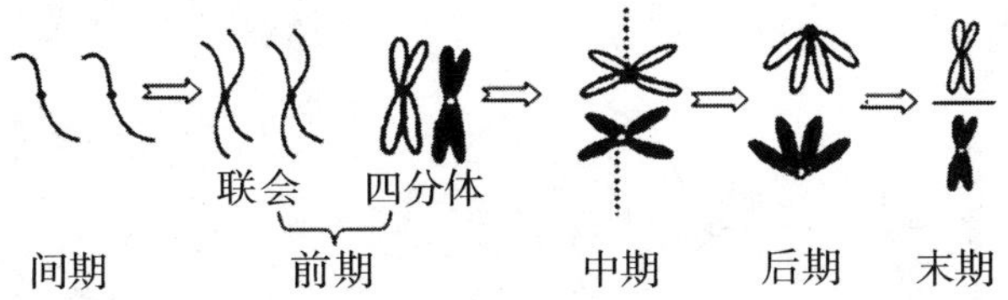				
染色体数目变化	$2n$	$2n$	$2n$	$2n$	$2n \to n$
DNA 数目变化	$2N \to 4N$	$4N$	$4N$	$4N$	$4N \to 2N$
染色单体数目变化	$0 \to 4N$	$4N$	$4N$	$4N$	$4N \to 2N$
减数第二次分裂过程	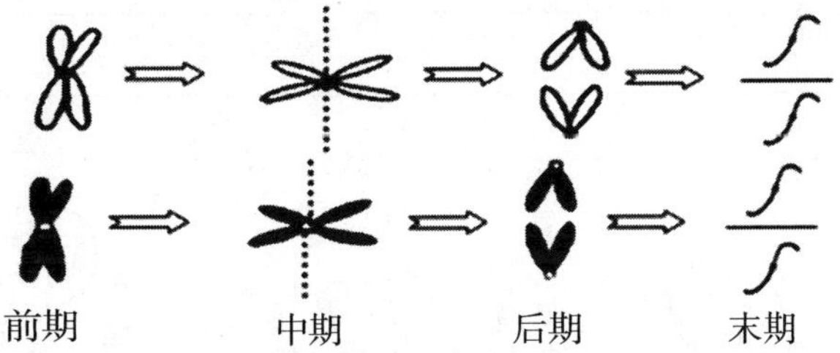				
染色体数目变化	n	n	$n \to 2n$	$2n \to n$	
DNA 数目变化	$2N$	$2N$	$2N$	$2N \to N$	
染色单体数目变化	$2N$	$2N$	$2N \to 0$	0	

也可以用横坐标表示细胞分裂各时期，纵坐标表示染色体或 DNA 或染色单体的量，绘制成下面的坐标图，表示三者的变化情况（图 3－24）：

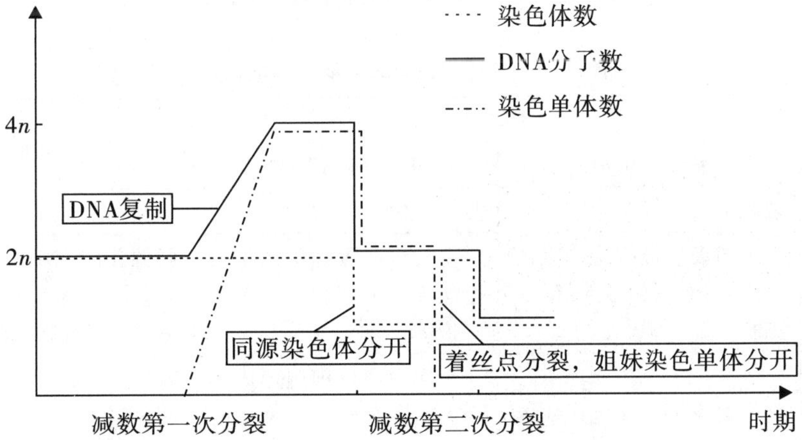

图 3－24 减数分裂过程中染色体、DNA 和染色单体数目的变化曲线

（七）精子和卵细胞形成过程的异同

精子和卵细胞形成过程的异同可用图 3－25 和表 3－7 比较。

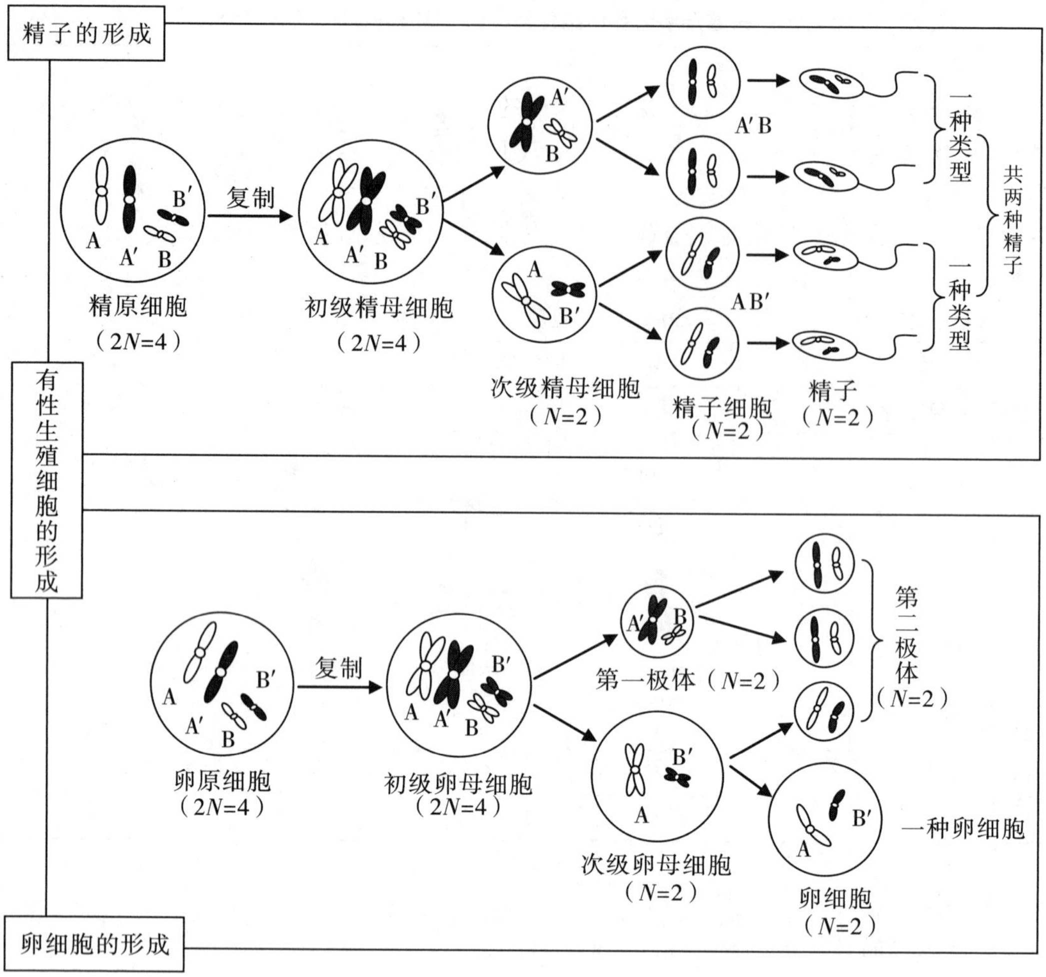

图 3－25　精子和卵细胞形成过程的比较

表 3－7　精子和卵细胞形成过程的比较

项目	不同点		相同点
	精子的形成	卵细胞的形成	
染色体的复制	复制一次	复制一次	复制一次
第一次分裂	一个初级精母细胞产生两个大小相同的次级精母细胞	一个初级卵母细胞产生一个次级卵母细胞和一个第一极体	同源染色体联会，形成四分体，同源染色体分离，细胞质分裂，子细胞染色体数目减半
第二次分裂	两个次级精母细胞形成四个同样大小的精子细胞	一个次级卵母细胞形成一个大的卵细胞和一个小的第二极体，第一极体分裂成两个第二极体	着丝点分裂，一条染色体变成两条染色体，分别移向两极，细胞质分裂，子细胞染色体数目不变
变形	精子细胞变形，成为精子	不经过变形	
分裂结果	产生四个有功能的精子	产生一个有功能的卵细胞，三个小的极体退化	成熟的生殖细胞染色体数目是原始生殖细胞的一半

（八）减数分裂与有丝分裂的比较

1. 各时期图形和特点比较

与有丝分裂相比，减数分裂具有两个显著的特点：一是减数分裂要连续进行两次细胞分裂，但是，染色体只复制一次，分裂后形成的细胞里只含有单倍数的染色体，即染色体数目减少了一半；而有丝分裂则是染色体复制一次，细胞也分裂一次，分裂后所形成的细胞中染色体的数目没有变化。二是减数分裂中染色体的变化情况，主要出现在第一次细胞分裂之中，并且前期比有丝分裂的前期更为复杂。在减数第一次分裂的前期，同源染色体要相互配对，形成四分体，并且四分体中的非姐妹染色单体间常发生交叉、互换。这是基因重组的来源之一。减数第一次分裂前的间期，染色体的复制已经完成。在减数第二次分裂前的间期没有进行染色体的复制。在不同的生物中，减数第二次分裂之前的间期的长短是不同的，有些生物具有短暂的间期，而有些生物则在末期Ⅰ结束以后，立即进入前期Ⅱ。（表3－8、表3－9、图3－26）

表3－8 减数分裂与有丝分裂的比较

减数分裂	有丝分裂
分裂后形成染色体数目减半的性细胞	分裂后形成染色体数目不变的体细胞
染色体复制一次，细胞分裂两次，结果形成四个子细胞	染色体复制一次，细胞分裂一次，结果形成两个子细胞
分裂初期发生同源染色体联会、交叉互换，四分体平分为二	无联会现象
意义：染色体数目减半的配子通过受精作用维持生物前后代体细胞中染色体数目恒定	意义：把形状和数目相同的染色体平均分到两个子细胞中去，维持了体细胞内染色体数目的稳定

表3－9 减数分裂和有丝分裂过程中各时期图形和特点的比较

时期	项目	减数第一次分裂	减数第二次分裂	有丝分裂
前期	图形			
	特点	有同源染色体，且有联会，每条染色体含2条姐妹染色单体	无同源染色体，无联会，每条染色体含2条姐妹染色单体	有同源染色体，无联会，每条染色体含2条姐妹染色单体
中期	图形	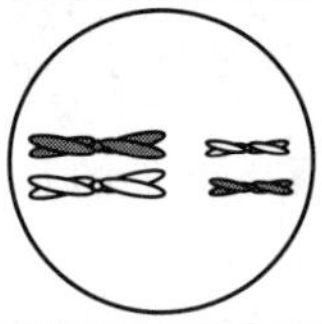		
	特点	有同源染色体，且紧靠，每条染色体含2条姐妹染色单体	无同源染色体，每条染色体含2条姐妹染色单体	有同源染色体，且间隔，每条染色体含2条姐妹染色单体

（续上表）

时期	项目	减数第一次分裂	减数第二次分裂	有丝分裂
后期	图形		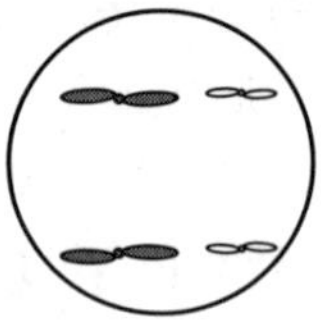	
	特点	同源染色体分开，每条染色体含2条姐妹染色单体，每一极子细胞中无同源染色体	姐妹染色单体分开，每一极子细胞中无同源染色体	姐妹染色单体分开，每一极子细胞中有同源染色体
末期	图形			
	特点	无同源染色体，每条染色体含2条姐妹染色单体	无同源染色体，无姐妹染色单体	有同源染色体，无姐妹染色单体

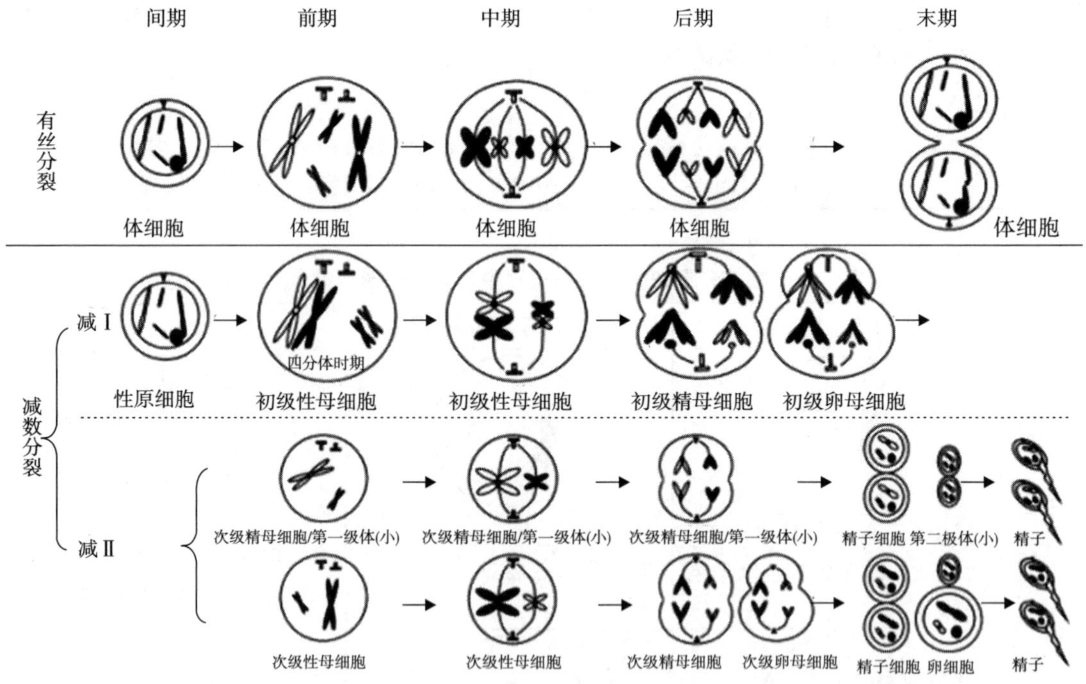

图3－26 哺乳动物的减数分裂与有丝分裂的图形对比（及精子和卵细胞的形成对比）

2. DNA和染色体的数目变化曲线图

有丝分裂过程中DNA的复制发生在间期，此时DNA数目加倍但是染色体数目不变。在后期时由于着丝点分裂染色单体分开，此时染色体数目加倍，但是DNA数目不变。染色体和DNA数目减半发生在末期，原因是染色体分离并进入不同的子细胞。有丝分裂过程中始终有同源染色体存在（图 3－27）。

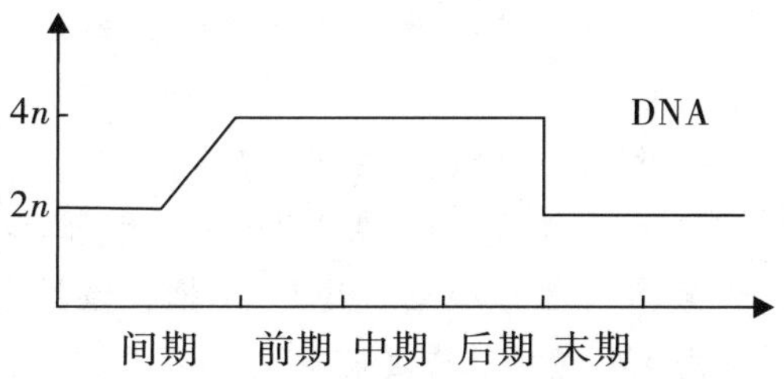

图 3－27　有丝分裂过程中 DNA 和染色体的数目变化曲线图

减数分裂过程中 DNA 的复制发生在间期，此时 DNA 数目加倍但是染色体数目不变。染色体和 DNA 数目减半发生在减数第一次分裂，原因是同源染色体分离并进入不同的子细胞。所以减数第二次分裂过程中无同源染色体（图 3－28）。

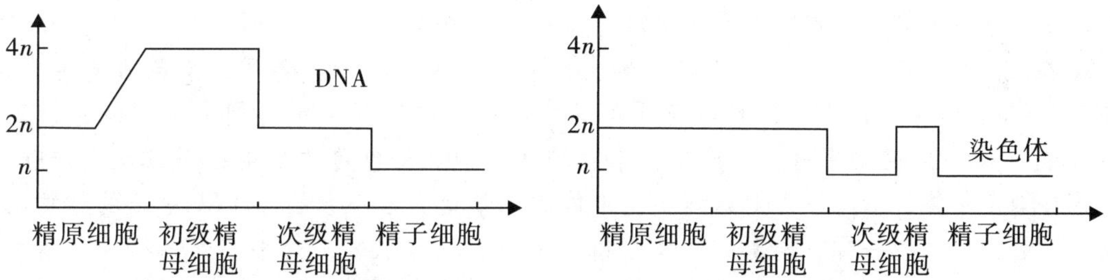

图 3－28　减数分裂过程中 DNA 和染色体的数目变化曲线图

（九）减数分裂与遗传定律

减数分裂是生物遗传定律的细胞学基础，基因分离定律、基因自由组合定律、基因的连锁和互换定律都是在减数分裂过程中随着染色体的规律变化，其上的基因也随之变化的结果。

在减数第一次分裂过程中，前期的主要特点是同源染色体两两配对，叫联会（只有联会的染色体才是真正意义上的同源染色体），这时两个配对的同源染色体的姐妹染色单体之间（非姐妹染色单体之间）发生了对应片段的部分交叉互换，结果使每条染色体上都含对方的染色体段（基因互换重组），这是基因互换定律的基础。

同源染色体移到细胞中央（中期），并成对地排列在细胞赤道板平面上，随后被纺锤丝牵拉移向两极。此时，如果考虑一对同源染色体上的等位基因，则随着同源染色体分开而分离，这是基因分离定律的基础；如果考虑同一条染色体上（未互换）的许多基因，它们连锁在一起，进入配子，这是基因连锁定律的基础；如果考虑两对（或两对以上）同源染色体上的等位基因，它们随非同源染色体之间的自由组合机会相等，这便是基因的自由组合定律的基础。

教与学的要点

1. 细胞分裂是生命的基本特征，是生物体生长、发育、繁殖和遗传的基础。细胞分裂可分为无丝分裂、有丝分裂和减数分裂三种类型。

2. 连续分裂的细胞，从一次细胞分裂结束到下一次细胞分裂结束所经历的过程，就是一个细胞周期。细胞周期一般可分为G_1期、S期、G_2期和M期。G_1期为DNA合成预备期，S期是DNA复制期，G_2期是进入M期的准备期，M期是有丝分裂期，通过M期，细胞一分为二，产生两个子细胞。细胞沿着G_1期→S期→G_2期→M期的路线运转。

3. 一个细胞周期所需的时间叫细胞周期时间。细胞周期时间的长短与物种的细胞类型有关，各种细胞的细胞周期长短最主要差别在G_1期。从增殖的角度可将细胞分为周期细胞、G_0期细胞、终端细胞。

4. 在细胞周期中存在着若干个检查点，只有越过检查点，细胞周期才能进入下一阶段。G_1期检查点主要是检查DNA是否受损；G_2期检查点主要是检查DNA复制是否完成、DNA是否受损；分裂后期检查点主要是检查染色体的着丝粒是否附着在纺锤丝上、纺锤体装配是否完成等；分裂末期检查点主要是检查染色体是否分离等。

5. 在生物的细胞核中易被碱性染料染上颜色的物质，叫做染色质，染色质的主要化学成分是DNA和组蛋白；染色体和染色质是同一种物质在不同细胞周期中呈现的不同形态。DNA复制（或叫染色体复制）后产生了染色单体。姐妹染色单体是由一个着丝点连着的并行的两条染色单体，细胞中每对姐妹染色单体的化学组成是一致的，DNA分子的结构相同，所包含的遗传信息也一样。同源染色体是指分别来自父母双方，大小、形态结构基本相同，代谢和遗传功能相似，在减数第一次分裂前期能彼此联会的两条染色体；每对配对的同源染色体有四条染色单体，因此也叫四分体。

6. 有丝分裂的特点是两个子细胞从母细胞得到了同质同量的遗传物质。有丝分裂分为分裂间期和分裂期，分裂期可人为地划分为前期、中期、后期、末期四个时期。

有丝分裂间期细胞长大，DNA复制，DNA数量加倍，出现染色单体；前期特征是两个出现、两个消失：染色体、纺锤体出现，核膜、核仁消失；中期是观察染色体形态和数量的最佳时期，此时每条染色体的着丝点排列在细胞中央的赤道板上，染色体的形态比较固定，数目比较清晰；后期姐妹染色单体分开成为染色体，在纺锤丝牵引下平均分配、移向两极，染色体暂时加倍；末期特征也是两个出现、两个消失，即核膜、核仁重新出现，染色体、纺锤体消失，细胞质分裂成两部分，成为两个子细胞。

7. 无丝分裂又称为直接分裂，在分裂过程中没有出现纺锤丝和染色体，所以叫做无丝分裂。在无丝分裂中，核膜和核仁都不消失，但DNA（或染色质）要进行复制。

8. 减数分裂是配子产生过程中的一种特殊的细胞分裂。在整个减数分裂过程中，染色体只复制一次，而细胞连续分裂两次，结果产生了四个单倍性细胞，即性细胞中的染色体数目比原始的生殖细胞减少了一半。

9. 减数分裂Ⅰ前期时间特别长，发生了同源染色体联会、四分体、同源染色体交叉互换等，这样就使后代细胞有更大的变异性。染色体减数是发生在减数分裂Ⅰ后期。减数分裂Ⅰ后期分离的是同源染色体，减数分裂Ⅱ后期分离的是姐妹染色单体，类似于有丝分裂。

10. 哺乳动物的精子是在睾丸中形成的。精原细胞体积增大，染色体进行复制，成为初级精母细胞，1个初级精母细胞经减数第一次分裂成为2个次级精母细胞，2个次级精母细胞经减数第二次分裂成为4个精子细胞，4个精子细胞经变形成为4个精子。

11. 哺乳动物的卵细胞是在卵巢中形成的。卵原细胞增大，染色体进行复制，成为初级卵母细胞，1个初级卵母细胞经过减数第一次分裂，形成一个大的次级卵母细胞和一个小的第一极体。次级卵母细胞经减数第二次分裂形成一个卵细胞和一个第二极体。与此同时，第一极体也分裂成为两个第二极体。这样，一个初级卵母细胞经过减数分裂后，就形成一个卵细胞和三个极体，三个极体都退化消失，结果是一个卵原细胞经过减数分裂，最终只形成一个卵细胞，卵细胞不需变形。

12. 在生物体的有性生殖过程中，精子与卵细胞融合成为受精卵的过程，叫做受精作用。在受精卵中，染色体数目又恢复到体细胞的数目，其中有一半的染色体来自精子（父方），另一半来自卵细胞（母方）。减数分裂和受精作用对于维持每种生物前后代体细胞中染色体数目的恒定性，以及生物的遗传和变异，都是十分重要的。

练习与应用

一、选择题

1. 洋葱的体细胞有16条染色体，某同学用显微镜观察洋葱细胞有丝分裂时，看到一个细胞内有32条染色体，可判断此细胞为有丝分裂的（　　）
   A. 间期　　B. 前期　　C. 中期　　D. 后期
2. 动、植物细胞有丝分裂前期主要的区别是（　　）
   A. 染色体形成的方式不同　　B. 赤道板出现的方向不同
   C. 核膜、核仁解体的时间不同　　D. 纺锤体的来源不同
3. 若把处在有丝分裂后期的细胞与前期的细胞进行比较，则后期的细胞中（　　）
   A. DNA含量增加一倍，染色体数目不变　　B. DNA含量不变，染色体数目增加一倍
   C. DNA含量和染色体数目都增加一倍　　D. DNA含量和染色体数目都不变
4. 某细胞染色体数目为$2N$，DNA含量为$2a$，间期染色体复制后，染色体和DNA含量分别为（　　）
   A. $2N$和$2a$　　B. $2N$和$4a$　　C. $4N$和$4a$　　D. $4N$和$2a$
5. 有丝分裂后期，着丝点分裂后，看到一个细胞中有92条染色体，那么该生物的体细胞中染色体的数目应该是（　　）
   A. 92　　B. 46　　C. 23　　D. 184
6. 关于无丝分裂过程的叙述，错误的是（　　）
   A. 不形成纺锤体　　B. 无染色体的出现　　C. DNA无须复制　　D. 细胞核缢裂为二
7. 用高倍镜观察洋葱根尖分生区细胞时发现视野中有一个细胞无核膜、核仁等结构，染色体散乱地分布在纺锤体中央，则该细胞处于有丝分裂的什么时期（　　）
   A. 间期　　B. 前期　　C. 后期　　D. 末期
8. 形成400个卵细胞需要的初级卵母细胞的数量为（　　）
   A. 100个　　B. 200个　　C. 300个　　D. 400个
9. 人体内最大的细胞是（　　）
   A. 精子　　B. 卵细胞　　C. 红细胞　　D. 脑细胞

10. 下列哪一项不是成熟的生殖细胞（　　）

A. 精子细胞　　B. 卵细胞　　C. 精子　　D. 配子

11. 某生物在有丝分裂后期，细胞内有 32 条染色体，则该生物配子中的染色体数为（　　）

A. 64 条　　B. 32 条　　C. 16 条　　D. 8 条

12. 细胞中既有同源染色体，又有染色单体的时期是（　　）

A. 减数第二次分裂前期　　B. 有丝分裂前期

C. 减数第一次分裂结束时　　D. 有丝分裂末期

13. 连续进行有丝分裂的细胞，其间期的特点是（　　）

A. 细胞没有变化

B. 核膜解体，核仁逐渐消失

C. 染色体隐约可见

D. 细胞内进行着 DNA 复制和蛋白质合成

14. 下列叙述中表明动物细胞正在进行有丝分裂的显著特点是（　　）

A. 核糖体合成活动加强　　B. 线粒体产生大量 ATP

C. 中心体周围发射出星射线　　D. 高尔基体数目显著增多

15. 细胞有丝分裂过程中着丝点分裂发生在（　　）

A. 间期　　B. 前期　　C. 中期　　D. 后期

16. 动物细胞的有丝分裂过程与植物细胞明显不同的是（　　）

A. 间期有染色体的复制　　B. 后期有着丝点的分裂

C. 末期染色体平均分配到两个子细胞中　　D. 分裂末期在细胞的中部不形成细胞板

17. 哺乳动物卵细胞形成的场所是（　　）

A. 卵巢　　B. 输卵管　　C. 子宫　　D. 睾丸

18. 减数分裂过程中，染色体的行为变化顺序是（　　）

A. 复制→分离→联会→分裂　　B. 联会→复制→分离→分裂

C. 联会→分离→复制→分裂　　D. 复制→联会→分离→分裂

19. 与有丝分裂相比较，减数分裂所特有的是（　　）

A. DNA 分子的复制　　B. 着丝点的分裂

C. 染色质形成染色体　　D. 出现四分体

20. 细胞内没有同源染色体的是（　　）

A. 体细胞　　B. 精原细胞

C. 初级精母细胞　　D. 次级精母细胞

21. 下列图中属于次级卵母细胞继续分裂过程中染色体平均分配的是（　　）

A. 　　B. 　　C. 　　D. 

22. 在卵细胞形成过程中，卵原细胞、初级卵母细胞、次级卵母细胞和极体细胞的比例是（　　）

A. 1∶1∶2∶4　　B. 1∶1∶1∶2　　C. 1∶1∶2∶2　　D. 1∶1∶1∶3

23. 下图是某种生物的精子细胞，根据图中染色体类型和数目，来自同一个次级精母细胞的是（　　）

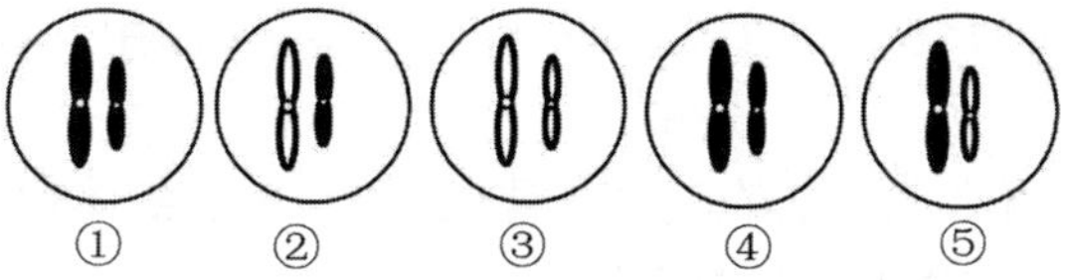

A. ①③　　B. ②⑤　　C. ①④　　D. ③④

24. 某动物的卵原细胞有 6 条染色体，在初级卵母细胞中出现的着丝点数和四分体数分别为（　　）

A. 6 和 12　　B. 6 和 3　　C. 12 和 6　　D. 12 和 12

25. 精子中的染色体数目与下列哪一项的染色体数目相同（　　）

A. 初级精母细胞　　B. 减数第二次分裂中期的细胞

C. 精原细胞　　D. 体细胞

26. 一母亲生了一男一女的双胞胎，此双胞胎来源于（　　）

A. 一个受精卵　　B. 一个卵细胞与两个精子结合

C. 两个受精卵　　D. 两个卵细胞与一个精子结合

27. 一个细胞中染色体数为 $2N$，下列此种细胞有丝分裂后期的染色体数为 a，减数第二次分裂后期的染色体数为 a'，染色单体数为 b，DNA 分子数为 c 的图示中，属于有丝分裂后期和减数第二次分裂后期的分别是（　　）

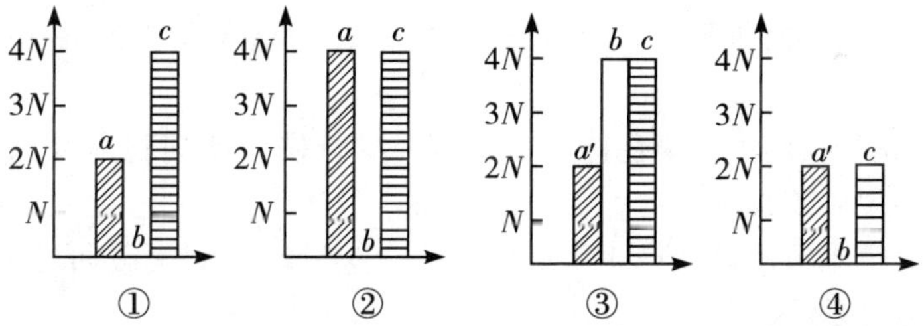

A. ①②　　B. ②③　　C. ①④　　D. ②④

28. 人体内，DNA 含量与正常体细胞相同，却不含同源染色体的细胞是（　　）

A. 精子细胞　　B. 表皮细胞　　C. 初级精母细胞　　D. 次级卵母细胞

29. 在蛙的繁殖季节里，若一只雌蛙产卵 1 000 粒，要保证全部受精，则从理论上推算至少需要雄蛙精巢中的精原细胞、初级精母细胞、次级精母细胞数分别是（　　）

A. 1 000、1 000、1 000　　B. 250、250、500

C. 500、500、500　　D. 250、250、250

30. 在形成卵细胞的减数分裂过程中，细胞质中遗传物质的分配特点是（　　）

①有规律地分配　②随机分配　③均等分配　④不均等分配

A. ②④　　B. ①③　　C. ①④　　D. ②③

二、非选择题

1. 连续分裂的细胞，从__________开始，到__________为止，这是一个细胞周期，它包括________和______两个阶段。
2. 精子和卵细胞结合成为合子的过程，叫做__________作用。合子中的每对同源染色体，其中一条来自__________，另一条来自__________。
3. 玉米的体细胞有 20 条染色体。在有丝分裂过程中，染色体数目和形态最清晰的时期是______期，此时的细胞中染色单体数为______个。
4. 在细胞有丝分裂的末期，动物细胞不同于植物细胞的特点是：细胞的中部不形成______，而是____________从细胞中部向内凹陷，把细胞质缢裂成两部分。
5. 哺乳动物的卵细胞是在______________中形成的，卵原细胞经过______________成为初级卵母细胞，然后经过减数第一次和第二次分裂形成 1 个____________和____________个极体，不久，极体全部__________。
6. 精子与卵细胞融合成为______________的过程，叫______________。
7. 减数分裂是细胞连续分裂两次，而染色体在整个分裂过程中，只复制______________次的细胞分裂方式，减数分裂的结果是______________。
8. 在减数分裂过程中，同源染色体两两配对叫做______________，每一对同源染色体含有四条染色单体，这叫做______________，交叉互换发生在______________时期。同源染色体分开发生在______________期，非同源染色体的自由组合发生在______________期，姐妹染色单体分开发生在______________期，染色体数目减半是在减数______________次分裂完成的。
9. 凡是进行有性生殖的动植物，在从______________发展到______________的过程中，都要进行减数分裂。减数分裂是细胞连续分裂__________次，而染色体在整个分裂过程中只复制__________次的细胞分裂方式。减数分裂的结果是细胞中的染色体数目比原来的__________。
10. 某生物卵原细胞内有 24 条染色体，减数第一次分裂后期细胞内有__________条染色体，减数第二次分裂后期细胞内有__________条染色体。
11. 一只雌蛙在繁殖季节假设能产生 1 000 个卵，这只雌蛙的次级卵母细胞有______个，它产生的极体数目是______个。
12. 下图为细胞有丝分裂过程中某一时期的模式图。据图回答问题：

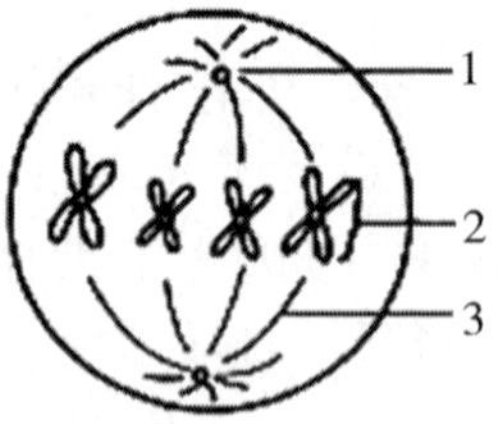

（1）该图为动物细胞有丝分裂的______期，细胞内有______条染色体，有______条染色单体和______个 DNA 分子。

（2）图中标号所代表的结构分别是：

1. ______________；2. ______________；3. __________________。

13. 下图为卵细胞形成过程中一个细胞核内 DNA 含量的变化。请据图回答问题：

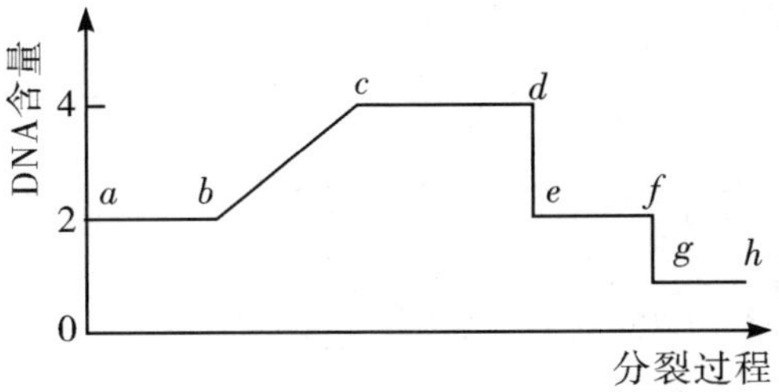

（1）表示初级卵母细胞的区段是________________。

（2）表示减数第二次分裂的区段是________________。

（3）在整个分裂过程中，DNA 含量由 b 变为 c 的原因是______________；由 d 变为 e 的原因是________________；由 f 变为 g 的原因是________________。

14. 如某动物细胞中 DNA 含量为 2 个单位（m）。下面分别为雌性动物生殖细胞减数分裂 DNA 含量变化的曲线图和细胞示意图。请回答：

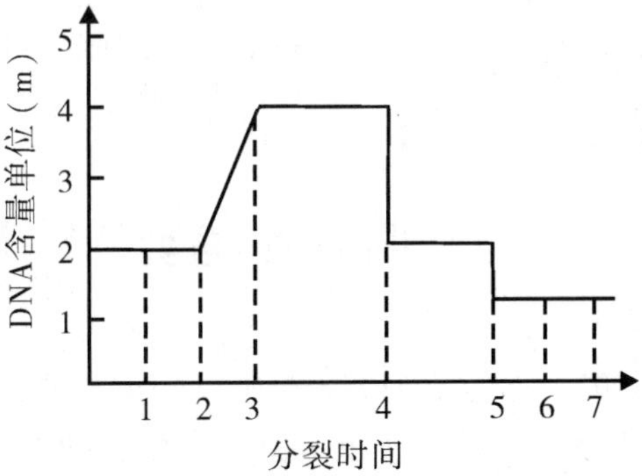

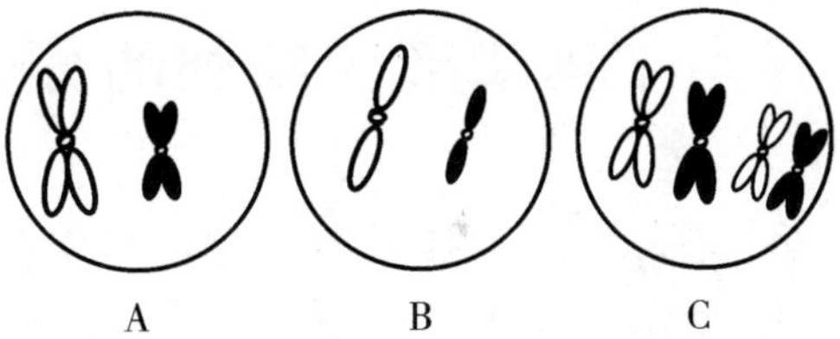

（1）细胞 A 是______________细胞，与之相对应的曲线段是______________（以横轴上的数字段表示）。

（2）细胞 B 的名称是______________，与之相对应的曲线段是______________。

（3）细胞 C 的名称是______________，与之相对应的曲线段是______________。C 细胞最终能形成______________个成熟生殖细胞。

（4）曲线段 2～3 时期 DNA 含量变化是由于______________的结果，减数第一次分裂 DNA 含量变化是由于______________的结果。减数第二次分裂时______________分离，成为两条染色体。

15. 下图表示某种生物个体内的三个正在进行分裂的细胞，请据图回答下列问题：

（1）甲图表示______分裂______期细胞。图中有染色体______条，DNA 分子______个；在其上一时期有四分体______个。

（2）乙图中有同源染色体______对，其子细胞为______。

（3）丙图细胞分裂形成的子细胞为______。

（4）该种生物体细胞中有______条染色体。

（5）三图中含染色单体的是______。

16. 下面为某生物生活周期示意图。请据图回答问题：

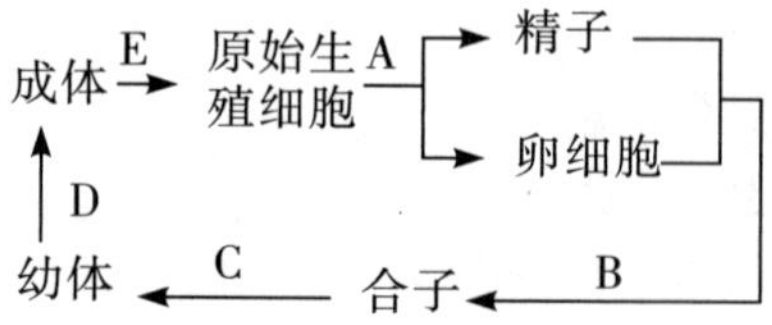

（1）下列过程的细胞分裂方式分别是：A ______；C ______；E ______。

（2）B 过程称为______；A、B 过程的意义是______。

（3）该示意图的全过程，既直接体现了生物具有______的特点，又反映了细胞分裂是生物体______的基础。

第二节　细胞的分化、衰老、凋亡和癌变

近年来，关于细胞的分化、癌变和衰老的研究，已经成为细胞生物学的重要课题。这是因为细胞分化与生物发育有密切关系。细胞癌变与当今世界严重威胁人类生存的癌症有关，细胞衰老与人类及动植物的寿命有关。

一、细胞的分化及细胞的全能性

1. 细胞的分化

细胞分化（cell differentiation）是一个非常复杂的过程，也是当今生物学研究的热点之一，是生物界中普遍存在的一种生命现象。细胞分化是指分裂后的细胞在形态、结构和功能上发生稳定性差异，向着不同方向变化的过程。细胞分化是生物个体发育的基础。细胞分化使多细胞生物体中的细胞趋向专门化，有利于提高各种生理功能的效率。

细胞分化的过程大致是：细胞分裂所产生的新细胞，起初在形态、结构方面都很相似，并且都具有分裂能力，后来，除了一小部分细胞仍然保持着分裂能力以外，大部分细胞都失去了分裂能力。在生长过程中，这些细胞各自具有了不同的功能，它们在形态、结构上也逐渐发生了变化，这些细胞通过细胞识别作用聚集粘连在一起，结果就逐渐形成了形态相似、结构相同，具有一定功能叫做组织（tissue）的细胞群。可见，组织的形成是细胞分化的结果。植物细胞通过分化形成了保护组织、输导组织、分生组织和营养组织等。而人体的基本组织有上皮组织、结缔组织、肌肉组织、神经组织四种。下面是多能造血干细胞分化为不同血细胞的细胞分化过程（图 3－29）。

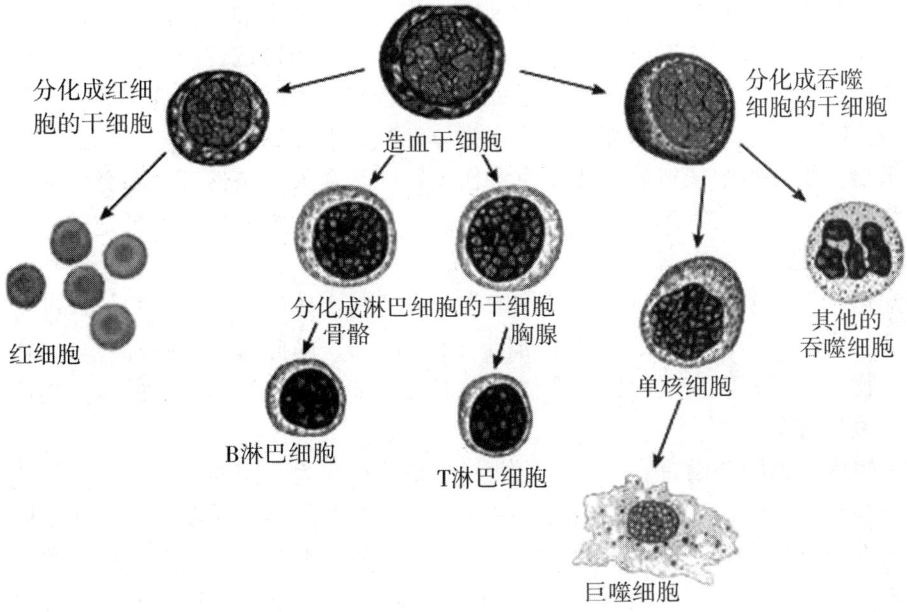

图3－29 细胞分化

细胞分化时，细胞内的遗传物质并没有改变，它是基因选择性表达的结果（图3－30）。通过细胞分化，使具有相同遗传组成的细胞，选择性地表达不同的基因，产生不同的结构蛋白、执行不同的功能，共同参与构成一个复杂的细胞社会——个体，所以细胞分化的实质是基因的差别表达（differential expression）。细胞分化在分子水平的标志是合成了某种细胞特有的蛋白质，如唾液淀粉酶、胰岛素等；在细胞水平的标志是控制合成不同种类的细胞。细胞分化与形态发生（morphogenesis）是相互联系在一起的，后者是指通过细胞的分裂、分化和行为（如黏附、迁移、凋亡）塑造组织、器官和个体形态的过程。

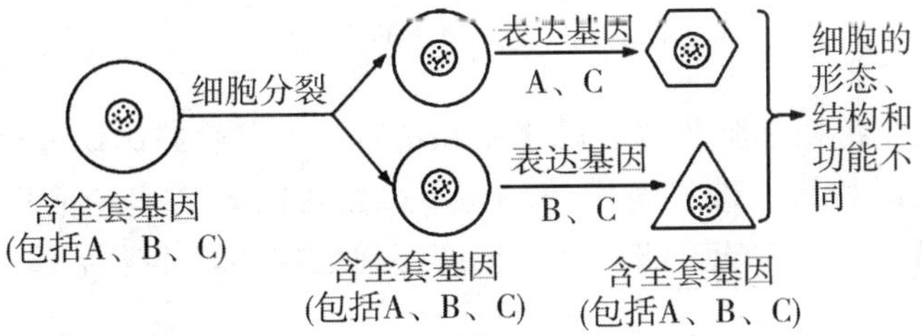

图3－30 细胞分化的实质

经过细胞分化，在多细胞生物体内就会形成各种不同的细胞和组织。例如，在动物胚胎发育过程中，红细胞和心肌细胞都来自中胚层。但是，红细胞能够合成血红蛋白，而心肌细胞则能够合成肌动蛋白和肌球蛋白。这两种细胞的稳定性变异是不可逆转的。

细胞分化的特点：①普遍性。细胞分化是生物界中普遍存在的一种生命现象。不论高等生物细胞还是低等生物细胞都会发生细胞的分化。多细胞生物体，一般是由一个受精卵通过细胞的增殖和分化发育而成的。也就是说，仅仅有细胞的分裂，而没有细胞的分化，生物体是不能进行正常的生长发育的。②持久性。细胞分化是一种持久性的变化，它发生在生物体的整个生命进程中，以补充衰老和死亡的细胞，但是在胚胎时期达到最大限度。③稳定性。分化了的细胞将保持分化后的状态，直到死亡。细胞分化的稳定性与细胞分化程度有关，分化显著的细胞稳定性会更强。一般情况下分化的细胞将失去继续分裂的能力，尤其是动物细胞最为显著。④不可逆性。受精卵可以分化为体细胞，但体细胞不能再回到未分化的受精卵的状态。植物的组织细胞经过脱分化形成愈伤组织，是在人工条件下细胞分化的逆过程，是使已分化细胞回到未分化状态的过程，但在自然条件下，细胞分化是不可逆的。

2. 细胞的全能性

我们知道，生物体的细胞具有使后代细胞形成完整个体的潜能，细胞的这种特性叫做细胞的全能性。生物体的每一个细胞都来自同一个受精卵，因此每个细胞都包含该物种所特有的全套遗传物质，都有发育成为完整个体所必需的全部基因，从理论上讲，生物体的每一个活细胞都应该具有全能性。

在生物体内，细胞并没有表现出全能性，而是分化成为不同的组织、器官，这是基因在特定的时间和空间条件下选择性表达的结果。在个体发育的不同时期，生物体不同部位的细胞表达的基因是不相同的，合成的蛋白质也不一样，从而形成了不同的组织和器官。受精卵能够分化出各种细胞、组织，形成一个完整的个体，所以把受精卵的分化潜能称为全能性（totipotent）。随着分化发育的进程，细胞逐渐丧失其分化潜能。从全能性到多能性，再到单能性，最后失去分化潜能成为成熟定型的细胞（图 3－31）。

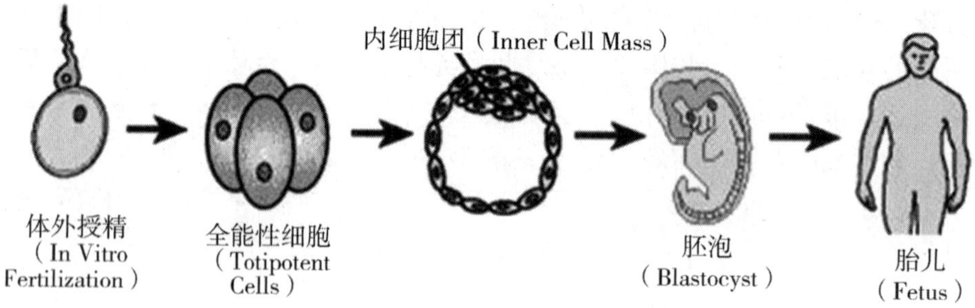

图 3－31 受精卵的全能性

科学研究表明，当植物细胞脱离了原来所在植物体的器官或组织而处于离体状态时，在一定的营养物质、激素和其他外界条件的作用下，就可能表现出全能性，发育成完整的植株。科学家们用植物组织培养的方法，已经把许多种植物的离体的器官、组织或细胞，培养成了完整的植物体。

植物的枝、叶、根都有可能长成一株完整的植株，细胞培养的结果也证明即使高度分化的植物细胞也可以培养成一个完整的植株（图 3－32），因此可以说绝大多数植物细胞具有全能性。

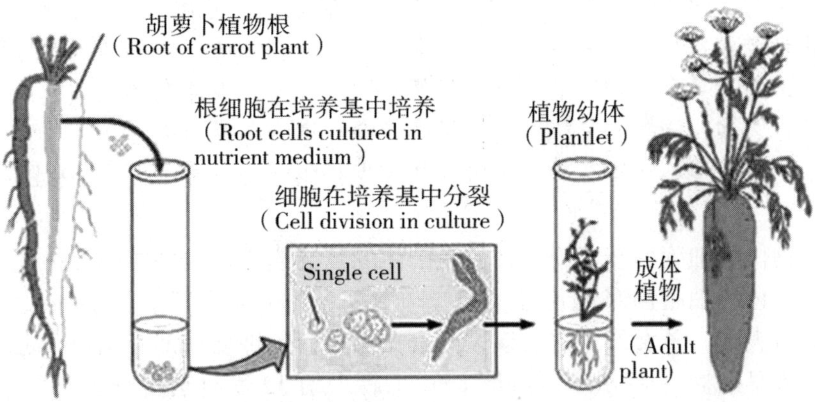

图 3－32　植物细胞的全能性

成熟动物细胞显然不具备全能性。其原因并非在细胞核而在细胞质，细胞核仍然保持着全能性，这是因为细胞核内含有保持物种遗传性所需要的全套遗传物质。如大量的核移植实验证实，分化细胞的核仍保留完整的基因组 DNA。中国生物学家童第周于 1978 年成功地将黑斑蛙成熟的细胞核移入去核的受精卵细胞内，培育出了蝌蚪。20 世纪 60 年代的爪蟾和 80 年代小鼠的核移植，还有 90 年代末多莉羊的诞生都证明了分化细胞的核具有完整的基因组 DNA。

一般而言，全能性大小的比较：①植物细胞＞动物细胞；②分化程度低的细胞＞分化程度高的细胞；③受精卵＞配子＞体细胞。细胞分化与细胞全能性的比较见表 3－10。

表 3－10　细胞分化与细胞全能性的比较

	细胞分化	细胞全能性
原理	细胞内基因选择性表达	含有本物种全套遗传物质
特点	①持久性：细胞分化贯穿于生物体整个生命进程中，在胚胎期达到最大限度 ②稳定性和不可逆性：一般来说，分化了的细胞将一直保持分化后的状态，直至死亡 ③普遍性：生物界中普遍存在，是生物个体发育的基础	①高度分化的植物体细胞具有全能性。植物细胞在离体的情况下，在一定的营养物质、激素和其他适宜的外界条件下，才能表现其全能性 ②动物已分化的体细胞全能性受限制，但细胞核仍具有全能性。例如动物克隆技术
结果	形成形态、结构、功能不同的细胞	形成新的个体
大小比较	细胞分化程度有高低之分，如体细胞＞生殖细胞＞受精卵	细胞全能性有大小之分，如受精卵＞生殖细胞＞体细胞
关系	①两者的遗传物质都不发生改变；②细胞分化程度越高，具有的全能性越小	

二、细胞的衰老

衰老（aging，senescence，senility）又称老化，通常指生物发育成熟后，在正常情况下随着年龄的增加，机能减退，内环境稳定性下降，结构中心组分退行性变化，趋向死亡的不可逆的现象。生物体内的绝大多数细胞，都要经过未分化、分化、衰老、死亡这几个阶段。可见，细胞的衰老和死亡也是一种常见的生命现象。我们知道，生物体内每时每刻都有细胞在衰老、死亡，同时又有新增殖的细胞来代替它们。例如，人体内的红细胞，每分钟要死亡数百万至数千万之多，同时，又能产生大量的新的红细胞递补上去。

各种细胞的寿命很不一样。一般来说，能够保持继续分裂能力的细胞是不容易衰老的，寿命比较长。

单细胞生物体，细胞的衰老或死亡就是个体的衰老或死亡。多细胞生物体，个体衰老的过程就是组成个体的细胞普遍衰老的过程。

统计学资料表明，子女的寿命与双亲的寿命有关，各种动物都有相当恒定的平均寿命和最高寿命。成人早衰症（Werner's syndrome）患者平均 39 岁时出现衰老，47 岁左右生命结束；患婴幼儿早衰症（Hutchinson-Gilford syndrome）的小孩在 1 岁时出现明显的衰老，12 ~ 18 岁即过早夭折。由此来看，物种的寿命主要取决于遗传物质，DNA 链上可能存在一些“长寿基因”或“衰老基因”来决定个体的寿限。

细胞衰老的过程是细胞内生理和生化发生复杂变化的过程，最终反映在细胞的形态、结构和功能上发生了变化，因而具有细胞衰老的主要特征：①在衰老的细胞内水分减少，结果使细胞萎缩，体积变小，细胞新陈代谢的速度减慢。②衰老的细胞内，有些酶的活性降低。例如，由于人的头发基部的黑色素细胞衰老时，细胞中的酪氨酸酶活性降低，导致头发变白。③细胞内的色素会随着细胞衰老而逐渐积累。由于细胞内脂褐素占有的面积增大，阻碍了细胞内物质的交流和信息的传递，影响到细胞正常生理功能的进行，最后导致细胞的衰老和死亡。④衰老的细胞内呼吸速度减慢，细胞核体积增大，染色质固缩、染色加深。⑤细胞膜通透性功能改变，使物质运输功能降低。

关于细胞衰老的原因，历来是研究人员极为关注又很难回答的问题。近几十年来，先后提出过多种假说，例如体细胞突变和 DNA 损伤论、自由基理论和细胞程序死亡理论等等。但是，至今还没有一种假说能够真正揭示细胞衰老的原因。科研工作表明，细胞衰老可能是多种内因和外因共同作用的结果。

三、细胞的凋亡

人体内的细胞注定是要死亡的，有些死亡是生理性的，有些死亡则是病理性的，有关细胞死亡过程的研究，已成为生物学、医学研究的一个热点。人们已经知道细胞的死亡起码有两种方式，即细胞坏死（necrosis）与细胞凋亡（apoptosis）。细胞坏死是早已被认识到的一种细胞死亡方式，而细胞凋亡则是逐渐被认识的一种细胞死亡方式。

细胞凋亡指为维持内环境稳定，由基因控制的细胞自主、有序地死亡。由于细胞凋亡受到严格的由遗传机制决定的程序性调控，所以也常常被称为细胞编程性死亡。细胞凋亡与细胞坏死不同，细胞凋亡不是一种被动的过程，而是主动过程，它涉及一系列基因的激活、表达以及调控等作用，它并不是病理条件下自体损伤的一种现象，而是为更好地适应生存环境而主动争取的一种死亡过程。而细胞坏死是在种种不利因素影响下，由于细胞正常代谢活动受损或中断引起的细胞损伤和死亡。

细胞凋亡是细胞的一种基本生物学现象，在多细胞生物去除不需要的或异常的细胞中起着必要的作用。它在生物体的进化、内环境的稳定以及多个系统的发育中起着重要的作用。在人体胚胎发育中，四肢的发育是一个很好的例子。胚胎长到第 5 周时出现扁盘状的肢体萌芽，手指和脚趾之间的蹼消失，四肢才能顺利形成其最终形态（图3－33）。从蝌蚪到蛙的变态发育、昆虫的蜕变、高等哺乳动物指间蹼的消失等都是已知的凋亡的例子。

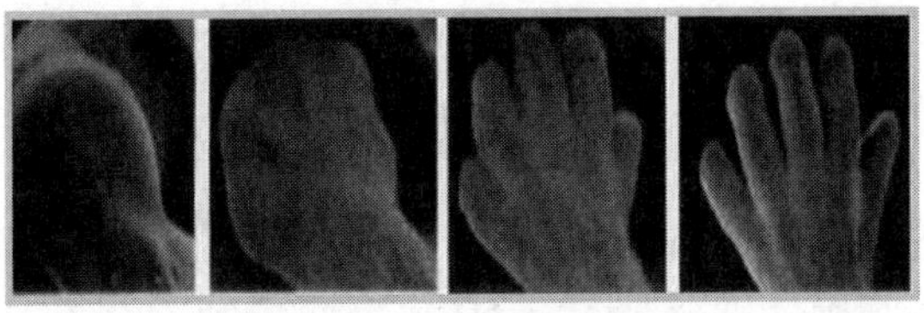

图3－33 细胞凋亡过程

细胞凋亡与坏死的区别：虽然凋亡与坏死的最终结果极为相似，但它们的过程与表现却有很大差别。坏死是细胞受到强烈理化或生物因素作用引起细胞无序变化的死亡过程，表现为细胞胀大，胞膜破裂，细胞内容物外溢，核变化较慢，DNA降解不充分，引起局部严重的炎症反应。凋亡是细胞对环境的生理性、病理性刺激信号，环境条件的变化或缓和性损伤产生的应答有序变化的死亡过程。其细胞及组织的变化与坏死有明显的不同：首先出现的是细胞体积缩小，连接消失，与周围的细胞脱离，然后是细胞质密度增加，通透性改变，核质浓缩，核膜、核仁破碎，DNA降解成为约180～200bp片段；胞膜结构仍然完整，最终可将凋亡细胞遗骸分割包裹为几个凋亡小体，无内容物外溢，因此不引起周围的炎症反应，凋亡小体可迅速被周围专职或非专职吞噬细胞吞噬。

四、细胞的癌变

在细胞内有专门控制细胞分裂、分化、衰老和死亡的遗传信息DNA片段（基因）。当这些基因受到干扰发生程序紊乱或生理功能失衡时，细胞的分裂和分化就会失常。细胞由于受到致癌因子的作用，不能正常地完成细胞分化，而形成了不受有机体控制的、连续进行分裂的恶性增殖细胞，这种细胞就是癌细胞。可见，细胞的畸形分化，与癌细胞的产生有直接关系。

1. 肿瘤的形成

肿瘤（tumor，neoplasm）是一种基因病，但并非遗传的。它是指细胞在致瘤因素作用下，基因发生了改变，失去对其生长的正常调控，导致异常增生。它可分为良性和恶性肿瘤两类。前者生长缓慢，与周围组织界限清楚，不发生转移，对人体健康危害不大。后者生长迅速，可转移到身体其他部位，还会产生有害物质，破坏正常器官结构，使机体功能失调，威胁生命。

恶性肿瘤也叫癌症（cancer），是目前危害人类健康最严重的一类疾病。癌症种类繁多，如肝癌、血癌（白血病）、骨癌、肠癌、膀胱癌等。随着环境的污染，癌症的发病率急速提升，而且有低年龄化的趋势。因此癌症是当今世界上威胁人类健康的头号杀手。癌症已经无情地夺走了很多人的生命，严重地影响了人类的生活质量，缩短了人类的寿命。据2000年中国卫生健康事业发展统计公报，城市地区居民死因第一位为恶性肿瘤，其次为脑血管病、心脏病。中国最为常见和危害性严重的肿瘤为肺癌、鼻咽癌、食管癌、胃癌、大肠癌、肝癌、乳腺癌、宫颈癌、白血病及淋巴瘤等。

肿瘤形成（oncogenesis）的过程包括始发突变、潜伏、促癌和演进。始发突变是指细胞在致癌物的作用下发生了基因突变，但是突变发生后如果没有适当的环境不会发展为肿瘤，此阶段称为潜伏期；促癌是指在促癌剂（刺激细胞增长的因子，如激素）作用下开始增殖的过程，促癌因子的作用是可逆的，如果去除，引起扩增的克隆就会消失；演进是指肿瘤在生长过程中越来越变得具有侵袭力的过程，是不可逆的。肿瘤形成往往涉及许多基因的突变，需要十到数十年的时间，因而恶性肿瘤通常属于老年性疾病。

2. 肿瘤的特征

癌细胞有三个显著的基本特征：一是分裂的无秩序，在适宜的条件下，癌细胞能够无限增殖。在人的一生中，体细胞能够分裂 50～60 次，而癌细胞却不受限制，可以长期增殖下去。它不管人体是否需要，不受周围组织制约，发疯似的分裂。它优先夺取养料，使患者消瘦衰弱；侵入周围组织，引起出血等一系列症状。二是可以转移，由于细胞膜上的糖蛋白等物质减少，使得细胞彼此之间的黏着性减小，导致癌细胞容易在有机体内分散和转移。癌细胞彼此容易离散，一部分游离的癌细胞可以通过血液和淋巴，转移到体内其他位置，形成新的癌组织。正常细胞在体外培养时表现为贴壁生长和汇合成单层后停止生长的特点，即接触抑制现象，而肿瘤细胞即使堆积成群，仍然可以生长。三是癌细胞的遗传物质发生了变化，细胞发育不全，没有正常的生理功能。如白血病患者血液中白细胞由每立方毫米几千个升至几万个、几十万个，但幼稚细胞占 90% 以上，不但不能起到“联合作战部队”的作用，反而对病菌不闻不问，结果反复被病菌感染，患者常高烧不退。如胃上有了癌变细胞，这些细胞大量分裂之后，不形成胃黏膜和胃壁肌肉，而在胃内堆积大量癌变细胞，这些癌细胞越多越破坏胃的结构。假如癌变细胞从肿瘤上脱落，随血液流向其他器官，就形成癌的转移。

3. 致癌因素

细胞癌变的原因如下：①内因：经过科学工作者的研究，目前已经发现了许多与癌症有关的基因。这些基因大体分成两类，分别为原癌基因和抑癌基因，普遍存在于人体的染色体上。在正常情况下，染色体上的遗传物质随着细胞分裂，一代一代传下去，原癌基因处于抑制状态。一旦细胞的正常调节过程受到阻碍，就可能使原癌基因转变成激活状态，细胞转化成为癌细胞。②外因：A. 物理致癌因素，主要是辐射致癌。长期接触放射性物质，使身体受到辐射损伤，可以引起癌变。例如电离辐射、X 射线、紫外线都可以致癌。B. 化学致癌因素，包括有害化学药物、制剂，如砷、苯、煤焦油等。C. 病毒致癌因素，能引起细胞癌变的病毒，叫做肿瘤病毒或致癌病毒，现在已经发现有 150 多种病毒可以引起动物或植物产生肿瘤。

为了防止正常细胞发生癌变，我们要尽量避免接触物理的、化学的、病毒的等各种致癌因素。同时，要注意增强体质，保持心态健康，养成良好的生活习惯，从多方面积极采取防护措施。要相信，人类征服癌症已经为期不远了。

4. 肿瘤的治疗

治疗肿瘤有两种观点，其一是将患者体内的肿瘤细胞全部清除或至少消灭足够的量，使患者在生存期内肿瘤不再复发；其二是改变癌细胞的特性，使病程减慢甚至完全停止。肿瘤治疗的常规方法有手术、放疗和化疗三种。手术切除肿瘤的治愈率，取决于肿瘤的位置、大小和性质，有些肿瘤长在深部无法触及，或位于要害部位则不能用手术方法治疗。放疗就是用放射线（如 X、γ 射线）杀死肿瘤细胞，可以对肿瘤细胞进行外照射，也可以置入放射源进行体内照射，放疗也会杀伤正常的增殖较快的细胞，引起感染、出血、黏膜炎、脱发等。化疗主要是使用 DNA 合成抑制剂（如 5－氟尿嘧啶）或细胞分裂抑制剂（如长春新碱、紫杉酚）之类的细胞毒性药物来抑制肿瘤细胞，同样对所有分裂细胞都具有杀伤作用，因而也会引起上述副作用。目前还有一些新的治疗措施正在研究之中，如抑制血管生成、促进肿瘤细胞分化、免疫治疗、基因治疗等。

五、细胞分裂、细胞分化和细胞癌变的区别

细胞的有丝分裂具有周期性，连续分裂的细胞在分裂间期染色体复制，经过分裂期染色体精确地平均分配到两个子细胞中去，保证了亲子代细胞染色体数目的恒定性。细胞分裂产生的子细胞有的保持正常的分裂能力，继续分裂，有的逐渐失去分裂能力。高度分化的细胞失去了分裂能力，开始正常的细胞分化而形成具有一定形态功能的细胞和组织。但有的细胞受到致癌因子的作用，不能正常地完成细胞分化，而变成不受有机体控制的连续进行分裂的恶性增殖细胞，这种细胞就是癌细胞，它能够无限增殖。正常的细胞都有一定的最高分裂次数，如人的细胞一生只能分裂 50 ~ 60 次。然而癌细胞却失去了最高分裂次数，成为无限增殖的“不死”细胞，而且癌细胞形态结构发生了变化，细胞表面也发生了变化，由于细胞膜上的糖蛋白等物质减少，使得细胞彼此间的黏着性减小，导致癌细胞在有机体内易分散和转移。

知识拓展

细胞工程

随着细胞生物学和分子生物学突飞猛进的发展，20 世纪 80 年代初期出现了细胞工程这一新概念。细胞工程是指应用细胞生物学和分子生物学的方法，通过某种工程学手段，在细胞整体水平或细胞器水平上，按照人们的意愿来改变细胞内的遗传物质或获得细胞产品的一门综合技术科学。

细胞工程涉及的领域相当广泛，就其技术范围而言，大致有细胞融合技术、细胞拆合技术、染色体导入技术、基因转移技术、胚胎移植技术和细胞组织培养技术等。

细胞融合技术是指把两个细胞（可以是同种细胞，也可以是异种细胞）在融合因子的作用下，融合成一个细胞的技术。

细胞拆合技术就是将细胞核和细胞质用某种方法拆开，然后再把分离的胞核体和胞质体重新组合成一个新细胞，这样就把从细胞中分离出来的染色体或基因转入另一个细胞中，赋予重建的细胞以某种新的功能，这属于染色体导入或基因转移的技术范畴。

细胞培养或组织培养技术，是细胞生物学和工程学的有机结合。在某种意义上说，细胞工程和基因工程所构建的具有特殊功能的新物种，往往都可以通过细胞大量培养技术来转化为社会生产力。例如，人生长激素的制造，试管苗的大量生产。

再有，用细胞核移植技术选育新型杂种鱼品种，既表现出两种鱼的特性，又能够将特性遗传给第二代，这就克服了以往远缘杂交不育的缺陷。基因工程和细胞工程的密切配合，可以得到“超级动物”。凡此种种，都是细胞工程发展的范例。

当今，细胞工程已经是生物科学家经常应用的技术之一，在这个领域已经取得许多惊人的成就。今后，一定会取得更大的成绩！

教与学的要点

1. 细胞分化、衰老和死亡是正常的生命现象。多细胞生物一般是由一个受精卵通过细胞的增殖和分化发育而成的。

2. 细胞分化是指在个体发育中，相同细胞的后代，在形态、结构和生理功能上发生稳定性差异的过程。细胞分化是一种持久的变化，发生在整个生命进程中，但在胚胎时期达到最大限度。经过细胞分化就会形成各种不同的细胞和组织。细胞分化一般是不可逆的。

3. 细胞的全能性：生物体的细胞具有使后代细胞形成完整个体的潜能。原因是生物体的每一个细胞都包含该物种所特有的全套遗传物质，都有发育成完整个体所必需的全部基因。

4. 细胞衰老是一种正常的生命现象。衰老细胞的主要特征：①细胞成分变化：水分减少，色素沉积；②细胞结构变化：细胞萎缩，体积变小，核增大，染色体固缩；③细胞功能变化：代谢减慢，呼吸减慢，酶活性降低，细胞膜通透性改变。

5. 细胞凋亡指为维持内环境稳定，由基因控制的细胞自主、有序地死亡。

6. 癌细胞形成的机理：人和动物细胞的染色体上普遍存在原癌基因，在正常情况下，原癌基因处于抑制状态，由于致癌因子作用，可使原癌基因从抑制状态转变成激活状态，从而使正常细胞发生癌变转化为癌细胞。

练习与应用

一、选择题

1. 在人的个体发育中，一个受精卵能形成一个复杂的人，主要是下列哪一生理过程在起作用（　　）

A. 细胞分裂　　B. 细胞分化
C. 细胞成熟　　D. 细胞增殖和细胞分化

2. 下列不属于细胞分化特点的是（　　）

A. 持久性　　B. 稳定性
C. 仅发生于胚胎发育的早期　　D. 不可逆性

3. 治疗白血病经常用髓中的造血干细胞来产生不同种类的细胞，这是因为造血干细胞是（　　）

A. 未经分化的细胞
B. 高度分化的细胞
C. 进行了一定程序的分化，产生的新细胞最终完成分化的细胞
D. 癌细胞

4. 细胞分化的实质是（　　）

A. 基因组的改变　　B. 基因的选择性表达
C. 原癌基因的激活　　D. 细胞亚显微结构的变化

5. 在动物细胞中，具有最高全能性的是（　　）

A. 造血干细胞　　B. 受精卵　　C. 心肌细胞　　D. 脂肪细胞

6. 植物细胞表现出全能性的必要条件是（　　）

A. 给予适宜的营养和外界条件　　B. 导入其他植物的基因

C. 脱离母体后，给予适宜的营养和外界条件　　D. 将韧皮部的细胞核移到去核的卵细胞内

7. 老年人有老年斑，对此最合理的解释是（　　）

A. 细胞内水分减少，细胞萎缩　　B. 细胞核增大，染色质固缩，染色加深

C. 细胞内酪氨酸酶的活性降低　　D. 细胞内脂褐素占有面积增大

8. 李白有诗云："君不见高堂明镜悲白发，朝如青丝暮成雪"。导致这种变化的原因是（　　）

A. 细胞增殖　　B. 细胞生长　　C. 细胞衰老　　D. 细胞分化

9. 人的衰老引起头发变白，其原因是（　　）

A. 细胞内水分减少　　B. 细胞内酪氨酸酶的活性降低

C. 细胞膜流动性下降　　D. 细胞内色素沉积

10. 儿童早衰症的病因是（　　）

A. 细胞癌变　　B. 细胞分化速度降低

C. 细胞衰老速度加快　　D. 细胞代谢速度过快

11. 下列各项中不属于细胞凋亡的是（　　）

A. 皮肤和消化道上皮每天都会有大量细胞死亡脱落

B. 骨折时造成的细胞死亡

C. 蝌蚪变态发育过程中尾部消失

D. 人的红细胞在经历 120d 左右后死亡

12. 与人类和动植物的寿命直接相关的细胞变化是（　　）

A. 细胞增殖　　B. 细胞分化

C. 细胞癌变　　D. 细胞衰老

13. 1951 年，由黑人妇女海拉的宫颈癌细胞分离的"海拉细胞系"至今已有半个世纪，它仍然在世界上许多实验室中广泛使用。这说明（　　）

A. 癌细胞容易在机体内扩散和转移　　B. 癌细胞有无限增殖的能力

C. 癌细胞的遗传物质发生了改变　　D. 癌细胞进行特殊的细胞分裂

14. 癌细胞形成的根本原因是（　　）

A. 物理致癌因子的作用　　B. 化学致癌因子的作用

C. 病毒致癌因子的作用　　D. 细胞内原癌基因被激活

15. 癌细胞容易分散和转移，是因为细胞膜的化学成分发生了什么变化（　　）

A. 蛋白质减少　　B. 磷脂减少

C. 糖蛋白减少　　D. 糖蛋白增多

16. 癌症是癌细胞在机体内恶性增殖而形成恶性肿瘤及相关症状的一种疾病，下列关于癌症的叙述，不正确的是（　　）

A. 癌细胞是由机体内正常细胞的原癌基因被致癌因子激活所产生的

B. 由于癌细胞容易分散和转移，所以手术摘除肿瘤的患者仍有复发的可能

C. 手术治疗后的癌症患者进行放疗和化疗，是为了杀死患者体内残余的癌细胞

D. 媒体广告上声称，有的治癌药物的药效在 95% 以上，因而癌症的治疗并不困难

17. 人和动物的染色体上普遍存在原癌基因，但大多数人不患癌症，而只有少数人患癌症，

其主要原因是（　　）

A. 多数人体内有抗癌免疫功能　　B. 原癌基因不能被致癌因子激活

C. 癌细胞是细胞畸形分化造成的　　D. 正常情况下，原癌基因被抑制

18. 2004 年 7 月，辽宁省的某些村庄将霉烂的粮食加工后廉价出售给一些建筑民工，有关部门经过调查，对上述地区进行了治理整顿。霉烂粮食不能食用的原因是其中含有大量的致癌物质（　　）

A. 曲霉素　　B. 二噁英　　C. 放射性　　D. 亚硝胺

19. 下列各项中不属于多细胞生物体内细胞凋亡的意义的是（　　）

A. 维持内环境稳定　　B. 抵御各种因素的干扰

C. 促进生物体的正常发育　　D. 细胞凋亡对生物体都是有害的

20. 下列不属于细胞凋亡的实例的是（　　）

A. 蝌蚪长到一定程度后尾巴消失　　B. 人皮肤表皮细胞的脱落

C. 白细胞吞噬过多的细菌导致死亡　　D. 脑细胞因缺血而死亡

21. 癌症患者晚期发生癌细胞扩散，这是因为（　　）

A. 细胞膜具有流动性　　B. 癌细胞为球状

C. 癌细胞膜上糖蛋白等物质减少　　D. 癌细胞体积较小

22. 下列癌细胞具有的特征中，不正确的是（　　）

A. 能够无限增殖

B. 癌细胞表面发生变化

C. 癌细胞的形态结构发生了变化

D. 癌细胞与正常细胞都可以正常进行细胞的分化

23. 某人因吸烟过度而导致肺癌，这种致癌因子为（　　）

A. 物理致癌因子　　B. 化学致癌因子　　C. 病毒致癌因子　　D. 以上均正确

24. 2002 年，世界卫生组织公布十大垃圾食品，方便面、熏制品、腌制品及烧烤食品等被列入其中，主要是因为这些食品中含有（　　）

A. 物理致癌因子　　B. 化学致癌因子　　C. 病毒致癌因子　　D. 煤焦油

25. 细胞癌变的机理是（　　）

A. 自然形成的　　B. 原癌基因和抑癌基因发生突变

C. 细胞分化中特化出来的　　D. 细胞衰老的必然结果

26. 能引起细胞发生癌变的因素有（　　）

① X 射线照射　②煤焦油的刺激　③温度过高　④细胞失水　⑤肿瘤病毒的侵入　⑥紫外线的照射

A. ①②④⑤　　B. ①②③⑤　　C. ①②⑤⑥　　D. ②④⑥

27. 下列是癌细胞形成的内因的是（　　）

A. 物理致癌因子　　B. 化学致癌因子　　C. 原癌基因　　D. 病毒致癌因子

28. 下列细胞可能发生癌变的是（　　）

A. 游离组织形态改变　　B. 核增大，染色深

C. 膜通透性增大，运输功能降低　　D. 酶活性降低

29. 下列各项中，属于癌症的是（　　）

A. 白血病　　B. 败血症　　C. 血友病　　D. 坏血病

30. 某科学家从一植物体中分离出一些完整的细胞，给予适宜的外部条件进行培养，结果这些细胞发育成完整的植物体。下列各项中，不符合这个生理过程的是（　　）

A. 细胞的分裂　　B. 细胞的分化　　C. 细胞的癌变　　D. 细胞的代谢

二、非选择题

1. 下图是美国科学家斯图尔德于 1958 年将胡萝卜韧皮部的一些细胞培养成新植株的过程示意图，请据图回答下面的问题。

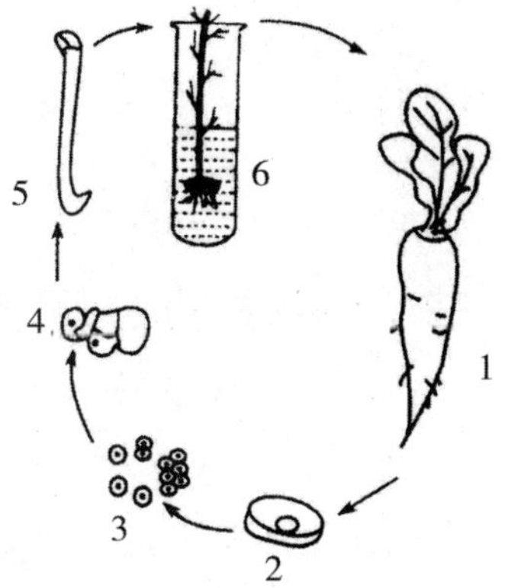

（1）［4］是由［3］中单个细胞经过__________形成的细胞团，再进一步发育成植株。

（2）这一事实说明高度分化的植物细胞仍保持着__________，即__________。

（3）据此实验可以推断，高度分化的动物细胞，也能培养出与该动物类似的个体，原因是__________。

2. 原癌基因发展成癌基因并使人患癌症的大致过程如下：

$$原癌基因\xrightarrow{A}癌基因\xrightarrow[癌变]{细胞}癌细胞\xrightarrow{引起}癌症$$

（1）A 处转变的因素有__________。

（2）人在正常的情况下不患癌症是因为__________。

（3）在日常生活中应如何防护，远离癌症：__________。

3. 目前治疗癌症通常使用的方法有______、______、______。对于癌症患者通常采用的先手术______，然后进行______。此方法的基本原理是通过药物作用于细胞周期的______，抑制______，达到终止______的目的，从而抑制病情的恶化。

第四章　遗传及其分子基础

第一节　遗传的分子基础

19 世纪末，生物学家通过研究细胞的有丝分裂、减数分裂和受精过程，认识到染色体在生物的遗传中具有重要的作用。染色体主要是由蛋白质和 DNA 组成的。那么，在这两种物质中，究竟哪一种是遗传物质呢？当时没有人能够想到 DNA 就是遗传物质，他们猜测，生命的遗传物质可能是蛋白质，因为 20 种氨基酸有多种不同的组合，可以形成许多不同的蛋白质；蛋白质作为酶可催化生物代谢反应，由此控制多种遗传性状的表达。当时的科学家很难想象，众多的遗传性状可以仅由四种核苷酸来表现。后来，在对细菌和病毒这些极其简单的生命形式的研究中，科学家才发现了遗传物质的蛛丝马迹。随着研究的不断深入，最终证明，生物体内主要的遗传物质是 DNA，而不是蛋白质。

一、DNA 是主要的遗传物质

怎样证明 DNA 是遗传物质呢？科学家们的做法是：设法把 DNA 与蛋白质分开，单独地、直接地去观察 DNA 的作用。下面介绍证明 DNA 是遗传物质的两个著名实验。

1. 肺炎双球菌（*Pneumococcus*）的转化实验（transformation experiment）

1928 年，英国科学家格里菲思（Frederick Griffith）用肺炎双球菌在小鼠身上进行转化实验。当时，他用了两种不同类型的肺炎双球菌。一种叫 R 型细菌，它的菌落粗糙，菌体无多糖类的荚膜，是无毒性的球形菌；另一种叫 S 型细菌，它的菌落光滑，菌体有多糖类的荚膜，是有毒性的球形菌，可以使人患肺炎和使小鼠患败血症。肺炎双球菌转化实验的过程如图 4－1 所示。

格里菲思从第四组实验的小鼠尸体上分离出了有毒性的 S 型活细菌，这表明无毒性的 R 型活细菌在与加热后杀死的 S 型细菌混合后，转化为有毒性的 S 型活细菌。接着，格里菲思又发现，这些转化成的 S 型细菌的后代也是有毒性的 S 型细菌，可见这种性状的转化是可以遗传的。

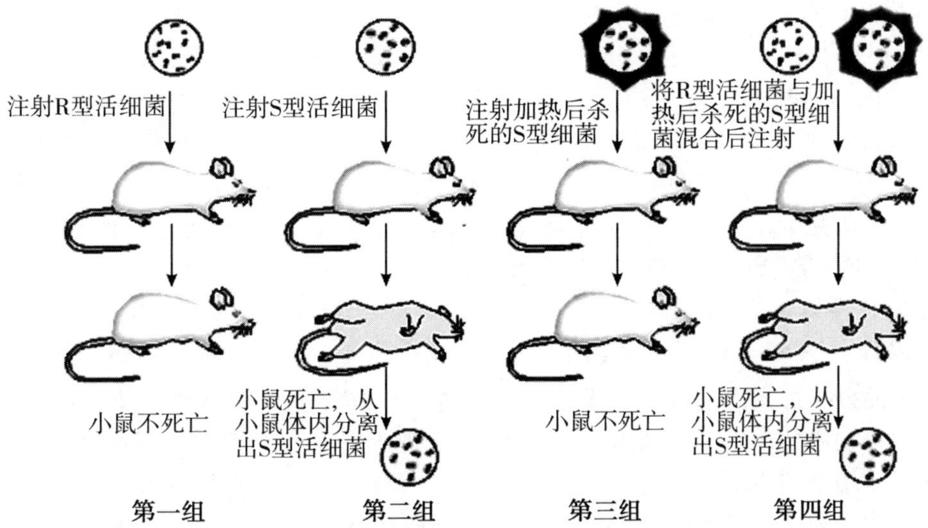

图 4－1　小鼠体内肺炎双球菌的转化实验

为什么无毒性的 R 型活细菌能够转化成有毒性的 S 型活细菌呢？格里菲思的结论是：在第四组实验加热后杀死的 S 型细菌中，必然含有某种促成这一转化的活性物质——“转化因子”。但是，那时格里菲思并不知道转化因子是什么物质。

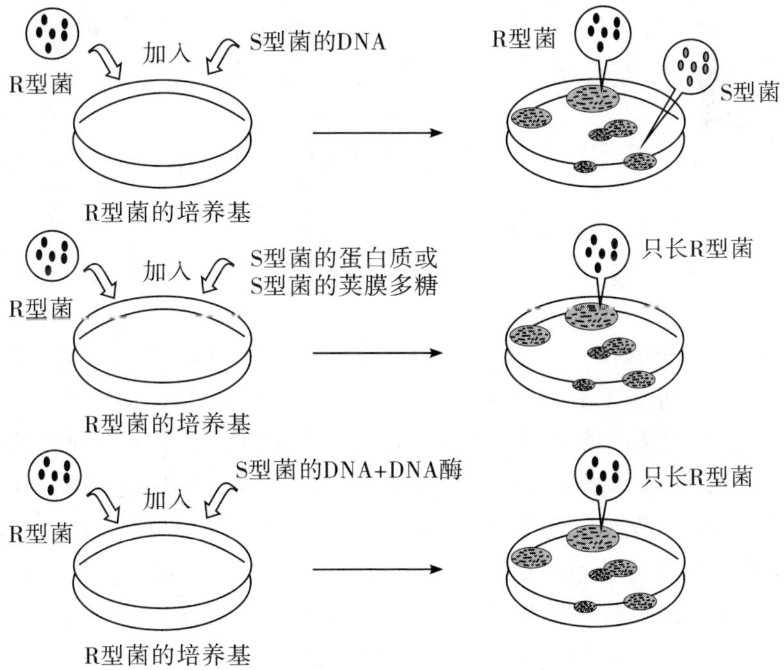

图 4－2　艾弗里证明 DNA 是遗传物质的实验

为了弄清楚转化因子究竟是什么物质，在1944年，美国科学家艾弗里（Oswald Avery）和他的同事从S型活细菌中提取出了DNA、蛋白质和多糖等物质，然后将它们分别加入培养R型细菌的培养基中（图4－2），结果发现只有加入DNA，R型细菌才能够转化为S型细菌，DNA的纯度越高，转化就越有效。艾弗里还发现，如果用DNA酶处理DNA，就会使DNA分解，那么，S型死细菌就不能使R型细菌发生转化。由此可见，转化因子就是DNA。艾弗里等人的研究工作表明：DNA才是使R型细菌产生稳定遗传变化的物质，也就是说，DNA是生命的遗传物质，蛋白质不是生命的遗传物质。

2. 噬菌体侵染细菌的实验

T_2噬菌体（图4－3）是一种专门寄生在大肠杆菌（*Escherichia coli*）体内的病毒，它的头部和尾部的外壳都是由蛋白质构成的，头部内含有DNA。T_2噬菌体侵染大肠杆菌后，就会在自身遗传物质的作用下，利用大肠杆菌体内的物质来合成自身的组成成分，进行大量增殖。当噬菌体增殖到一定数量后，大肠杆菌裂解，释放出大量的噬菌体。侵染特点及过程：①进入细菌体内的是噬菌体的DNA，噬菌体的蛋白质外壳留在外面不起作用。②噬菌体侵染细菌过程：吸附→注入（DNA进入菌体）→合成（用细菌的原料合成噬菌体的DNA和蛋白质）→组装→释放五个过程（图4－4）。

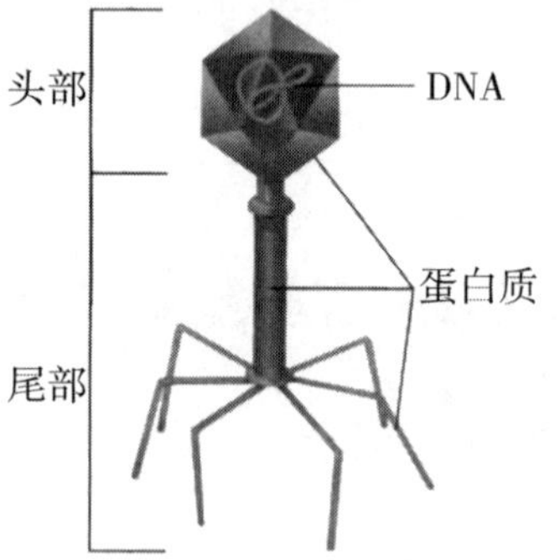

图4－3　T_2噬菌体

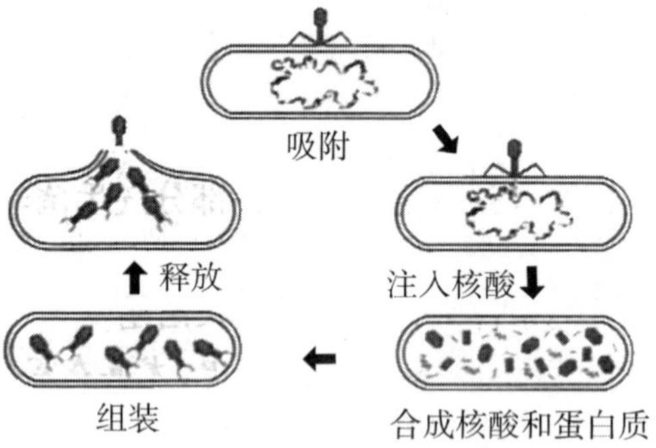

图4－4　噬菌体侵染细菌实验

1952年，赫尔希（Hershey）及蔡斯（Chase）用放射性同位素标记法，以T_2噬菌体侵染大肠杆菌实验进一步证实了DNA是遗传物质。赫尔希及蔡斯以^{32}P放射性元素标记噬菌体头部的DNA，以^{35}S标记蛋白质外壳，然后让它侵染大肠杆菌。结果发现大肠杆菌细胞里含有^{32}P放射性光，证明噬菌体侵染时进入细菌细胞的是DNA而不是蛋白质。

实验思路：硫（S）是蛋白质的特有元素，而DNA分子中含有磷（P），蛋白质中几乎不含有。科学家首先用放射性同位素^{35}S标记了一部分T_2噬菌体的蛋白质，并用放射性同位素^{32}P标记了另一部分T_2噬菌体的DNA，然后，用被标记的噬菌体分别去侵染细菌，当噬菌体在细菌体内大量增殖时，生物学家对被标记物质进行测试。

实验过程：标记细菌→标记噬菌体→用标记的噬菌体侵染普通细菌→搅拌离心。

（1）标记细菌（图4－5）：将细菌培养在含^{35}S的培养基中，培养出含^{35}S的细菌；将细菌培养在含^{32}P的培养基中，培养出含^{32}P的细菌。

（2）标记噬菌体：将噬菌体培养在含^{35}S的细菌中，培养出含^{35}S的噬菌体；将噬菌体培养在含^{32}P的细菌中，培养出含^{32}P的噬菌体；因为噬菌体是没有细胞结构的病毒，只能在宿主细胞中繁殖后代，所以在培养基中它是不能繁殖后代的。

含^{35}S的培养基→含^{35}S的细菌→蛋白质外壳含^{35}S的噬菌体

含^{32}P的培养基→含^{32}P的细菌→内部DNA含^{32}P的噬菌体

（3）噬菌体侵染细菌：

含^{35}S的噬菌体$\xrightarrow{\text{侵染细菌}}$细菌体内没有放射性^{35}S

含^{32}P的噬菌体$\xrightarrow{\text{侵染细菌}}$细菌体内有放射性^{32}P

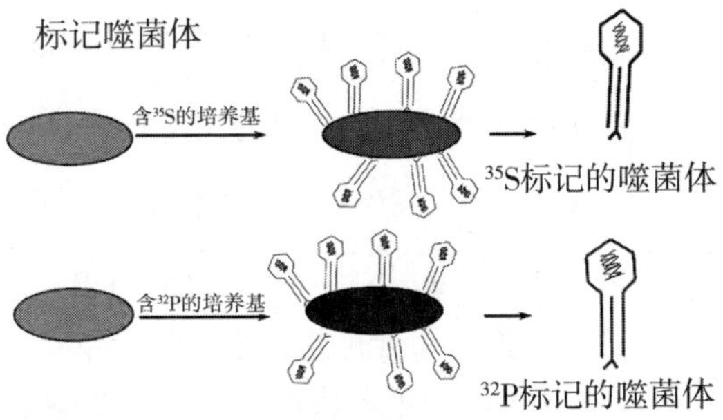

图4－5　标记细菌和标记噬菌体的过程

实验的结果表明，噬菌体的蛋白质并没有进入细菌内部，而是留在细菌的外部，噬菌体的DNA却进入了细菌体内，可见，噬菌体在细菌内的增殖是在噬菌体DNA的作用下完成的。

结论：进一步确定DNA是遗传物质。在噬菌体中，亲代和子代间具有连续性的物质是DNA，即亲代噬菌体的各种性状是通过DNA传递给子代的，DNA才是真正的遗传物质。噬菌体侵染细菌实验只能证明DNA是遗传物质，不能证明蛋白质不是遗传物质，因蛋白质没有进入细菌体内。除此之外，还能证明DNA能进行自我复制，DNA控制蛋白质的合成。

3. 烟草花叶病毒的感染和重建实验——证明RNA是遗传物质的实验

现代科学研究证明，遗传物质除了DNA以外，还有RNA。有些病毒不含有DNA，只含有蛋白质和RNA，如烟草花叶病毒。从烟草花叶病毒中提取出来的蛋白质不能使烟草感染病毒，但是，从这些病毒中提取出来的RNA却能使烟草感染病毒。因此，在这些病毒中，RNA是遗传物质。因为绝大多数生物的遗传物质是DNA，所以说DNA是主要的遗传物质。

（1）实验材料：烟草花叶病毒和烟草。

（2）过程及结果（图4－6）。

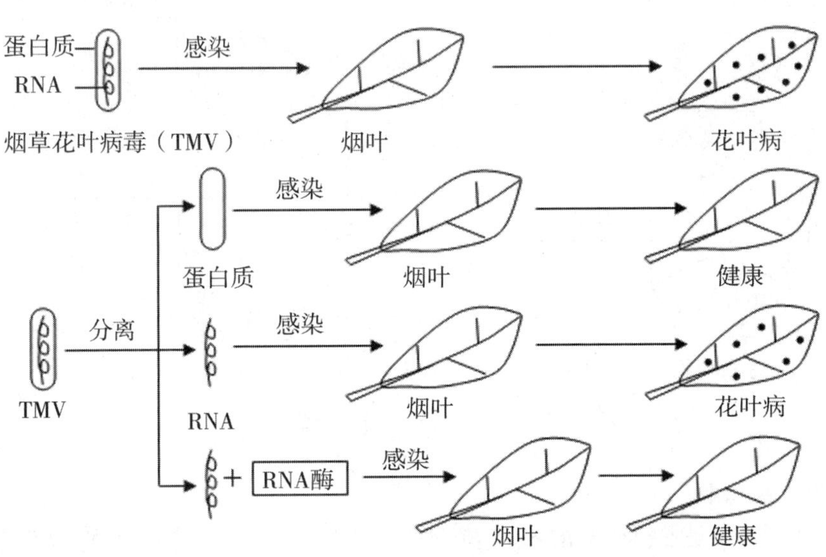

图4－6　烟草花叶病毒的感染和重建实验

①完整的烟草花叶病毒$\xrightarrow{\text{感染烟草}}$烟草叶出现病斑

②烟草花叶病毒⟶提取蛋白质$\xrightarrow{\text{感染烟草}}$烟草叶不出现病斑

③烟草花叶病毒⟶提取 RNA $\xrightarrow{\text{感染烟草}}$烟草叶出现病斑

④烟草花叶病毒⟶提取 RNA + RNA 酶$\xrightarrow{\text{感染烟草}}$烟草叶不出现病斑

（3）实验结果分析与结论：将烟草花叶病毒的 RNA 提取出来去感染烟草，烟草被感染；将烟草花叶病毒的蛋白质提取出来去感染烟草，烟草未被感染。结论：RNA 是遗传物质。

4. 生物的遗传物质

具有细胞结构的生物（无论是原核还是真核），其遗传物质都是 DNA。不具有细胞结构的生物——病毒：多数遗传物质是 DNA，如 T_2 噬菌体；少数遗传物质是 RNA，如 HIV 病毒、SARS 病毒。对于整个生物界来说，绝大多数生物的遗传物质是 DNA，所以 DNA 是主要的遗传物质。

二、DNA 分子的结构和复制

我们已经知道 DNA 是遗传物质，通过它能够使上一代的性状在下一代表现出来。那么，DNA 为什么能够起遗传作用呢？这与它的结构和功能特点有着密切关系。

（一）DNA 分子的结构

1. DNA 分子的化学组成

通过化学分析，我们知道 DNA 是一种高分子化合物，DNA 是由许多脱氧核苷酸组成的，每个脱氧核苷酸由磷酸（P）、脱氧核糖（D）、碱基三部分组成。由于构成 DNA 的碱基有四种：腺嘌呤（A）、鸟嘌呤（G）、胸腺嘧啶（T）、胞嘧啶（C）。因此，脱氧核苷酸也有四种（图 4－7），即腺嘌呤脱氧核苷酸、鸟嘌呤脱氧核苷酸、胸腺嘧啶脱氧核苷酸和胞嘧啶脱氧核苷酸。DNA 分子就是由很多个这样的脱氧核苷酸聚合而成的长链，简称多核苷酸链。

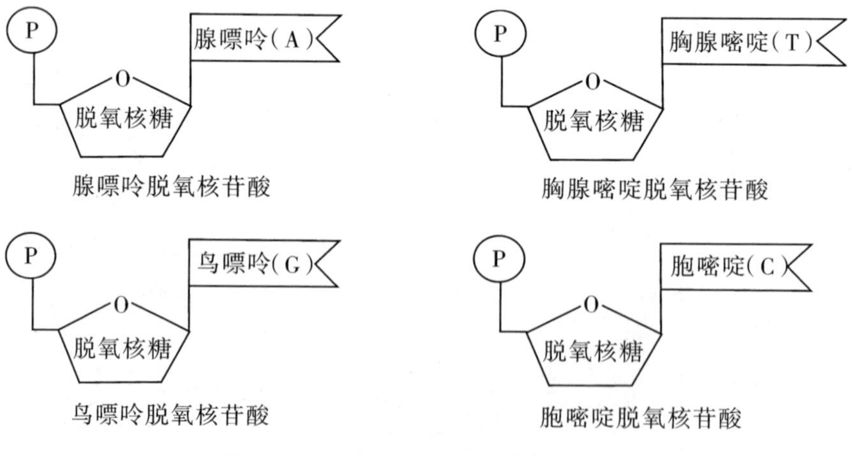

图 4－7　组成 DNA 的四种脱氧核苷酸

2. DNA 的一级结构

DNA 的一级结构是指 DNA 的核苷酸序列。DNA 是由一定数量的脱氧核苷酸通过 3′，5′－磷酸二酯键连接起来的，核苷酸链第一个核苷酸的糖 C－5′上磷酸基末形成磷酸二酯键，为自由磷酸基，称5′端；最末一个核苷酸的糖C－3′上羟基是游离的，称为3′端，这说明核苷酸链具有方向性。书写核苷酸链序列时，一般为5′→3′（图4－8）。

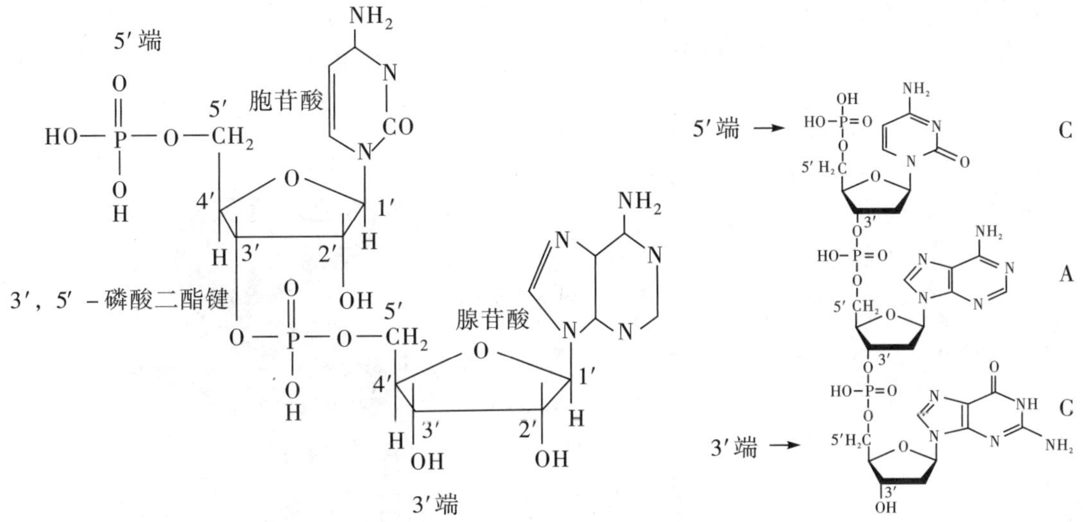

图4－8　DNA的一级结构图

3. DNA的二级结构

美国科学家沃森（Watson）和英国科学家克里克（Crick）（图4－9）在1953年共同提出的DNA双螺旋模型（double helix model）就是一种典型的DNA二级结构（图4－10）。沃森和克里克认为，DNA分子的立体结构是规则的双螺旋结构。这种结构的主要特点是：

图4－9　沃森（左）和克里克（右）以及他们创建的DNA分子双螺旋结构模型

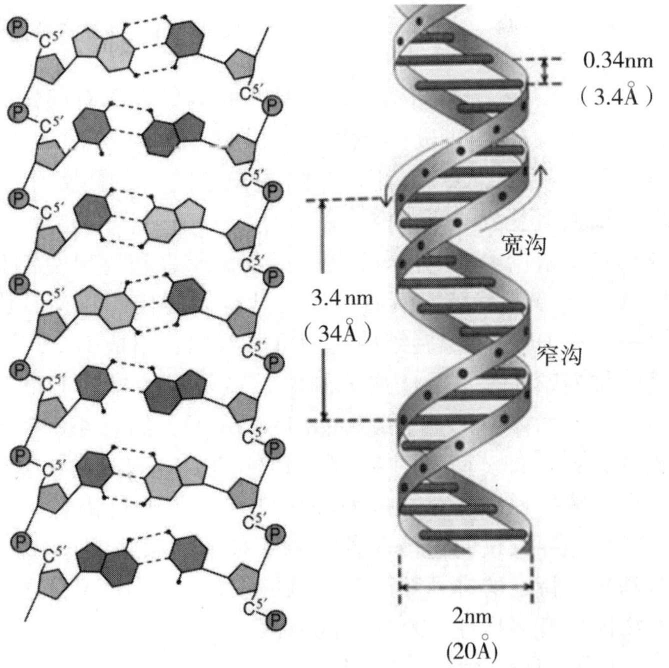

图4－10　DNA的二级结构平面图（左）和立体图（右）

①DNA 分子是由两条链组成的，这两条链按反向平行方式盘旋成双螺旋结构（图 4-10）。② DNA 分子中的脱氧核糖和磷酸交替连接，排列在外侧，构成基本骨架；碱基排列在内侧。③ DNA 分子两条链上的碱基通过氢键连接成碱基对，并且碱基配对有一定的规律：A（腺嘌呤）一定与 T（胸腺嘧啶）配对；G（鸟嘌呤）一定与 C（胞嘧啶）配对。碱基之间的这种一一对应关系，叫做碱基互补配对原则（the principle of complementary base pairing）。

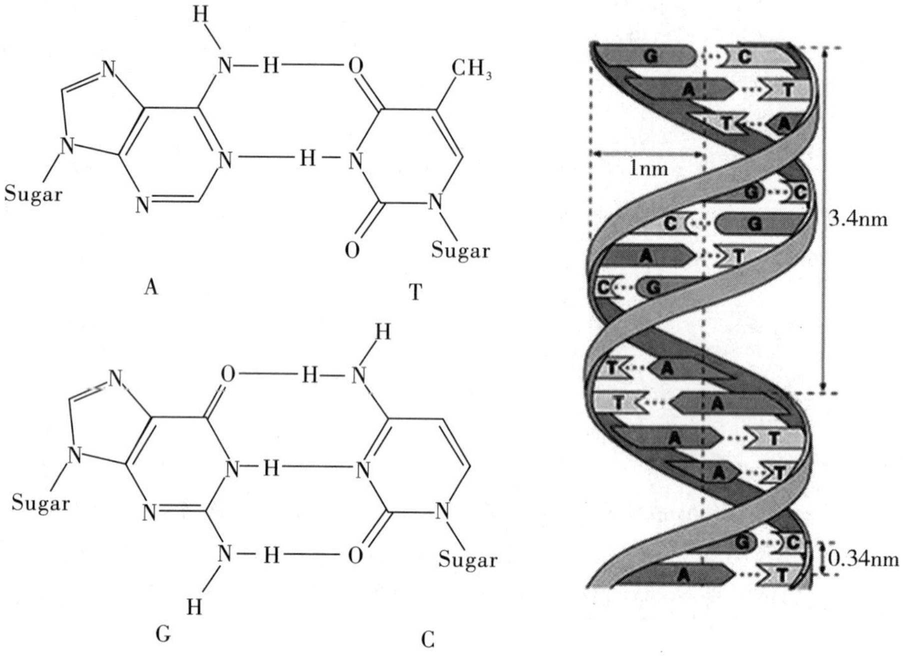

图 4-11　碱基互补配对

在 DNA 分子的结构中，碱基之间的氢键具有固定的数目，即 A 与 T 之间以 2 个化学键相连，G 与 C 之间以 3 个化学键相连（图 4-11）。由于嘌呤分子（A、G）大于嘧啶分子（C、T），因此，要保持 DNA 两条长链之间的距离不变，就必定是一个嘌呤与一个嘧啶配对。根据碱基分子所占空间的大小，只有 A 与 T 配对，G 与 C 配对，碱基对的长度才能大致相同。根据 DNA 分子的上述特点，沃森和克里克制作出了 DNA 分子的双螺旋结构模型。DNA 分子双螺旋结构模型的提出具有划时代的意义，成为生物发展史上少有的几个里程碑之一。从 DNA 双螺旋结构模型可以看出，组成 DNA 分子的碱基虽然只有 4 种，但是 4 种碱基的排列顺序是不受任何限制的，碱基对的排列顺序可构成极其繁多的排列组合形式。例如，在生物体内，一个最短的 DNA 分子大约有 4 000 个碱基对，这些碱基对可能的排列方式就有 $4^{4\,000}$ 种。而人的 46 条染色体的 DNA 有 31.6 亿个碱基对，因此它们的排列方式简直是天文数字。碱基对的排列顺序就代表了遗传信息（genetic message）。由此可见，DNA 分子能够储存大量的遗传信息。碱基对排列顺序的千变万化，构成了 DNA 分子的多样性，而碱基对的特定的排列顺序，又构成了每一个 DNA 分子的特异性，这就从分子水平上说明了生物体具有多样性和特异性的原因。

（二）DNA 分子的复制

DNA 分子的结构不仅使它能够储存大量的遗传信息，还使它能够传递遗传信息。生物体遗传信息的传递是通过 DNA 分子的复制来完成的。

DNA 分子的复制是指以亲代 DNA 分子为模板合成子代 DNA 的过程。新合成的分子与原来的分子结构一致，能够“自我”复制是遗传物质的重要特征之一。这一过程是在细胞有丝分裂的间期和减数第一次分裂的间期，随着染色体的复制而完成的。DNA 复制过程很快，大肠杆菌含有一个 DNA 分子，约有 500 万个碱基，条件适宜的情况下半小时内即可完成一个复制过程，细胞也分裂为二；人的细胞内有 46 个 DNA 分子，碱基对多达 31.6 亿个，复制一次也不超过几小时，且精确度极高。

DNA 复制时，每一条链上所暴露出来的碱基各自与一个游离于核中的互补核苷酸碱基相连，连上去的各种核苷酸都是脱氧核苷三磷酸（dATP、dGTP、dCTP、dTTP），在 DNA 聚合酶的催化作用下，这些新连接上去的核苷三磷酸丢弃两个磷酸，放出能量，变为核苷一磷酸（dAMP、dGMP、dCMP、dTMP），按顺序连接成一个新链，它们放出的能量用于这一多聚反应。

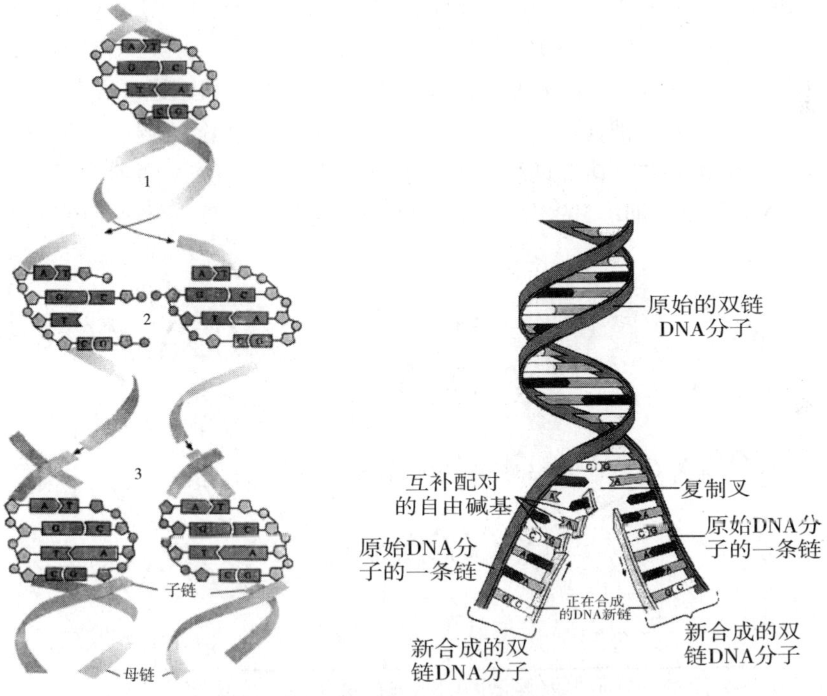

1. 解旋　2. 碱基配对　3. 重新形成双螺旋

图 4-12　DNA 分子的半保留复制模型

DNA 分子的复制是一个边解旋边复制的过程（图 4-12）。在 DNA 分子的复制过程中，新生成链的延伸总是沿着 5′端到 3′端的方向。复制开始时，DNA 分子首先利用细胞提供的能量，在解旋酶的作用下，把两条螺旋的双链解开，这个过程叫做解旋。两条链中间的碱基对分开，成为两条单链；每一条单链都作为形成自己的互补链的模板，原来的 DNA 双链分子称为母链（parental chain）。然后，以解开的每一段母链为模板，以周围环境中游离的四种脱氧核苷酸为原料，以碱基互补配对原则，在 DNA 聚合酶、DNA 连接酶的作用下与模板链上的相应碱基互补配对，各自合成与母链互补的一段子链。随着解旋过程的进行，新合成的子链也不断延伸，同时，每条子链与其对应的母链盘绕成双螺旋结构，从而各形成一个新的 DNA 分子。这样，一个双链 DNA 分子就复制成各含一条母链和一条子链的两个双链 DNA 分子。复制结束后，一个 DNA 分子就形成了两个完全相同的 DNA 分子。新复制出的两个子代 DNA 分子，通过细胞分裂分配到子细胞中去。由于新合成的两个 DNA 分子中都保留了原来双链 DNA 分子中的一条链，因此，这种复制方式叫做半保留复制（semiconservative replication）。由 DNA 的复制过程可以看出，DNA 分子复制需要模板、原料、能量和酶等基本条件。

1958 年，Meselson 和 Stahl 的实验（图 4 - 13）首次有力地支持了半保留复制方式。他们先将大肠杆菌放在$^{15}NH_4Cl$培养基中生长 15 代，使几乎所有的 DNA 都被^{15}N标记后，再将细菌移到只含有$^{14}NH_4Cl$的培养基中培养。随后，在不同的时间取出样品，用十二烷基硫酸钠（SDS）裂解细胞后，将裂解液放在 CsCl 溶液中进行密度梯度离心（140 000g，20 小时）。离心结束后，从管底到管口，溶液密度分布从高到低形成密度梯度。DNA 分子就停留在与其相当的 CsCl 密度处，在紫外光下可以看到形成的区带。^{14}N - DNA 分子密度较轻（1.7g/cm^3），停留在离管口较近的位置；^{15}N - DNA 密度较大停留在较低的位置上。当含有^{15}N - DNA的细胞在$^{14}NH_4Cl$培养液中培养一代后，只有一条区带介于^{14}N - DNA 与^{15}N - DNA 之间，这时在^{15}N - DNA 区已没有吸收带，说明这时的 DNA 一条链来自^{15}N - DNA，另一条链为新合成的含有^{14}N的新链。培养两代后则在^{14}N - DNA 区又出现一条带。在$^{14}NH_4Cl$中培养的时间愈久，^{14}N - DNA 区带愈强，而^{14}N - ^{15}N - DNA 区带逐渐减弱，但始终未出现其他新的区带。按照半保留复制方式培养两代，只能出现^{14}N - ^{15}N - DNA 两种分子，而且随着代数的增加，^{14}N - DNA 逐渐增加。Meselson 和 Stahl 的实验完全证实了半保留复制的设想。

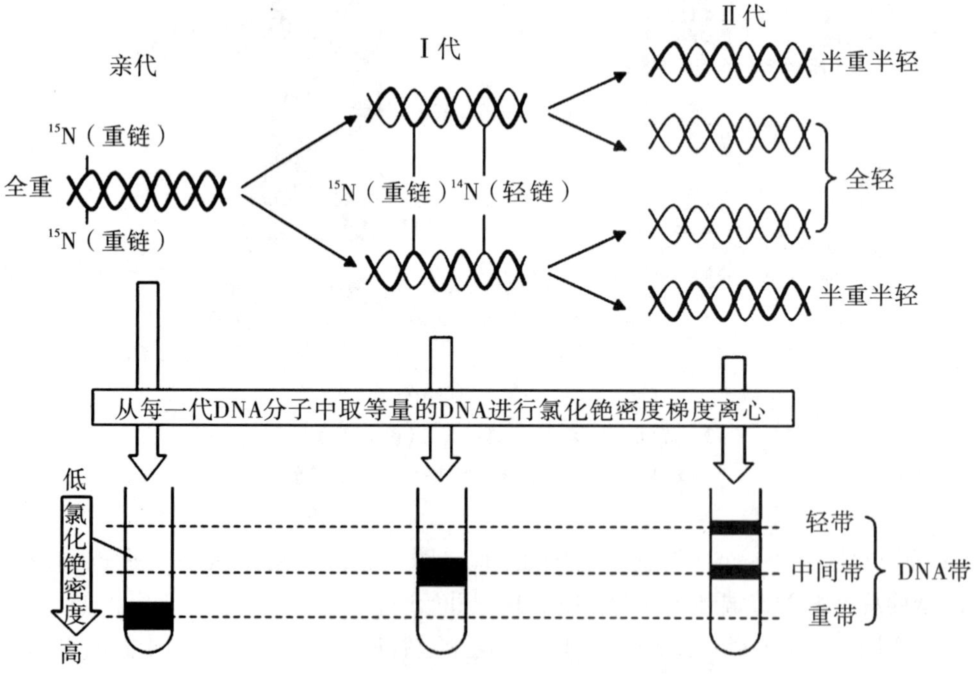

图 4 - 13　半保留复制研究实验示意图

DNA 分子独特的双螺旋结构，为复制提供了精确的模板，通过碱基互补配对，保证了复制能够准确地进行。复制完成后的两个 DNA 分子，以染色体的形态，随细胞有丝分裂平均地分到两个子细胞中。为什么子女像父母，就是由于父母把自己的 DNA 分子复制了一份，并传递给了子女的缘故。DNA 分子通过复制，使遗传信息从亲代传给了子代，从而保持了遗传信息的连续性。因此，DNA 复制在遗传上有很重要的意义。

三、基因的表达

通过前面的学习，我们已经知道，子代与亲代在性状上相似，是由于子代获得了亲代复制的一份 DNA 的缘故。那么，DNA 分子是怎样控制遗传性状的？

（一）对基因的认识

从孟德尔定律的发现到现在，这 100 多年来人们对基因的认识在不断地深入。

1866 年，奥地利学者孟德尔在他的豌豆杂交实验论文中，用大写字母 A、B 等代表显性性状（如圆粒、子叶黄色等），用小写字母 a、b 等代表隐性性状（如皱粒、子叶绿色等）。他并没有严格地区分所观察到的性状和控制这些性状的遗传因子。但是从他用这些符号所表示的杂交结果来看，这些符号正是在形式上代表着基因，而且至今在遗传学的分析中为了方便起见仍沿用它们来代表基因。

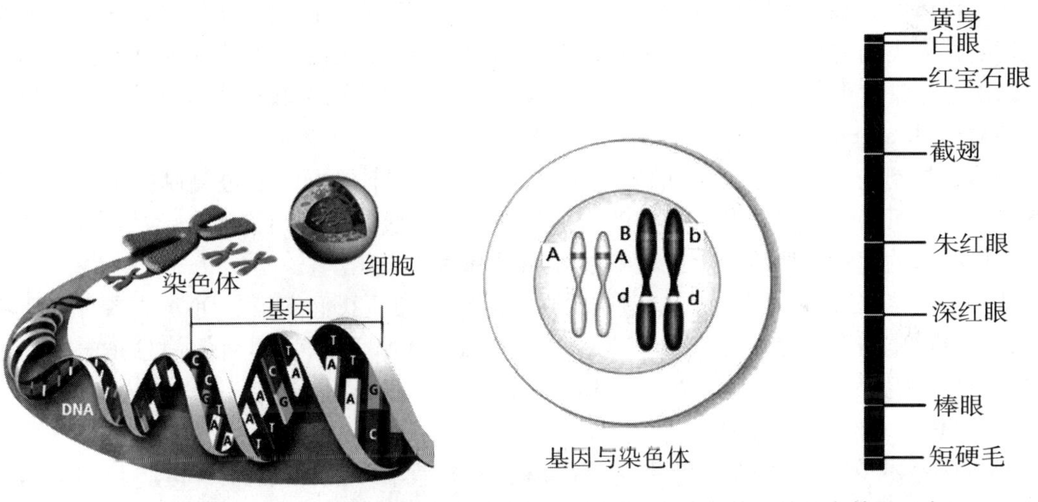

图 4－14　基因（左）、基因与染色体（中）、果蝇某一条染色体上的几个基因（右）

20 世纪初，孟德尔的工作被重新发现以后，他的定律又在许多动植物中得到验证。1909 年丹麦学者约翰森提出了基因（gene）这一名词，用它来指任何一种生物中控制任何性状而其遗传规律又符合孟德尔定律的遗传因子，并且提出基因型和表现型这两个术语，前者是一个生物的基因成分，后者是这些基因所表现的性状。

20 世纪初，遗传学家通过果蝇的遗传实验，认识到基因存在于染色体上，并且在染色体上呈线性排列，从而得出了染色体是基因载体的结论（图 4－14）。20 世纪 40 年代以前，对于基因的化学本质人们并不了解。直到 1944 年艾弗里等证实肺炎双球菌的转化因子是 DNA，才首次用实验证明了基因是由 DNA 构成的。

1955 年 S. 本泽用大肠杆菌 T_4噬菌体作材料，研究快速溶菌突变型 rⅡ 的基因精细结构，发现一个基因内部的许多位点上可以发生突变，并且基因可以发生交换，从而说明一个基因是一个功能单位。

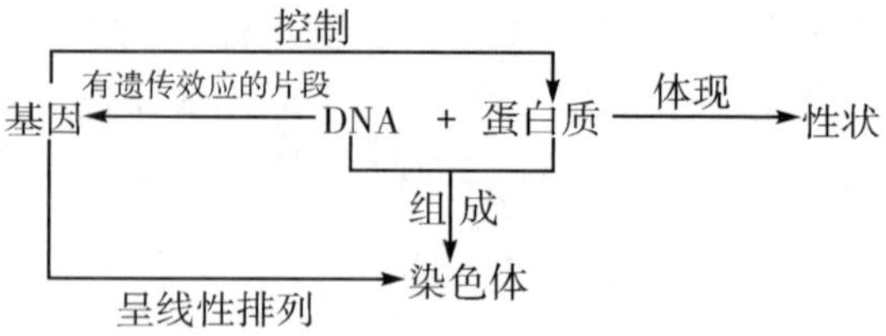

20 世纪 50 年代以后，随着分子遗传学的发展，尤其是在沃森和克里克提出 DNA 双螺旋结构模型以后，人们才真正认识了基因的本质，即基因是具有遗传效应的 DNA 片段。研究结果还表明，每一条染色体只含有一个 DNA 分子，每个 DNA 分子上有很多个基因，每个基因中又可以含有成百上千个脱氧核苷酸。由于不同基因的脱氧核苷酸的排列顺序（碱基顺序）不同，因此，不同的基因就含有不同的遗传信息。

现代遗传学的研究认为，每个 DNA 分子上有很多基因，这些基因分别控制着不同的性状，也就是说，基因是有遗传效应的 DNA 片段，是控制生物性状的基本遗传单位。

生物的一切遗传性状都是受基因控制的，但是基因对性状的控制往往要经过一系列的代谢过程，而代谢过程中的每一步化学反应都需要酶来催化，因此，一些基因就是通过控制酶的合成来控制代谢过程，从而控制生物性状的。例如，正常人的皮肤、毛发等处的细胞中有一种酶，叫做酪氨酸酶，它能够将酪氨酸转变为黑色素。如果一个人由于基因不正常而缺少酪氨酸酶，那么这个人就不能合成黑色素，而表现出白化症状。

在生物体中，基因控制性状的另一种情况，是通过控制蛋白质分子的结构来直接影响性状。例如，人类的血红蛋白分子是由几百个氨基酸构成的，如果一个人控制血红蛋白分子结构的基因不正常，那么这个人就会合成结构异常的血红蛋白而引起疾病，称镰刀型细胞贫血症（sickle cell anemia）。

基因的复制是通过 DNA 分子的复制来完成的。基因不仅可以通过复制把遗传信息传递给下一代，还可以使遗传信息以一定的方式反映到蛋白质的分子结构上来，从而使后代表现出与亲代相似的性状，遗传学上把这一过程叫做基因的表达。

基因的表达是通过 DNA 控制蛋白质的合成来实现的。我们知道，DNA 主要存在于细胞核中，而蛋白质的合成是在细胞质里进行的。那么，DNA 所携带的遗传信息是怎样传递到细胞质中去的呢？这就需要通过另一种物质——RNA 作为媒介。

（二）RNA 的组成和作用

RNA 的基本单位是核糖核苷酸，通常由许多核糖核苷酸聚合成单链。与 DNA 相比，RNA 的成分中含有核糖，而不含脱氧核糖；碱基是腺嘌呤（A）、鸟嘌呤（G）、尿嘧啶（U）、胞嘧啶（C），这就是说，在 RNA 中，以 U（尿嘧啶）代替了 DNA 中的 T（胸腺嘧啶）。

RNA 的种类有三种（图 4－15）：① 信使 RNA（messager RNA，mRNA）：单链结构，其碱基序列包含遗传信息，在蛋白质合成中起模板作用，mRNA 上决定氨基酸种类的三个相邻的碱基叫“遗传密码”（genetic code）或“密码子”（codon）。②转运 RNA（transfer RNA，tRNA）：三叶草结构（图 4－16），主要作用是运输氨基酸。转运 RNA 的种类很多，但每一种转运 RNA 只能识别并转运一种氨基酸。在转运 RNA 的一端是携带氨基酸的部位，另一端有三个碱基叫反密码子（anticodon），反密码子在蛋白质合成时能专一地

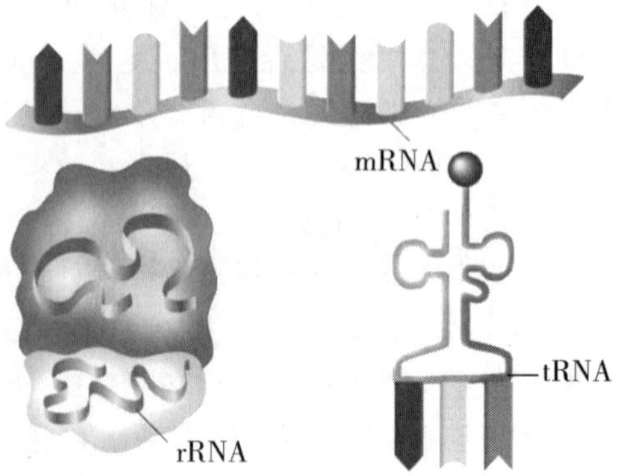

图 4－15　三种 RNA

与信使 RNA 上的特定的三个碱基（即密码子）配对。③核糖体 RNA（ribosomal RNA，rRNA）：与核糖体蛋白质结合构成核糖体，核糖体是合成蛋白质的场所。一个核糖体包括一个大亚基和一个小亚基，每个亚基都是由蛋白质和相当数量的 rRNA 组成（图 4－17）。这两个亚基只有在行使肽链合成功能时才聚合成整体，为蛋白质的合成提供场所。

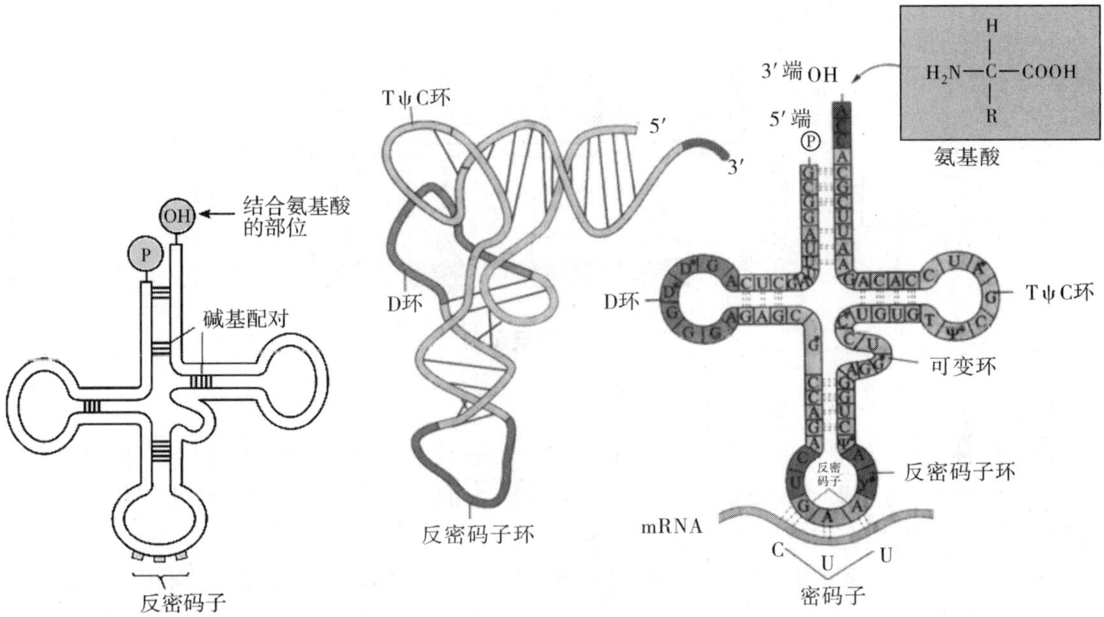

图 4－16　转运 RNA

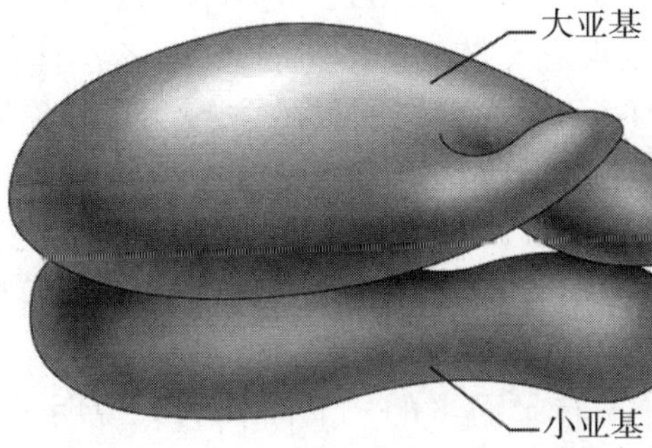

图 4－17　核糖体

简言之，细胞中的核糖体是蛋白质合成的场所，mRNA 是蓝图，tRNA 把合成蛋白质的原料——20 种氨基酸运送到“工厂”（核糖体）中，并按照已设计好的蓝图，把氨基酸一个一个地排列起来。三种 RNA 在 DNA 合成蛋白质的过程中协同作用，缺一不可。

（三）基因的表达——基因控制蛋白质的合成

在细胞核中先把 DNA 的遗传信息传递给 RNA，然后，RNA 进入细胞质，在蛋白质合成中起模板作用。因此，基因控制蛋白质合成的过程包括两个阶段：转录（transcription）和翻译（translation）（图 4－18）。

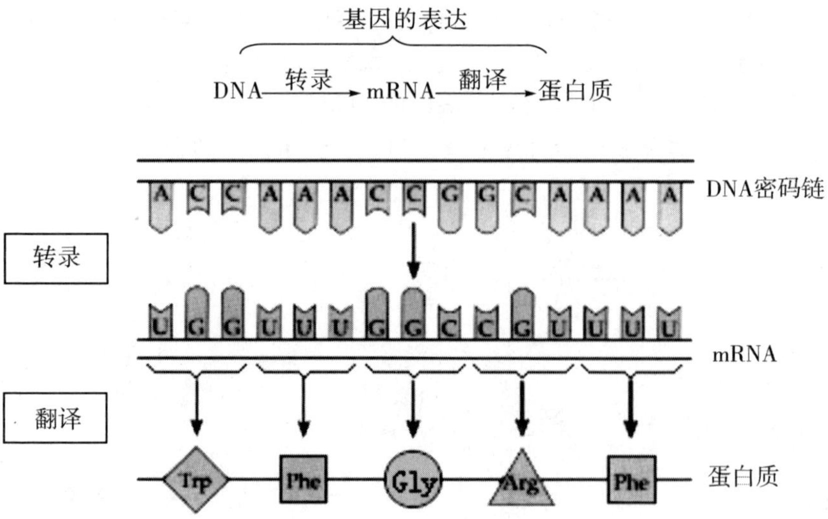

图4－18　转录和翻译

1. 转录——从 DNA 到 RNA

在细胞核内，以 DNA 的一条链为模板，以四种核苷三磷酸（NTP），即腺三磷（ATP）、胞三磷（CTP）、鸟三磷（GTP）和尿三磷（UTP）为原料，在 RNA 聚合酶的催化下，按照碱基互补配对原则，合成信使 RNA 的过程称为转录。

转录的模板是单链 DNA，与复制的模板有较多的不同特点，引出了下列相关概念。转录过程只以 DNA 中编码 RNA（mRNA、tRNA、rRNA）的区段为模板。把 DNA 分子中能转录出 RNA 的区段，称为结构基因（structural gene）。结构基因的双链中，仅有一股链作为模板转录成 RNA，称为模板链（template strand），也称作 Watson（W）链（Watson strand）、负（－）链（minus strand）或反意义链（antisense strand）。与模板链相对应的互补链，其编码区的碱基序列与 mRNA 的密码序列相同（仅 T、U 互换），称为编码链（coding strand），也称作 Crick（C）链（Crick strand）、正（＋）链（plus strand）或有意义链（sense strand）。不同基因的模板链与编码链，在 DNA 分子上并不是固定在某一股链，这种现象称为不对称转录（asymmetric transcription）。在转录过程中，DNA 模板被转录的方向是从 3′端到 5′端；RNA 链的合成方向是从 5′端到 3′端。

各种 RNA 分子都是从 DNA 转录而来的，下面我们只说明 DNA 转录成 mRNA 的基本过程。

DNA 双链分子转录成 RNA 的过程是全保留式的，即转录的结果产生一条单链的 RNA，而 DNA 仍保留原来的双链结构。RNA 的合成需要 RNA 聚合酶（RNA polymerase）。真核细胞 mRNA转录所需的 RNA 聚合酶是 RNA 聚合酶Ⅱ。转录过程包括启动、延伸和终止（图4－19）。

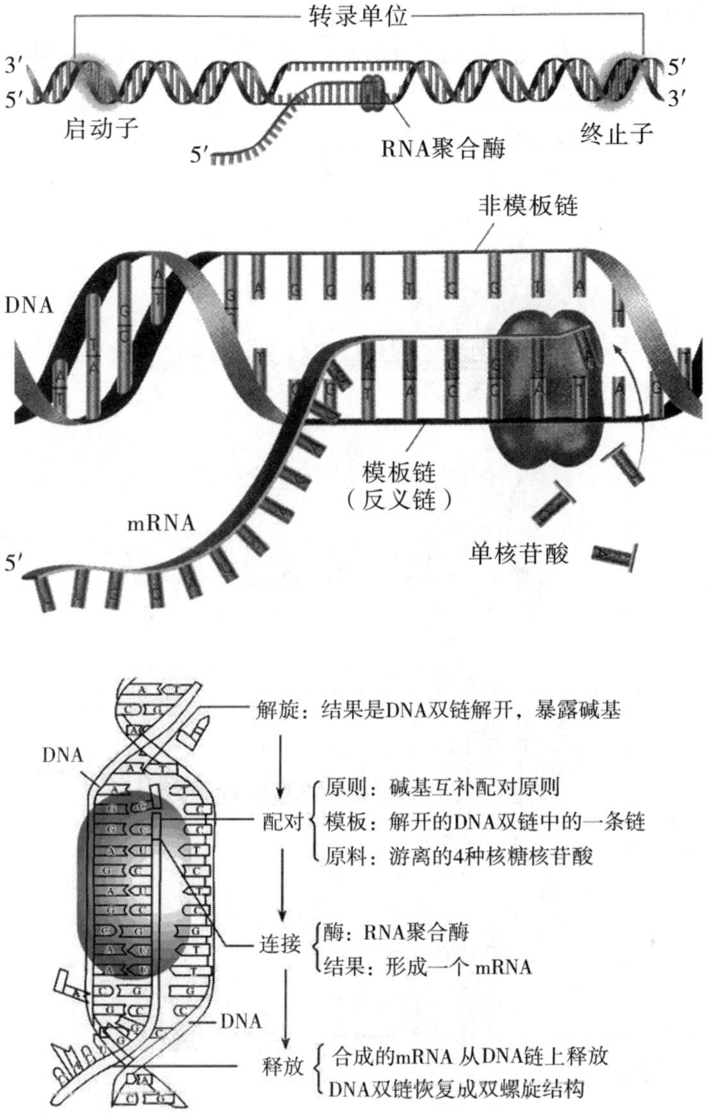

图4－19 转录过程图

第一步，转录启动。DNA解旋后，RNA聚合酶Ⅱ与DNA上一段特定的核苷酸序列［称为启动子（promotor）］的转录起始位点结合，以DNA模板链为模板，开始合成mRNA。

第二步，转录延伸。RNA聚合酶Ⅱ沿DNA模板链的3′端向5′端移行，DNA继续向前解旋，与模板DNA上的脱氧核苷酸互补的核糖核苷酸一个个连接起来，形成RNA单链，RNA转录从5′到3′方向延伸。由于RNA没有碱基T（胸腺嘧啶），而有碱基U（尿嘧啶），因此，在以DNA为模板合成mRNA时，需要以U代替T与A配对。转录之后DNA又恢复双螺旋状态。

第三步，转录终止。随着延伸的继续，当RNA聚合酶Ⅱ遇到DNA模板上的特殊碱基序列——终止子（terminator）（这段序列在基因的末端）时，它会从RNA分子和基因上脱离。合成的mRNA单链会继续脱离DNA模板，最后，一条完整的mRNA单链分子游离于细胞核中。

2. 翻译——从 RNA 到蛋白质

翻译是在细胞质中进行的。它是指以 mRNA 为模板，按照碱基互补配对原则，合成具有一定氨基酸顺序的蛋白质的过程。mRNA 在细胞核中合成以后，从核孔进入到细胞质中，与核糖体结合，开始翻译过程（图 4－20）。

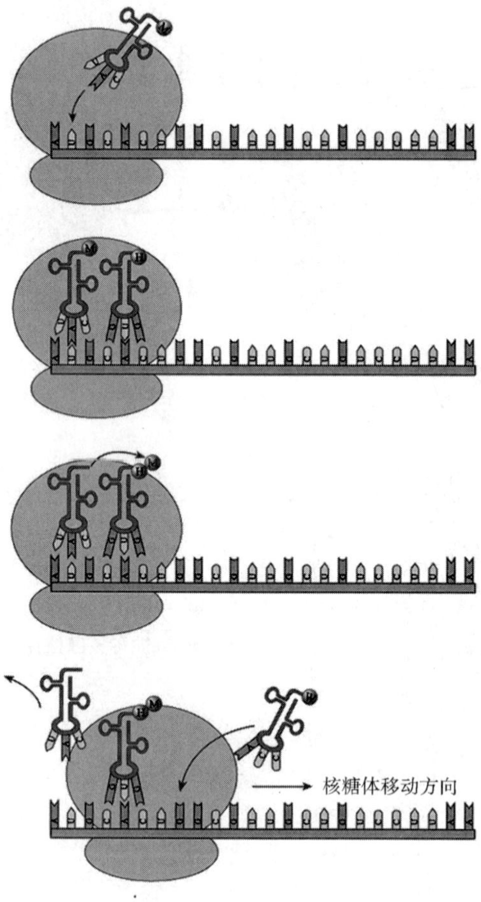

图 4－20 翻译过程图

第一步，翻译的起始。核糖体的小亚基附着到 mRNA 的结合部位上，这个结合部位中含有一个起始的甲硫氨酸密码子，即 AUG（每一条肽链的第一个氨基酸总是甲硫氨酸，但这个氨基酸在多肽合成之后可被切除）。携带甲硫氨酸的 tRNA 的反密码子（即 UAC）和 mRNA 上的 AUG 结合，然后核糖体的大亚基也结合到这个复合体上，形成翻译起始复合物。

第二步，肽链的延伸。下一个携带着氨基酸的 tRNA，以其反密码子识别 mRNA 上的密码子，进入核糖体，把转运来的氨基酸放在相应的位置上。转运完毕以后，tRNA 离开核糖体，又去转运下一个氨基酸。当核糖体接受两个氨基酸以后，核糖体大亚基可催化第二个氨基酸通过肽键与第一个氨基酸连接起来，与此同时，核糖体在 mRNA 上移动三个碱基的位置，为接受新运载来的氨基酸做好准备。上述过程往复地进行，肽链也就不断地延伸，直到 mRNA 上出现终止密码子为止。

第三步，翻译终止。当核糖体遇到 mRNA 上的终止密码子时，多肽的合成就终止了。

终止密码子有三个，即 UAA、UAG、UGA。细胞中有特殊的终止蛋白，具有识别终止密码子的能力，当一个终止密码子出现时，终止蛋白进入核糖体，使肽链从核糖体上脱落下来。肽链经过其他细胞器的加工修饰而成为有空间结构的蛋白质。此时核糖体亚基解离，而mRNA在完成翻译任务后被分解成单个的核糖核苷酸。

在翻译过程中，由于每一个氨基酸是严格按照 mRNA 模板的密码序列被逐个合成到肽链上的，因此，mRNA 上的遗传信息被准确地翻译成特定的氨基酸序列。在细胞质中，翻译是一个快速过程。在翻译过程中，每一条 mRNA 上可以结合多个在不同时间开始翻译的核糖体，这样的结构称为多聚核糖体（图 4－21）。

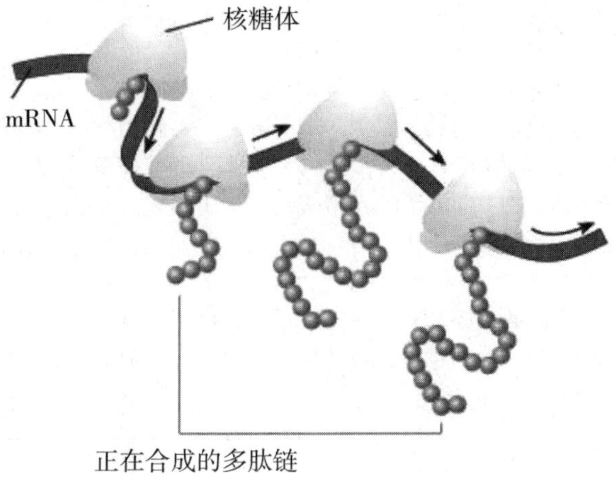

图 4－21　一条 mRNA 上结合多个核糖体

由上述过程可以看出，DNA 分子的脱氧核苷酸的排列顺序决定了信使 RNA 中核糖核苷酸的排列顺序，信使 RNA 中核糖核苷酸的排列顺序又决定了氨基酸的排列顺序，氨基酸的排列顺序最终决定了蛋白质结构和功能的特异性，从而使生物体表现出各种遗传性状（图 4－22、表 4－1）。

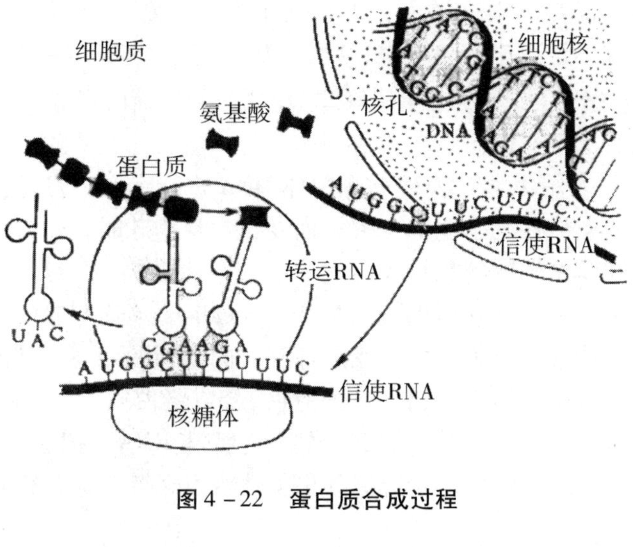

图 4－22　蛋白质合成过程

表4－1　蛋白质合成的两个过程对照

	转录	翻译
进行部位	在细胞核中进行	在核糖体中进行
模板	以 DNA 为模板	以信使 RNA 为模板
形成的物质	信使 RNA	具有一定氨基酸顺序的蛋白质
遗传信息的传递	遗传信息由 DNA 传到信使 RNA	通过信使 RNA，将遗传信息传递给蛋白质，使遗传信息在后代个体发育中，以一定方式反映到蛋白质分子结构上，因而出现与亲代相似的性状
性质的决定	DNA 决定信使 RNA 的性质是通过碱基互补配对原则	信使 RNA 决定蛋白质的性质是通过“遗传密码”
过程	在细胞核中，以 DNA 一条链为模板，按照碱基互补配对原则形成信使 RNA，DNA 所携带的遗传信息传递到信使 RNA。信使 RNA 形成后，从细胞核出来，进入细胞质中，与核糖体结合起来	转运 RNA 运载着氨基酸进入核糖体，按照信使 RNA 上的遗传密码顺序，把氨基酸安放在相应的位置上。许多氨基酸连接起来，合成了有一定氨基酸顺序的蛋白质
说明	基因对性状的控制是通过 DNA 控制蛋白质的合成来实现的。但 DNA 不能直接决定蛋白质的合成，这是因为 DNA 主要在细胞核里，而蛋白质的合成在细胞质的核糖体中进行，这就需要 RNA 来传递遗传信息，所以 RNA 在传递过程中起重要的桥梁作用	

（四）遗传密码的破译

1953 年，在沃森和克里克阐明 DNA 的双螺旋结构之后，分子生物学像雨后春笋般蓬勃发展。许多科学家的研究使人们基本了解了遗传信息的流动方向：DNA→信使 RNA→蛋白质。也就是说，蛋白质由信使 RNA 指导合成，遗传密码应该在信使 RNA 上。

我们已经知道蛋白质是由 20 种氨基酸组成的，而信使 RNA 上的碱基只有四种（A、G、C、U），那么，这四种碱基是怎样决定蛋白质上的 20 种氨基酸的呢？1954 年，物理学家 Gamow 猜想，如果一个碱基决定一个氨基酸，那么，四种碱基只能决定四种氨基酸，因此碱基与氨基酸之间不可能是一对一关系；如果两个碱基决定一个氨基酸，最多也只能决定 16（4^2）种氨基酸，还不足以决定 20 种氨基酸；如果每三个碱基决定一个氨基酸，这样碱基的组合可以达到 64（4^3）种，这对于决定 20 种氨基酸来说已经绰绰有余了。Gamow 还猜想一个氨基酸很可能有几种密码。

1960 年，克里克等人用化学方法对 T_4噬菌体 DNA 进行突变，发现当缺失 1 个或 2 个核苷酸时，所合成的蛋白质活性几乎全部丧失；而变化数目为 3 时，对蛋白质影响不大。他们从遗传学角度证实三联体密码的猜想是正确的。

破译密码的竞赛中，美国的尼伦伯格（M. W. Nirenberg）博士走在前面。他用严密的科学推理对蛋白质合成的情况进行了分析。既然核苷酸的排列顺序与氨基酸存在对应关系，那么只要知道 RNA 链上的碱基序列，然后由这种链去合成蛋白质，这不就能知道它们的密码了吗？他的实验只用了含有单一碱基尿嘧啶（U）的特殊 RNA，把这种 RNA 放到和细胞内相似的溶液里做试管内合成蛋白质的研究。如果上述观点正确，应该得到由一种氨基酸组成的蛋白质，而这样合成的蛋白质只含有苯丙氨酸。结果，人们了解了第一个氨基酸的密码：UUU 对应苯丙氨酸。随后，又有人用 U－G 交错排列合成了半胱氨酸—缬氨酸—半胱氨酸的蛋白质，从而确定了 UGU 为半胱氨酸的密码，而 GUG 为缬氨酸的密码。这样，人们不仅证明了遗传密码是由 3 个碱基排列组成，而且不断地找出了其他氨基酸的密码。

几年后，人们终于弄清了哪三个碱基决定哪种氨基酸。例如，UUU 可以决定苯丙氨酸，CGU 可以决定精氨酸。遗传学上把信使 RNA 上决定一个氨基酸的三个相邻的碱基叫做一个“密码子”。1967 年，科学家们破译了全部遗传密码，并且编制出了下面这张密码子表（表 4－2）。

表 4－2　20 种氨基酸的密码子表

第一个字母（5′）	第二个字母				第三个字母（3′）
	U	C	A	G	
U	苯丙氨酸	丝氨酸	酪氨酸	半胱氨酸	U
	苯丙氨酸	丝氨酸	酪氨酸	半胱氨酸	C
	亮氨酸	丝氨酸	终止	终止	A
	亮氨酸	丝氨酸	终止	色氨酸	G
C	亮氨酸	脯氨酸	组氨酸	精氨酸	U
	亮氨酸	脯氨酸	组氨酸	精氨酸	C
	亮氨酸	脯氨酸	谷氨酰胺	精氨酸	A
	亮氨酸	脯氨酸	谷氨酰胺	精氨酸	G
A	异亮氨酸	苏氨酸	天门冬酰胺	丝氨酸	U
	异亮氨酸	苏氨酸	天门冬酰胺	丝氨酸	C
	异亮氨酸	苏氨酸	赖氨酸	精氨酸	A
	甲硫氨酸（起始）	苏氨酸	赖氨酸	精氨酸	G
G	缬氨酸	丙氨酸	天门冬氨酸	甘氨酸	U
	缬氨酸	丙氨酸	天门冬氨酸	甘氨酸	C
	缬氨酸	丙氨酸	谷氨酸	甘氨酸	A
	缬氨酸	丙氨酸	谷氨酸	甘氨酸	G

遗传密码的特点如下：

（1）无标点符号：密码子在 RNA 上的排列是连续的。两个密码子之间没有任何其他核苷酸隔开。因此要正确地阅读密码子，必须从一个正确的起点开始，连续不断地往下读，直到终止信号出现。如果在密码子上加入一个或删减一个碱基，这一点以后的密码子读取将全部发生错误，往往会造成蛋白质失活。

（2）兼并性：遗传密码一共有 64 个，而生物体中氨基酸总共只有 20 个，因此多数氨基酸必定有几个密码子与之对应。如与丙氨酸对应的密码有 GCU、GCC、GCA、GCG。只有色氨酸及甲硫氨酸各有一个密码子。遗传密码的兼并性特点，能减少生物基因突变造成的损害，有利于遗传的稳定性。

（3）专一性：观察密码子表可知，氨基酸似乎只由前两个碱基决定，第三个碱基的改变通常不至于引起氨基酸的改变。

（4）通用性：表 4－2 中所列密码子，无论对病毒、原核生物还是真核生物，都是通用的，这是生物具有同一性的有力证据。但也有例外，如 UGA 是一个终止密码子，不编码任何氨基酸，但人的线粒体 DNA 中密码子 UGA 却翻译为色氨酸。AUA 通常翻译为异亮氨酸，而在人的线粒体中却翻译为甲硫氨酸。

（5）有启动子与终止子：UAG、UAA 及 UGA 不编码任何氨基酸，是肽链合成的终止密码子。另外，AUG 既是甲硫氨酸的密码子，又是肽链合成的起始密码子，所以肽链合成的第一个氨基酸总是甲硫氨酸。与 61 种密码子相对应，应有 61 种转运 RNA。

四、中心法则及其发展

在遗传学上，把遗传信息的流动方向叫做信息流。信息流的方向可以用科学家克里克提出的“中心法则”（genetic central dogma）来表示。

DNA 双螺旋结构模型建立之后，克里克就认为生物信息应该存在于核酸的碱基序列和蛋白质的氨基酸序列之中，而且生物信息是从核酸向蛋白质单方向流动。据此，1957 年，克里克提出了有关 DNA、RNA、蛋白质三者之间关系的“中心法则”。在这之后，大量的实验证实了该预见的正确性，同时也对“中心法则”作了补充和发展。中心法则图解如图 4－23 所示。

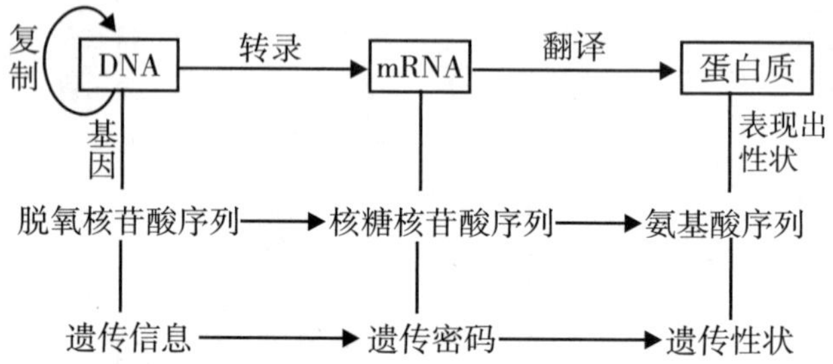

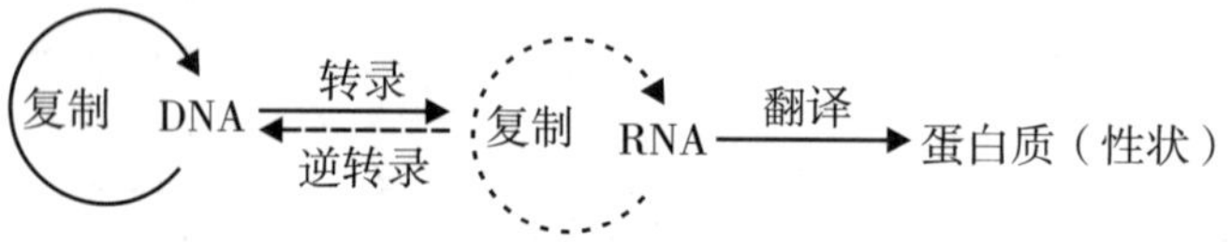

图 4－23 中心法则图解

（1）DNA 链上脱氧核苷酸的特定排列顺序，就是遗传信息。DNA 可以进行半保留复制，即以 DNA 的每一条链为模板，按照碱基互补配对原则，合成新的互补链。

（2）以 DNA 的一条链为模板，互补地合成 RNA，这是转录。

（3）以 mRNA 为模板，按照 3 个核苷酸碱基决定 1 个氨基酸的原则，合成蛋白质，这是翻译。

（4）在 RNA 病毒以及某些动物细胞中，可以 RNA 为模板进行自我复制，再由 RNA 直接合成蛋白质。

（5）在某些病毒、动物胚胎以及某些癌细胞中，可以 RNA 为模板合成 DNA，这是逆转录。逆转录必须有逆转录酶参与。

（6）从中心法则可以看出，遗传信息的一般流动方向是：遗传信息可以从 DNA 流向 DNA，即完成 DNA 的自我复制过程，也可以从 DNA 流向 RNA，进而流向蛋白质，即完成遗传信息的转录和翻译过程。

后来的科学研究又发现，在某些病毒中，RNA 也可以自我复制，并且还发现在一些病毒蛋白质的合成过程中，RNA 可以在逆转录酶的作用下合成 DNA。因此，在某些病毒中，遗传信息可以沿虚线方向流动。上述逆转录过程以及 RNA 自我复制过程的发现，补充和发展了中心法则，使之更加完整。

教与学的要点

1. 肺炎双球菌的转化实验和噬菌体侵染大肠杆菌的实验证明生物体内主要的遗传物质是 DNA，而不是蛋白质。在只有 RNA 的病毒中，RNA 也是遗传物质。

2. DNA 分子的化学组成包括四种脱氧核苷酸，每种核苷酸由磷酸、脱氧核糖和碱基三部分组成。碱基有四种：腺嘌呤（A）、鸟嘌呤（G）、胸腺嘧啶（T）、胞嘧啶（C）。

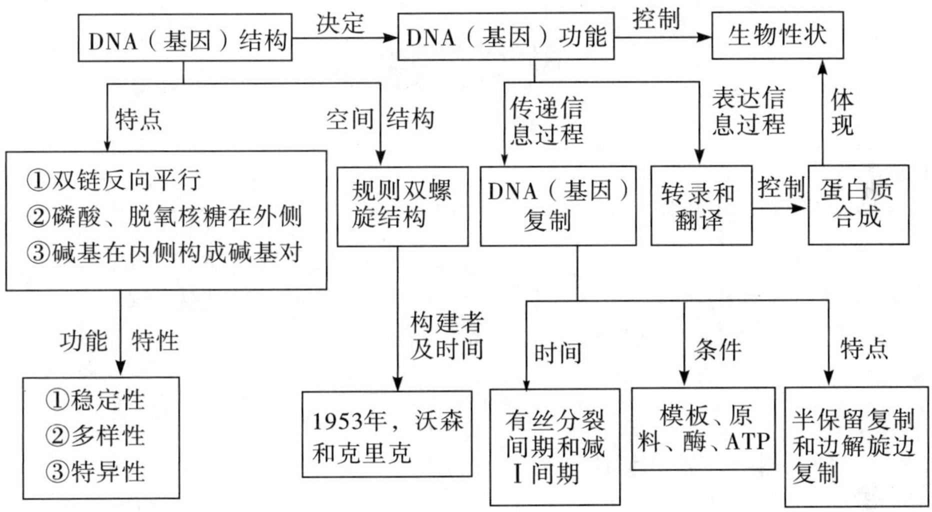

3. 美国科学家沃森和英国科学家克里克在 1953 年共同提出 DNA 双螺旋模型，每个 DNA 由两条反向平行链螺旋组成，脱氧核糖和磷酸交替排列在外侧，碱基通过氢键按照碱基互补配对原则连接成碱基对，排列在内侧。碱基对的排列顺序就代表了遗传信息。

4. DNA 的复制是一个边解旋边复制的过程，复制方式叫做半保留复制。

5. 基因是决定生物性状的基本结构单位和功能单位，是有遗传效应的 DNA 片段；不同的基因含有不同的遗传信息。基因存在于染色体上，并且在染色体上呈线性排列。一些基因对性状的控制是通过控制酶的合成来控制代谢过程，从而控制生物性状的；另一些基因则是通过控制蛋白质分子的结构来直接影响性状。基因的表达是通过 DNA 控制蛋白质的合成来实现的。

6. RNA 有三种：信使 RNA（mRNA）、转运 RNA（tRNA）、核糖体 RNA（rRNA）。三种 RNA 分子在 DNA 合成蛋白质的过程中协同作用，缺一不可。

7. 基因控制蛋白质合成的过程包括两个阶段：转录和翻译。转录发生在细胞核内，是以 DNA 的一条链为模板，以四种核苷酸为原料，按照碱基互补配对原则，合成信使 RNA 的过程。翻译发生在细胞质中，是以 mRNA 为模板，按照碱基互补配对原则，合成具有一定氨基酸顺序的蛋白质的过程。由于严格按照碱基互补配对原则，所以 DNA 分子的脱氧核苷酸的排列顺序决定了信使 RNA 中核糖核苷酸的排列顺序，信使 RNA 中核糖核苷酸的排列顺序又决定了氨基酸的排列顺序，氨基酸的排列顺序最终决定了蛋白质结构和功能的特异性，从而使生物体表现出各种遗传性状。

8. 遗传学上把信使 RNA 上决定一个氨基酸的三个相邻的碱基叫做一个“密码子”。1967 年，科学家们破译了全部遗传密码，并且编制出了密码子表。遗传密码的特点如下：无标点符号、兼并性、专一性、通用性、有启动子与终止子。有 61 种转运 RNA 与 61 种密码子相对应。

9. 在遗传学上，把遗传信息的流动方向叫做信息流。信息流的方向可用“中心法则”来表示。遗传信息的一般流动方向是：遗传信息可以从 DNA 流向 DNA，即完成 DNA 的自我复制过程，也可以从 DNA 流向 RNA，进而流向蛋白质，即完成遗传信息的转录和翻译过程。在某些病毒中，RNA 也可以自我复制，而且可以在逆转录酶的作用下合成 DNA。

练习与应用

一、选择题

1. 噬菌体侵染细菌的实验证明了（　　）

A. DNA 是遗传物质　　B. RNA 是遗传物质

C. 染色体是遗传物质的载体　　D. DNA 是主要的遗传物质

2. 现代研究成果表明：控制生物性状遗传的主要物质是（　　）

A. 核苷酸　　B. 脱氧核苷酸

C. 核糖核酸　　D. 脱氧核糖核酸

3. “种瓜得瓜，种豆得豆”这句谚语说明的生物现象是（　　）

A. 遗传　　B. 变异　　C. 生殖　　D. 发育

4. 噬菌体侵染细菌后形成的子代噬菌体中，DNA 分子的原料来自（　　）

A. 亲代噬菌体的 DNA　　B. 子代噬菌体的 DNA

C. 噬菌体的化学成分　　D. 细菌内的化学成分

5. 下列与 DNA 分子的空间结构直接相关的是（　　）

A. 构成 DNA 分子的脱氧核苷酸种类　　B. 脱氧核苷酸链上碱基数的多少

C. 脱氧核苷酸链之间碱基连接方式　　D. 脱氧核苷酸链上碱基排列顺序

6. DNA 分子复制进入解旋阶段时，下列碱基对将从氢键处断开的是（　　）

A. 鸟嘌呤与胸腺嘧啶　　B. 鸟嘌呤与尿嘧啶

C. 鸟嘌呤与胞嘧啶　　D. 腺嘌呤与胞嘧啶

7. 下列关于 DNA 复制过程的正确顺序是（　　）

①互补碱基对间氢键断裂　②互补碱基对之间形成氢键　③DNA 分子在解旋酶作用下解旋　④以母链为模板进行碱基互补配对　⑤子链与母链盘旋成双螺旋结构

A. ③①②④⑤　　B. ③④②⑤①

C. ③①④②⑤　　D. ①③④②⑤

8. 下列关于基因的说法，错误的是（　　）

A. 每个基因都是 DNA 分子上的一个片段

B. 基因是控制生物性状的遗传物质的功能单位
C. 基因是控制生物性状的遗传物质的结构单位
D. DNA 分子上每一个片段都是一个基因

9. “转录”和“复制”过程相同的是（ ）
A. 只以 DNA 的一条链为模板 B. 遵循碱基互补配对原则
C. 合成的产物都是 RNA D. 碱基 U 与碱基 A 配对

10. 某信使 RNA 含有 120 个碱基，此信使 RNA 翻译得到的多肽链中，含氨基酸数目最多有（ ）
A. 20 个 B. 30 个 C. 40 个 D. 60 个

11. 遗传密码是指（ ）
A. DNA 上决定蛋白质的碱基排列顺序
B. DNA 上决定一个氨基酸的三个相邻的碱基
C. mRNA 上决定一个氨基酸的三个相邻的碱基
D. tRNA 的一端结合一个氨基酸的三个相邻的碱基

12. 若一段信使 RNA 上有 60 个碱基，其中 A 有 15 个，G 有 25 个。那么，转录成这段 RNA 分子的 DNA 分子片段中，A 和 G 的个数一共有（ ）
A. 15 个 B. 25 个 C. 40 个 D. 60 个

13. DNA 完全水解，得到的化学物质是（ ）
A. 氨基酸、葡萄糖、含氮碱基 B. 氨基酸、核苷酸、葡萄糖
C. 核糖、含氮碱基、磷酸 D. 脱氧核糖、含氮碱基、磷酸

14. 某生物细胞的 DNA 分子中，碱基 A 的数量占 38%，则 C 和 G 之和占全部碱基的（ ）
A. 76% B. 62% C. 24% D. 12%

15. 将 ^{32}P 标记的 DNA 分子放在 ^{31}P 的培养基上培养，经过 3 次复制，在所形成的子代 DNA 中，含 ^{32}P 的 DNA 占总数是（ ）
A. 1/16 B. 1/8 C. 1/4 D. 1/2

16. 若 DNA 分子中一条链的碱基 A∶C∶T∶G＝1∶2∶3∶4，则另一条链上 A∶C∶T∶G 的值为（ ）
A. 1∶2∶3∶4 B. 3∶4∶1∶2 C. 4∶3∶2∶1 D. 1∶3∶2∶4

17. DNA 分子的一条单链中（A＋G）/（T＋C）＝0.5，则另一条链和整个分子中上述比例分别等于（ ）
A. 2 和 1 B. 0.5 和 0.5 C. 0.5 和 1 D. 1 和 1

18. 某种蛋白质中含 200 个氨基酸，在控制此蛋白质合成的 DNA 中，最少应有（ ）个脱氧核苷酸
A. 1 200 B. 600 C. 400 D. 200

19. DNA 复制、转录和翻译后所形成的产物分别是（ ）
A. DNA、RNA 和蛋白质 B. DNA、RNA 和氨基酸
C. RNA、DNA 和核糖 D. RNA、DNA 和蛋白质

20. 下列不是在细胞核中合成的物质是（ ）
A. 组成染色体的蛋白质 B. 组成染色体的 DNA

C. 与核糖体结合的 mRNA　　　　D. 运输氨基酸的 tRNA

二、非选择题

1. 某 DNA 分子含有 5 000 个碱基对，其中 T 为 4 000 个，则 G 为______个，脱氧核苷酸为__________个，磷酸为______个。
2. 一切生物的遗传物质是__________；主要的遗传物质是__________；遗传物质的主要载体是__________。
3. 翻译是指以________为模板，以____________为原料，以__________为运载工具，按照__________原则，在________________中合成具有一定______________________顺序的________________的过程。
4. 遗传信息从 RNA 流向 DNA 的过程叫做____________，参与这一过程的一种特殊的酶叫__________；遗传信息从 RNA 流向 RNA 的过程叫________________。上述发现都是对______________的重要补充。
5. 遗传学上把____________上决定一个氨基酸的 3 个相邻的碱基叫做________________。
6. 下图为人体内蛋白质合成的过程。据图分析并回答问题：

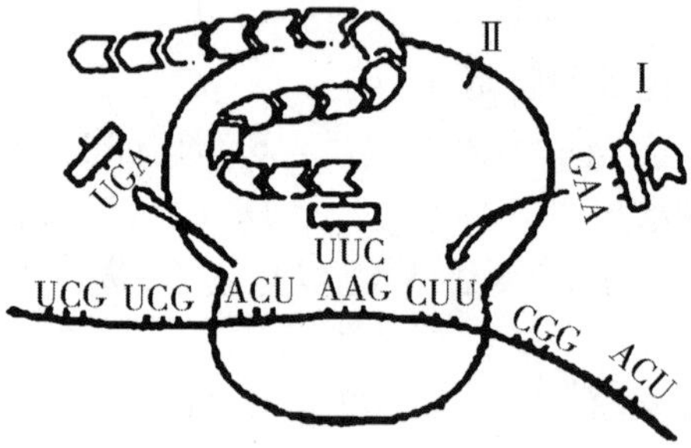

（1）图中所示属于基因控制蛋白质合成过程中的__________步骤，该步骤发生在细胞的____________部分。

（2）图中［Ⅰ］是______________。按从左到右顺序写出［Ⅱ］________________内 mRNA 区段所对应的 DNA 碱基的排列顺序________________________________。

7. 下图为 DNA 分子平面结构图，据图回答下列问题：

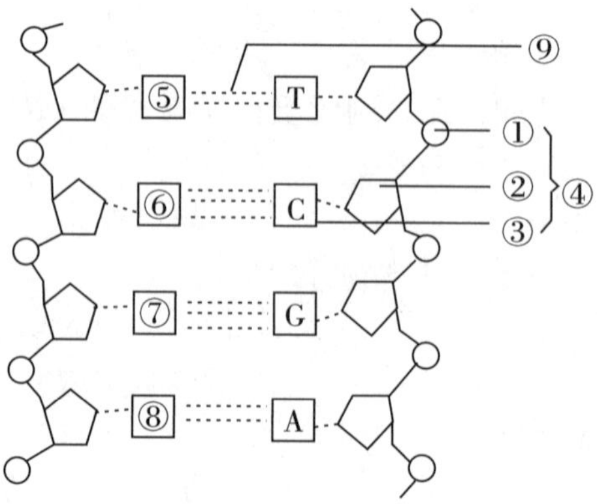

（1）写出图中各编号的中文名称：

①______；②______；③______；

④______；⑤______；⑥______；

⑦______；⑧______；⑨______。

（2）图中共有脱氧核苷酸______个，碱基______对。

（3）如果将细胞培养在含^{15}N的同位素培养基上，则能在此图的______成分（填写编号）中测到^{15}N。

（4）如果将细胞培养在含^{32}P的同位素培养基上，则能在此图的______成分中测到^{32}P。

8. 根据蛋白质合成示意图回答下列问题：

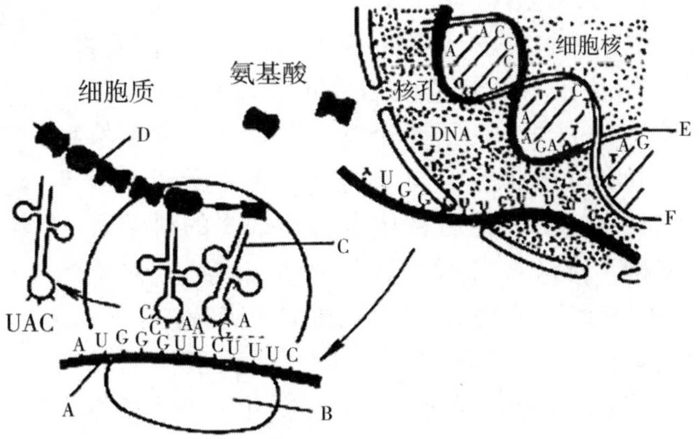

（1）写出下列代号所指结构或成分的名称：

A______；B______；C______；D______。

（2）图中的 A 是以细胞核中的______链为模板、按照______原则合成的，此过程叫______。

（3）图中的 D 是在［　　］______内合成的，合成过程要以［　　］______为模板，此过程叫______。

（4）遗传信息的传递途径是（　　）

A. E→A→D　　B. E→D→A　　C. F→A→D　　D. F→D→A

（5）牛胰岛素中一条多肽链上有 30 个氨基酸，作为合成该多肽链的模板信使 RNA 和用来转录该信使 RNA 的 DNA 分子至少要有碱基分别是（　　）

A. 30 个和 30 个　B. 30 个和 60 个　C. 90 个和 120 个　D. 90 个和 180 个

9. 直接证明 DNA 是遗传物质的实验是如何设计的？如何分析 DNA 的结构？

10. 什么是 DNA 的半保留复制？

11. 比较 DNA 和 RNA 结构的异同。

12. 转录是怎样开始和结束的？翻译又是怎样开始和结束的？

13. 简述蛋白质的生物合成过程。

14. 简述中心法则的内容。

第二节　遗传的基本定律

任何一门学科的形成与发展，总是同当时热衷于这门科学研究的杰出人物紧密相关，遗传学的形成与发展也不例外。孟德尔是遗传学杰出的奠基人，他揭示出了遗传学两个最基本的定律——分离定律和自由组合定律。

孟德尔（Gregor Johann Mendel，1822—1884；图 4－24），被称为“现代遗传学之父（father of modern genetics）”，1865 年发现遗传定律。

孟德尔 1822 年出生于奥地利海森道夫地区的一个贫苦农民家庭，他的父亲擅长园艺技术，在父亲的熏陶和影响之下，孟德尔自幼就爱好园艺。1843 年，他中学毕业后考入奥尔缪茨大学哲学院，但因家境贫寒，中途被迫辍学。1843 年 10 月，因生活所迫，他进入奥地利布隆城的圣托马斯修道院当修道士。从 1851 年到 1853 年，孟德尔在维也纳大学学习了 4 个学期，系统学习了植物学、动物学、物理学和化学等课程。与此同时，他还受到了从事科学研究的良好训练，这些都为他后来从事植物杂交的科学研究奠定了坚实的理论基础。1854 年孟德尔回到家乡，继续在修道院任职，并利用业余时间开始了长达 12 年的植物杂交实验。

图 4－24　孟德尔

在孟德尔做的大量植物杂交实验中，以豌豆杂交实验的成绩最为出色。孟德尔不仅考察生物的整体，更着眼于生物的个别性状，这是他与前辈生物学家的重要区别之一。孟德尔选择的实验材料也是非常科学的。因为豌豆具有一些可以相互区分的稳定性状，如高茎或矮茎、圆粒或皱粒、灰色种皮或白色种皮等。豌豆属于具有稳定品种的自花授粉植物，容易栽种，容易逐一分离计数，这为他发现遗传定律提供了有利的条件。孟德尔通过人工培植这些豌豆，对不同代的豌豆的性状和数目进行细致入微的观察、计数和分析。运用这样的实验方法需要极大的耐心和严谨的态度。经过整整 8 年（1856—1864）的不懈努力，终于在 1865 年发表了《植物杂交实验》的论文，提出了遗传单位是遗传因子（现代遗传学称为基因）的论点，并揭示出遗传学的两个基本定律——分离定律（law of segregation）和自由组合定律（law of independent assortment）。这两个重要定律的发现和提出，为遗传学的诞生和发展奠定了坚实的基础，这也是孟德尔名垂后世的重大科研成果。

孟德尔的这篇不朽论文虽然问世了，但令人遗憾的是，他那不同于前人的创造性见解，在他所处的时代显得太超前了，竟然使得他的科学论文在长达 35 年的时间里，没有引起生物界同行们的注意。直到 1900 年，他的发现被欧洲三位不同国籍的植物学家在各自的豌豆杂交实验中分别予以证实后，才受到重视和公认，这一年成为遗传学史乃至生物科学史上划时代的一年。从此，遗传学进入了孟德尔时代。

在孟德尔之后，美国的遗传学家摩尔根及其合作者，通过果蝇的杂交实验，揭示出遗传的另一个基本定律——基因的连锁和交换定律（law of linkage and crossing-over）。

今天，通过摩尔根、艾弗里、赫尔希和沃森等数代科学家的努力，已经使生物遗传机制——这个使孟德尔魂牵梦绕的问题建立在遗传物质 DNA 的基础之上。

随着科学家破译了遗传密码，人们对遗传机制有了更深刻的认识。现在，人们已经开始向控制遗传机制、防治遗传疾病、合成生命等更大的造福于人类的工作方向前进。然而，所有这一切都与圣托马斯修道院那个献身于科学的修道士的名字相连。

一、孟德尔的豌豆杂交实验（一）

豌豆容易栽培及交配，且每一世代时间相当短。豌豆是自花传粉植物，而且是闭花传粉，不容易混杂，在自然状态下，各种性状都是纯种，只产生同类型的后代。但亦可以在本身花粉成熟之前，将花药摘除，然后选定某些花朵的花粉，以人工方式传粉，所以可随意选择亲本，进行交配。因此，用豌豆做人工杂交实验，结果既可靠又容易分析。豌豆具有一些稳定的、容易区分的性状，这很符合孟德尔的实验要求。性状（character）是生物体的形态、结构及生理、生化等特性的总称。如人的眼睛大或小、眼睫毛长或短、鼻孔大或小、鼻梁高而狭或低而宽、嘴唇厚或薄、耳垂有或无。孟德尔选用豌豆做实验材料的另一个原因是，他在栽培中发现，豌豆的一些品种之间具有易于区分的性状。例如，豌豆中从茎的高度来观察有高茎的（高度为 1.5～2.0 m），也有矮茎的（高度为 0.3 m 左右）；从种子形状来观察有结圆粒种子的，也有结皱粒种子的。像这样，同一种生物的同一种性状的不同表现类型，叫做相对性状（relative character）。孟德尔还发现，豌豆的这些性状能够稳定地遗传给后代。用这些易于区分的、稳定的性状进行豌豆品种间的杂交，实验结果很容易观察和分析。在他的杂交实验中，孟德尔全神贯注地研究了七对相对性状的遗传规律。为了方便和有利于分析研究起见，他首先只针对一对相对性状的传递情况进行研究，然后再观察多对相对性状在一起的传递情况。这种分析方法是孟德尔获得成功的一个重要原因。

1. 显性性状与隐性性状

大家知道，孟德尔的论文的标题是“植物杂交实验”，因此他所采用的实验方法，主要是“杂交实验法”。他用纯种的高茎豌豆与矮茎豌豆作亲本（亲本以 P 表示），在它们的不同植株间进行异花传粉，如图 4－25 所示，结果发现，无论是以高茎作母本、矮茎作父本，还是以高茎作父本、矮茎作母本（即无论是正交还是反交），它们杂交得到的第一代植株（简称“子一代”，以 F_1 表示）都表现为高茎。也就是说，就这一对相对性状而言，F_1 植株的性状只能表现出双亲中的一个亲本的性状——高茎，而另一个亲本的性状——矮茎，则在 F_1 中完全没有得到表现。

又如，将纯种的红花豌豆和白花豌豆进行杂交实验时，无论是正交还是反交，F_1 植株全都是红花豌豆。正因为如此，孟德尔就把在这一对性状中，F_1 能够表现出来的性状，如高茎、红花，叫做显性性状（dominant character），而把 F_1 未能表现出来的性状，如矮茎、白花，叫做隐性性状（recessive character）。孟德尔在豌豆的其他五对相对性状的杂交实验中，都得到了同样的实验结果，即都有易于区分的显性性状和隐性性状（见表 4－3）。

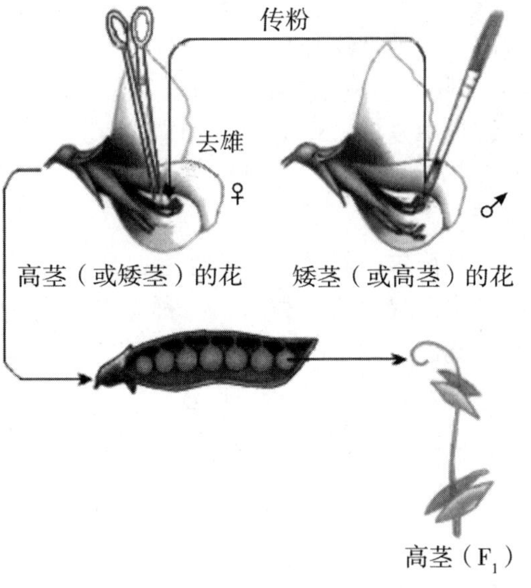

图 4－25 人工异花传粉示意图

表4－3　豌豆的七对相对性状（上为显性性状，下为隐性性状）

种子形状	子叶颜色	种皮颜色	豆荚形状	豆荚颜色	花的位置	茎的高度
	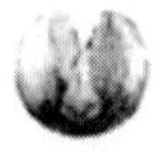					
圆滑	黄色	灰色	饱满	绿色	叶腋	高茎

皱缩	绿色	白色	不饱满	黄色	茎顶	矮茎

2. 分离现象及分离比

在上述的孟德尔杂交实验中，由于在杂种 F_1 只表现出相对性状中的一个性状——显性性状，那么，相对性状中的另一个性状——隐性性状，是不是就此消失了呢？以后能否表现出来呢？带着这样的疑问，孟德尔继续着自己的杂交实验工作。

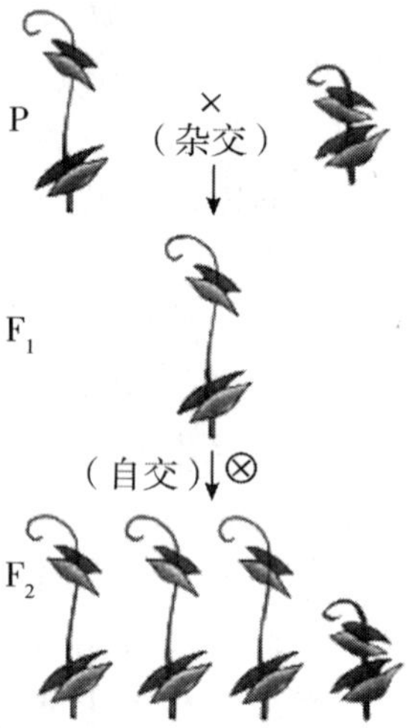

图4－26　高茎豌豆和矮茎豌豆的杂交实验

孟德尔让上述 F_1 的高茎豌豆自花授粉，然后把所结出的 F_2 豌豆种子于次年再播种下去，得到杂种 F_2 的豌豆植株，结果出现了两种类型：一种是高茎的豌豆（显性性状），一种是矮茎的豌豆（隐性性状），即一对相对性状的两种不同表现形式——高茎和矮茎性状都表现出来了。孟德尔的疑问解决了，他把这种现象称为性状分离（segregation of character）现象。不仅如此，孟德尔还从 F_2 的高、矮茎豌豆的数字统计中发现：在1 064株豌豆中，高茎的有787株，矮茎的有277株，两者数目之比，接近于3∶1。如图4－26所示。

孟德尔以同样的实验方法，又进行了红花豌豆的 F_1 自花授粉。在杂种 F_2 的豌豆植株中，同样也出现了两种类型：一种是红花豌豆（显性性状），另一种是白花豌豆（隐性性状）。并对此进行数字统计，结果表明，在929株豌豆中，红花豌豆有705株，白花豌豆有224株，二者之比同样接近于3∶1。

孟德尔还分别对其他五对相对性状做了同样的杂交实验，其结果也都是如此（见表4－4）。

表 4－4 豌豆杂交实验的结果

性状	F_2的表现				
	显性		隐性		显性：隐性
种子形状	圆粒	5 474	皱粒	1 850	2.96：1
茎的高度	高茎	787	矮茎	277	2.84：1
子叶的颜色	黄色	6 022	绿色	2 001	3.01：1
种皮的颜色	灰色	705	白色	224	3.15：1
豆荚的形状	饱满	882	不饱满	299	2.95：1
豆荚的颜色（未成熟）	绿色	428	黄色	152	2.82：1
花的位置	腋生	651	顶生	207	3.14：1

在概括上述孟德尔的杂交实验结果时，至少要注意以下三点：

（1）F_1的全部植株，都只表现某一亲本的性状（显性性状），而另一亲本的性状，则被暂时遮盖而未表现（隐性性状）。

（2）在F_2里，杂交亲本的相对性状——显性性状和隐性性状又都表现出来了，这就是性状分离现象。由此可见，隐性性状在F_1里并没有消失，只是暂时被遮盖而未能得以表现罢了。

（3）在F_2的群体中，具有显性性状的植株数与具有隐性性状的植株数，常常表现出一定的分离比，其比值接近于3：1。

3. 对性状分离现象的解释

孟德尔对上述七个豌豆杂交实验结果中所反映出来的、值得注意的三个有规律的现象感到吃惊。事实上，他已认识到，这绝对不是偶然的巧合，而是一种遗传上的普遍规律，但对于3：1的性状分离比，他仍感到困惑不解。经过一番思考后，他终于茅塞顿开，提出了遗传因子的分离假说。其主要内容可归纳为：

（1）生物性状的遗传由遗传因子决定（遗传因子后来被称为基因）。

（2）遗传因子在体细胞内成对存在，其中一个来自父本，另一个来自母本，二者分别由精、卵细胞带入。在形成配子时，成对的遗传因子又彼此分离，并且各自进入到一个配子中。这样，在每一个配子中，就只含有成对遗传因子中的一个，它也许来自父本，也许来自母本。

（3）在杂种F_1的体细胞中，两个遗传因子的组成不同，它们处在各自独立、互不干涉的状态之中，但二者对性状发育所起的作用却表现出明显的差异，即一方对另一方起了决定性的作用，因而有显性因子和隐性因子之分，也就有了显性性状与隐性性状之分。

（4）杂种F_1所产生的不同类型的配子，其数目相等，而雌雄配子的结合又是随机的，即各种不同类型的雌配子与雄配子的结合机会均等。

为了更好地证明分离现象，下面用一对遗传因子的图解来说明孟德尔的豌豆杂交实验及其假说，如图4－27至图4－29所示。我们用大写字母D代表决定高茎豌豆的显性遗传因子，用小写字母d代表决定矮茎豌豆的隐性遗传因子。在生物的体细胞内，遗传因子是成对存在的，因此，在纯种高茎豌豆的体细胞内含有一对决定高茎性状的显性遗传因子DD，在纯种矮茎豌豆的体细胞内含有一对决定矮茎性状的隐性遗传因子dd。杂交产生的F_1的体细胞中，D 和 d 结合成 Dd，由于 D（高茎）对 d（矮茎）是显性，故 F_1 植株全部为高茎豌豆。当 F_1 进行减数分裂时，其成对的遗传因子 D 和 d 又得彼此分离，最终产生了两种不同类型的配子。一种是含有遗传因子 D 的配子，另一种是含有遗传因子 d 的配子，而且两种配子在数量上相等，各占 1/2。因此，上述两种雌雄配子的结合便产生了三种组合：DD、Dd 和 dd。它们之间的比接近于 1∶2∶1，而在性状表现上则接近于 3（高）∶1（矮）。

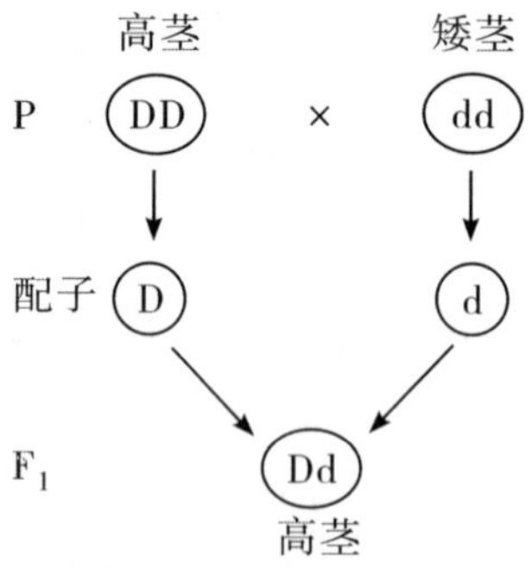

图 4－27　一对相对性状的遗传实验分析图解（一）

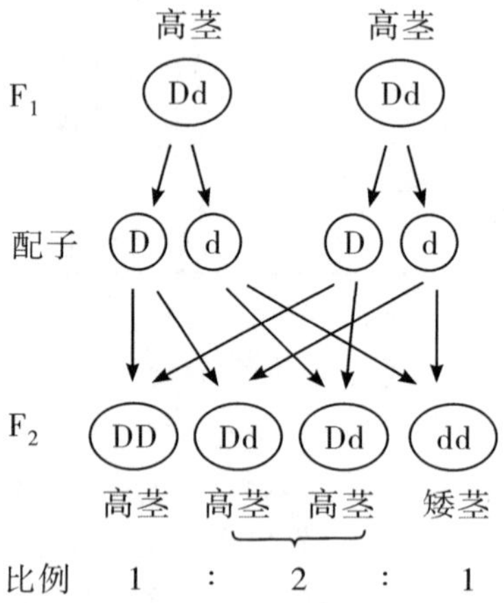

图 4－28　一对相对性状的遗传实验分析图解（二）

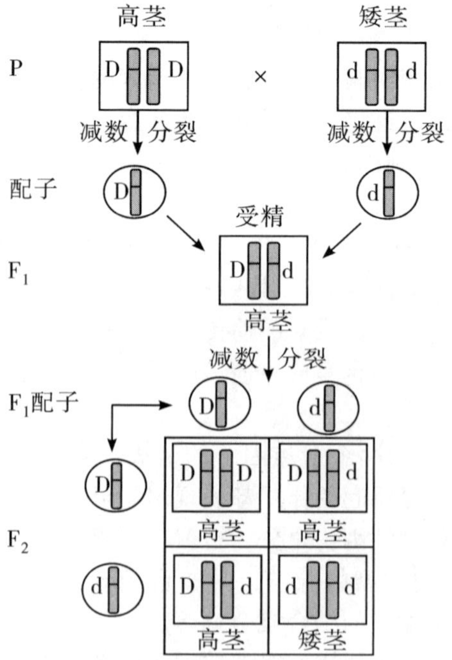

图 4－29　一对相对性状的遗传实验分析图解（三）

因此，孟德尔的遗传因子假说，使得豌豆杂交实验所得到的相似结果有了科学的、圆满的解释。

4. 分离定律的验证

前面讲到孟德尔对分离现象的解释，仅仅是建立在一种假说基础之上，他本人也十分清楚这一点。假说毕竟只是假说，不能用来代替真理，要使这个假说上升为科学真理，单凭其能清楚地解释他所得到的实验结果，那是远远不够的，还必须用实验的方法来验证这一假说。下面介绍孟德尔设计的第一种验证方法，也是他用得最多的测交法。

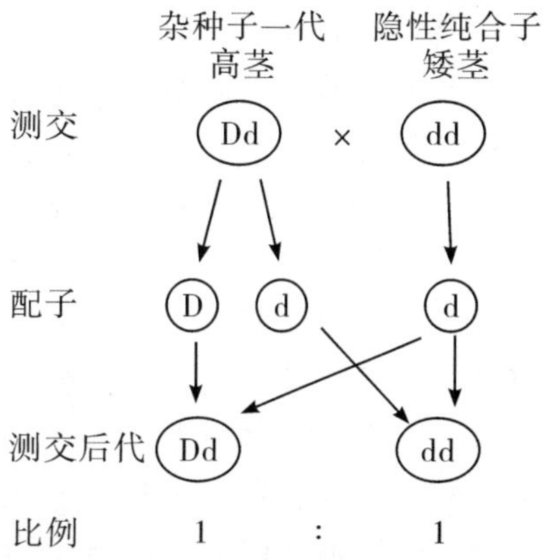

图 4－30　一对相对性状的测交实验分析图解

测交就是让杂种子一代与隐性类型相交，用来测定 F_1 的基因型。按照孟德尔对分离现象的解释，杂种子一代 F_1（Dd）一定会产生带有遗传因子 D 和 d 的两种配子，并且两者的数目相等；而隐性类型（dd）只能产生一种带有隐性遗传因子 d 的配子，这种配子不会遮盖 F_1 中遗传因子的作用。所以，测交产生的后代应当一半是高茎（Dd）的，一半是矮茎（dd）的，即两种性状之比为 1∶1。测交实验的方法如图 4－30 所示。

孟德尔用子一代高茎豌豆（Dd）与矮茎豌豆（dd）相交，得到的后代共 64 株，其中高茎的 30 株，矮茎的 34 株，即性状分离比接近于 1∶1，实验结果符合预先设想。对其他几对相对性状的测交实验，也无一例外地得到了接近于 1∶1 的分离比。

孟德尔的测交结果，证明了他所提出的遗传因子分离假说是正确的，是完全建立在科学的基础上的。

5. 分离定律的实质

孟德尔提出的遗传因子的分离假说，用他自己所设计的测交等一系列实验，得到了充分的验证，亦被后人无数次的实验所证实，现已被世人所公认，并被尊称为孟德尔的分离定律。那么，孟德尔分离定律的实质是什么呢？这可以用一句话来概括，就是：杂合体中决定某一性状的成对遗传因子，在减数分裂过程中，彼此分离，互不干扰，使得配子中只具有成对遗传因子中的一个，从而产生数目相等的、两种类型的配子，且独立地遗传给后代。

孟德尔在对性状分离现象进行解释时，并不清楚遗传因子（基因）究竟存在于细胞的哪一部分，直到 20 世纪初，遗传学家通过大量的实验，才证实了基因位于染色体上，并且成对的基因正好位于一对同源染色体上。所以，生物体在进行减数分裂时，成对的基因会随着同源染色体的分开而分离。在遗传学上，把位于一对同源染色体的相同位置上控制着相对性状的基因，叫做等位基因（allele）。例如，A 和 a 就是等位基因。上述基因与染色体之间关系的阐明，从本质上解释了性状分离现象。

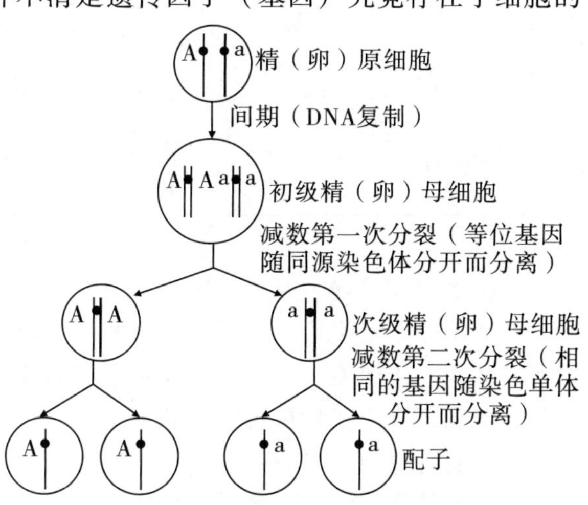

图 4－31　分离定律的细胞学基础

同源染色体分离是分离定律的细胞学基础，且与等位基因的行为密切相关（图 4－31），具体分析如下：

（1）独立性：等位基因存在于杂合子细胞内，分别位于一对同源染色体的两条染色体上，既不融合也不混杂，各自保持独立。

（2）分离性：减数分裂形成配子时，同源染色体彼此分开，等位基因也随之分离，分别进入不同的配子中，从而使杂合子产生两种数量相等的配子。

（3）随机组合性：受精过程中雌雄配子结合的机会均等，等位基因随配子遗传给后代。

综上所述，分离定律的实质是：在杂合体的细胞中，位于一对同源染色体上的等位基因，具有一定的独立性，生物体在进行减数分裂形成配子时，等位基因会随着同源染色体的分开而分离，分别进入到两个配子中，独立地随配子遗传给后代。

6. 基因型和表现型

我们已经看到，在上述一对遗传因子的遗传分析中，遗传下来的和最终表现出来的并不完全是一回事，如当遗传结构为 DD 型时，其表现出来的性状是高茎豌豆，而遗传结构为 Dd 型时，其表现出来的也是高茎豌豆。像这样，生物个体所表现出来的外形特征和生理特性叫做表现型（phenotype），如高茎与矮茎、红花与白花；把与表现型有关的基因组成叫做基因型（genotype），如高茎豌豆的基因型有 DD 和 Dd 两种，而矮茎豌豆的基因型只有 dd 一种。由相同遗传因子的配子结合成的合子发育而成的个体叫做纯合体（homozygote），如 DD 和 dd 的植株；由不同遗传因子的配子结合成的合子发育而成的个体则称为杂合体（heterozygote），如 Dd 的植株。

基因型是生物个体内部的遗传物质结构，因此，生物个体的基因型在很大程度上决定了生物个体的表现型（表 4－5）。例如，含有显性遗传因子 D 的豌豆植株（DD 和 Dd）都表现为高茎，无显性遗传因子的豌豆植株（dd）都表现为矮茎。由此可见，基因型是性状表现的内在因素，而表现型则是基因型的表现形式。

由以上分析我们还可知道，表现型相同，基因型却并不一定相同。例如，DD 和 Dd 的表现型都是高茎，但其基因型并不相同，并且它们的下一代有差别：DD 的下一代都是高茎的，而 Dd 的下一代则有分离现象——既有高茎，也有矮茎。

表 4－5　基因分离定律中亲本的可能组合及其比值

亲本组合	AA × AA	AA × Aa	AA × aa	Aa × Aa	Aa × aa	aa × aa
子代基因型比	AA 1	AA　Aa 1 ： 1	Aa 1	AA　Aa　aa 1 ： 2 ： 1	Aa　aa 1 ： 1	aa 1
子代表现型比	显性 1	显性 1	显性 1	显性 ： 隐性 3 ： 1	显性 ： 隐性 1 ： 1	隐性 1

7. 基因分离定律在实践中的应用

基因的分离定律是遗传学中最基本的定律，掌握这一定律不仅有助于人们正确地解释生物界的某些遗传现象，而且能够预测杂交后代的类型和各种类型出现的概率，这对于动植物育种实践和医学实践都具有重要的意义。

在杂交育种中，首先，人们按照育种的目标，选配亲本进行杂交，然后，根据性状的遗传表现选择符合人们需要的杂种后代，再经过有目的的选育，最终培育出具有稳定遗传性状的品种。基因的分离定律表明，如果亲本是不同的纯种，杂种后代 F_1 个体往往表现一致，

但是从 F_2就会出现性状的分离，因此，在作物育种时，选择往往从 F_2开始。例如，小麦秆锈病的抗性是由显性基因控制的。在 F_2中，人们虽然很容易得到抗秆锈病的植株，但是，可以预料其中某些植株的抗病性状在自交后代中还会发生分离。因此，为了获得稳定的抗病类型，必须让抗秆锈病的小麦植株继续自交，经过选择，淘汰由于性状分离出现的非抗秆锈病类型，当抗秆锈病性状不再发生分离时，就能够确定此类型是纯合的抗秆锈病类型。

在医学实践中，人们常常利用基因的分离定律对遗传病的基因型和发病概率作出科学的推断。例如，人类的白化病是由隐性基因（aa）控制的一种遗传病（图 4－32、图 4－33）。如果一个患者的双亲外观都正常，根据基因的分离定律进行分析，患者的双亲一定都是杂合子（Aa），在他们的后代中，发病的概率是 1/4。

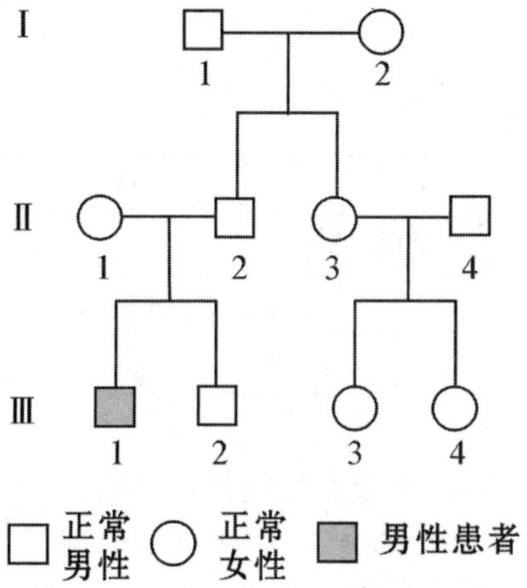

图 4－32　白化病家系图谱

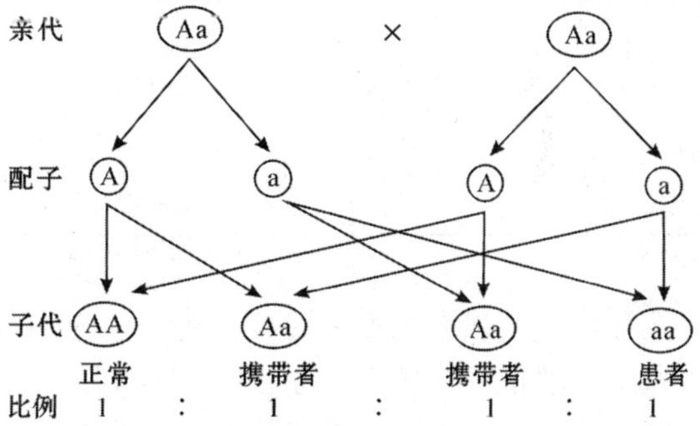

图 4－33　白化病遗传的婚配图解

8. 孟德尔获得成功的原因

在孟德尔之前，也有不少学者做过动物和植物的杂交实验，但是都没能总结出任何定律，为什么孟德尔能够取得如此巨大的成果呢？归纳起来，主要有以下几个方面的原因：

（1）正确地选用实验材料是孟德尔获得成功的首要条件。孟德尔在做杂交实验时选用了豌豆作实验材料，这是因为豌豆不仅是闭花授粉植物，而且各个品种之间有一些稳定的、容易区分的性状。实际上，豌豆也有一些不易区分的性状，比如叶的大小与花的大小等，孟德尔在做杂交实验时，舍弃了这类性状，只是对稳定的、容易区分的相对性状进行研究，这就使实验的结果既可靠又容易分析。

（2）在对生物的性状进行分析时，孟德尔首先只针对一对相对性状的传递情况进行研究。例如，当研究籽粒的形状时，不考虑籽粒的颜色，在研究籽粒的颜色时又不考虑籽粒的饱满程度。在弄清一对相对性状的传递情况后，再研究两对、三对，甚至多对相对性状的传递情况。这种由单因素到多因素的研究方法是孟德尔获得成功的第二个重要原因。

（3）孟德尔在进行豌豆的杂交实验时，对不同世代出现的不同性状的个体数目都进行了记载和分析，并且应用统计学方法对实验结果进行分析，这是孟德尔获得成功的第三个重要原因。

（4）孟德尔还科学地设计了实验的程序。他在对大量实验数据进行分析的基础上，合理地提出了假说，并且设计了新的实验来验证假说，这是孟德尔获得成功的第四个重要原因。

9. 血型与遗传

1900 年，奥地利生物学家兰兹泰纳，在大量的输血实践基础上发现了人类的 A、B、O 三种血型。两年后他的两个学生又发现了 AB 型，这就是人类的 ABO 血型。

那么，血型是按什么来分的呢？我们知道血液由两大部分组成，一部分是血浆，另一部分是血细胞（红细胞、白细胞、血小板）。在红细胞表面有与血型相关的“抗原”，在血浆中有与血型相关的“抗体”。因为“抗原”与“抗体”都与血液凝集有关，故血型“抗原”又称为凝集原，“抗体”又称为凝集素。以 ABO 血型系统来说，红细胞有 A 抗原，血浆中有 B 抗体，就是 A 血型。红细胞表面有 B 抗原，血浆中有 A 抗体，就是 B 血型。红细胞表面存在 A、B 抗原，血浆中无抗体，就是 AB 血型。红细胞表面无抗原，血浆中却存在 A、B 抗体，就是 O 型。同一个体内的抗原和抗体种类不同，互不作用、干扰、凝集，因此不会自动凝固起来（见表 4－6）。

表 4－6　血型的决定

血型	A 型	B 型	AB 型	O 型
红细胞中的抗原	A 抗原	B 抗原	A 抗原、B 抗原	—
血清中的抗体	B 抗体	A 抗体	—	A 抗体、B 抗体
基因型	I^AI^A、I^Ai	I^BI^B、I^Bi	I^AI^B	ii

在临床上给患者输血首先要给患者进行血型的配型，否则会发生凝集的危险。

血型中的抗原、抗体也是由基因控制的，而且是遗传的。决定 ABO 血型的基因存在于人类第 9 对染色体上，一对基因座含有三个成员即 I^A、I^B、i 三种，但对每个人来说只允许有其中的两种，那么三种基因就可以产生 6 种基因型：I^AI^A、I^Ai、I^BI^B、I^Bi、I^AI^B、ii。然而由它们所决定的表现型（血型）只有四种：A 型、B 型、AB 型、O 型。

为什么 6 种基因型却只能决定四种表现型（血型）呢？要弄清楚这个问题，必须把 I^A 基因与 I^B 基因、i 基因之间的关系搞清楚，I^A、I^B 基因对于 i 基因是显性，因此 I^AI^A、I^Ai 就表现出 A 型血，I^BI^B、I^Bi 就表现出 B 型血，其中 I^AI^A、I^BI^B 基因型是纯合子，而 I^Ai 与 I^Bi 是杂合子，ii 当然表现出 O 型血。如果基因型为 I^AI^B，由于 I^A 基因、I^B 基因都是显性基因，那么就表现出 AB 型血，称为共显性或等显性。

血型是遗传的，因此在法医学上可以作“亲子鉴定”。

下面举一个血型遗传的例子。AB 型丈夫的基因型是 I^AI^B，O 型妻子的基因型是 ii，则他们子女的基因型或者为 I^Ai，或者为 I^Bi，也就是说，他们子女的血型或者是 A 型，或者是 B 型：

	丈夫 AB 型		妻子 O 型
	I^AI^B	×	ii
		↓	
	I^Ai		I^Bi
子女	A 型		B 型

根据血型的遗传定律，把父母及其子女的血型关系列表如下（表 4－7）：

表 4－7　ABO 血型的遗传关系

父母血型的配合	子女可能的血型	父母血型的配合	子女可能的血型
O×O	O	A×B	O、A、B、AB
A×A	O、A	O×AB	A、B
O×A	O、A	A×AB	A、B、AB
B×B	O、B	B×AB	A、B、AB
O×B	O、B	AB×AB	A、B、AB

血型遗传的知识是法医工作者所需要的。不过，法医工作者需要依据血型检验来判别亲生子女的时候，只能作为否定的参考，而不能借以作出肯定的判断。例如男女双方都是 O 型，而其子女却是 A 型或 B 型，则可以断言此子女不是这一对男女所生；但是其子女也是 O 型，则不能肯定就是他们的亲生子女，因为其他血型的配合也有可能生出 O 型的子女。

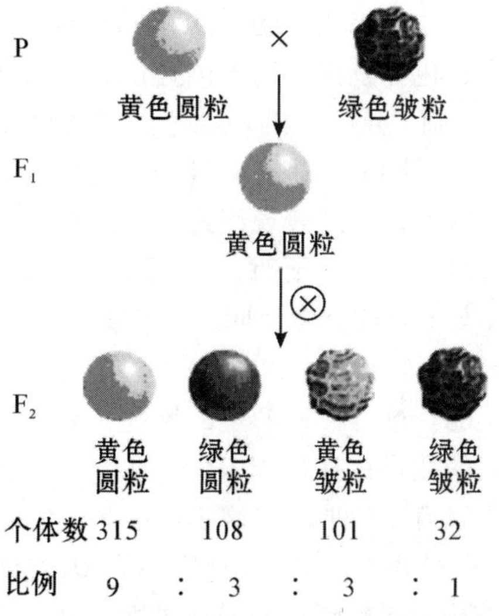

图 4－34　两对相对性状的遗传实验

二、孟德尔的豌豆杂交实验（二）

孟德尔在完成了对豌豆一对相对性状的研究后，并没有满足已经取得的成绩，而是进一步探索两对相对性状的遗传定律。他在基因的分离定律的基础上，又揭示出了遗传的第二个基本定律——基因的自由组合定律。

1. 杂交实验现象的观察

孟德尔在做两对相对性状的杂交实验时，用纯种黄色圆粒豌豆和纯种绿色皱粒豌豆作亲本进行杂交，无论正交还是反交，结出的种子（F_1）都是黄色圆粒的（图 4－34）。这一结果表明，黄色对绿色是显性，圆粒对皱粒也是显性。孟德尔又让 F_1 植株进行自交，在产生的 F_2 中，不仅出现了亲代原有的性状——黄色圆粒和绿色皱粒，还出现了新的性状——绿色圆粒和黄色皱粒。实验结果显示出不同对的性状之间发生了自由组合。孟德尔对实验的结果也进行了统计学分析：在总共得到的 556 粒种子中，黄色圆粒、绿色圆粒、黄色皱粒和绿色皱粒的数量依次是 315、108、101 和 32，即这 4 种表现型的数量比接近于 9 : 3 : 3 : 1。怎样解释这一结果呢？

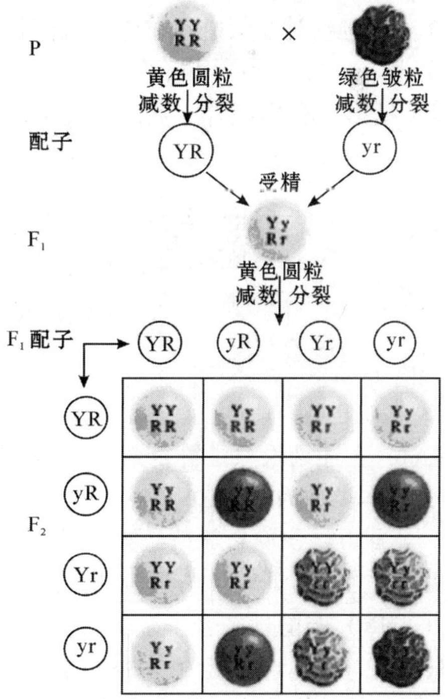

图 4－35　两对相对性状的遗传实验分析图解

2. 对自由组合现象的解释

如果对每一对性状单独进行分析，其结

果是：

粒形	圆粒种子	315+108=423	
	皱粒种子	101+32=133	圆粒：皱粒接近于3：1
粒色	黄色种子	315+101=416	
	绿色种子	108+32=140	黄色：绿色接近于3：1

以上数据表明，豌豆的粒形和粒色的遗传都遵循了基因的分离定律。孟德尔假设豌豆的粒形和粒色分别由一对基因控制，即黄色和绿色分别是由 Y 和 y 控制；圆粒和皱粒分别是由 R 和 r 控制。这样，纯种黄色圆粒豌豆和纯种绿色皱粒豌豆的基因型就分别是 YYRR 和 yyrr，它们的配子则分别是 YR 和 yr。受精后，F_1的基因型就是 YyRr。Y 对 y、R 对 r 都具有显性作用，因此，F_1的表现型是黄色圆粒（图 4 – 35）。

F_1自交产生配子时，根据基因的分离定律，每对基因都要彼此分离，所以，Y 与 y 分离、R 与 r 分离，与此同时，不同对的基因之间可以自由组合，也就是 Y 可以与 R 或 r 组合；y 可以与 R 或 r 组合，这里等位基因的分离和不同对基因之间的组合是彼此独立、相互不干扰的。这样，F_1产生的雌配子和雄配子就各有 4 种，它们是 YR、Yr、yR 和 yr，并且它们之间的数量比接近于 1：1：1：1。由于受精时雌雄配子的结合是随机的，因此，结合的方式可以有 16 种。在这 16 种方式中，共有 9 种基因型和 4 种表现型。9 种基因型是：YYRR、YYRr、YyRR、YyRr、YYrr、Yyrr、yyRR、yyRr 和 yyrr；4 种表现型是：黄色圆粒、黄色皱粒、绿色圆粒和绿色皱粒，并且 4 种表现型之间的数量比接近于 9：3：3：1。

3. 两对相对性状杂交实验中的有关结论

（1）两对相对性状由两对等位基因控制，且两对等位基因分别位于两对同源染色体上。

（2）F_1 减数分裂产生配子时，等位基因一定分离，非等位基因（位于非同源染色体上的非等位基因）自由组合，且同时发生。

（3）F_2 中有 16 种组合方式，9 种基因型，4 种表现型，比值接近于 9：3：3：1。

亲本类型	双显（Y_R_）	YYRR	1/16	9/16	黄圆
		YYRr	2/16		
		YyRR	2/16		
		YyRr	4/16		
	纯隐（yyrr）	yyrr	1/16	1/16	绿皱

重组类型	单显（Y_rr）	YYrr	1/16	3/16	黄皱
		Yyrr	2/16		
	单显（yyR_）	yyRR	1/16	3/16	绿圆
		yyRr	2/16		

注意：上述结论只是符合亲本为 YYRR × yyrr，若亲本为 YYrr × yyRR，F_2 中重组类型为 10/16，亲本类型为 6/16。

4. 对自由组合现象解释的验证

孟德尔为了验证对自由组合现象的解释是否正确，还做了测交实验，也就是让子一代植株 F_1（YyRr）与隐性纯合子杂交（yyrr）。按照孟德尔提出的假设，F_1能够产生 4 种配子，即 YR、Yr、yR、yr，并且它们的数目相等；而隐性纯合子只产生含有隐性基因的配子 yr。所以，测交的结果应当产生 4 种类型的后代：黄色圆粒（YyRr）、黄色皱粒（Yyrr）、绿色圆粒（yyRr）和绿色皱粒（yyrr），并且它们的数量应当近似相等（图 4 – 36）。

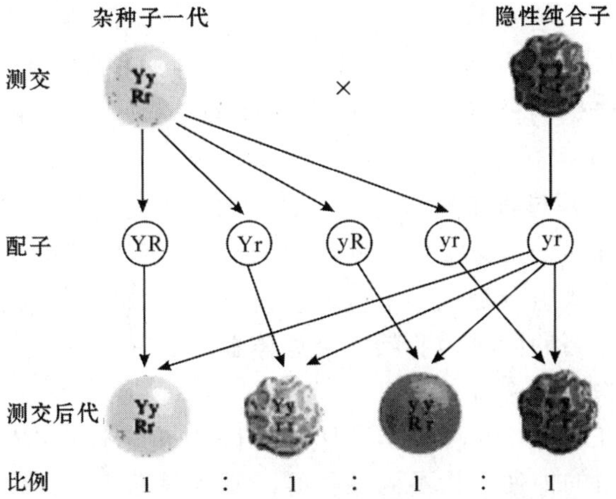

图4-36　黄色圆粒豌豆和绿色皱粒豌豆的测交实验

孟德尔所做的测交实验，无论是以 F_1 作母本还是作父本，实验的结果都符合预期的设想，也就是4种表现型的实际籽粒的数量比都接近于1∶1∶1∶1。从而证实了 F_1 在形成配子时，不同对的基因是自由组合的。

5. 自由组合定律的实质

细胞遗传学的研究结果表明，孟德尔所说的一对基因就是位于一对同源染色体上的等位基因（如A-a，B-b），不同对的基因就是位于非同源染色体上的非等位基因（如A-a和B-b之间）。同源染色体分离，非同源染色体自由组合是自由组合定律的细胞基础，且与等位基因的行为密切相关，具体分析如下（图4-37）：

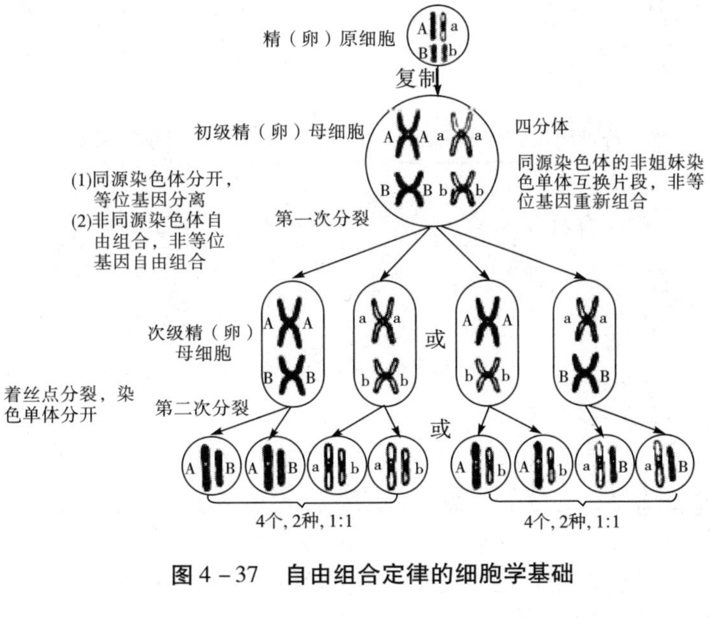

图4-37　自由组合定律的细胞学基础

（1）独立性：位于非同源染色体上的非等位基因的分离或组合是互不干扰的。

（2）分离性和组合性：在减数分裂过程中，同源染色体上的等位基因彼此分离的同时，非同源染色体上的非等位基因自由组合（注意：单个性原细胞分裂只有一种组合方式，多个性原细胞同时分裂可产生两种组合方式）。从而使双杂合子（AaBb）产生四种数量相等的配子（AB、ab、Ab、aB）。

（3）随机组合性：受精过程中雌雄配子结合的机会均等，组合基因随配子遗传给后代。

孟德尔的两对相对性状的杂交实验，揭示出的自由组合定律的实质是：位于非同源染色体上的非等位基因的分离或组合是互不干扰的。在进行减数分裂形成配子的过程中，同源染色体上的等位基因彼此分离的同时，非同源染色体上的非等位基因自由组合。

6. 基因自由组合定律在实践中的应用

基因自由组合定律在动植物育种工作和医学实践中同样有着重要意义。在育种工作中，人们用杂交的方法，有目的地使生物不同品种间的基因重新组合，以便使不同亲本的优良基因组合到一起，从而创造出对人类有益的新品种。例如，在水稻中，有芒（A）对无芒（a）是显性，抗病（R）对不抗病（r）是显性。有两个不同品种的水稻，一个品种无芒、不抗病；另一个品种有芒、抗病。人们将这两个不同品种的水稻进行杂交，根据自由组合定律，在 F_2 中分离出的无芒、抗病（aaRR 或 aaRr）植株应该占总数的3/16，其中，1/16是纯合类型（aaRR），2/16是杂合类型（aaRr）。要进一步得到纯合类型，还需要对无芒、抗病类型进行自交和选育，淘汰不符合要求的植株，最后得到能够稳定遗传的无芒、抗病的类型。

在医学实践中，人们可以根据基因的自由组合定律来分析家系中两种遗传病同时发病的情况，并且推断出后代的基因型和表现型以及它们出现的概率（表4-8），为遗传病的预测和诊断提供理论上的依据。例如，在一个家庭中，父亲是多指（由显性致病基因P控制）患者，母亲的表现型正常，他们婚后却生了一个手指正常但患先天聋哑（由隐性致病基因d控制；基因型为dd）的孩子。根据基因的自由组合定律可以推知：父亲的基因型应该是PpDd，母亲的基因型应该是ppDd。根据父母亲的基因型，可以推断出他们后代有可能出现4种不同的表现型，分别是：只患多指；只患先天聋哑；既患多指又患先天聋哑；表现型完全正常。

表4-8 各种表现型和基因型在杂交后代中出现的概率的基本计算

相对性状对数	F_1 配子种类及 F_2 表现型	F_1 配子受精组合数	F_2 表现型比例	F_2 基因型种类	F_2 基因型比例
1	2	4	3 : 1	$3^1=3$	1 : 2 : 1
2	$2^2=4$	$4^2=16$	$(3:1)^2=9:3:3:1$	$3^2=9$	$(1:2:1)^2$
3	$2^3=8$	$4^3=64$	$(3:1)^3=27:9:9:9:3:3:3:1$	$3^3=27$	$(1:2:1)^3$
⋮	⋮	⋮	⋮	⋮	⋮
n	2^n	4^n	$(3:1)^n$	3^n	$(1:2:1)^n$

孟德尔的分离定律和自由组合定律是遗传学中最基本、最重要的定律，后来发现的许多遗传学定律都是在它们的基础上建立起来的，它们犹如一盏明灯，照亮了近代遗传学发展的前途。

7. 基因的分离定律和基因的自由组合定律的区别和联系（表4－9）

表4－9　基因的分离定律和基因的自由组合定律的区别和联系

			基因的分离定律	基因的自由组合定律
区别	研究性状		1对	2对或 n 对（$n>2$，下同）
	等位基因对数		1对	2对或 n 对
	等位基因与染色体的关系		位于1对同源染色体上	分别位于2对或2对以上同源染色体上
	细胞学基础（染色体的活动）		减数第一次分裂后期，同源染色体分离	减数第一次分裂后期，同源染色体分离，非同源染色体自由组合；减数第一次分裂前期，同源染色体的非姐妹染色单体间交叉互换
	遗传本质		等位基因分离	非同源染色体上的非等位基因的重组互不干扰
	F_1	基因对数	1	2或 n
		配子类型及其比例	2	2^2 或 2^n
			1 : 1	数量相等
		配子组合数	4	4^2 或 4^n
	F_2	基因型种数	3	3^2 或 3^n
		表现型种数	2	2^2 或 2^n
		表现型比例	3 : 1	9 : 3 : 3 : 1 [$(3:1)^2$] 或 $(3:1)^n$
	F_1 测交子代	基因型种数	2	2^2 或 2^n
		表现型种数	2	2^2 或 2^n
		表现型比例	1 : 1	1 : 1 : 1 : 1 或 $(1:1)^n$
联系	①在形成配子时，两个基因定律同时起作用：在减数分裂时，同源染色体上等位基因都要分离；在等位基因分离的同时，非同源染色体上的非等位基因自由组合 ②分离定律是最基本的遗传定律，是自由组合定律的基础			

教与学的要点

1. 孟德尔成功的原因：① 正确选用实验材料；② 由单因素到多因素的研究方法；③ 应用统计学的方法对实验结果进行分析；④ 科学地设计了实验的程序。

2. 基因分离定律的实质是：生物体在进行减数分裂形成配子时，等位基因会随着同源染色体的分开而分离，分别进入到两个配子中，独立地随配子遗传给后代。

3. 基因自由组合定律的实质是：在进行减数分裂形成配子的过程中，同源染色体上的等位基因彼此分离，同时非同源染色体上的非等位基因自由组合。

4. 基因分离定律和基因自由组合定律发生作用的时间是在配子的形成过程中，而不是在形成合子时。

5. 决定ABO血型的基因存在于人类第九对染色体上，一对基因座含有三个成员，即I^A、I^B、i，但对每个人来说只允许有其中的两种，那么这三种基因就可以产生六种基因型：I^AI^A、I^Ai、I^BI^B、I^Bi、I^AI^B、ii。然而由它们所决定的表现型（血型）只有四种：A型、B型、AB型、O型。

练习与应用

一、选择题

1. 下列各组中属于相对性状的是（　　）
   A. 玉米的黄粒和圆粒　　B. 家鸡的长腿和毛腿
   C. 绵羊的白毛和黑毛　　D. 豌豆的高茎和豆荚的绿色
2. 隐性性状是指（　　）
   A. 杂交后代未表现出来的性状　　B. 自交后代未表现出来的性状
   C. 生物体不能表现出来的性状　　D. 杂种后代中未表现出来的性状
3. 下列四组杂交组合产生的后代，符合性状分离的概念，发生了性状分离的一组是（　　）
   A. EE×ee　　B. EE×Ee　　C. EE×EE　　D. Ee×Ee
4. 下列关于基因型的说法，不正确的是（　　）
   A. 基因型是指某一生物体内所含的全部基因　B. 基因型是生物个体内部的遗传物质结构
   C. 基因型是指与表现型有关系的基因组成　　D. 基因型是生物性状表现的内在因素
5. 番茄果实的红色性状对黄色为显性。现有两株红色果实的番茄杂交，其后代可能出现的表现型，正确的一组是（　　）
   ①全是红果　②全是黄果　③红果：黄果=1：1　④红果：黄果=3：1
   A. ①和②　　B. ①和④　　C. ②和③　　D. ②和④
6. 人类双眼皮性状对单眼皮为显性。一对双眼皮夫妇所生孩子的性状，不对的是（　　）
   A. 具有双眼皮　　B. 具有单眼皮
   C. 一个是双眼皮、另一个是单眼皮　　D. 若有双眼皮就不可能有单眼皮
7. 下列关于纯合体与杂合体的叙述，正确的一项是（　　）
   A. 纯合体的自交后代仍是纯合体　　B. 杂合体的自交后代仍是杂合体
   C. 纯合体中不含隐性基因　　D. 杂合体的双亲至少有一方是杂合体
8. 一对表现型正常的夫妇，他们的母亲都有白化病，那么这对夫妇生一个正常男孩的概率是（　　）
   A. 1/8　　B. 1/16　　C. 3/8　　D. 3/16
9. 基因的自由组合定律揭示出（　　）
   A. 等位基因之间的相互作用　　B. 非同源染色体上的不同基因之间的关系
   C. 同源染色体上的不同基因之间的关系　　D. 性染色体上基因与性别的遗传关系
10. 两对相对性状的遗传实验表明，F_2中除了出现两个亲本类型之外，还出现了两个与亲本不同的类型。对这一现象的正确解释是（　　）
    A. 控制性状的基因结构发生了改变

B. 等位基因在染色体上的位置发生了改变

C. 控制相对性状的基因之间发生了重新组合

D. 新产生了控制与亲本不同性状的基因

11. 香豌豆中，当C、R两显性基因都存在时，花呈红色。一株红花香豌豆与基因为ccRr的植株杂交，子代中有3/8开红花；若让此株红花亲本自交，后代红花中纯合体占（　　）

A. 1/2　　B. 1/4　　C. 3/4　　D. 1/9

12. 人体细胞中有23对同源染色体，若对每对同源染色体上的一对等位基因进行研究，人体最多可产生多少种不同类型的配子（　　）

A. 2种　　B. 2^{23}种　　C. 2^{32}种　　D. 无法计算

13. 豌豆种子黄色（Y）对绿色（y）为显性，圆粒（R）对皱粒（r）为显性。若绿色圆粒亲本与黄色皱粒亲本杂交，后代的黄色圆粒和黄色皱粒的数目分别是82和80，据此可推知亲本的基因型是（　　）

A. yyRr × YYrr　　B. yyRr × Yyrr　　C. YYRr × yyRR　　D. yyRR × YYrr

14. 若绿色圆粒亲本与黄色皱粒亲本杂交，F_1只表现出了黄色圆粒性状，当F_1自交得到2 400株F_2时，其中的重组类型中有杂合体（　　）

A. 1 500株　　B. 450株　　C. 900株　　D. 1 200株

15. 一个具有三对等位基因AaBbCc（分别位于三对同源染色体上）的卵原细胞，在经减数分裂产生配子时，能产生的配子种类最多有（　　）

A. 一种　　B. 二种　　C. 四种　　D. 八种

二、非选择题

1. 遗传学的奠基人是__________，他在研究__________实验中总结出了____________定律和__________定律。

2. 由_________基因控制的个体叫杂种。在杂种后代中显现出不同性状的现象叫_________。把杂种F_1中显现出来的那个亲本性状叫_________。由含有相同基因的配子结合成的合子发育而成的个体叫__________。

3. 豌豆子叶黄色（Y）与绿色（y）由一对等位基因控制，现将子叶黄色豌豆与子叶绿色豌豆杂交，F_1自花授粉后结出F_2代种子共8 003粒，其中子叶黄色豌豆种子为6 002粒。试分析回答：

（1）________________为显性性状，________________为隐性性状。

（2）亲本的基因型为____________和____________________。

（3）F_1代产生配子的类型是__________________，其比例是______________。

（4）F_2的表现型是____________和____________，其比例是_____________，其中子叶绿色为__________粒。

（5）F_2的基因型是__________________，其比例是____________________。

（6）上述遗传现象属于基因的______________________定律。

4. 人类卷舌与非卷舌是由一对等位基因R和r控制，某小孩的父母均能卷舌，该小孩却不能卷舌。说明卷舌是____性性状，这个小孩的基因型是____________。

5. 在ABO血型中，基因型为I^Ai或I^AI^A个体的血型是A型；I^Bi或I^BI^B个体的血型是B型；

I^AI^B个体的血型是AB型；ii个体的血型是O型。在一个医院里，同一夜晚出生了四个孩子，以后查出他们的血型分别为A、B、AB、O型。四对夫妇的血型分别为：（1）O型和O型，（2）AB和O型，（3）A型和B型，（4）B型和B型。请把四个孩子准确无误地分送给各自的父母。

（1）__________；（2）__________；（3）__________；（4）__________。

6. 小麦的毛颖（P）对光颖（p）是显性，抗锈（R）对感锈（r）是显性。这两对相对性状是自由组合的。下表是四组不同品种小麦杂交结果的数量比，试填写出每个组合的基因型。

亲本植株		F_1表现型及植株数目比			
基因型	表现型	毛颖抗锈	毛颖感锈	光颖抗锈	光颖感锈
	毛颖抗锈×毛颖抗锈	9	: 3	: 3	: 1
	毛颖抗锈×光颖感锈	1	: 0	: 1	: 0
	毛颖感锈×光颖抗锈	1	: 1	: 1	: 1
	光颖抗锈×光颖抗锈	0	: 0	: 3	: 1

7. 右图表示某生物卵原细胞中染色体及其上面所带的基因，据此回答：

（1）同源染色体是________及________，每一对同源染色体上的基因在减数分裂过程中都会________，这遵循________。

（2）非同源染色体是________、________、________及________。非同源染色体上的________基因，在F_1产生配子时，表现为________。

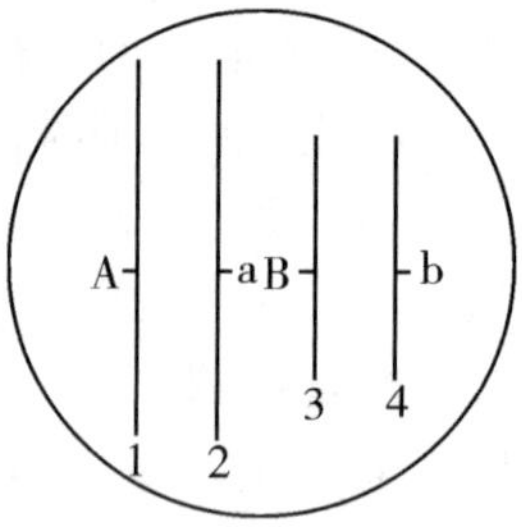

第三节　性别决定和伴性遗传

同样是受精的卵细胞，为什么有的发育成雌性个体，有的则发育成雄性个体？为什么有些遗传性状对雌雄后代的影响不一样？这些属于性别决定（sex determination）和伴性遗传的问题。

一、性别决定

1. 常染色体和性染色体

性别决定一般是指雌雄异体的生物决定性别的方式。人类细胞中的染色体数目是恒定的。依据着丝粒的类型，再加上染色体的大小，把一个细胞中的全部染色体排列起来，分成七组（A、B、C、D、E、F、G）1号到22号，再加上一对性染色体就叫做核型。女性核型为“46，XX”，男性核型为“46，XY”。人体细胞中的46条染色体，可以配成23对，其中的22对在男人和女人中是一样的，这是常染色体（autosome），如人的1～22号染色体。另外一对在男人和女人中是不一样的，这是性染色体（sex-chromosome），如人的X染色体和

Y 染色体。在女人中，两个性染色体成对，它们都叫做 X 染色体，即 XX；而在男人中，两个性染色体中只有一个是 X 染色体，另一个则很小，叫做 Y 染色体，与 X 染色体成对存在，即 XY（图 4－38、图 4－39）。

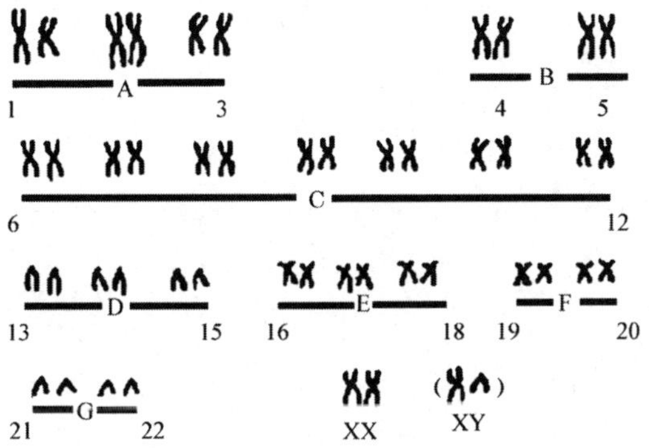

图 4－38　正常人的染色体

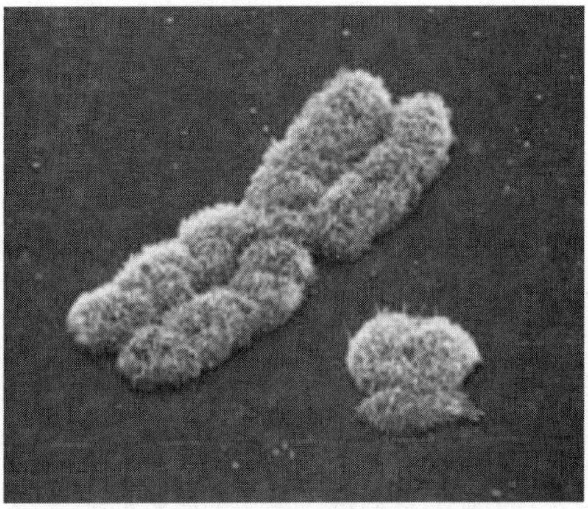

图 4－39　正常人的 XY 染色体

细胞遗传学的研究表明，生物的性别通常是由性染色体决定的。

性是生物学上的含义；性别则是心理上的含义，是他人的一种认知、认可。比如，变性人可以改变性别，但不能改变细胞中的性染色体。根据生物体细胞中性染色体的差异，生物的性别决定方式主要有两种：一种是 XY 型，另一种是 ZW 型。另外，性别决定方式也与其他因素有关。

2. XY 型性别决定

在 XY 型性别决定方式中，雌性个体的一对性染色体是同型的，用 XX 来表示；雄性个体的一对性染色体是异型的，用 XY 来表示（图 4－40）。根据基因的分离定律，雄性个体的精原细胞在经过减数分裂形成精子时，可以同时产生含有 X 染色体的精子和含有 Y 染色体的精子，并且这两种精子的数目相等；雌性个体的卵原细胞在经过减数分裂形成卵细胞时，只能产生一种含有 X 染色体的卵细胞。受精时，因为两种精子和卵细胞随机结合，因而形成两种数目相等的受精卵：含 XX 性染色体的受精卵和含 XY 性染色体的受精卵。前者将发育为雌性个体，后者将发育为雄性个体。这就是多数生物的性比是 1 ∶ 1 的原因。

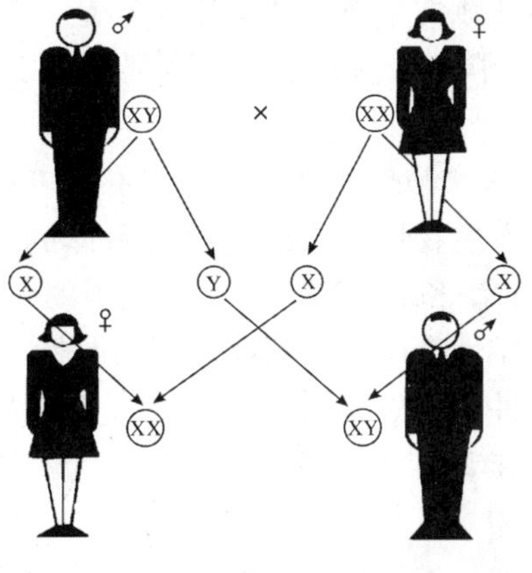

图 4－40　XY 型（如人类）性别决定图解

人类的性别决定属于 XY 型，经过减数分裂形成生殖细胞时，男性可以产生两种精子：一种含有“22 个常染色体 + X”，一种含有“22 个常染色体 + Y”，两种精子的数目相等；而女性只能产生一种卵细胞，就是“22 个常染色体 + X”。带有 X 的卵细胞与带有 X 的精子相结合，得到含有 XX 的受精卵，这样的受精卵发育成为女性；带有 X 的卵细胞与带有 Y 的精子相结合，得到含有 XY 的受精卵，这样的受精卵发育成为男性。

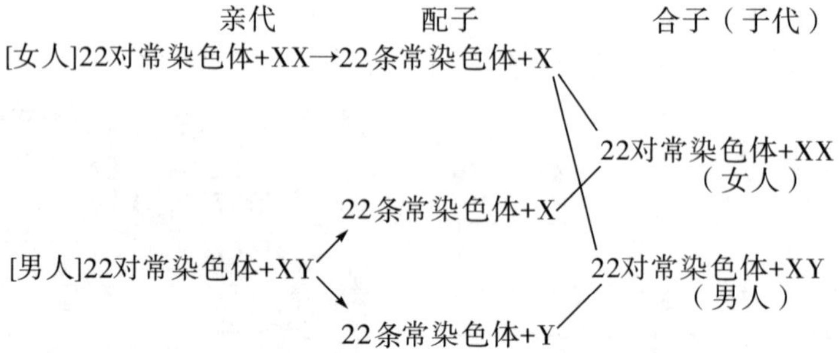

XY 型性别决定在生物界中是比较普遍的。很多种类的昆虫、某些鱼类和两栖类、所有的哺乳动物以及很多雌雄异株的植物（如菠菜、大麻等）都属于这种类型。另有一种较特殊的情况，如蝗虫、蟑螂和植物中的花椒等，它们的雄性个体细胞中只有一条 X 染色体，没有 Y 染色体；雌性个体细胞中则有两条 X 染色体。因此，在产生配子时，雄性个体仍产生两种精子，一种含“A + X”，另一种只含 A；雌性个体仍只产生一种卵细胞：A + X。后代的性别仍然决定于卵细胞与两种精子的结合情况（图 4 – 41），因此，我们称这种特殊的性别决定为 XO 型。

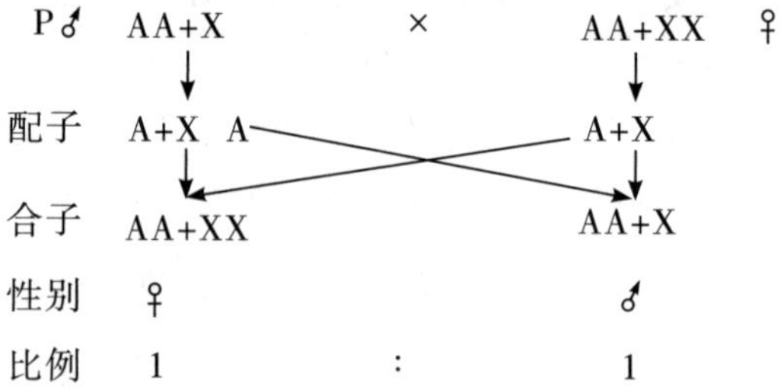

图 4 – 41 XO 型（如蟑螂）性别决定图解

3. ZW 型性别决定

ZW 型性别决定方式和 XY 型刚好相反。属于 ZW 型性别决定的生物，雌性个体的体细胞中含有两个异型的性染色体，用 ZW 表示；雄性个体的体细胞中含有两个同型的性染色体，用 ZZ 表示。在 ZW 型性别决定的生物所产生的后代中，雄性个体和雌性个体的数量比同样是 1 : 1。鸟类（包括鸡、鸭等）和蛾蝶类等都属于这一类型（图 4 – 42）。

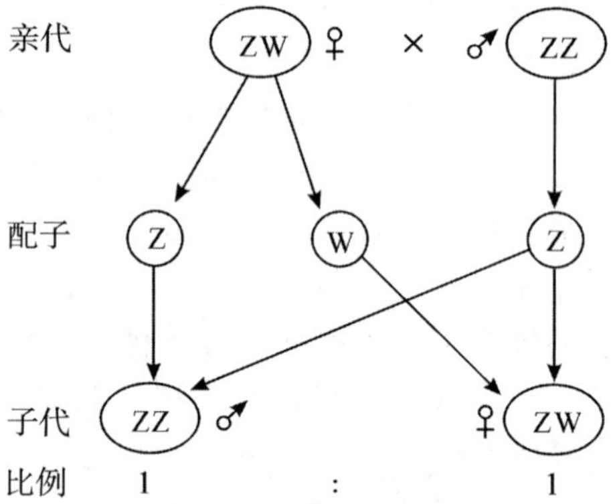

图 4 – 42 ZW 型性别决定图解

4. 不同生物性别决定的机制有所不同

大多数生物性别取决于性染色体的差异，主要分为 XY 型和 ZW 型两种，少数生物取决于体细胞染色体的倍数性，比如蜜蜂，未受精的卵发育成雄性个体，受精卵发育为雌性个体。极少数生物的性别取决于个体发育所处的内、外环境条件，比如，温度变化能改变性别发育的方向，某些蛙类 XX 为雌体、XY 为雄体，但若蝌蚪在 20℃下发育，子代一半为雄性，一半为雌性；在 30℃下发育，则全部为雄性。

知识拓展

生物的性别决定

生物界中很多生物都有性别差异，雌雄异体的生物，其性别主要由性染色体决定。生物体中性染色体的差异，主要分为XY型、ZW型、XO型和ZO型。其比较如下（表4－10）：

表4－10　生物的性别决定类型

类型	XY型		ZW型		XO型		ZO型	
性别	雌	雄	雌	雄	雌	雄	雌	雄
体细胞染色体组成	2A＋XX	2A＋XY	2A＋ZW	2A＋ZZ	2A＋XX	2A＋XO	2A＋ZO	2A＋ZZ
性细胞染色体组成	A＋X	A＋X或A＋Y	A＋Z或A＋W	A＋Z	A＋X	A＋X或A	A＋Z或A	A＋Z
生物类型	人、哺乳类、果蝇及雌雄异株的植物		鸟类、蛾蝶类		蝗虫、蟑螂等		鸭	

注：A为常染色体。

性染色体的起源

性染色体由常染色体进化而来，随着进化的深入，同源部分越来越少，或者Y染色体逐渐缩短，最后消失。如蝗虫中雄蝗2N＝23（XO），雌蝗2N＝24（XX）。因此X和Y染色体越原始，同源区段就越长，非同源区段就越短。据研究，人类Y染色体产生之初含有基因约1 400个，现在仅剩下45个基因。再经1 500万年人类的Y染色体将彻底消失。

二、伴性遗传

人们对遗传现象进行研究时发现，性染色体上的基因，它们的遗传方式是与性别相联系的，这种遗传方式叫做伴性遗传（sex-linked inheritance）。例如，人类红绿色盲的遗传就属于伴性遗传。

1. 红绿色盲遗传

知识拓展

色盲症的发现

18世纪英国著名的化学家兼物理学家道尔顿，在圣诞节前夕买了一件礼物——一双“棕灰色”的袜子，送给妈妈。妈妈看到袜子后，感到袜子的颜色过于鲜艳，就对道尔顿说：“你买的这双樱桃红色的袜子，让我怎么穿呢？”道尔顿感到非常奇怪，袜子明明是棕灰色的，为什么妈妈说是樱桃红色的呢？疑惑不解的道尔顿又去问弟弟和周围的人，除了弟弟与自己的看法相同以外，被问的其他人都说袜子是樱桃红色的。道尔顿对这件小事没有轻易地放过，他经过认真的分析比较，发现他和弟弟的色觉与别人不同，原来自己和弟弟都是色盲。道尔顿虽然不是生物学家和医学家，却成了第一个发现色盲症的人，也是第一个被发现的色盲症患者。为此他写了篇论文《论色盲》，成为世界上第一个提出色盲问题的人。后来，人们为了纪念他，又把色盲症称为道尔顿症。

红绿色盲是一种最常见的人类伴性遗传病。患者由于色觉障碍，不能像正常人一样区分红色和绿色。上面所讲的道尔顿和他的弟弟患的就是这种色盲症。如何解释道尔顿家族的这一病症呢？科学家经研究发现，这种病是由位于 X 染色体上的隐性基因（b）控制的。Y 染色体由于过于短小而没有这种基因。因此，红绿色盲基因是随着 X 染色体向后代传递的。根据基因 B 和基因 b 的显隐性关系，人的正常色觉与红绿色盲的基因型和表现型可以有以下五种情况（表 4－11）。

表 4－11　人的正常色觉和红绿色盲的基因型和表现型

	女性			男性	
基因型	X^BX^B	X^BX^b	X^bX^b	X^BY	X^bY
表现型	正常	正常（携带者）	色盲	正常	色盲

人类红绿色盲的遗传方式主要有以下几种情况：

如果一个色觉正常的女性（纯合子）和一个男性红绿色盲患者结婚，在他们的后代中：儿子的色觉都正常；女儿虽然表现型正常，但是由于从父亲那里得到了一个红绿色盲基因，因此都是红绿色盲基因的携带者（图 4－43）。在上述情况中，父亲的红绿色盲基因随着 X 染色体传给了女儿，但是一定不会传给儿子。

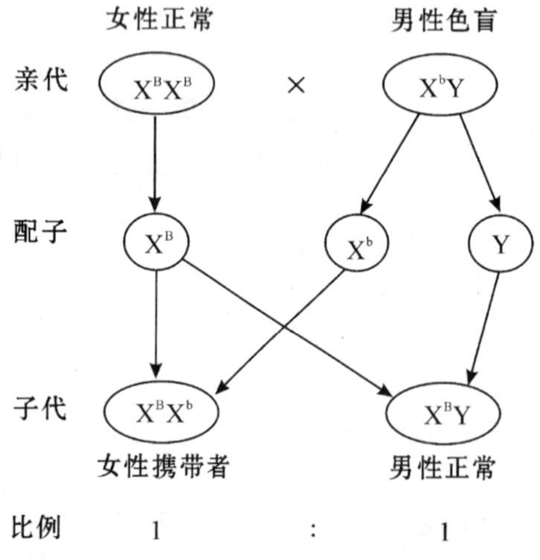

图 4－43　正常女性与男性色盲的婚配图解

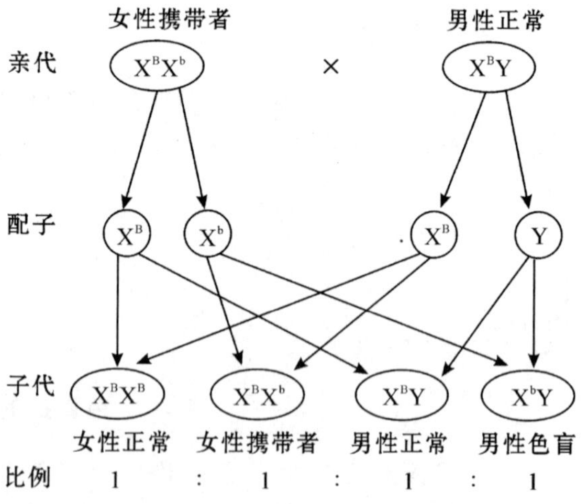

图 4－44　女性携带者与正常男性的婚配图解

如果一个女性红绿色盲基因携带者和一个正常男性结婚，在他们的后代中：儿子有 1/2 正常，1/2 红绿色盲；女儿则都不是色盲，但是有 1/2 是红绿色盲基因携带者（图 4－44）。

在上述情况中，儿子的红绿色盲基因一定来自他的母亲。如果一个女性红绿色盲基因携带者和一个男性红绿色盲患者结婚，所生儿子或女儿的基因型和表现型是怎样的？概率各是多少？如果一个女性红绿色盲患者和一个正常男性结婚，情况又会怎样（表4－12）？

表4－12 人类色盲遗传的几种情况

双亲的基因型和表现型	子女可能出现的基因型和表现型				后代色盲的比例
男性色盲×女性正常 X^bY X^BX^B	X^BX^b 女性携带者		X^BY 男性正常		无色盲
男性正常×女性色盲 X^BY X^bX^b	X^BX^b 女性携带者		X^bY 男性色盲		男性全色盲
男性正常×女性携带者 X^BY X^BX^b	X^BX^B 女性正常	X^BY 男性正常	X^BX^b 女性携带者	X^bY 男性色盲	男性中$\frac{1}{2}$为色盲
男性色盲×女性携带者 X^bY X^BX^b	X^BX^b 女性携带者	X^BY 男性正常	X^bX^b 女性色盲	X^bY 男性色盲	男性中$\frac{1}{2}$为色盲 女性中$\frac{1}{2}$为色盲

通过对上述四种婚配方式的分析，我们可以看出色盲遗传的特点：①男性多于女性；女性有两条X染色体，必须是这两条X染色体上同时具有红绿色盲基因才会发病，而男性只有一条X染色体，只要这条X染色体上有红绿色盲的基因就会发病。②交叉遗传，即女孩是色盲，她的父亲一定是色盲；母亲是色盲，她所生的男孩全部是色盲。③隔代遗传，即一般都是男性通过他的女儿传给外孙。

在对红绿色盲病的调查中，往往会发现男性红绿色盲患者多于女性红绿色盲患者。据统计，我国男性红绿色盲的发病率为7%，女性红绿色盲的发病率仅为0.5%。

伴性遗传在生物界中是普遍存在的。除红绿色盲的遗传外，人类中血友病的遗传（致病基因是X^h），动物中果蝇眼色的遗传（红眼基因为X^W，白眼基因为X^w），以及雌雄异株植物中某些性状的遗传［如女娄菜叶形的遗传（控制披针形叶的基因为X^B，控制狭披针形的基因为X^b）］都表现出伴性遗传现象。

2. 伴性遗传的特点

这里只讨论致病基因的遗传。隐性遗传表示隐性基因致病，显性遗传表示显性基因致病（表4－13）。

表 4－13　伴性遗传的特点

<table>
<tr><th colspan="2"></th><th>特点</th><th>示例</th></tr>
<tr><td rowspan="2">伴X遗传</td><td>隐性遗传</td><td>①交叉遗传：父传女，母传子
②男（雄）性患者多于女（雌）性患者
③男（雄）性患者的致病基因均由母亲传递
④男（雄）性患者的女儿均为携带者
⑤近亲婚配发病率高</td><td>$X^aY \times X^AX^A$
患者↓
X^AX^a　X^AY
携带者

$X^AY \times X^AX^a$
↓携带者
X^AX^A　X^AX^a　X^AY　X^aY
携带者　患者</td></tr>
<tr><td>显性遗传</td><td>①患者双亲中至少有一个是患者
②女（雌）性患者多于男（雄）性患者
③女（雌）性患者的子女患病机会均等
④男（雄）性患者的女儿全部患病
⑤未患病者的后代不会患病（真实遗传）</td><td>$X^aY \times X^AX^a$
↓患者
X^AX^a　X^aX^a　X^AY　X^aY
患者　患者

$X^AY \times X^aX^a$
患者↓
X^AX^a　X^aY
患者</td></tr>
<tr><td colspan="2">伴Y遗传</td><td>①不同源时基因无显隐性关系，限雄遗传
②基因只能由父亲传给儿子并表现出来
③具家族同源性，用于刑事侦查和亲子鉴定</td><td>果蝇硬毛遗传（与X染色体同源）：
（短硬毛）$X^bY^B \times X^bX^b$（正常硬毛）
↓
（正常硬毛）X^bX^b　X^bY^B（短硬毛）</td></tr>
</table>

教与学的要点

1. 人体细胞中的46条染色体，可以配成23对，其中22对是常染色体，另外一对是性染色体，女人两个性染色体成对，即XX；男人为XY。

2. 生物的性别决定方式主要有两种：一种是XY型，另一种是ZW型。另外，环境因素也与性别决定方式有关。

3. 性染色体上的基因，其遗传方式是与性别相联系的。伴Y染色体遗传的传递特点为父传子，子传孙，因此，被称为“全男性遗传”。伴X染色体显性遗传，若父亲患病，女儿必病；儿子患病，母亲必病。伴X染色体隐性遗传，若母亲患病，儿子必病；女儿患病，父亲必病。

练习与应用

一、选择题

1. 在血友病患者的家系调查中，下列情况不可能的是（　　）

　A. 有病的人几乎都是男性

　B. 男性患者（其妻正常）的子女都正常

　C. 男性患者（其妻正常）的女儿虽然正常，但其外孙可能患病

D. 某男孩患血友病，其外祖父一定是血友病患者

2. 若将雄果蝇（2n = 8）体细胞染色体标记为：mAA + nXY（A 表示常染色体），则 m、n 的值及果蝇卵细胞的染色体数目分别为（　　）

A. 3、1、3　　B. 6、2、3　　C. 6、2、1　　D. 3、1、4

3. 下图为某家系色盲遗传图谱，根据图示分析，“7”个体的色盲基因的遗传途径是（　　）

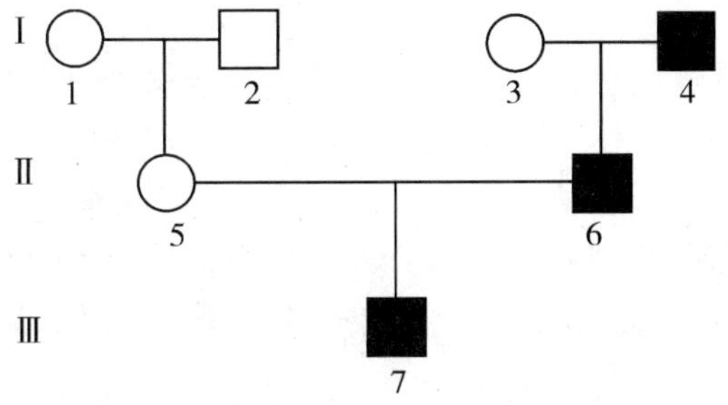

A. 1→5→7　　B. 2→5→7　　C. 3→6→7　　D. 4→6→7

4. 在体细胞中存在的性染色体 X 和 Y 也被称作同源染色体，其主要依据是（　　）

A. 它们彼此的大小、形状、功能等都相似

B. 它们中的一条来自父方，另一条来自母方

C. 在细胞减数分裂时，它们能彼此联会并相互分离

D. 在细胞分裂时，它们都能复制并一分为二

5. 有一对表现型正常的表兄妹婚配，生下了一个既有白化病，又有血友病的男孩。这位表兄的基因型和他们所生的患有两种病的子女的概率分别是（　　）

A. AaX^HY，1/16　　B. AAX^HY，1/8　　C. AaX^HY，1/8　　D. AaX^hY，1/16

6. 某夫妇一方表现正常，另一方是色盲。子女中女儿的表现型与父亲相同，儿子的表现型与母亲相同。由此可推出母亲、儿子、父亲、女儿的基因型依次是（　　）

①BB　②X^BX^B　③Bb　④X^BX^b　⑤bb　⑥X^bX^b　⑦X^BY　⑧X^bY

A. ①③⑤⑤　　B. ④⑦⑦②　　C. ⑥⑧⑦④　　D. ②⑦⑧②

7. 有对正常的夫妇，他们的父亲都是血友病患者。他们所生的子女中，儿子和女儿的血友病发病概率分别为（　　）

A. 50% 和 12.5%　　B. 12.5% 和 0　　C. 25% 和 12.5%　　D. 50% 和 0

8. 外耳道多毛症仅见于男性（a）；人类抗维生素 D 佝偻病中，若患者为男性，则其女儿一定患此病（b）。对 a 和 b 理解正确的是（　　）

A. a 病基因位于 X 染色体上，且为显性遗传病，b 也一样

B. a 病基因位于 Y 染色体上，b 病为 X 染色体上的显性遗传病

C. a 病基因位于 Y 染色体上，b 病为 X 染色体上的隐性遗传病

D. 条件不够，无法判断

9. 果蝇的红眼（R）对白眼（r）为显性，控制眼色的基因位于 X 染色体上。现用一对果蝇杂交，双亲中一方为红眼，另一方为白眼。杂交后，F_1 中雌果蝇与亲代雄果蝇眼色相同，雄果蝇与亲代雌果蝇眼色相同。那么，亲代雌雄果蝇的基因型分别为（　　）

A. X^RX^R 和 X^rY　　B. X^RX^r 和 X^rY　　C. X^rX^r 和 X^RY　　D. X^RX^r 和 X^RY

10. 一个患白化病的女子（其父是血友病患者）与一个患血友病的男子（其父是白化病患者）婚配，他们若生儿育女，其子女中两病兼发的概率是（　　）

A. 100%　　B. 50%　　C. 25%　　D. 12.5%

11. 性染色体存在于（　　）中

A. 精子　　B. 卵细胞　　C. 体细胞　　D. 以上三种细胞

12. 正常情况下，人的次级精母细胞处于后期时，细胞内染色体的可能组成是（　　）

A. 22 + X　　B. 22 + Y　　C. 44 + XY　　D. 44 + XX

13. 丈夫正常，妻子患红绿色盲，他们生了一个性染色体为 XXY 的不色盲儿子，该儿子多出的 X 染色体来自（　　）

A. 卵细胞　　B. 精子　　C. 精子或卵细胞　　D. 精子和卵细胞

14. 位于 Y 染色体上的基因也能决定性状，人的耳廓上长硬毛的性状就是由 Y 染色体上的基因决定的，现有一对夫妇，丈夫患此病，若生一男孩，其患病的概率为（　　）

A. 100%　　B. 75%　　C. 50%　　D. 20%

15. 有一对表现型正常的表兄妹婚配，生了一个既有白化病（基因 a）又有色盲（基因 b）的小孩。这位表兄的基因型、已生小孩的性别和再生一个患两种病小孩的概率依次是（　　）

A. AaX^BY、男、1/4　　B. AaX^BY、男、1/16

C. AAX^BY、女、1/16　　D. AaX^bY、男、1/16

二、非选择题

1. 生物的性别决定方式有两种：一种是__________型，另一种是__________型。人的性别决定方式是________型，家鸽的性别决定方式是________型。

2. 男女性别的理论比为 1∶1，其原因是____________________________________。

3. 某男孩是红绿色盲患者，其母是色盲和血友病患者，其父正常。医生在了解这些情况后，不再做任何检查就知道这个男孩同时还患有__________病，其判断的根据是________________________。

4. 果蝇中的野生型眼色都是红色，摩尔根以果蝇为材料进行遗传实验时，发现了一只白眼雄果蝇，并让这只白眼雄果蝇跟红眼雌果蝇交配，F_1 都是红眼类型；让 F_1 个体间交配，F_2 有红眼的，也有白眼的，且红眼∶白眼 = 3∶1；红眼雄∶白眼雄 = 1∶1；所有白眼果蝇均为雄性的。请据此回答：

（1）果蝇的这对性状中，__________为显性。

（2）白眼基因位于__________染色体上。

（3）若让 F_1 红眼雌蝇与白眼雄蝇杂交，其后代出现白眼雌蝇的概率是__________。

5. 有一对色觉正常的夫妇，他俩的父亲都是色盲，问：

（1）他俩生的一个孩子是色盲的可能性是（　　）

（2）他俩生的一个男孩是色盲的可能性是（　　）

（3）他俩生的一个女孩是色盲的可能性是（　　）

（4）他俩再生的一个孩子是色盲的可能性是（　　）

（5）他俩生一个色盲男孩的可能性是（　　）

（6）他俩生一个色盲女孩的可能性是（　　）

A. 0　　B. 12.5%　　C. 25%　　D. 50%

6. 下图为白化病（基因是 a）和色盲（基因是 b）的遗传系谱示意图，请据图回答下列问题：

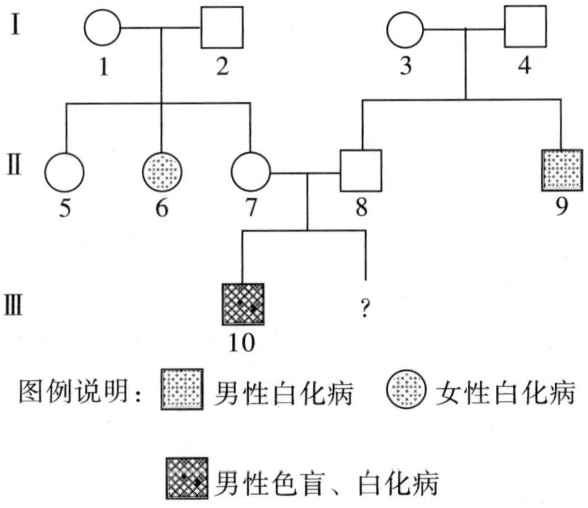

（1）用编号表示出色盲基因传递的途径：__________。

（2）分别写出 I_2 和 I_3 的基因型：I_2__________；I_3__________。

（3）$Ⅱ_5$ 是纯合体的概率是__________。

（4）若 $Ⅱ_7$ 和 $Ⅱ_8$ 均为杂合体，他们若再生第二胎，为色盲、白化病的概率是__________。若他们的第二胎是儿子，其基因型为 AaX^BY 的概率是__________。

7. 已知一显性基因在男人中可引起过早秃顶，但在女人中无作用。

（1）一对杂合体的夫妇，其后代男性中，过早秃顶者占__________。

（2）过早秃顶者占所有子女的比例是__________。

8. 已知血友病是一种隐性伴性遗传病（用隐性基因 h 表示），请根据下图回答下列问题：

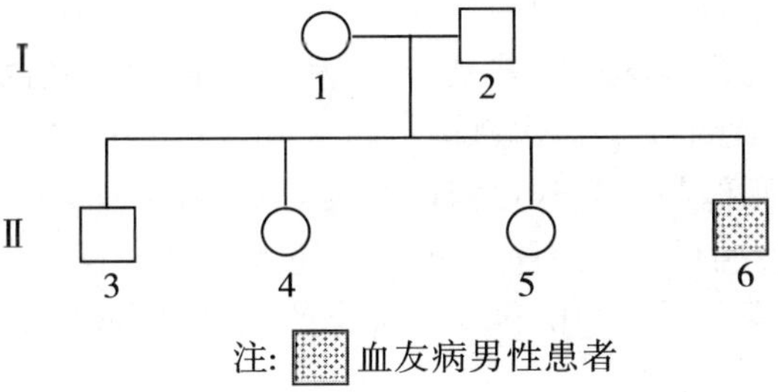

（1）如果 $Ⅰ_1$ 的母亲表现正常，其父亲的表现型是__________。

（2）如果 $Ⅰ_1$ 的母亲表现型为血友病，其父亲的表现型是__________。

（3）如果 $Ⅱ_4$ 与一正常男性结婚，他们所生的第一个男孩患血友病的概率是__________。

（4）若他们所生的第一个孩子是血友病患者，其第二个孩子是血友病的概率是__________。

（5）如果 $Ⅱ_5$ 与一个血友病男性结婚，他们所生的第一个孩子为正常的概率是__________。

9. 下图是患甲病（显性基因为 A，隐性基因为 a）和乙病（为伴性遗传病，显性基因为 B，隐性基因为 b）两种遗传病的系谱图，据图回答问题：

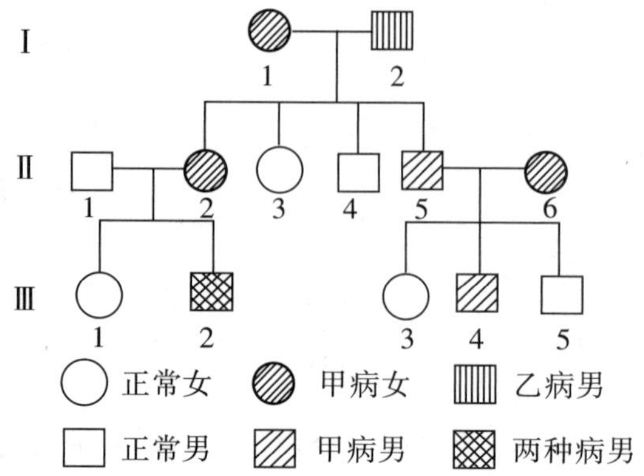

（1）由遗传图谱可判断出甲病为常染色体上________性遗传病，其致病基因不可能在X染色体的理由是________________________________。

（2）$Ⅰ_2$的基因型为________________；$Ⅲ_2$的基因型为________________。

（3）假设$Ⅲ_1$和$Ⅲ_5$结婚生了一个男孩，则该男孩患一种病的概率为__________。

第四节 DNA 重组技术的发展和人类基因组计划简介*

一、DNA 重组技术的发展

20 世纪 50 年代，DNA 双螺旋结构的发现，揭开了生命科学的新篇章，开创了科学技术的新时代。随后，遗传的分子机理——DNA 复制、遗传密码、遗传信息传递的中心法则、作为遗传的基本单位和细胞工程蓝图的基因以及基因表达的调控相继被认识。至此，人们已完全认识到掌握所有生物命运的东西就是 DNA 和它所包含的基因，生物的进化过程和生命过程的不同，就是由 DNA 和基因运作轨迹不同所致。知道 DNA 的重大作用和价值后，生命科学家首先想到能否在某些与人类利益密切相关的方面打破自然遗传的规律，让患病者的基因"改邪归正"，以达治病目的，将不同来源的基因片段进行"嫁接"，以产生新品种和新品质……于是，一个充满了诱惑力的科学幻想奇迹般地成为现实。这是发生在 20 世纪 70 年代初的事情。

实现这一科学奇迹的科技手段就是 DNA 重组技术。1972 年，美国科学家保罗·伯格首次成功地重组了世界上第一批 DNA 分子，标志着 DNA 重组技术——基因工程作为现代生物工程的基础，成为现代生物技术和生命科学的基础与核心。

DNA 重组技术的具体内容就是采用人工手段将不同来源的含某种特定基因的 DNA 片段进行重组，以达到改变生物基因类型和获得特定基因产物的目的的一种高科技。

20 世纪 70 年代中后期，由于工程菌的出现以及 DNA 重组的实现都有工程化的性质，基因工程或遗传工程作为 DNA 重组技术的代名词被广泛使用。现在，基因工程还包括基因组的改造、核酸序列分析、分子进化分析、分子免疫学、基因克隆、基因诊断和基因治疗等内容。可以说，DNA 重组技术创立以来所获得的丰硕成果已经把人们带进了一个不可思议的梦幻般的科学世界，使人类获得了打开生命奥秘和防病治病“魔盒”的金钥匙。

DNA 重组技术已经取得的成果是多方面的。20 世纪末，DNA 重组技术最大的应用领域是在医药方面，包括活性多肽、蛋白质和疫苗的生产，疾病发生机理、诊断和治疗，新基因的分离以及环境监测与净化。

许多活性多肽和蛋白质都具有治疗和预防疾病的作用，它们都是从相应的基因中产生的。但是由于在组织细胞内产量极微，所以采用常规方法很难获得足够的量供临床应用。

基因工程则突破了这一局限性，能够大量生产这类多肽和蛋白质，迄今已成功地生产出治疗糖尿病和精神分裂症的胰岛素，对血癌和某些实体肿瘤有疗效的抗病毒剂——干扰素，治疗侏儒症的人体生长激素，治疗肢端肥大症和急性胰腺炎的生长激素释放抑制因子等 100 多种产品。

基因工程还可将有关抗原的 DNA 导入活的微生物内，这种微生物在受免疫应激后的宿主体内生长可产生弱毒活疫苗，具有抗原刺激剂量大且持续时间长等优点。人们研制的基因工程疫苗有数十种，在对付细菌方面，有针对麻风杆菌、百日咳杆菌、淋球菌、脑膜炎双球菌等的疫苗；在对付病毒方面，有针对甲型肝炎、乙型肝炎、巨细胞病毒、单纯疱疹、流感、人体免疫缺陷病毒等的疫苗……我国乙肝病毒携带者和乙肝患者多达一两亿，这一情况更促使我国科学家自行成功研制出乙肝疫苗，取得了巨大的社会效益和经济效益。

抗体是人体免疫系统防病抗病的主要武器之一，20 世纪 70 年代创立的单克隆抗体（简称“单抗”）技术在防病抗病方面虽然发挥了重要作用，但由于人源性单抗很难获得，使得单抗在临床上的应用受到限制。为解决此问题，近年来科学家采用 DNA 重组技术已获得了人源性单抗，这种抗体既可保证它与抗原结合的专一性和亲和力，又能保证其正常功能的发挥。

抗生素在疾病治疗上起到了重要作用，随着抗生素数量的增加，用传统方法发现新抗生素的概率越来越低。为了获取更多的新型抗生素，采用 DNA 重组技术已成为重要手段之一。人们已获得数十种基因工程“杂合”的抗生素，为临床应用开辟了新的治疗途径。

值得指出的是，以上所述利用基因工程技术所生产的活性多肽、蛋白质、疫苗、抗生素等防治药物不仅能有效控制疾病，而且在避免毒副作用方面也往往优于以传统方法生产的同类药品，因而更受人们青睐。

人类疾病都直接或间接与基因相关，在基因水平上对疾病进行诊断和治疗，则既可达到病因诊断的准确性和原始性，又可使诊断和治疗工作达到特异性强、灵敏度高、简便快速的目的。于基因水平上进行的诊断和治疗在专业上称为基因诊断和基因治疗。基因诊断作为第四代临床诊断技术已被广泛应用于对遗传病、肿瘤、心脑血管疾病、病毒细菌寄生虫病和职业病等的诊断；而基因治疗的目标则是通过 DNA 重组技术创建具有特定功能的基因重组体，以补偿失去功能的基因的作用，或是增加某种功能以对异常细胞进行矫正或消灭。

在理论上，基因治疗是治本而无任何毒副作用的疗法。不过，尽管至今国际上已有 100 多个基因治疗方案正处于临床试验阶段，但基因治疗在理论和技术上的一些难题仍使这种治疗方法离大规模应用有一段很大的距离。不论是确定基因病因，还是实施基因诊断、基因治疗、研究疾病发生机理，关键的先决条件是要了解特定疾病的相关基因。随着“人类基因组计划”的完成，科学家们对人体全部基因获得了全面的了解，这就为运用基因重组技术造福于人类健康事业创造了条件。

虽然基因技术向人类展示了它奇妙的“魔法”般的魅力，但也有大量的科学家对这种技术的发展对人类伦理和生态演化的自然法则的冲击表示出极大的担忧。从理论上来讲，这种技术发展的一个极致就是使人类拥有创造任何生命形态或从未有过的生物的能力。人们能够想象这将是怎样的结果吗?

二、人类基因组计划

1. 人类基因组计划的由来与进展

人类基因组计划最初是由美国生物学家、诺贝尔奖获得者杜尔贝科（R. Dulbecco）于1986年在美国《科学》杂志上发表的一篇文章中提出的，主要目标是测出人类基因组DNA长达3×10^9个碱基对的序列，发现所有人类基因并阐明其在染色体上的位置，从而在整体上破译人类遗传信息。经过约3年的讨论，美国政府于1990年10月正式启动了这项将耗资30亿美元、为时15年的计划，预期在2005年完成人类基因组全部序列的测定。这一计划还包括对一系列模式生物的基因组的全序列测定，如大肠杆菌、酵母、拟南芥、线虫、果蝇和小鼠等。对这些处于生物演化不同阶段的生物体的研究是认识人类基因结构与功能所不可缺少的。1993年美国国立卫生研究院和能源部修改了其五年计划的指标；1994年遗传图谱的五年计划提前完成；1995年人类第3、11、12和22号染色体的中等精度的图谱公布；人类第16、19号染色体的高分辨率物理图谱分别完成。该计划自实施以来，很快受到国际科学界的重视，英国、日本、法国、德国的科学家先后加盟，于是人类基因组计划扩展成国际性合作计划。1996年举行了国际合作的人类基因组大规模测序战略会议。1997年美国国立卫生研究院成立了国家人类基因组研究所（NHGRI）。1998年美国国立卫生研究院与能源部提出了新的五年计划（1998—2003），人类DNA测序是其重中之重，旨在2003年底前完成整个人类基因组的测序，其间，在2001年底前绘制完人类基因组序列的工作草图。

1999年7月，在中国科学家的积极申请之下，中国科学院遗传研究所人类基因组中心在国际人类基因组组织注册成功，负责测定全部序列的1%。中国成为该计划的第六个参与国，也是唯一的发展中国家。

1999年12月，国际基因组计划联合小组宣布，已完整译出人类第22号染色体的遗传密码，人类首次完成人体染色体基因完整序列的测定。2000年4月美国塞莱拉（Celera）基因研究公司宣布，该公司已破译出一名实验者的完整遗传密码。但不少欧美科学家对此表示质疑，因为该公司的研究没有提供有关基因序列的长度和完整的可靠数据。2000年5月，德国与日本科学家合作完成了人类第21号染色体的基因测序工作，该项成果可以揭开早老性痴呆症、躁狂抑郁症等疾病的发病机理。

在6国16个测序中心的1 100多名科学家、计算机专家和技术人员的通力合作下，终于在2001年2月提前完成了人类基因组序列的工作草图。最终完成图要求测序所用的克隆能忠实地代表常染色体的基因组结构，序列错误率低于万分之一。完成图于2003年完成，比预计提前2年。它对人类认识自身，提高健康水平，推动生命科学、医学、生物技术、制药业、农业等的发展具有极其重要的意义，人类基因组序列工作草图的完成是该计划实施的一个里程碑。

美国和英国科学家于2006年5月18日在英国《自然》杂志网络版上发表了人类最后一条染色体——1号染色体的基因测序。在人体全部22对常染色体中，1号染色体包含基因数量最多，达3 141个，是平均水平的两倍，共有超过2.23亿个碱基对，破译难度也最大。

一个由150名英国和美国科学家组成的团队历时10年才完成了1号染色体的测序工作。

科学家不止一次地宣布人类基因组计划完工，但推出的均不是全本，这一次杀青的“生命之书”更为精确，覆盖了人类基因组的99.99%，解读人体基因密码的“生命之书”宣告完成。

2. 中国人类基因组研究工作的历程与进展

中国人类基因组的研究工作，在国家自然科学基金委员会的支持下，于1994年启动以后又得到了国家高技术研究发展计划（863计划）和国家自然科学基金的重点支持，以及中国科学院和北京、上海等市政府的支持。1998年疾病基因组等研究被列入国家重点基础研究发展规划（973）的第一批项目之中；国家人类基因组南方研究中心在上海成立；国家人类基因组北方研究中心和中国科学院遗传研究所人类基因组研究中心于1998年和1999年先后在北京成立。1999年9月，中国加入国际人类基因组计划，仅用半年多的时间，于2000年4月提前完成了人类第3号染色体短臂上3 000万个碱基对的工作草图，从而在这一科学丰碑上自豪地刻下了中国人的名字。中国通过参与这一计划，改变了国际人类基因组研究的格局，能够分享这一计划历时10多年积累的全部成果、数据和技术，建立起了自己的大规模测序的全套技术及科技队伍，为中国今后的生物资源基因组研究及参与国际生物产业竞争奠定了基础。

现在，中国已建立起一整套较完整的基因组研究体系，在基因多样性领域，建立了多民族人群的DNA样品库，对中国南、北30个民族或人群的遗传关系进行了研究，并与世界其他人群进行了比较。疾病基因的研究也取得了可喜的进展，克隆了遗传性高频耳聋的致病基因，定位了若干单基因疾病的染色体位点。在白血病和某些实体肿瘤相关基因的结构、功能研究方面也取得了重大突破，已获得EST（表达序列标签）10万多条，克隆了1 000条以上新基因的全长cDNA（互补DNA），在模式生物基因组的全测序方面，中国也做了出色的工作，开展了中国生物数据库的建设。

三、后基因组时代的展望

随着人类基因组大规模测序工作的完成，生命科学进入了后基因组时代，亦称功能基因组学时代。功能基因组学以揭示基因组的功能及调控机制为目标，其核心科学问题主要包括基因组的多样性、基因组的表达调控与蛋白质产物的功能，以及模式生物基因组研究等。它的研究将为人们深入理解人类基因组遗传语言的逻辑架构，基因结构与功能的关系，个体发育、生长、衰老和死亡机理，神经活动和脑功能表现机理，细胞增殖、分化和凋亡机理，信息传递和作用机理，疾病发生、发展的基因及基因后机理（如发病机理、病理过程）以及各种生命科学问题提供共同的科学基础。功能基因组研究成果不仅具有巨大的科学意义，而且有着十分广泛的应用前景。在医疗卫生方面，其研究成果可用于医药的发现和开发；致病基因或疾病易感基因的鉴定和克隆；全新原理的诊断、治疗和预防方法的设计；医生将能够根据患者的个人遗传构成，进行更加个人化的药物疗法；科学家们在人体器官和组织“重造”以及修复方面将取得巨大进步；以基因组成果为基础的基因组工业，将带动一批高新技术产业向新的领域开拓。在农业、畜牧业方面，可以用新的方式对动植物疾病进行诊断和治疗，改善家禽、家畜和农作物的品质，提高产量。在纺织业、废物控制和环境治理整顿等领域，它也将发挥重要作用。

第五章　生物与环境

生物与环境之间的关系是非常密切的。一方面，生物的生存和发展离不开环境，依靠环境供给物质和能量，因而要受到环境的限制；另一方面，生物的生命活动又能够不断地改变环境。如：人类生活在大自然的环境中，包括在生物圈之内，人类依赖大自然供给生活资源、生养场所，人类又能有意识地积极地改变大自然。人类与大自然打交道，将在生物圈的变动和发展上烙下深刻的印痕。过度的狩猎和捕捞，可能加速某些动物的灭绝；不合理的采掘和砍伐，改变了生物圈的结构；人口集中和工农业不合理经营所产生的污染，直接威胁了人类的健康生活。人与生物圈的协调问题是环境科学研究的重点。

生态学是研究各类生物与有机无机环境诸因子相关联、相制约与相协调的规律和发展动态的科学。从20世纪50年代以来，人类社会出现了全球性的人口、粮食、资源、能源和环境五大危机。要解决这些问题，都离不开生态学。

第一节　生态因子和生态学的层次

一、生态因子

1. 生态因子的概念

生物的生存需要一定的环境条件。地球上一切生命形式，包括植物、动物、微生物等，都有各不相同的生存环境。生态学（Ecology）一词是19世纪由希腊语oiks（“房子”之意）演变而来的。生态学是研究生物与环境之间相互作用的科学。环境（environment）是指生物生活和繁衍后代的周围物质条件的总和。对生物生长、发育、生殖、行为和分布有直接或间接影响的环境要素，称为生态因子（ecological factor）。它可分为生物因子与非生物因子两大类。生物因子（biotic factors）是指生物间的相互作用，非生物因子（abiotic factors）是指阳光、温度、水分、土壤、海洋等。由于人类活动对生态系统的影响力越来越大，因此常把人的因素单独列出来，称人为因子。而特定生物或群体栖息地的生态环境，则称为生境（habitat）。

各种生物对生态因子的耐受限度，称为耐受性（tolerance）。生物对每一种生态因子都有一个最适的耐受范围，如果超出了耐受范围的上下限，生物将无法生存，这就是生物耐受性法则（law of tolerance）。对同一生态因子，不同种类的生物耐受性是很不同的。例如：鲑鱼对温度的耐受范围是0℃～30℃，最适温度是22℃；南极鳕所能耐受的温度只有－2℃～

2℃。根据生物对生态因子耐受范围的宽窄，可将生物分为广温性和狭温性、广湿性和狭湿性、广食性和狭食性、广栖性和狭栖性等种类。一般说来，如果一种生物对所有生态因子的耐受范围都是广的，那么这种生物在自然界的分布也一定很广，甚至是世界性分布，反之亦然。

生态因子的作用是多方面的。生态因子影响着生物的生长、发育、生殖等行为，能改变生物的繁殖力和死亡率，并且会引起生物发生迁移，最终导致种群的数量发生改变。因此，生态因子能够限制生物物种的分布区域。但是，生物对自然环境的反应并不是消极被动的，而是能够对自然环境产生适应。由此可见，生物和环境之间的关系是相互的和辩证的。

2. 生态因子的分类

在任何一种生物的生存环境中都存在着很多生态因子，这些生态因子在性质、特性和强度方面各不相同，它们彼此之间相互制约、相互组合，构成了多种多样的生存环境，为各类极不相同的生物的生存进化创造了不计其数的生境类型。按照传统的做法，从广义上可以把生态因子分成两类，包括六个基本类型。

（1）非生物因子：

① 气候因子——光、温度、降水。

② 土壤因子——土壤的物理性质。

③ 地形因子——海拔高度、坡度、坡向等。

（2）生物因子：

① 植物因子——植物之间共生、寄生、附生等关系。

② 动物因子——摄食、传粉、践踏等。

③ 人为因子——垦殖、放牧、采伐等。

3. 生态因子的作用

（1）综合作用：生态环境是由多种生态因子组成的，生态因子总是综合地对生物产生作用，不存在孤立的某一个生态因子单独起作用。

（2）交互作用：自然环境中的各生态因子并不是孤立存在的，而是相互联系、相互促进与制约的。一个生态因子的变化，能不同程度地引起其他生态因子发生相应的变化。当生物受到一个以上生态因子作用时，其综合作用效果往往并不是各单因子效果的简单累加，而是明显大于或小于各种因子作用之和。

（3）主导作用：对生物起作用的诸多生态因子是非等价的，其中必有 1 ~ 2 个是起主要作用的主导因子。

（4）不可替代性和有限补偿性作用：各种生态因子虽非等价，但都不可缺少，一个因子的缺失不能由另一个因子来代替。

（5）阶段性作用：生物在生长发育的不同阶段往往需要不同种类的生态因子或不同强度的生态因子。因此某一生态因子的有益作用往往只限于生物生长发育的某一特定阶段。

二、生态学的层次

生态学家对于生物与环境的关系和相互作用的研究是在个体→种群→群落→生态系统→生物圈层次上进行的（图 5 - 1）。在个体水平上，他们可能会重点考察某一种生物如何应对环境变化的挑战。例如，他们研究在极端高温条件下（如温泉）存活的某种细菌的形态结构和代谢机理的特征，探讨其为什么能在这种极端高温条件下生存。

种群是占有一定空间和时间的同一物种个体的集合体。例如，生活在中国四川等地的高山密林中的一群珍稀野生动物金丝猴是一个种群，一个池塘中的全部鲤鱼也是一个种群。在种群的水平上，生态学家可能对影响金丝猴的繁殖和数量增减的关键环境因素感兴趣，也可能专注于研究金丝猴种群在环境因子影响下的遗传变异和进化等问题。

在种群之上更高的层次是群落。在一个特定的区域内生存的多种不同的种群便组成群落。每一个群落中都含有很多属于不同物种的种群，这说明种群不仅是物种的具体存在单位，也是群落的基本组成成分。同一群落内不同种群的相互关系和相互作用以及兴衰等是生态学家在群落水平上展开的主要研究课题，他们还关注不同种群生物间的相互作用，如捕食、竞争等。

生态学的第四个层次是生态系统。生态系统是指一定空间内所有生物与其环境通过物质循环和能量流动相互作用而形成的统一整体。在不同的生态系统中，各种生命通过一张极其复杂的食物网来获取和传递太阳的能量，同时完成物质循环。生态系统中的物质循环和能量流动、生态系统的稳定与平衡及影响平衡的因素和相关结果等都是生态学家在这一层次上所关心的重要问题。

A. 个体　B. 种群

C. 群落　D. 生态系统

图 5－1　生物学的层次

生物圈是指地球上的所有生物与其生存环境的总和。这个系统依靠来自太阳的能量而运转，并且能量最终又以热能的形式释放到宇宙中。或者说，生物圈是地球上全部生物及其栖息场所的总称。它包括岩石圈上层、水圈和大气圈下层。它是全球生态系统的总和。绝大部分生物的生活范围集中在地面以上 100m 到水面以下 200m 的空间内。在生物圈的核心部分有充足的太阳光能，有适于生物活动的温度条件，有生物可以利用的大量液态水、氧气以及各种营养元素。组成生态系统最主要的单元是生物群落，生物群落的构成单元是种群，种群是同种生物个体的集合体，生态学的层次从个体、种群、群落、生态系统到整个生物圈逐级放大。

教与学的要点

1. 生态学是研究生物与环境之间相互作用的科学。环境是指生物生活和繁衍后代的周围物质条件的总和。而特定生物或群体栖息地的生态环境，则称为生境。

2. 生物的生存需要一定的环境条件。对生物生长、发育、生殖、行为和分布有直接或间接影响的环境要素，称为生态因子。它可分为生物因子与非生物因子两大类。生物因子包括植物因子、动物因子、人为因子三种基本类型；非生物因子包括气候因子、土壤因子、地形因子三种基本类型。

3. 各种生物对生态因子的耐受限度称为耐受性。生物对每一种生态因子都有一个最适的耐受范围，如果超出了耐受范围的上下限，生物将无法生存。

4. 生态因子的作用包括综合作用、交互作用、主导作用、不可替代性和有限补偿性作用、阶段性作用等。

5. 生态学的层次从个体、种群、群落、生态系统到整个生物圈逐级放大。

第二节 种群生态

种群生态学是研究影响种群大小和密度、种群增长和种群结构特征等因素的生态学分支学科。种群数量往往围绕着某一种群密度而上下波动，但从长远来看，种群却能保持自身的平衡，尽管有时会出现较大的波动。种群生态学的基本任务之一就是要定量地研究种群的出生率和死亡率、迁入率和迁出率，以便能够了解是什么因素影响着种群的波动范围和发生规律，从而了解种群衰落和灭绝的原因。

一、种群的概念

种群是一个介于“个体”与“物种”之间的概念，所谓“个体”就是一个生命体，比如一个人、一只猫、一条鱼等。而“物种”是一群拥有近似外表、习性及基因的生物，他们能互相交配而产生具有生育能力的后代。如马和羊彼此之间不能交配，所以绝非同一个物种。又如马和驴虽可交配，但产下的后代为骡子，而骡子是没有繁殖能力的，所以马和驴也不属于同一个物种。清楚了“个体”与“物种”的概念后，“种群”就不难理解了。种群（population）是指占有一定空间和时间的同一物种个体的集合体。它由不同年龄和不同性别的个体组成，种群内的个体通过自然繁殖产生遗传性稳定的后代。种群中的个体并不是机械地集合在一起，而是彼此可以交配，并通过繁殖将各自的基因传给后代。种群是生物繁殖的基本单位，种群也是进化的基本单位，同一种群的所有生物共用一个基因库。一个物种通常可以包括许多种群，但种群和种群之间因存在着明显的地理隔离而无法进行个体交流，长期隔离的结果是有可能发展为不同的亚种，甚至会产生新的物种。可见，种群不仅是物种的存在单位，而且是物种的繁殖单位和进化单位。

比如生活在一个池塘中的鲫鱼就是一个种群，而生活在另一个池塘中的鲫鱼虽然与这些鲫鱼属于同一个物种，但由于池塘间没有水域连通，所以这两群鲫鱼彼此之间不可能交配产子，这样它们的发展、变动、灭绝都是彼此独立的，因此两个不连通的池塘里的鲫鱼为两个种群。假如有一条水沟将这两个池塘连通，鲫鱼可以自由穿梭于两个池塘之间，那么这两个池塘里的鲫鱼就构成一个种群。另外还需注意的是，构成一个种群的生物必然是属于同一物种的。同一个池塘里的鲫鱼是一个种群，而鲤鱼则是另一个种群。

种群的边界一般都是自然形成的，但生态学家为了研究的需要，常常根据研究的性质和要求对某一种群的边界作出界定。例如，为了研究大熊猫的繁殖，可以把大熊猫种群界定在中国四川某一竹林茂密的山区；传染病学家为了研究艾滋病病毒在人群中的感染和传播速率，可以在一个国家内或者在全世界范围内对艾滋病病毒种群的增长和传播进行跟踪研究。对种群的研究主要包括其数量变化与种内关系，而种间关系已属于生物群落的研究范畴。

二、种群的特征及其内在联系

种群研究的核心问题是种群数量（种群内的个体数）的变化规律，而种群数量的变化是与种群的特征分不开的，这些特征包括种群密度、出生率和死亡率、年龄组成、性别比例等。

1. 种群密度

种群密度（population density）是指单位空间内某种群的个体数量。种群密度是种群最基本的特征，与种群数量成正相关。一般用单位空间中的个体数量表示，如每平方米土地中的田鼠只数，每平方千米农田内蝗虫的数量等。

不同物种的种群密度，在同样的环境条件下差异很大。例如，在中国某地的野马，平均每100平方千米还不足2头，但是在相同的面积内，灰仓鼠则有数十万只。同一物种的种群密度也不是固定不变的。例如，在一片农田中的东亚飞蝗，夏天的种群密度较高，秋末天气较冷时则降低。

种群密度的调查是生态学研究的基本方法之一，种群密度的调查方法很多，标记重捕法（mark-recapture method）是种群密度调查的重要方法。对活动范围大、活动能力强的动物的种群密度的调查常常采用标记重捕法，即为了了解种群的总数量，研究人员在界定的区域内随机设置陷阱或张网，对首次捕获到的某一种群动物计数并全部用标签或染料等进行标记，然后放生。过一定时间后这些被标记的动物个体与种群内未被捕捉标记过的其他动物个体随机混合达到均匀分布后，再一次在界定的区域内随机设置陷阱或张网，对捕捉到的已被标记的和未被标记的该种群动物个体分别记数，通过以下公式，便可估算出该种群的数量（N）：

$N=(M_1/M_2)\times T_2$

N：被调查种群的个体数量。

M_1：首次捕捉到（并标记）的个体数。

M_2：第二次捕捉到的个体总数中已被标记的个体数。

T_2：第二次捕捉到的个体总数。

例如，在对某种鼠的种群密度的调查中，第一次捕获并标记39只鼠，第二次捕获34只鼠，其中有标记鼠15只。设该种群数量为N，则$N=(39/15)\times 34=88$（只）。

由于一些特殊的原因，如被标记放生的一些动物逃离了该地区，上述估算种群数量的方法就会与实际情况有很大的误差。

知识拓展

种群密度调查方法归类分析

1. 样方法

样方法是指在被调查种群的生存环境内随机选取若干个样方，通过计数每个样方内的个体数，求得每个样方的种群密度，以所有样方种群密度的平均值作为该种群的种群密度。样方法常常以五点取样法和等距取样法为主，常用于植物种群密度的取样调查，适用范围包括植物和昆虫卵及蚜虫、跳蝻等动物等。步骤：确定调查对象→选择调查地段→确定样方→设计计数记录表→实地计数记录→计算种群密度。计算公式是：设 m 个样方的种群密度分别为 n_1，n_2，n_3，…，n_m，则该种群密度的估计值 = $(n_1+n_2+n_3+\cdots+n_m)/m$。

注意事项：①宜选择双子叶草本植物，不宜选择蔓生或丛生单子叶植物为调查对象。因为丛生或蔓生的单子叶植物的地上部分往往难以辨别是一株还是多株。②植物的大小不同，样方的面积也应不同，如草本为 $1m^2$，灌木为 $16m^2$，乔木为 $100m^2$。③样方的选取应做到随机取样、不掺入主观因素，且尽量多一些。④计数时，样方内的植物个体数量统计遵循“样方内部个体全部统计、压在边界上的只统计相邻两条界线及夹角上的个体”原则。⑤要大胆舍弃特别悬殊的数值，取多组临近的求平均值。

2. 标记重捕法

标记重捕法是指在被调查种群的生存环境中捕获一部分个体，将这些个体标记后再放回原来的环境，经过一段时间后进行重捕，根据重捕中标记个体占总捕获数的比例，来估计该种群的数量。常用于动物种群密度的取样调查，适用范围是活动能力强和活动范围大的动物，如哺乳类、鸟类、爬行类、两栖类、鱼类等。计算公式是：标记个体总数/种群中个体总数 = 重捕中所含标记数/重捕个体数。例如，在对某种鼠的种群密度的调查中，第一次捕获并标记 39 只鼠，第二次捕获 34 只鼠，其中有标记鼠 15 只。设该种群数量为 N，则 $N:39=34:15$，$N=39\times34\div15=88$（只）。

注意事项：①标记个体与未标记个体在重捕时被捕的概率相同。②调查期间没有大规模迁入和迁出，没有外界的强烈干扰。③标记物和标记方法必须对动物的身体不会产生对寿命和行为等的影响。④标记不能过分醒目，以防改变与捕食者之间的关系。⑤标记符号必须能够维持一定的时间，在调查研究期间不会消失。

3. 显微镜直接计数法

通过显微镜利用血球计数板进行较大单细胞微生物计数的操作方法，称为显微镜直接计数法。

这是一种常用的微生物计数方法，此种方法简便、快速、直观。显微镜直接计数法是将少量待测样品的悬浮液置于一种特别的具有确定面积和容积的载玻片上（血球计数板），在显微镜下直接计数，然后推算出含菌数的方法。血球计数板是常用的计菌器之一，有两种规格：一种规格是 2mm×2mm×0.1mm 方格，另一种规格是 1mm×1mm×0.1mm 方格。计算公式是：较大单细胞微生物个数/1mL = n 个小方格细胞总数/n×400×10 000×稀释倍数。

注意事项：①先将盖玻片放在计数室上，用吸管吸取培养液，滴于盖玻片边缘，让培养液自行渗入。多余培养液用滤纸吸去，待细胞全部沉降到计数室底部后再显微计数。②该实验需要重复但不需对照，因为自身前后已形成对照；③从试管中吸出培养液进行计数之前，要将试管轻轻振荡摇匀几次。④浓度过大时需做稀释处理，但最后计算时要考虑稀释倍数。⑤压线计数，应遵循“计上不计下，计左不计右”的原则，即只计数样方相邻两条边上的个体。

2. 出生率和死亡率

出生率（natality）是指在单位时间内新出生的个体数目占该种群个体总数的比例，也可以指种群中单位数量的个体在单位时间内新产生的个体数目。例如，某个和平鸟种群平均每个雌鸟每年生出7.8个雏鸟，则该种群的出生率为7.8个/（雌·年）。死亡率（mortality）是指在单位时间内新死亡的个体数目占该种群个体总数的比例，也可以指种群中单位数量的个体在单位时间内死亡的个体数目。例如，某个有200个个体的种群，在一年中有40个个体死亡，这个种群的年死亡率就是20%。出生率和死亡率是决定种群数量动态的两个重要参数，是决定种群兴衰的晴雨表，是直接影响种群大小和密度的因素。通常看一个种群是兴旺还是衰退，只要计算一下种群的出生率和死亡率就知道了。在一定时期内，只要种群的出生率大于死亡率，种群的数量就会增加；反之，种群的数量就会下降。

3. 年龄组成

种群的年龄组成是指一个种群中各年龄期的个体数目的比例。人的年龄是以年为单位计算的，但动物的年龄则依其生活史特点分别以年、月、周、日或小时计算。生物学家常常把动物的年龄分为生殖前期（幼年）、生殖期（成年）、生殖后期（老年）三个年龄组。年龄组成的意义在于，生物只在一定的年龄范围内才具有繁殖能力，而达到一定年龄则趋向死亡。因此，繁育年龄的个体在种群中的比例左右着种群的出生率，老龄个体在种群中的比例影响着种群的死亡率，而种群出生率与死亡率的对比则决定着种群的兴衰。

年龄组成预示着种群未来的增长趋势。种群是由个体组成的，不同年龄的个体在种群中都占有一定的比例，这种比例关系就形成了种群的年龄组成。根据年龄组成可以将种群分为三种类型（图5-2）：① 增长型：种群中幼年个体很多，老年个体很少。这样的种群正处于发展时期，种群密度会越来越大。② 稳定型：种群中各年龄期的个体数目比例适中，这样的种群正处于稳定时期，种群密度在一段时间内会保持稳定。③ 衰退型：种群中幼年个体较少，而老年个体较多，这样的种群正处于衰退时期，种群密度会越来越小。由此可见，研究种群的年龄组成，对于预测种群数量的变化趋势具有重要意义。

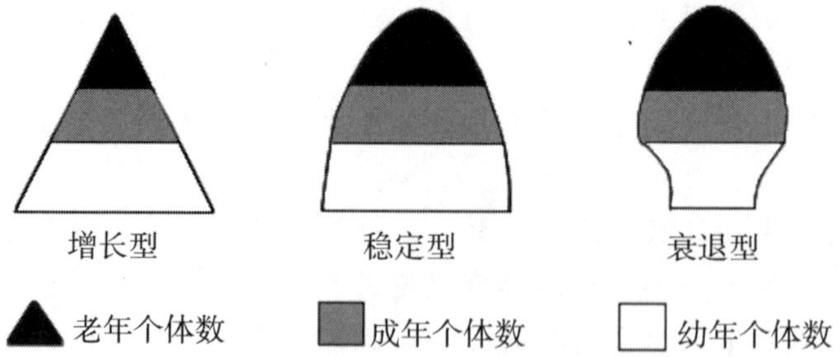

图5-2 种群年龄组成的三种类型

4. 性别比例

种群的性别比例是指具有生殖能力的雌雄个体数目在种群中所占的比例。一般说来，雌性生育子代，所以种群中雌性数量增多时，种群数量趋向上升。极端的例子见于营孤雌生殖的生物，如蚜虫，它们在全年大部分时间中只有雌性存在，因而种群增长速度极快。性别比例在一定程度上影响着种群密度。例如，利用人工合成的性引诱剂诱杀害虫的雄性个体，破坏害虫种群正常的性别比例，就会使很多雌性个体不能完成交配，从而使害虫的种群密度明显降低。

不同物种的种群具有不同的性别比例，种群可分为三种类型：雄多于雌、雌雄相当、雌多于雄。蜜蜂是社会性昆虫，工蜂和蜂王为雌性，在数量上远远超过雄蜂，但由于工蜂无生殖能力，所以蜜蜂种群仍然是雄多于雌。多数生物种群雌雄之比接近 1∶1，但是出生的时候往往雄多于雌，到了老年期雌又多于雄，如麋鹿。人类也是如此，男婴一般多于女婴。由于男性死亡率高，到了老年期时女性会多于男性。

种群的数量与特征之间的关系：

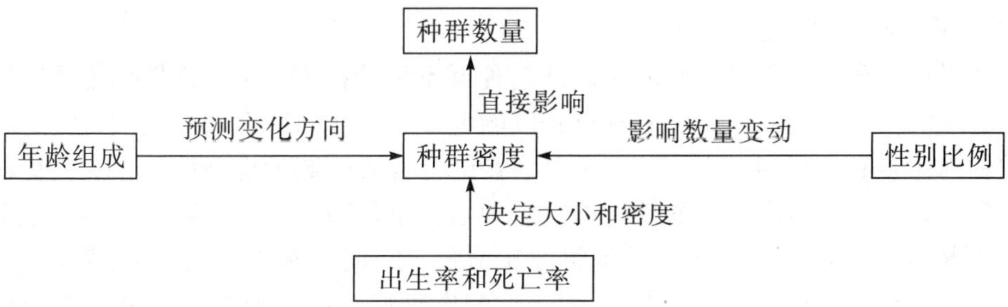

在种群的四个特征中，种群密度是基本特征，与种群数量呈正相关。出生率、死亡率以及迁移率是决定种群大小和种群密度的直接因素。年龄组成和性别比例则是通过影响出生率和死亡率而间接影响种群密度和种群数量的，是预测种群密度（数量）未来变化趋势的重要依据。

三、种群数量增长的曲线分析比较

种群中的个体有出生和死亡、迁入和迁出，因此，种群的数量是经常变化的。种群数量的变化包括增长、波动、稳定和下降等。下面主要分析种群的增长。

1. 种群增长的“J”型曲线

在食物（养料）和空间条件充裕、气候适宜、没有敌害等理想条件下，有些生物可以连续进行生殖，在这种情况下，种群数量呈指数增长（exponential growth）。以某种动物为例，假定种群的起始数量为 N_0，年增长率为 λ，该种群每年的增长率都保持不变，那么，一年后该种群的数量 $N_1=N_0\lambda$，两年后该种群的数量 $N_2=N_1\lambda=N_0\lambda^2$，$t$ 年后该种群的数量 $N_t=N_0\lambda^t$。再如细菌，每 20 分钟分裂一次，1 小时就可以繁殖 3 代，如果从一个细菌开始，那它就会按以下数列倍增：1，2，4，8，16，32，64，…照这样增殖下去，36 小时以后它将完成 108 个世代，细菌总数将达到 2^{107} 个。这么多细菌足可把地球表面铺满 33cm 厚，如果再继续繁殖 1 小时，细胞数目又可以增加 8 倍，那时我们每一个人都会淹没在细菌的汪洋大海之中。

如果用坐标图来表示，横轴表示时间，纵轴表示种群数量，那么，种群的指数增长就会呈“J”型曲线（图 5－3）。种群迁入一个新环境后，常常在一定时期内出现“J”型增长。例如，在 20 世纪 30 年代，人们将环颈雉引入美国的一个岛屿。在 1937 年到 1942 年期间，这个环颈雉种群的增长大致符合“J”型曲线（图 5－4）。

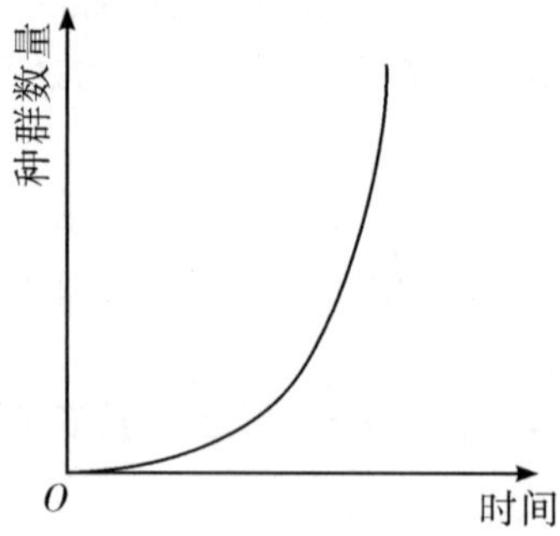

图5-3 种群增长的"J"型曲线

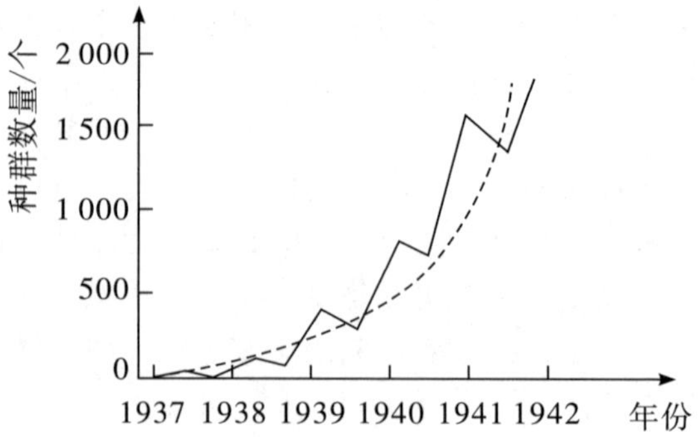

图5-4 某海岛上环颈雉种群的增长

2. 种群增长的"S"型曲线

在自然界中，环境条件是有限的，因此，种群不可能按照"J"型曲线无限增长。当种群在一个有限的环境中增长时，随着种群密度的上升，个体间对有限的空间、食物和其他生活条件的种内竞争必将加剧，以该种群生物为食的捕食者的数量也会增加，这就会使该种群的出生率降低，死亡率增高，从而使种群数量的增长率下降。当种群数量达到环境条件所允许的最大值（以 K 表示）时，种群数量将停止增长，有时会在 K 值左右保持相对稳定。这种增长方式称逻辑斯蒂增长（logistic growth）。假定种群的增长率随着种群密度的增加而按一定的比例下降，种群数量达到 K 值以后保持稳定，那么，将种群的这种增长方式用坐标图表示出来，就会呈"S"型曲线（图5-5）。

有一位生态学家曾经做过这样一个实验：在0.5mL培养液中放入5个大草履虫，然后每隔24h统计一次大草履虫的数量。经过反复实验，得出了如图5-6所示的结果。从图中可以看出，大草履虫在这个实验环境条件下的最大种群数量是375个，这就是该实验种群的 K 值。

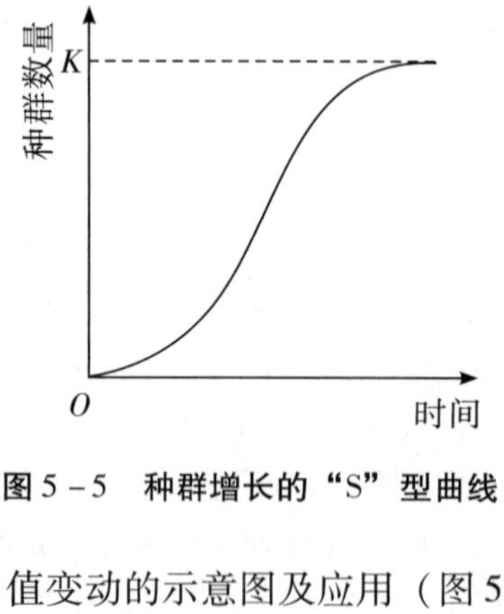

图5-5 种群增长的"S"型曲线

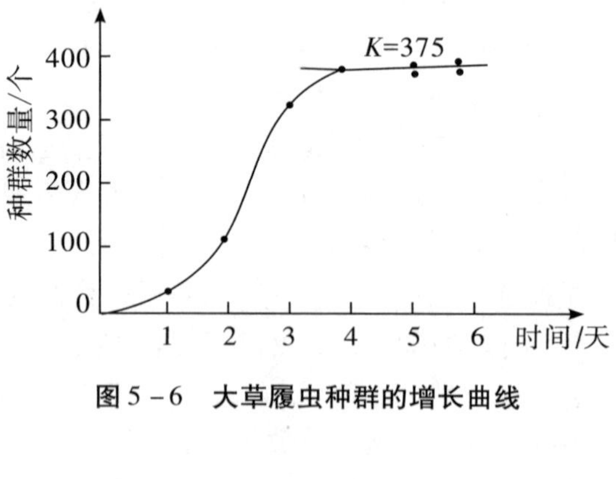

图5-6 大草履虫种群的增长曲线

K 值变动的示意图及应用（图5-7）：

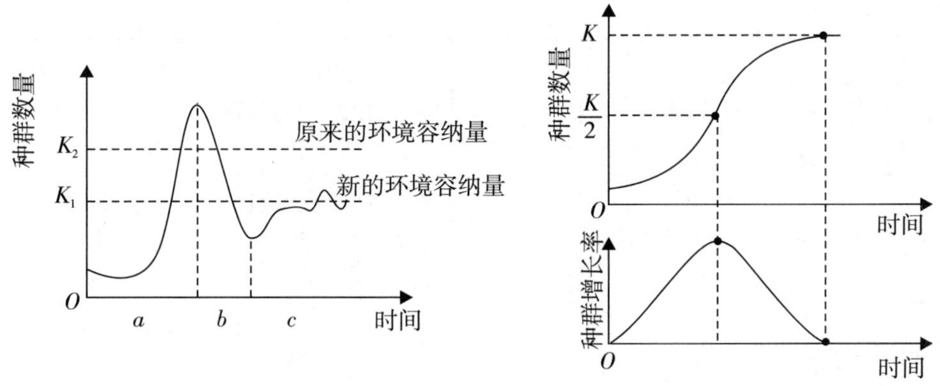

图 5－7 *K* 值变动的示意图（左）及应用（右）

（1）同一种生物的 *K* 值不是固定不变的，会受到环境的影响，在环境不遭受破坏的情况下，*K* 值会在平均值附近上下波动。

（2）当环境遭受破坏时，*K* 值下降；当生物生存环境改善时，*K* 值上升。

（3）应用：当环境中种群数量大于 *K*/2 值时，即可采取适当捕捞等手段合理利用，但捕捞后数量应为 *K*/2 值，因为此时种群增长速率最大，有利于提高生物利用的总量（表 5－1）。

表 5－1 *K* 值与 *K*/2 值在实践中的应用

	灭鼠	捕鱼
K/2 值（最大增长速率）	灭鼠后，鼠的种群数量在 *K*/2 值附近，这时鼠的种群数量会迅速增加，无法达到灭鼠效果	使鱼的种群数量维持在 *K*/2 值，捕捞后，鱼的种群数量会迅速回升
K 值（环境容纳量）	改变环境，降低 *K* 值，使之不适合鼠生存	保证鱼生存的环境条件，尽量提升 *K* 值

3. "J" 型增长曲线与 "S" 型增长曲线的比较（表 5－2）

表 5－2 两种曲线模型比较

项目	"J" 型曲线	"S" 型曲线
增长模型	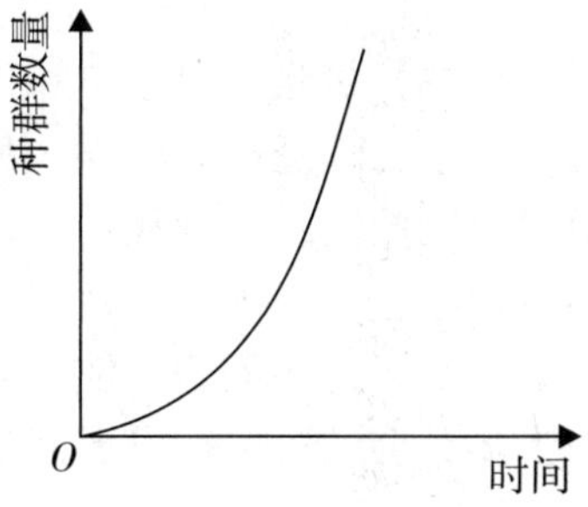	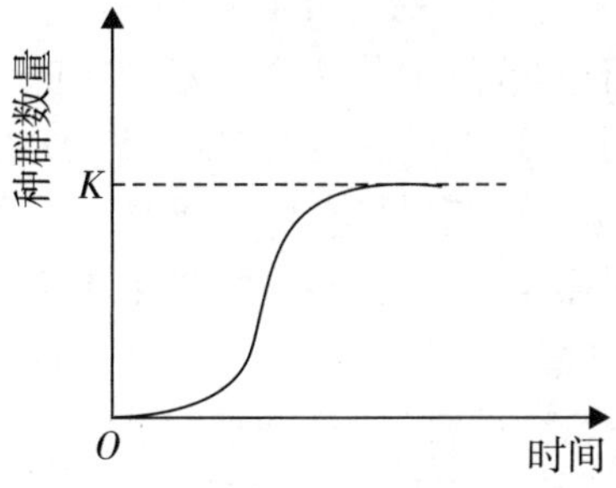

（续上表）

项目	“J”型曲线	“S”型曲线
前提条件	理想状态：资源无限、空间无限、不受其他生物制约（无种内斗争，缺少天敌）	现实状态：资源有限、空间有限、受其他生物制约（种内斗争加剧，捕食者数量增加）
特点	种群数量每年以一定的倍数增长	种群达到环境条件所能允许的最大值——环境容纳量（即 *K* 值）后有时停止增长，有时在 *K* 值上下波动
种群增长率	保持稳定 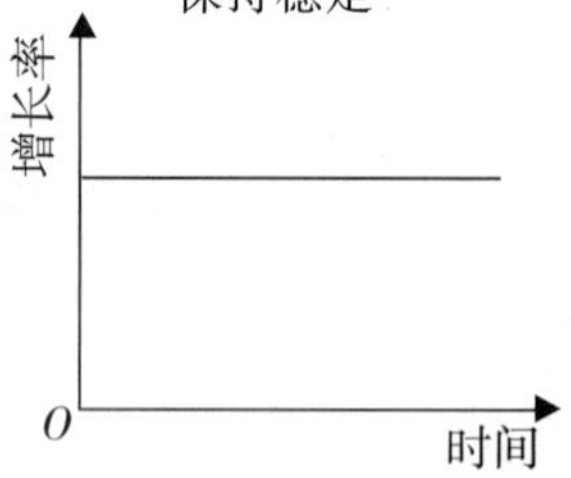 	随种群密度上升而下降 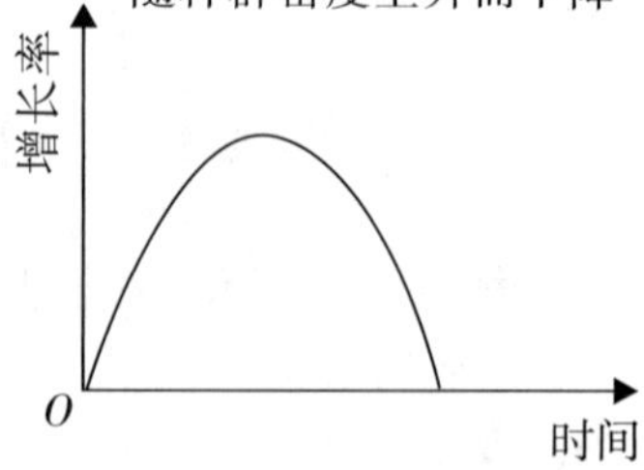
K 值有无	无 *K* 值	有 *K* 值
曲线形成原因	无种内斗争，缺少天敌。①实验室条件下；②当一个种群刚迁入一个新的适宜环境时	种内斗争加剧，天敌数量增多。反映或体现达尔文自然选择中的生存斗争
联系	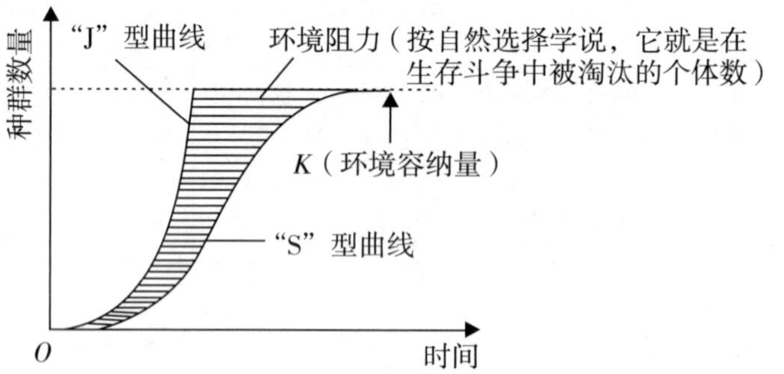 两种增长曲线的差异主要是因环境阻力大小不同，对种群增长的影响不同，“J”型曲线因环境阻力增大而成“S”型曲线	

4. 影响种群数量变化的因素

种群的数量为什么会不断变化呢？我们知道，种群的数量是由出生率和死亡率、迁入和迁出决定的。因此，凡是影响种群的出生率和死亡率、迁入和迁出的因素，都会引起种群数量的变化，如气候、食物、被捕食、传染病等。值得强调的是，在现代社会，人类活动对自然界中种群数量变化的影响越来越大。一方面，随着种植业和养殖业的发展，受人工控制的种群数量在不断增加；另一方面，砍伐森林、猎捕动物和环境污染等，使许多野生动植物的种群数量急剧减少。这种现状和发展趋势，将会使人类社会的可持续发展面临困境。

5. 研究种群数量变化的意义

研究种群数量变化的规律，在野生生物资源的合理利用和保护、害虫的防治等方面有着重要意义。

在对待鱼类的捕捞问题上，人们总是希望每年既能捕到较多的鱼，又不危及鱼类种群以后的持续生存，也就是希望长期获得较高的鱼产量。那么，怎样才能确定合适的捕捞量呢？这就需要研究捕捞量与种群数量变化之间的关系，调查种群的现有数量，对种群的数量变化作出预测，等等。

四、生物的种间关系概述

每一个生物的周围都有多种其他生物，它们彼此之间的关系十分复杂。生物之间的关系包括种内关系和种间关系。

（一）种内关系

同种生物的不同个体或群体之间的关系，叫做种内关系。生物在种内关系上，既有种内互助，也有种内斗争。

种内互助的现象是常见的。例如，蚂蚁（图 5－8）、蜜蜂等营群体生活的昆虫，往往是成百上千只个体生活在一起，在群体内部分工合作。

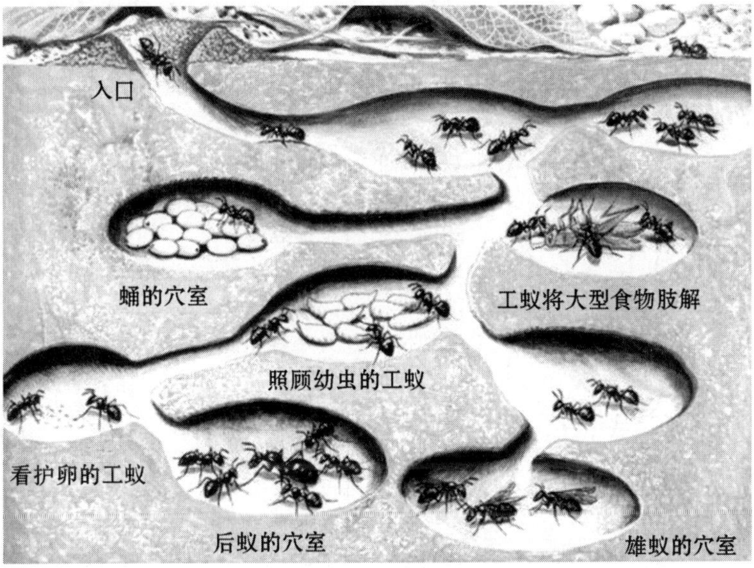

图 5－8　种内互助

同种生物个体之间，由于争夺食物、空间或配偶等，有时也会发生斗争，叫做种内斗争。例如，在农田中，相邻的作物植株之间会发生对阳光、水分和养料的争夺；许多鸟类的雄鸟在占领巢区后，如果发现同种的其他雄鸟进入自己的巢区，就会奋力攻击，将后者赶走。鲈鱼的成鱼经常以本种幼鱼为食；有的动物的雄性个体在繁殖期时，往往为了争夺雌性个体，与同种的雄性个体进行斗争。种内斗争常常造成失败者死亡，但是对于种的延续是有利的，可以使同种内生存下来的个体得到比较充分的生活条件，或者出生的后代能够更优良一些。

（二）种间关系

种间关系是指不同种生物之间的关系，包括共栖、共生、寄生、竞争、捕食等（表 5－3）。

表 5－3　生物种间关系比较

名称	数量坐标图	能量关系图	特点	举例
共生	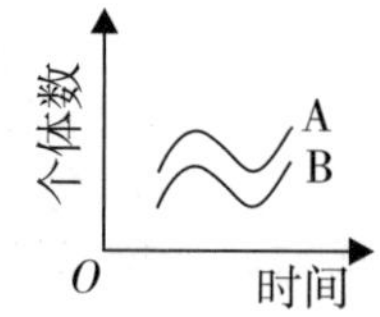	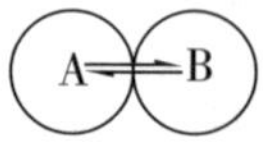	相互依赖，彼此有利。如果彼此分开，则双方或者一方不能独立生存。数量上两种生物同时增加，同时减少，呈现出“同生共死”的同步性变化	地衣，大豆与根瘤菌，白蚁与鞭毛虫，蚂蚁与蚜虫
寄生	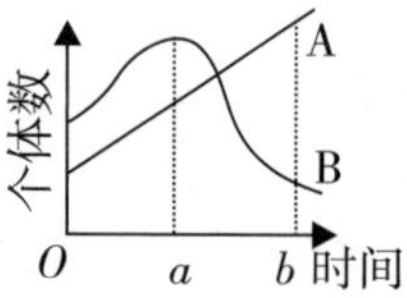	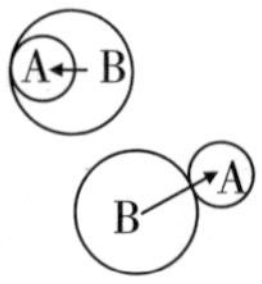	对寄主有害，对寄生生物有利。如果分开，则寄生生物难以单独生存，而寄主会生活得更好	蛔虫与人，虱子与人，菟丝子与大豆，噬菌体与被侵染的细菌
竞争	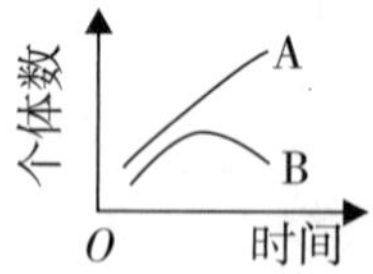 a 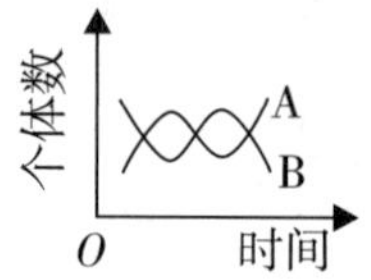 b	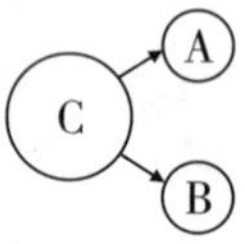	生活环境相同。两种生物生存能力不同，如果两个物种在时间和空间上完全重叠，会导致一种生存一种死亡，数量上呈现出“你死我活”的同步性变化，如图 a 所示。两种生物生存能力相同，则大多数情况下，和平共处，形成各自的生态位（生态灶），如图 b 所示。A、B 起点相同，为同一营养级。一般生态需求越接近的不同物种间竞争越激烈	牛与羊，农作物与杂草，大草履虫与小草履虫
捕食	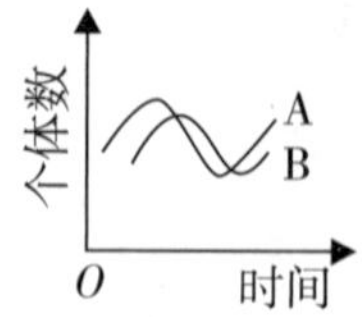	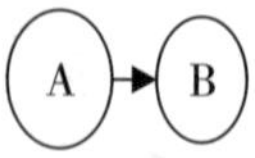	一种生物以另一种生物为食。数量上呈现出“先增加者先减少，后增加者后减少”的不同步性变化。A、B 起点不同，两种生物数量（能量）存在差异，分别位于不同的营养级	羊和草，狼与兔，青蛙与昆虫
其他关系	共栖（寄居蟹与海葵）、抑制（青霉菌与细菌）、传播（蜜蜂传粉）、腐生（分解者以死亡生物为食）			

1. 共栖（commensalism）

两种生物共同生活在一起时，对双方都有利，但彼此分开以后，各自也能生活，这样的关系叫做共栖，如小丑鱼和海葵的共同生活关系（图 5－9）。

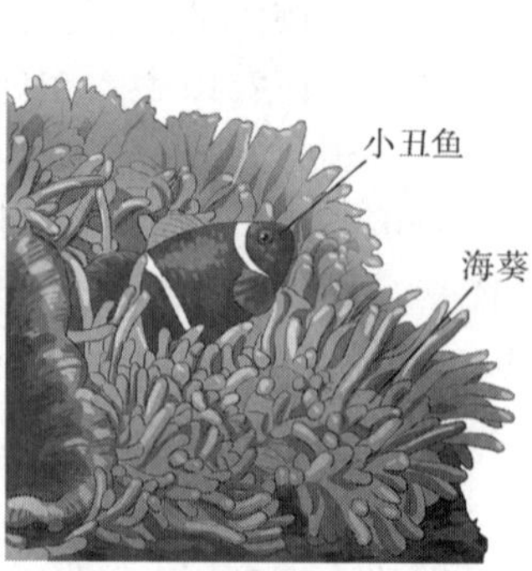

图 5－9　小丑鱼和海葵

艳丽夺目的小丑鱼生活在海葵有毒的触须之中，它靠海葵吃剩的食物为生。因为它的身体外面有一层黏糊糊的东西，所以它不会被海葵蜇伤，另外，小丑鱼可以引诱其他动物游向海葵的触须，帮助海葵得到食物。

海参直肠中经常有小鱼栖息，小鱼有时从海参肛孔游出，但迅速游回，免被其他大鱼吞食；人体肠道中有大肠杆菌，一般对人无害，这些都是共栖的关系。共栖现象在海洋生物中最多。

2. 共生（symbiosis）

两种生物共同生活在一起，相互依赖，彼此有利；如果彼此分开，则双方或者一方不能独立生存。这种共同生活关系，叫做共生。如白蚁和它消化管内的鞭毛虫。白蚁必须依靠鞭毛虫来消化纤维素，鞭毛虫必须生活在白蚁消化管内这样一个条件适宜、食物丰富的环境中，否则便会死去。人体中有些细菌与人是互利共生关系。人体肠道中的某些细菌，靠人体肠道中的营养物质维持生命，同时，它们又能制造维生素 B12 和维生素 K，供人体利用。此外，地衣是真菌和藻类的共生体（图 5－10）。豆科植物和根瘤菌的关系也是共生关系（图 5－11）。共生的两种生物间表现为一荣俱荣，一损俱损（图 5－12）。

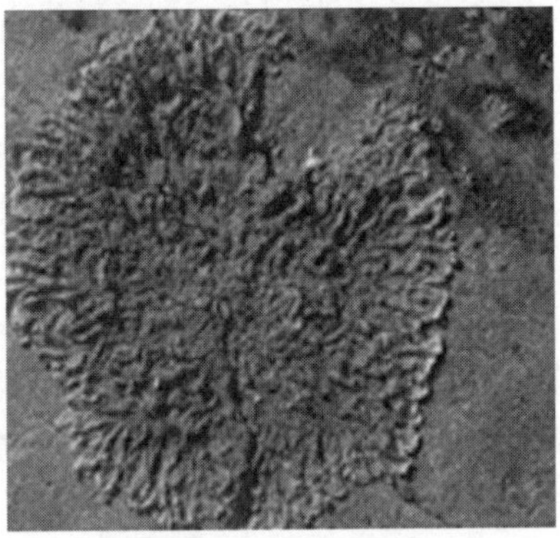

图 5－10 地衣

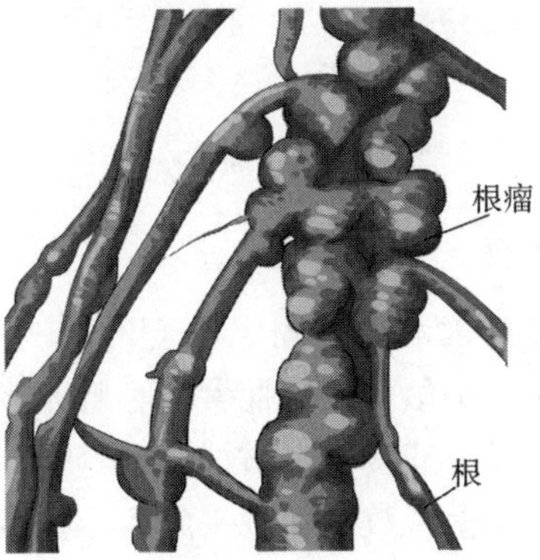

图 5－11 豆科植物的根瘤（内含根瘤菌）

3. 寄生（parasitism）

一种生物寄居在另一种生物的体内或体表，从那里吸取营养物质来维持生活，这种现象叫做寄生。营寄生生活的生物叫寄生物（或寄生虫），被侵害的生物叫宿主（或寄主）。生物界寄生的现象非常普遍，如蛔虫、绦虫、血吸虫等寄生在其他动物的体内。虱和蚤寄生在其他动物的体表，小麦线虫寄生在小麦籽粒中，等等。在所有生物的生活过程中，几乎没有一种生物是不受寄生物侵害的，就连小小的细菌也要受到噬菌体（一种病毒）的寄生。生物界中寄生的现象非常普遍。

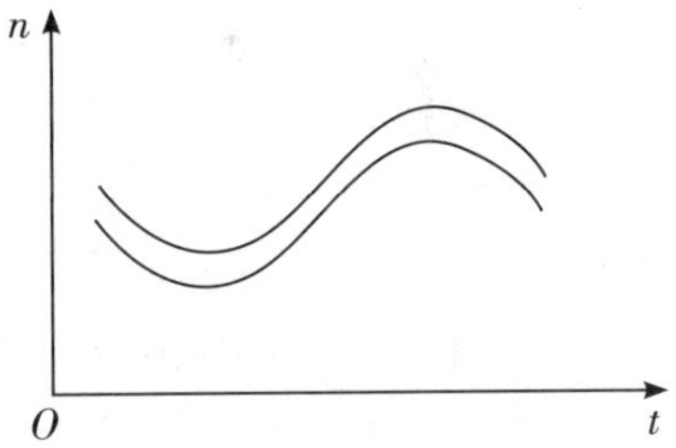

图 5－12 两种生物共生关系曲线（t 为时间，n 为生物个体数）

4. 竞争（competition）

两种生物生活在一起，由于争夺生存资源、空间等而发生斗争的现象，叫做竞争。例如，水稻和稻田中的杂草之间争夺阳光、养料和水分，小家鼠和褐家鼠争夺居住空间和食物等。竞争的结果往往对一方不利，甚至被消灭。从理论上说，一种生殖率高及取食力强的物种可以淘汰另一种生殖率低及取食力弱的物种。竞争双方的数量变化曲线如图 5－13 所示。

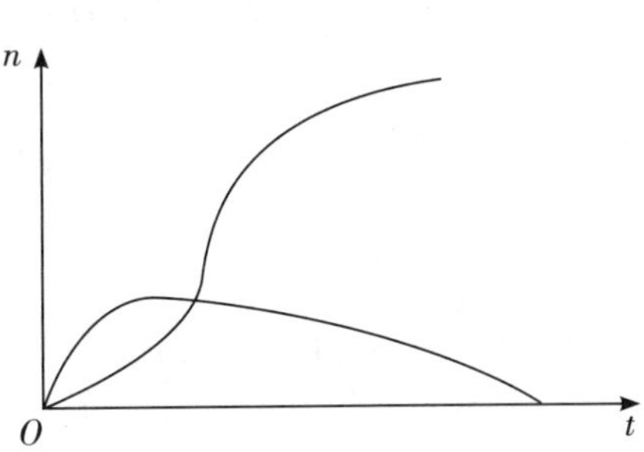

图 5－13 两种生物竞争关系曲线（t 为时间，n 为生物个体数）

5. 捕食（predation）

捕食指的是一种生物以另一种生物作为食物的现象。例如，植食性动物中的兔以某些植物为食物，肉食性动物中的狼又以兔为食物，而豹又以狼为食物，等等（图5－14）。

图5－14 捕食

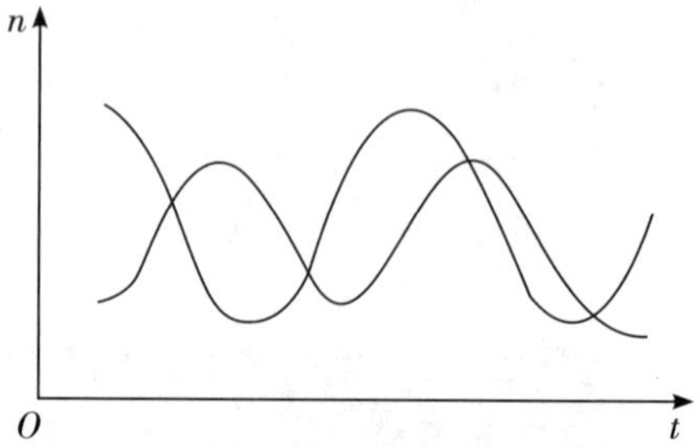

图5－15 两种生物捕食关系曲线（t 为时间，n 为生物个体数）

捕食者与被捕食者不是固定不变的。例如，大鱼吃小鱼，大鱼是捕食者，小鱼是被捕食者。小鱼吃虾米，小鱼变成了捕食者，虾米则是被捕食者。虾米以浮游生物为食，虾米又成了捕食者。在自然界中捕食者和被捕食者经常保持平衡的关系。捕食者大量吞食，繁殖快了，因而数目增加，被捕食者数目却越来越少，此时捕食者因食物不足，数目也将逐渐减少，而被捕食者的数目又逐渐上升。所以两者的关系总是维持一个波动的平衡状态（图5－15）。

教与学的要点

1. 种群密度是种群的最基本特征，种群密度的调查是生态学研究的基本方法之一，标记重捕法是种群密度调查的重要方法。

2. 种群各个特征之间的关系：

（1）在种群的四个特征中，种群密度是基本特征，与种群数量成正相关。

（2）出生率、死亡率以及迁移率是决定种群大小和种群密度的直接因素。

（3）年龄组成和性别比例则是通过影响出生率和死亡率而间接影响种群密度和种群数量的，是预测种群密度（数量）未来变化趋势的重要依据。

3. 种群的数量与特征之间的关系：

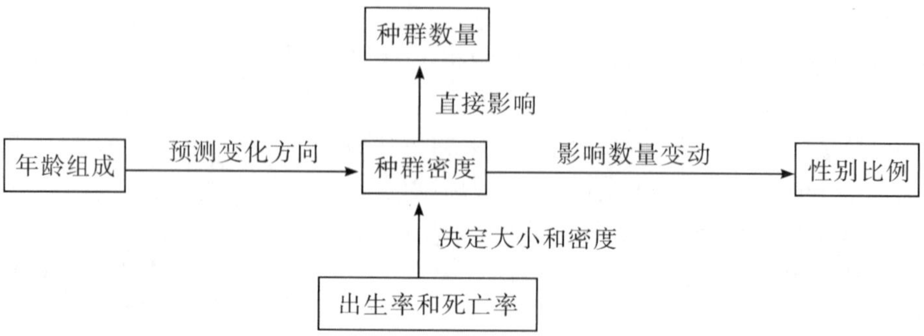

4. 种群增长的"J"型曲线：

产生的条件：无限制的环境或理想的环境（食物、空间充裕，气候适宜，无天敌）。

特点：种群数量连续增长。

5. 种群增长的"S"型曲线：

产生的条件：有限制的环境。

特点：种群数量达到 K 值后，将停止增长并在 K 值左右保持相对稳定。

6. 生物之间的关系包括种内关系和种间关系。在种内关系上，既有种内互助，也有种内斗争。种间关系包括共栖、共生、寄生、竞争、捕食等。

练习与应用

一、选择题

1. 下列叙述中属于种群的是（　　）

A. 一个池塘里的鱼　　B. 一座山上的树

C. 一个公园里的草地　　D. 一块油菜地里的油菜

2. 要研究一个种群的密度通常需要根据不同种群生物的特点选择不同的方法。下列调查种群密度时所用的方法中正确的是（　　）

A. 调查草地上的瓢虫种群→标记重捕法　　B. 调查草原中的斑马种群→样方法

C. 调查某片森林的灰松鼠种群→标记重捕法　　D. 调查池塘中的鲢鱼种群→样方法

3. 种群密度是种群最基本的数量特征，下列有关调查研究的叙述正确的是（　　）

A. 年龄组成和性别比例均是通过影响出生率和死亡率来间接影响种群密度的

B. 研究种群"S"型增长曲线在渔牧养殖生产上的应用时，人们发现种群数量保持在 $K/2$ 左右可获得最大的增长速率

C. 标记重捕法可用于调查蚜虫、跳蝻的种群密度

D. 用样方法调查草地中蒲公英的种群密度时，不统计样方线上的个体

4. 下列有关环境容纳量（即 K 值）及其在生产、生活中应用的说法，正确的是（　　）

A. K 值是指一定空间中所能容纳的种群最大值，此时种群增长速率最大

B. 一定空间中同一种群的 K 值不会变化

C. 降低环境中老鼠的 K 值，如严密封储粮食等，可限制老鼠种群的数量

D. 在开发动植物资源时，种群数量达到 K 值时才能猎取一定数量的该生物资源

5. 下列有关种群特征的叙述，错误的是（　　）

A. 种群密度是种群最基本的数量特征

B. 年龄结构是指种群中各年龄段的个体数目比例

C. 同一物种的种群密度不会发生变化

D. 出生率和死亡率是指种群在单位时间内新出生和死亡的个体数目

6. 某同学在对一块面积为 5 000m^2 的野生草坪进行野外调查时，选取了 5 个样方，每个样方 4m^2，发现 5 个样方中某种草药的株数依次为 12、15、14、17、12 株。可估算出这块草坪中这种草药的株数为（　　）

A. 15 000　　B. 16 250　　C. 17 500　　D. 70 000

7. 按一对夫妇生两个孩子计算，人口学家统计和预测，墨西哥等发展中国家人口翻一番大约需 20 ~ 40 年，美国需要 40 ~ 80 年，瑞典人口将会相对稳定，德国人口将会减少。预测人口的这种增减动态主要取决于（　　）

A. 种群数量和密度　B. 种群年龄结构　C. 种群性别比例　D. 出生率和死亡率

8. 在大田作物的栽培中，适当的密植可以提高单位面积产量，但种植过密反而减产。正确的解释是（　　）

A. 导致害虫大量繁殖　B. 造成杂草生长旺盛

C. 导致种内斗争激烈　D. 使成熟期大大延迟

9. 在培养细菌的培养基上长出了青霉，细菌与青霉之间的关系是（　　）

A. 寄生　B. 互利共生　C. 竞争　D. 种内斗争

10. 下列生物之间竞争最激烈的是（　　）

A. 青蛙与蝗虫　B. 狼与羊　C. 牛与羊　D. 斑马与黑猩猩

11. 种内斗争造成的结果是（　　）

A. 对双方都有利　B. 对双方都有害

C. 对种群的生存有利　D. 对种群的生存有害

12. 下列有关种群的叙述，不正确的是（　　）

A. 种群是生物进化和繁殖的基本单位

B. 种群中的全部个体的基因组成了这个种群的基因库

C. 种群中各年龄期个体数目比例适中，则该种群的密度在一定时间内会明显变大

D. 种群增长率在种群的“S”型增长曲线的各阶段是不同的

13. 种群是指一定地域内（　　）

A. 同种生物的幼体和成体个体数的总和

B. 各种生物个体数的总和

C. 同种生物成体个体数的总和

D. 同种生物未成熟个体数的总和

14. 一个种群中年轻个体数非常多，老年个体数非常少，此种群的年龄组成类型属于（　　）

A. 增长型　B. 稳定型　C. 衰退型　D. 不定型

15. 下面关于种群的叙述，不正确的是（　　）

A. 种群中的个体之间可相互交配繁殖

B. 一个种群由许多同种个体组成

C. 种群的个体数量是经常变动的

D. 种群内的个体间常因空间和食物发生竞争

二、非选择题

1. 下图为 A、B 两个国家人口的年龄组成图，纵轴表示年龄，横轴表示各年龄段人口占总人口的百分比。请根据此图回答，哪个国家的人口增长率高？为什么？

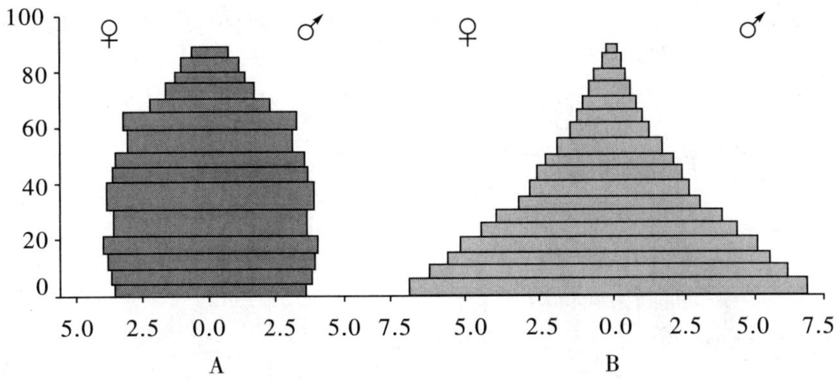

2. 调查某草原田鼠数量时，在设置 1 公顷的调查区内，放置 100 个捕鼠笼，一夜间捕获鼠 32 头，将捕获的鼠经标记后在原地释放。数日后，在同一地方再放置同样数量的捕鼠笼，这次共捕获 30 头，其中有上次标记过的个体 10 头。请回答下列问题：

（1）若该地区田鼠种群个体总数为 N，则 N 约为______头。

A. 30　　B. 32　　C. 64　　D. 96

（2）要使上面所计算的种群个体总数和实际相符，理论上在调查期必须满足的条件是（　　）

A. 有较多个体迁出调查区　　B. 调查区内没有较多个体死亡

C. 调查区内没有较多个体出生　　D. 有较多个体迁入调查区

（3）调查甲、乙两草原所捕获鼠的月龄，它们的月龄构成如图 A 所示。据图分析：_______草原的田鼠种群属于_______型；_______草原的田鼠种群属于_______型，可以预测，该草原鼠害将会严重，必须做好防治准备工作。

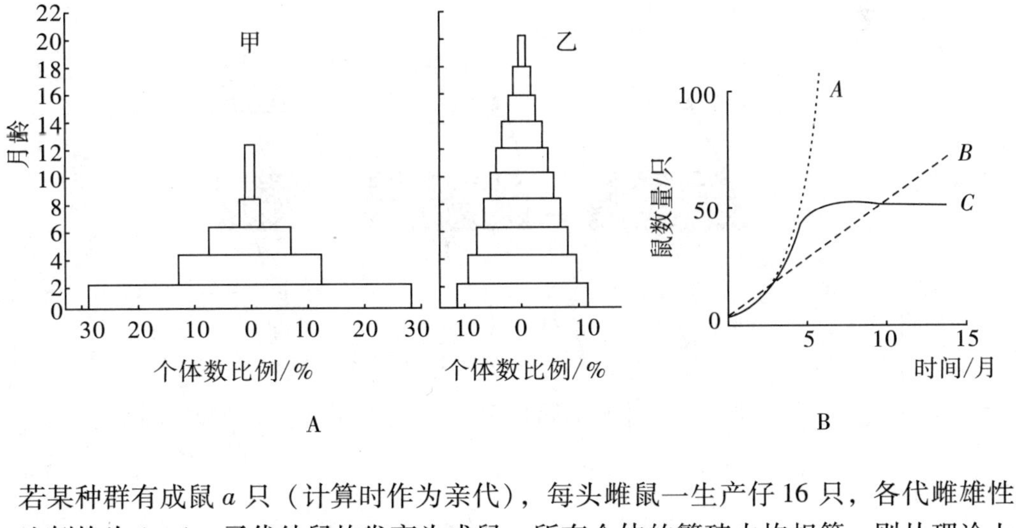

（4）若某种群有成鼠 a 只（计算时作为亲代），每头雌鼠一生产仔 16 只，各代雌雄性别比例均为 1∶1，子代幼鼠均发育为成鼠，所有个体的繁殖力均相等，则从理论上计算，第 n 代产生的子代数为________。

A. $a\times8^{n-1}$　　B. $a\times8^{n+1}$　　C. $a\times8^{n}$　　D. $a\times8^{n-2}$

（5）若将雌雄成鼠各若干只，放在大小一定的笼内饲养，让它们交配繁殖，且供给足够的饵料和水，则笼内鼠数变化和饲养时间之间的关系，应为图 B 中的曲线________。

3. 在某鱼塘中放养着 A、B、C、D 四种鱼，营养结构如图甲所示。据图回答下列问题：

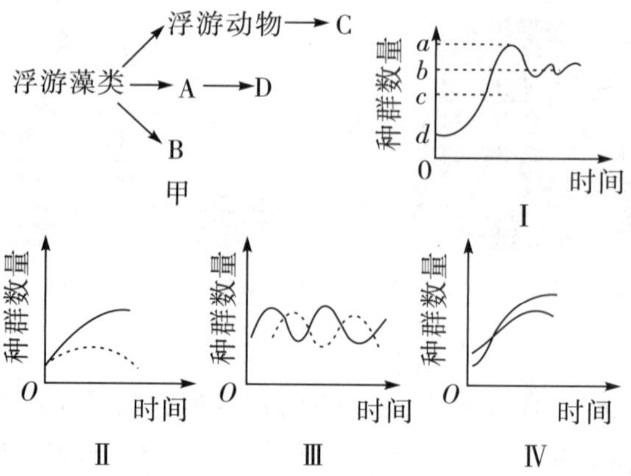

(1) 若科研人员调查四种鱼的种群数量，应采取的方法是______；若该鱼塘中只放养 C 鱼，种群数量的变化曲线是Ⅰ，池塘的环境容纳量（K 值）是______________。

(2) 若该鱼塘中只放养 A 和 B 两种鱼（假设二者都只取食同一种藻类），两种鱼种群数量的变化曲线是______________；若该鱼塘中只放养 A 和 D 两种鱼，种群数量的变化曲线是______________；若该鱼塘中只放养 A 和 C 两种鱼，种群数量的变化曲线是______________。

(3) 在只放养 C 鱼的鱼塘中，捕捞的最佳时间非常重要，应该将鱼塘中 C 鱼的种群数量控制在曲线Ⅰ上的______之间。

4. 下图是种群年龄组成的 3 种类型（上为老年个体数、中为成体个体数、下为幼体个体数），请据图回答下列问题：

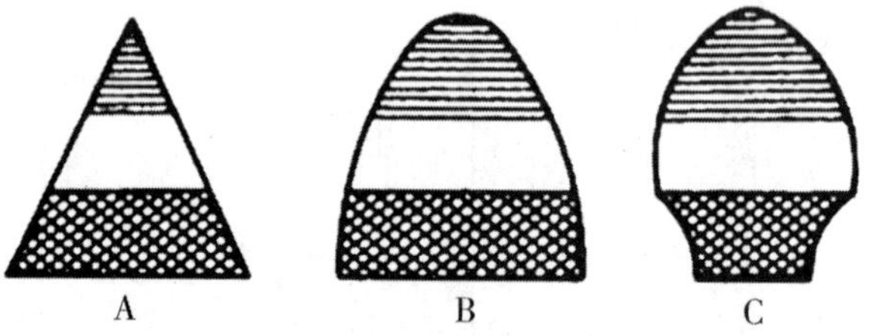

(1) A 属于________型，这类种群正处于______________时期。

(2) B 属于________型，其特点是种群中各年龄段的个体数目______________。

(3) C 属于________型，这类种群的密度会______________，判断依据是______________________。

(4) 比较三个种群的密度发展趋势：____________________。

(5) 假设用人工合成的性外激素大量诱杀稻田内某种害虫的雄性个体，就会破坏害虫种群的____________，从而导致该种群的____________降低，达到明显降低害虫种群__________的目的，使害虫种群年龄组成成为图中__________类型。

(6) 在渔业生产中，要严格控制渔网孔眼的大小以保护幼苗，这将会使鱼群年龄组成为图__________所示类型。

（7）中国在20世纪50—60年代出现生育高峰，因此70年代初期中国人口政策的年龄组成为图__________所示类型。

（8）随着中国人口政策逐渐深入人心和人民生活水平的大幅度提高，中国人均寿命大大延长，这给中国人口组成带来了什么变化？

第三节 生物群落

一、群落的概念

只要条件适宜，地球上的每一寸土地和海洋中的每一滴水都会挤满生物。在任何一个特定的地区内，只要那里的气候和其他自然条件基本相同，就会出现一定的生物组合，即由很多种类的生物种群所组成的一个生态功能单位，这个功能单位就是群落。群落（community）指在一定的区域内，相互之间具有直接或间接关系的所有生物的总和。可见，群落是种群的集合体。一个自然的群落就是在一定的地理区域内、生活在同一环境下，各种动物、植物和微生物种群的集合体，即生物群落 = 植物种群 + 动物种群 + 微生物种群。

群落具有一定的结构、一定的生物种类构成和一定的种间相互关系，并可在环境条件相似的不同地段重复出现。群落并不是任意物种的随意组合，生活在同一群落中的各个物种是通过长期历史发展和自然选择而保存下来的。它们彼此之间的相互作用不仅有利于它们各自的生存和繁殖，而且也有利于保持群落的稳定性。

生物群落与生态系统的概念不同。生态系统不仅包括生物群落，还包括群落所处的非生物环境，把二者作为一个由物质、能量和信息联系起来的整体。因此生物群落只相当于生态系统中的生物部分。

二、群落的结构特征

在生物群落中，各个生物种群分别占据了不同的空间，使群落具有一定的结构。

1. 生物组成的多样性

一个群落总是包含着很多种生物，其中有植物、动物和微生物。我们在研究群落的时候，首先应识别组成群落的各种生物并列出它们的名录，这是测定一个群落中物种多样性的最简单方法。不同群落的物种数目有差别，群落中物种数目的多少称为丰富度。科学家研究了中国从东北到海南的木本植物的丰富度，发现越靠近热带地区，单位面积内的物种越丰富。物种丰富度不是指某物种的数量，而是指物种的数量。

2. 植物生长型和群落层次性

组成群落的各种植物常常具有极不相同的外貌，根据植物的外貌可以把它们分成不同的生长型，如乔木、灌木、草本和苔藓等，这些不同的生长型将决定群落的层次性。

3. 优势现象

在组成群落的成百上千个物种中，只有少数物种能够凭借自己的大小、数量和活力对群落产生重大影响，这些种类就称为群落中的优势种，优势种具有高度的生态适应性，它的存在常影响着其他生物的存活和生长。

4. 相对数量

群落中各种生物的数量是不一样的，测定物种间的相对数量可以采用物种的多度、密度、盖度、频度、体积和重量等指标。

5. 营养结构

营养结构是指群落中各种生物之间的取食关系和各自所处的位置。这种取食关系决定着物质和能量的流动方向（植物→植食动物→肉食动物→顶位肉食动物）。

6. 垂直结构

在垂直方向上，生物群落具有明显的分层现象。例如，在森林中，高大的乔木占据森林的上层，往下依次是灌木层和草本植物层（图 5－16）。动物在群落中的垂直分布也有类似的分层现象。例如，鹰、猫头鹰、松鼠等动物，大多在森林的上层活动，大山雀、柳莺等小鸟在灌木层活动，而鹿、獐、野猪等动物则在地面活动。在枯枝落叶层和土壤中，还有许多低等动物（如蚯蚓、马陆等）和微生物。

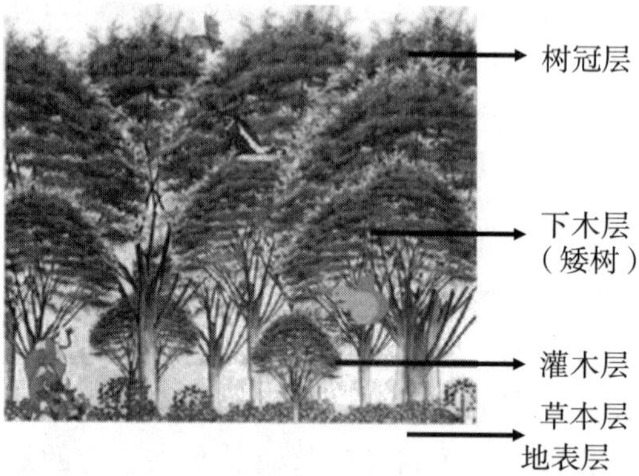

图 5－16　热带雨林的垂直结构示意图

7. 水平结构

在水平方向上，由于地形的起伏、光照的明暗、湿度的大小等因素的影响，不同地段往往分布着不同的种群，种群的密度也有差别。例如，在森林中，在乔木的基部和其他被树冠遮住的地方，光线较暗，适于苔藓植物和其他喜阴植物生存，而树冠下的间隙或其他光照较充足的地方，则有较多的灌木和草丛。

三、群落内种群间相互作用

生物群落中的各种生物之间的关系主要有三类：

（1）营养关系：当一个种以另一个种，不论是其活体、其死亡残体，还是其生命活动的产物为食时，都产生了这种关系。此关系又分为直接的营养关系和间接的营养关系。采集花蜜的蜜蜂、吃动物粪便的粪虫，这些动物与作为它们食物的生物物种的关系是直接的营养关系；当两个种为了同样的食物而发生竞争时，它们之间就产生了间接的营养关系。因为这时一个种的活动会影响另一个种的取食。

（2）成境关系：一个种的生命活动使另一个种的居住条件发生改变。植物在这方面起的作用特别大。树冠下的灌木、草类和地被以及所有动物栖居者都处于较均一的温度、较高的空气湿度和较微弱的光照等条件下。植物还以各种不同性质的分泌物（气体的和液体的）影响周围的其他生物。一个种还可以为另一个种提供住所，如动物的体内寄生或巢穴等共栖现象，树木干枝上的附生植物等。

（3）助布关系：指一个种参与另一个种的分布，在这方面动物起主要作用。它们可以携带植物的种子、孢子、花粉，帮助植物散布。

营养关系和成境关系在生物群落中具有重大的意义，是生物群落存在的基础。正是这两种相互关系把不同种的生物聚集在一起，结合成不同规模的相对稳定的群落。

四、地球上的主要群落类型

地球气候因素和地理位置是生物分布的主要控制因素，形成了各种生物群落。以下分别对这些生物群落作简单的介绍。

1. 热带雨林

热带雨林分布在赤道两侧纬度20°范围内，以南美亚马孙河流域、东亚热带地区和非洲刚果河流域面积最大，发育得最好。这些地区年平均温度为23℃～28℃，年降水量一般超过2 000mm，终年高温多雨，为生物的生存提供了优越条件。

热带雨林的植物种类极为丰富，可达几千种，垂直分层明显，仅乔木就有四五层之多，林内还有极其丰富的藤本植物和附生植物，高大的乔木下面还有灌木层和草本层。群落外貌终年常绿。热带雨林中数量和种类最多的动物是灵长类、鸟类、爬行类、两栖类和各种昆虫。

2. 温带落叶阔叶林

温带落叶阔叶林主要分布在西欧、东亚和北美。中国的温带落叶阔叶林主要分布于华北地区。温带落叶阔叶林分布区气候四季分明，夏季炎热多雨，冬季寒冷干燥。构成温带落叶阔叶林的主要树种有栎、山毛榉、槭、椴、桦等。它们都有比较宽薄的叶片，秋冬落叶，春夏长叶，这类森林又叫夏绿林。植物群落的垂直结构一般具有四个非常清楚的层次：乔木层、灌木层、草本层和苔藓地衣层。藤本和附生植物极少。各层植物冬枯夏荣，季相变化十分鲜明。温带落叶阔叶林中的动物有鼠、松鼠、鹿、鸟类，以及狐、狼和熊等。

3. 北方针叶林

北方针叶林分布于北纬45°～70°之间的寒温带地区。北方针叶林地区冬季严寒而漫长，夏季温凉而短促，降水量比较丰富，以降雪为主要形式。构成这类森林的植物区系比较贫乏，乔木以云杉、冷杉、松、落叶松等植物为主。除落叶松外都为常绿针叶树。森林的结构也比较简单，乔木层常由一两个树种构成纯林，林相整齐。林下有一个灌木层和一个草本层，而由苔藓构成的地被层在许多林下十分发达，有时连片分布，密被地表。北方针叶林中的动物以麋、黑熊、鹿、貂和啮齿类为多，此外还有虎、驯鹿等。

4. 草原

草原是指由草原地区生物和草原地区非生物环境组成的生态系统。草原主要分布在欧亚大陆温带，自多瑙河下游起向东经罗马尼亚、俄罗斯和蒙古，直达中国东北和内蒙古等地，构成世界上最宽广的草原带。

草原地区属大陆性气候，降水量少，夏季温暖，冬季较严寒，四季分明。草原生态系统的植被主要是草本植物，有的地方还有散生的矮小灌木。群落结构简单，一般仅有一或两层。开旷的草原适宜善于竞走的大型植食动物生活，如野驴、野牛、骆驼、黄羊、马等。以穴居为主的啮齿类动物也是草原上常见的初级消费者。

5. 冻原

冻原又叫做苔原，为典型的寒带生态系统，分布于欧亚大陆和北美大陆的北部边缘地带，形成一条大致连续的冻原地带。这里冬季寒冷漫长，夏季凉爽，风力强劲，土壤下面常有永冻层存在。植被的种类组成很贫乏，主要有苔藓、地衣及莎草科、十字花科的多年生草本植物，以及杨柳科、石楠科与桦木科的矮小灌木。它们多数紧贴地面生长，避免风寒。动物种类贫乏，主要有驯鹿、麝牛、北极狐、狼和旅鼠等，夏季多有候鸟迁来繁殖。

6. 沙漠

沙漠主要分布在亚热带和温带极端干燥少雨的地区，在北半球形成一条明显的荒漠地带。中国的沙漠分布于西北和内蒙古地区。南半球的智利、澳大利亚和南非也有分布。

沙漠地区温度变化剧烈，尤以日温差最大，并多有风沙与尘暴出现。严酷的自然条件限制了许多植物的生存，只有为数不多的超旱生半乔木、半灌木或肉质的仙人掌类植物稀疏地分布。所以沙漠地区的植物种类贫乏、结构简单、覆盖度低，有些地面完全裸露。动物的种类不多，数量也少，常见的有昆虫、蜥蜴、骆驼和某些鸟类。许多动物具有高度适应干旱环境的特征，如夏眠、夜间活动、长期不饮水、不具汗腺和排放高浓度的尿液等。

7. 淡水生物群落

淡水生物群落通常都具有明显的边界，为科学研究提供了很大的方便。根据水的运动可分为流水与静水两种类型。

（1）流水。流水主要指陆地上的江河与溪流等。河流的上游多湍流于山区，第一性生产者以固着性藻类为主，消费者以水生蚊虫、蜻蜓、蜉蝣和小型鱼类为主。中游河段水量大，第一性生产者除多为浮游性的绿藻、蓝藻和某些硅藻外，常有高等植物成片分布；消费者以浮游动物和螺、蚌及鲤、鲶、鲫等为常见。下游地区一般人口密集、工农业比较发达，排入河流中的污水量大，出现富营养化现象，使水产资源减少，甚至影响人类健康。

（2）静水。静水指陆地上的湖泊、沼泽、池塘和水库等。此地区光照充足，营养物质丰富，生物种类多，尤以藻类最为繁盛，充足的食物资源养育着丰富的消费者动物种群，除浮游甲壳类外，还有螺、蚌以及大量脊椎动物（如蛇、蛙、鱼、水鸟）等。

8. 海水生物群落

广阔的海洋由于各部分的深度、光照、盐分和生物种群结构不同，可进一步划分为海岸带、浅海带和远洋带等。

海岸带位于陆地和海洋交界处，水深从几米到几十米，光照充足，含盐量、水温和地形变化较大。第一性生产者以浮游植物和大型固着生长的绿藻、褐藻与红树植物为主；动物以近岸性浮游动物、鱼类和螺、蚌、牡蛎、蚶、贝、沙蚕等底栖生物为主。

浅海带为水深不超过200m的大陆架部分。水中的光照仍然比较充足，来自陆地的有机物质也较丰富，有利于生物的生存。主要生产者植物为浮游硅藻、裸甲藻等，消费者大多为滤食性鱼类，如鳕、鲱等。由于水中营养物质丰富，藻类繁盛，鱼虾产量高，为世界上主要捕鱼区。

远洋带指浅海带往外的大洋区，水面开阔，水深超过200m，最深处达10 000m以上。浮游植物主要是硅藻和双鞭甲藻，浮游动物主要是桡足类和箭虫，自游动物有各种虾、水母和鲸等。

五、群落演替及其实例

地球上各处的环境一直处于不断的变化之中，因此群落是一个动态系统。群落的稳定是相对的，变化则是绝对的，虽然这种变化有时显得非常缓慢。所谓群落演替或生态演替（ecological succession），通俗地讲就是在一定区域内，由于物质环境改变等原因，一种类型的群落发展成为另一种类型的群落的过程。群落是一个动态系统，演替是它本身的一种特性。但演替并不是永无休止地进行下去的，当一个群落演替到同环境处于平衡状态的时候，群落结构达到最稳定，在不受外力干扰的条件下，它会一直“停留”在这个状态，这个最终达到的群落状态被称为顶级群落（climax community）。

1. *群落演替的类型*

群落演替包括初生演替和次生演替两种类型。在一个起初没有生命的地方开始发生的演替，叫做初生演替。例如，在从来没有生长过任何植物的裸地、裸岩或沙丘上开始的演替就是初生演替。在原来有生物群落存在，后来由于各种原因使原有群落消亡或受到严重破坏的地方开始的演替，叫做次生演替。例如，在弃耕的农田上、在发生过火灾或过量砍伐后的林地上开始的演替就是次生演替。

初生演替（图5－17）和次生演替（图5－18）的比较如表5－4所示。

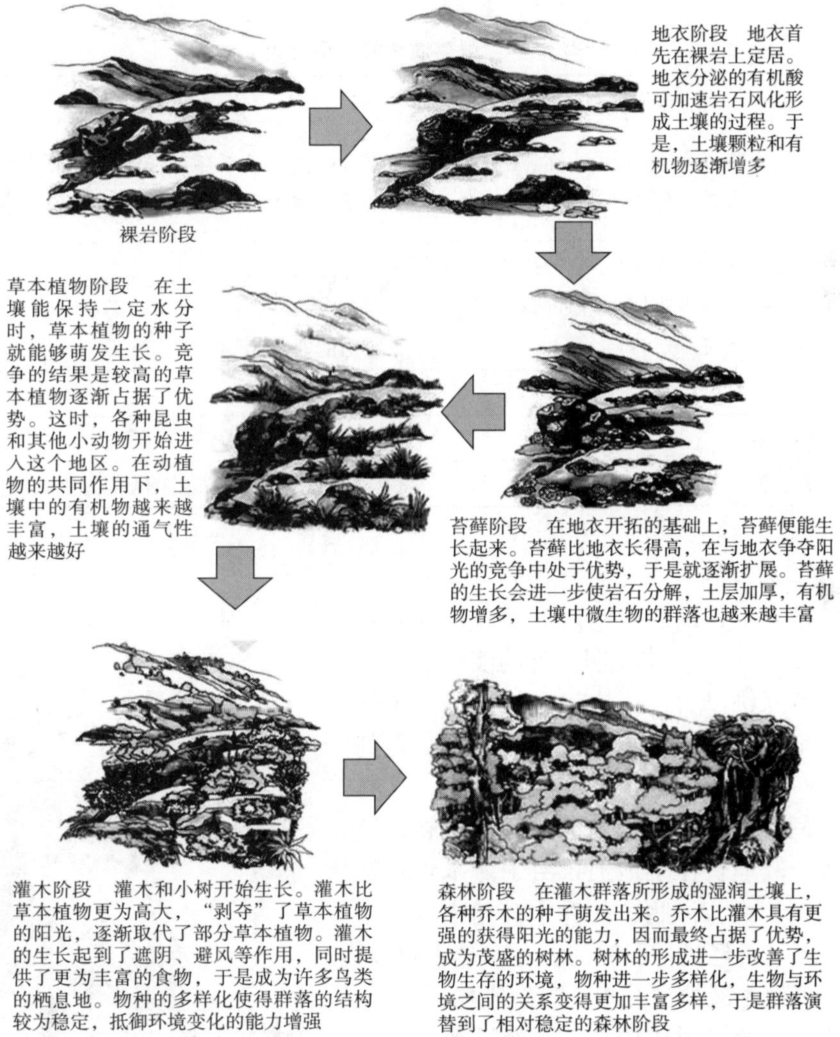

图5－17　火山喷发后裸岩上的演替过程（初生演替）

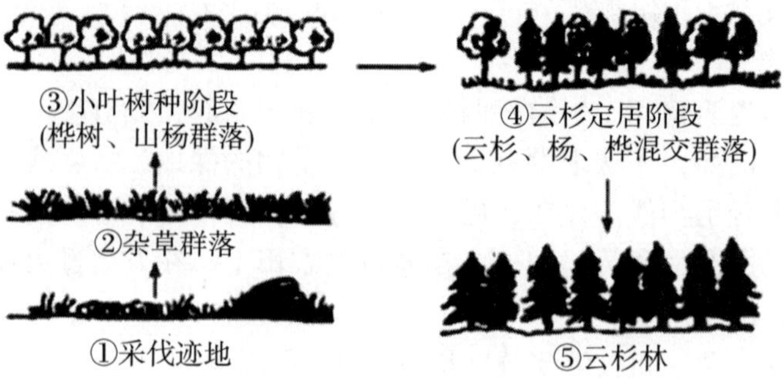

图 5－18　次生演替

表 5－4　群落演替的类型比较

类型	初生演替	次生演替
起点	从来没有被植物覆盖的地面，或原来存在过植被但被彻底消灭了的地方	原有植被虽已不存在，但土壤条件基本保留，甚至还保留了植物的种子或其他繁殖体的地方
过程	裸岩阶段→地衣阶段→苔藓阶段→草本植物阶段→灌木阶段→森林阶段	杂草阶段→灌木阶段→森林阶段
时间	经历的时间长	经历的时间短
速度	缓慢	较快
影响因素	自然因素	人类活动较为关键
实例	裸岩、沙丘和湖底的演替	弃耕农田上和火灾后的草原上发生的演替

2. 群落演替的过程

群落演替是一个长期的过程。下面以一片弃耕的农田为例（图 5－19），来说明群落的演替过程。

一片农田被弃耕以后，很快就会长满一年生的杂草。有了一年生杂草的覆盖，土壤的条件会得到初步的改善，一些多年生的杂草会接踵而至，这样经过几年的时间，一些小灌木就会出现。起初，灌木只是一簇簇分散地长在草地上，由于灌木年年结实，灌木丛逐渐扩大，一些小的乔木开始出现，草地就随之消失了。再经过一段时间，乔木越来越多，遮盖了灌木，使灌木减少，乔木便蔚然成林了。

从被废弃的农田到形成树林，要经过数十年的时间。当然，这样的演替过程是在气候条件适宜的情况下发生的，如果是在干旱的荒漠地区，群落的演替就只能够发展到草本群落或稀疏灌丛阶段。

图 5－19　群落的演替

3. 群落演替的结果（表 5－5）

表 5－5 群落演替的结果

演替方向	演替是群落组成向着一定方向、具有一定规律、随时间而变化的有序过程，因而它往往是可预测的，一般都可以演替到森林这一最高阶段
能量	总生产量增加，群落的有机物总量增加
结构	生物种类越来越多，群落的结构越来越复杂
稳定性	演替是生物和环境反复相互作用，发生在时间和空间上的不可逆变化，抵抗力稳定性越来越高

4. 群落演替的特点

（1）演替是群落组成向着一定方向、具有一定规律、随时间变化的有序过程，因而它往往是可预测的。

（2）演替是生物和环境反复相互作用，发生在时间和空间上的不可逆变化，但人类活动可使其不按自然演替的方向和速度进行。

（3）在群落演替过程中，一些种群取代另一些种群是指“优势取代”，而非“取而代之”，如形成森林后，乔木占据了优势，取代了灌木的优势，但森林中仍会有灌木、草本、苔藓等。

5. 研究群落演替的意义

在自然界里，群落的演替是普遍现象，而且是有一定规律的。人们掌握了这种规律，就能根据现有情况来预测群落的未来，从而正确地掌握群落的动向，使之朝着有利于人类的方向发展。例如，在草原地区，应该科学地分析牧场的载畜量，做到合理放牧。如果载畜量过大，就会造成牧草的过度消耗，引起群落的演替——优质牧草逐渐减少，甚至消耗殆尽，杂草就会取而代之。因此，应该采取措施防止这种有害的群落演替趋势出现。

教与学的要点

1. 群落是种群的集合体。在一定区域内的生物，同种的个体形成种群，不同的种群形成群落。一个自然的群落就是在一定的地理区域内、生活在同一环境下，各种动物、植物和微生物种群的集合体。在生物群落中，各个生物种群分别占据了不同的空间，使群落具有一定的结构。

2. 生物群落中的各种生物之间的关系主要有三类：营养关系、成境关系、助布关系。

3. 地球气候因素和地理位置是生物分布的主要控制因素，形成了各种生物群落：热带雨林、温带落叶阔叶林、北方针叶林、草原、冻原、沙漠、淡水生物群落、海水生物群落。

4. 生物群落不是一成不变的，它是一个随着时间的推移而发展变化的动态系统。在群落的发展变化过程中，一些物种的种群消失了，另一些物种的种群随之兴起，最后，这个群落会达到一个稳定状态。像这样随着时间的推移，一个群落被另一个群落代替的过程，就叫做演替。

练习与应用

一、选择题

1. 下列关于群落的叙述，不正确的是（　　）
   A. 土壤中的小动物存在垂直分层现象
   B. 群落中物种丰富度与物种数目呈正相关
   C. 生物群落的营养关系越复杂，生态系统的抵抗力稳定性越高
   D. 群落演替的原因在于群落内部变化，不受外界因素的影响
2. 说明生物群落在垂直方向上具有分层现象的是（　　）
   A. 森林中有乔木层、灌木层、草本层和地被物层
   B. 森林中的树木的间隙有较多的灌木和草丛
   C. 豌豆地里的高茎豌豆与矮茎豌豆混合种植
   D. 鹿群中有的鹿高，有的鹿矮
3. 东北东部山地的阔叶红松林受破坏之后，形成一片空地，叫做“林窗”，这时候往往最先进入的是杨树、白桦等。但随着时间的推移，周围的红松林会慢慢在这片区域生长繁殖并逐渐替代杨树和白桦重新成为林地中的优势种。下列说法中正确的是（　　）
   A. 杨树、白桦在受破坏的空地上生长繁殖引起的群落演替属于初生演替
   B. 红松林重新取代杨树和白桦的原因是红松林在竞争中处于优势
   C. 在群落演替的初期，不存在种群间的竞争关系
   D. 在群落演替的过程中，群落的物种组成不会发生变化
4. 有关群落演替的说法，错误的是（　　）
   A. 群落中一个种群被另一个种群代替的过程叫做演替
   B. 保留植物繁殖体的地方发生的演替为次生演替
   C. 在干旱的荒漠地区，群落演替很难形成森林
   D. 人类活动可以影响演替的速度和方向
5. 某生物课外兴趣小组对甲、乙两地土壤中的小型动物类群丰富度进行了调查研究，每次随机取相同体积的甲、乙两地土壤对比研究。结果发现，甲地土壤中的小型动物类群平均有 18 种，个体数平均值是 109 个；乙地土壤中的小型动物类群平均有 15 种，个体数平均值是 209 个，则甲、乙两地土壤小型动物类群丰富度的大小是（　　）
   A. 甲 = 乙　　B. 甲 < 乙　　C. 甲 > 乙　　D. 无法确定
6. 右图为某一区域内 M、N 两物种的资源利用曲线。从图中可以得出的正确结论是（　　）

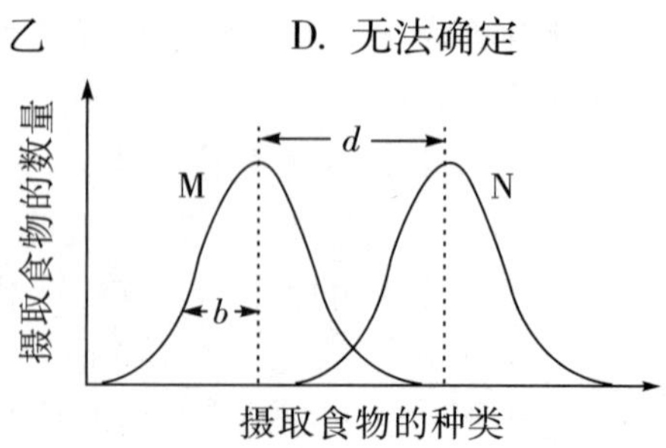

   A. 曲线不重叠时，M 与 N 一定不存在竞争
   B. d 越小，M 与 N 种间竞争越激烈
   C. b 越大，生物适应环境能力越弱
   D. M、N 两物种间存在捕食关系
7. 巨尾桉具有速生、高产的特点。某地区将天然林全部砍伐烧毁，大量单一种植巨尾桉，对环境造成不利的影响。下列叙述中正确的是（　　）
   A. 天然林替换成巨尾桉林的过程属于初生演替

B. 天然林替换成巨尾桉林后物种丰富度增加
C. 在巨尾桉林中混种其他林木有利于改善该地区环境
D. 巨尾桉林比天然林的抵抗力稳定性高

8. 下列实例中，不能构成群落的是（　　）
A. 西双版纳热带雨林中的生物　　B. 海南岛上的红树林中的生物
C. 无菌培养基上接种后长出的大肠杆菌菌落　　D. 内蒙古大草原上的生物

9. 下列关于生物群落结构的叙述，不正确的是（　　）
A. 在垂直方向上，群落具有分层现象
B. 具有分层现象的是群落中的植物，动物不具有分层现象
C. 在水平方向上，生物分布种类也有差异
D. 每个生物群落都有一定的空间配置情况

10. 在森林群落中，乔木、灌木、草本植物三类绿色植物在空间位置配备上形成了有序的组合，从而使它们能（　　）
A. 有效地避免竞争　　B. 合理地充分利用环境资源
C. 提高群落的光合产量　　D. 以上选项均正确

11. 有关探究土壤中小动物类群丰富度的说法，正确的是（　　）
A. 该探究活动一般采用样方法
B. 该探究主要针对小动物进行，最好采用标记重捕法
C. 进行这类研究时，常用取样器取样的方法进行采集和调查
D. 若完成统计和分析后，发现小动物还存活，最好再放入 70% 的酒精溶液中

12. 一座高山上的哪些成分可以构成生物群落（　　）
A. 全部鸟类　　B. 全部马尾松
C. 全部生物　　D. 全部生物及其生存环境

二、非选择题

1. 什么是群落？地球上有哪些主要的陆地群落类型？其所处环境有什么特点？
2. 从湖泊演变为森林要经历哪几个演替阶段？什么是顶级群落？

第四节　生态系统

生态系统（ecosystem）是由生物成分与非生物成分共同组成的（而种群与群落则只是由生物成分组成），但是以生物成分为主体，并且各成分有机地组合在一起，执行统一的整体功能。生态系统是现代生态学研究中最高的一个层次。

一、生态系统的概念

生态系统就是一定空间内所有生物与其环境通过物质循环和能量流动相互作用而形成的统一整体。

生态系统的范围有大有小，其中生物圈是地球上最大的生态系统，它是地球上的全部生物及其无机环境的总和。

生态系统是生物学组织体系中最高的层次，它包含了一定区域里的全部生物和土壤、水、空气等所有的物理环境。生态系统是指生物群落与环境之间因不断地进行物质循环和能量流动而形成的一个整体。

生态系统的共同特征包括：① 生态系统内部在一定范围和限度内具有自我调节的能力，这种自我调节的能力与生物多样性程度成正比；② 生态系统中的能量流动、物质循环和信息传递体现了生态系统的动力学特征，生态系统内部始终处于运动之中，能量的流动是单向的，物质流动是循环式的；③ 生态系统吸收的太阳能量一般都通过 4 ~5 个不同营养等级的生物进行传递；④ 从地球上生物起源到现在，生态系统经历了从简单到复杂的发育阶段。

二、生态系统的主要类型

生态系统的范围有大有小。地球上最大的生态系统是生物圈，它包括地球上的全部生物及其无机环境。在生物圈这个最大的生态系统中，还可以分出很多个生态系统，如一片森林、一块草地、一个池塘、一块农田等，都可以各自成为一个生态系统。地球上的生态系统可以分为陆地生态系统和水域生态系统两大类。在陆地生态系统中，根据各生态系统的植被分布情况，又可以分为森林生态系统、草原生态系统、农田生态系统、城市生态系统等类型。在水域生态系统中，又可以分为海洋生态系统、湿地生态系统等类型。

1. 森林生态系统

森林生态系统分布在湿润或较湿润的地区，是陆地生态系统中面积最大、最重要的自然生态系统。森林中的植物以乔木为主，也有灌木和草本。森林中的动物由于在树上容易找到丰富的食物和栖息场所，因而营树栖攀缘生活的动物种类特别多，如松鼠、貉、眼镜猴、长臂猿、避役、树蛙等。与树栖攀缘生活相适应，这些动物在形态结构上具有一系列特征，例如，松鼠等动物具有弯曲而锐利的钩爪，足掌上有发达的足垫；眼镜猴等动物的指（趾）端具有特殊的吸盘；避役每 2 ~3 趾并合，呈螯状；卷尾猴等动物具有缠绕性的长尾巴，可以缠绕在树枝上，将身体悬挂起来。由于森林中障碍物多，肉食性动物往往采用伏击的方式进行捕食，被捕食的动物往往采用隐蔽躲藏的方式来逃脱敌害。由于森林中地下树根密集，土壤很潮湿，不利于动物挖洞和穴居，因而森林中挖洞和穴居的动物比较少见。森林中的鸟类大都把巢筑在树杈上或树洞里，这显然要比在地面上筑巢安全得多。

特点：动植物种类繁多，种群结构复杂，种群的密度和群落的结构能够长期处于较稳定的状态。

作用：① 经济效益：森林生态系统是人类的资源宝库，森林除了能够提供大量木材外，还能生产松香、樟脑、桐油、橡胶等具有很高经济价值的产品。森林中既有大量的食用植物，如枣、柿、栗、猕猴桃、荔枝等，又有很多油料植物，如油茶、油桐、文冠果等，还有丰富的药材资源。② 生态效益：森林生态系统能调节生物圈中氧气与二氧化碳平衡，改善生态环境；涵养水源、保持水土，有“绿色水库”之称；防风固沙、调节气候、净化空气、消除污染，等等。

2. 草原生态系统

草原生态系统分布在干旱地区，年降雨量较少。与森林生态系统相比，草原生态系统的动植物种类要少得多，群落结构也不如前者复杂。草原上的植物以草本植物为主，也有少量的灌丛。由于降雨稀少，乔木是非常少见的。与草原上的生活相适应，那里的动物大都具有挖洞或快速奔跑的行为特点。它们几乎都过着地下穴居的生活。昆虫中也有很多种类有挖洞的习性，如蚂蚁、蝼蛄等。不会挖洞的动物（如爬行动物、鸟类等），则常常占用啮齿目动物的洞穴。洞穴对于动物防御和逃避敌害、贮存食物等都具有重要意义。草原上有很多动物具有很强的奔跑能力，如瞪羚、黄羊、高鼻羚羊、跳鼠、野兔、狼、狐、豹、狮等。瞪羚的奔跑速度每小时可达 60km，猎豹的奔跑速度每小时可达 90km。这与草原上地面的平坦开阔、障碍物少有关。由于缺水，在草原生态系统中，两栖类和水生动物非常少见。

特点：动植物种类较少，在不同的季节或年份，降雨量很不均匀，种群的密度和群落的结构也常常发生剧烈变化。

作用：① 经济效益：草原生态系统是重要的畜牧业生产基地。草原生态系统生长着许多营养价值高、适应性强的牧草，为重要的牲畜放牧场，能生产肉、奶、皮、毛，能提供大量的畜产品，有特有的经济功能。② 生态效益：草原生态系统是重要的生态屏障，能调节气候，防止土地被风沙侵蚀。2000 年 10 余次袭击北京的沙尘暴、西部大开发、长江的洪灾等许多重大问题，使人们认识到草地的生态功能其实更为重要、突出。

3. 农田生态系统

农田生态系统是人工建立的生态系统，其主要特点是人的作用非常突出，人们种植的各种农作物是农田生态系统的主要成员。农田中的动植物种类较少，群落的结构单一。人们只有不断地从事播种、施肥、灌溉、除草和治虫等活动，才能使农田生态系统朝着对人类有益的方面发展，因此，可以说农田生态系统在一定程度上是受人工控制的生态系统。一旦人的作用消失，农田生态系统就会很快退化，占优势地位的作物就会被杂草和其他植物所取代。

特点：生物种类少，食物网结构简单，稳定性差，受人为因素的控制较大。

作用：为人类提供粮食、蔬菜等。

现状：中国农田大量使用化肥、农药，对土壤有好处的有机肥已很少使用，全国土壤有机质含量不断下降。与此同时，粮食产量对化肥的依赖性越来越大，一旦没有化肥，粮食产量必定下降，即使新出现的优良品种也普遍耗水、耗肥。此外，由于工业发展，农田生态系统严重污染，威胁着系统内的所有生物，如中国粮食主产区淮河、长江水域的工业污染，已对周围生态系统造成极大损害，将来肯定会影响到粮食质量和产量。农田生态系统内废弃物资源化还没有做到，“秸秆还田”虽提倡多年，但各地少有实行。

4. 城市生态系统

城市生态系统是城市居民与其周围环境相互作用而形成的统一整体，也是人类在改造和适应自然环境的基础上建立起来的特殊的人工生态系统。城市中的一切设施都是人制造的，人起着重要的支配作用，城市居民所需要的食物绝大多数要依靠其他生态系统人为地输入；城市中的工业、建筑业、交通等都需要大量的物质和能量，这些也必须从外界输入，并且迅速地转化成各种产品。同时，城市中人们在生产活动和日常生活中所产生的大量废物，不能完全在本系统内分解和再利用，必须输送到其他生态系统中去。由此可见，城市生态系统对其他生态系统具有很大的依赖性，同时会对其他生态系统产生强烈的干扰。城市化是人类社会发展不可避免的趋势。在城市化进程中，人类将大多数野生生物限制在越来越小的范围内，同时也将自己圈在钢筋水泥和各种污染构成的人工环境中，产生了种种现代文明病。因此，改善和保护城市生态环境是人类在城市建设和发展过程中应当高度重视的课题。

特点：城市是以人为中心的特殊的人工生态系统，对其他生态系统具有很大的依赖性，同时会对其他生态系统产生强烈的干扰。

作用：① 生产功能：为社会提供丰富的物质和信息产品；② 生活功能：为市民提供方

便的生活条件和舒适的栖息环境。

5. 海洋生态系统

海洋约占地球表面积的71%。整个地球上的海洋是连成一体的，海水具有流动性，因此可以说地球上的全部海洋是一个巨大的生态系统。在这个生态系统中生活着大量的生物，它们与陆地上的生物种类大不相同。海洋中的动物大都能够在水中游动，不具备快速奔跑或飞翔的能力。海洋中的植物能够在水中进行光合作用，它们既不具备高大的树干，也没有发达的根系。影响海洋生物的非生物因素主要是阳光、温度和盐度等，这一点与陆生生物也有区别。海洋中的植物以浮游植物为主，如硅藻等。浮游植物个体小，但数量极多，是植食性动物的主要饵料。在浅海区还有很多大型藻类，如海带、裙带菜等。海洋中的动物种类很多。在水深不超过200m的水层，光线较为充足，有大量的浮游植物，海洋动物的许多种类主要集中在该水层，其中有各种各样的浮游动物、虾、鱼等。在水深超过200m的深层海域，能够进行光合作用的植物和植食性动物都不能生存，但是还有不少肉食性动物栖息。这些动物对深海环境有特殊的适应性，有的鱼眼睛退化，依靠身体前端很长的触须来探寻食物；有的鱼具有特殊的发光器官，有利于发现食物和敌害。

特点：动植物种类很丰富，结构稳定，地球上的全部海洋是一个巨大的生态系统。

作用：① 经济效益：蕴藏着极为丰富的生物资源，也是人类的资源宝库。许多海洋生物可以用作工业原料，有的还有很高的药用价值。② 生态效益：提供了生物圈中70%的氧气，维持着大气中二氧化碳与氧气的平衡；海洋能维持水循环，调节气候；海洋蒸发的水蒸气变成降水，能够为陆地生态系统补充大量的淡水。

6. 湿地生态系统

按照《关于特别是作为水禽栖息地的国际重要湿地公约》的定义，沼泽地、泥炭地、河流、湖泊、红树林、沿海滩涂，甚至包括在低潮时水深不超过6m的浅海水域，都属于湿地。我国的湿地类型很多，海涂蜿蜒，江河纵横。湖泊星罗棋布，沼泽散布南北。此外，还有大量的人工湿地，如水库、池塘和稻田等。

作用：① 经济效益：湿地中有着十分丰富的动植物资源。湿地常常作为生活用水和工农业用水的水源，被人们直接利用。② 生态效益：湿地有着强大的水分调节功能（既能调节水流量和控制洪水，又能补充地表径流和地下水，从而缓解旱情），以及强大的环境净化功能。

现状：在淡水生态系统中，主体是淡水，其他各种水生动植物都属客体，只要主体的淡水环境不被破坏，客体一般不会出现太大的问题。所以，这个生态系统也就基本上能够保持平衡。

三、生态系统的结构

在各种类型的生态系统中，都包含非生物的物质和能量，大量的植物、动物和微生物等组成成分。这些组成成分之间并不是毫无联系的，而是通过物质和能量的联系形成一定的结构。生态系统的结构包括两方面的内容：生态系统的成分、食物链与食物网。

（一）生态系统的成分

图5-20是一个池塘生态系统的示意图。下面就以池塘生态系统为例来分析生态系统的成分。

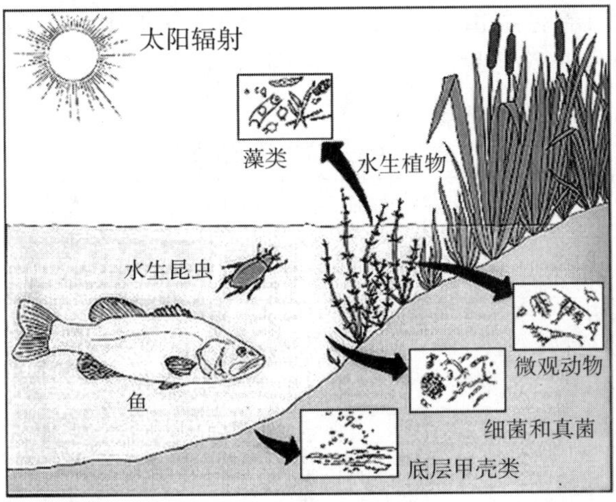

图 5－20　池塘生态系统

1. 非生物的物质和能量

在池塘生态系统中，阳光照射在湖面上，源源不断地为这个生态系统提供能量。池塘中的水，溶解在水中的空气和养料，还有沉积在池底的有机物和无机盐，这些都是这个生态系统中的非生物物质。生态系统中非生物的物质和能量主要包括阳光、热能、空气、水分和无机盐等。

2. 生产者

池塘中有着大量的藻类，如硅藻、栅藻和团藻等。此外，往往还有香蒲、莲、浮萍等水生植物。这些植物利用太阳能，通过光合作用，把无机物制造成有机物，把光能转变成储存在有机物中的化学能，所以把它们叫做生产者（producer）。生产者属于自养生物，是生态系统的主要成分。某些自养的微生物，如光合细菌、化能合成细菌等也属于生产者。

3. 消费者

池塘中有许多动物，如水蚤、水生昆虫、各种鱼类等。这些动物自己不能制造有机物，只能靠吃现成的有机物来维持生命，也就是说，它们的生存必须直接或间接地依赖于绿色植物，所以把它们叫做消费者（consumer）。消费者属于异养生物。生态系统中直接以绿色植物为食的植食性动物，如水蚤、草鱼等，叫做初级消费者；以植食性动物为食的肉食性动物，如以浮游动物为食的鳙鱼等，叫做次级消费者；以次级消费者为食的肉食性动物，如能捕食鳙鱼的鳢（也叫乌鳢、黑鱼）等，叫做三级消费者，等等。

4. 分解者

池塘里还有许多肉眼看不见的细菌和真菌，它们能将动植物的遗体、排出物和残落物中所含的有机物逐渐分解成无机物，归还到无机环境中，被绿色植物重新利用。生态系统中的这些细菌和真菌就叫做分解者（decomposer）。分解者是生态系统中物质循环必不可少的部分。

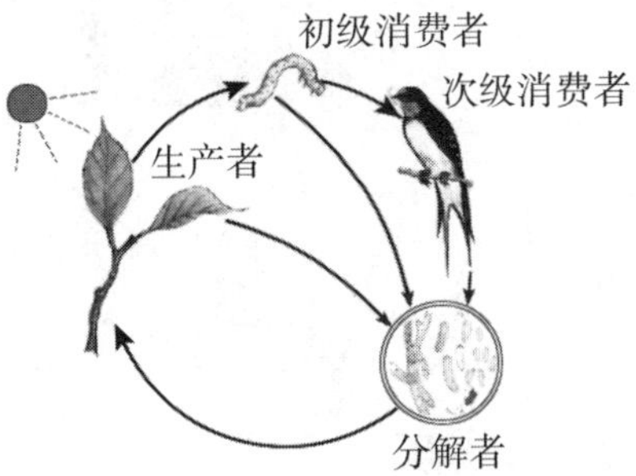

图 5－21　生产者、消费者和分解者

在生态系统中，生产者能够制造有机物，为消费者提供食物和栖息场所；消费者对于植物的传粉、受精、种子传播等方面有重要作用；分解者能够将动植物的遗体分解成无机物。如果没有分解者，动植物的遗体残骸就会堆积如山，生态系统就会崩溃。由此可见，生产者、消费者和分解者是紧密联系、缺一不可的（图5－21、表5－6）。

表5－6　生态系统的成分

成分		构成	作用（主要生理过程）	营养方式	地位
非生物成分	非生物的物质和能量	光、热、水、土、气	为生物提供物质和能量		必备成分
生物成分	生产者	绿色植物、光合细菌、化能合成细菌	将无机物转变成有机物（光合作用、化能合成作用）	自养型	生态系统的基石
	消费者	动物、寄生微生物、根瘤菌	消耗有机物（呼吸作用）	异养型	生态系统最活跃的成分
	分解者	腐生微生物、蛔虫	分解动植物遗体（呼吸作用）		生态系统的关键成分

（二）食物链与食物网

在生态系统中，各种生物之间由于食物关系而形成的一种联系，叫做食物链（food chains）。例如，兔吃草，狐吃兔，这就是一条比较简单的食物链。这条食物链从草类到狐共有三个环节，也就是三个营养级：生产者草类是第一营养级，初级消费者兔是第二营养级，次级消费者狐是第三营养级。各种动物所处的营养级并不是一成不变的。例如，猫头鹰捕食初级消费者鼠类的时候，它属于第三营养级，可是当它捕食次级消费者鸟类的时候，它就属于第四营养级了。

在生态系统中，生物的种类越复杂，个体数量越庞大，其中的食物链就越多，彼此之间的联系也就越复杂。因为一种绿色植物可能是多种植食性动物的食物，而一种植食性动物既可能吃多种植物，也可能成为多种肉食性动物的捕食对象，从而使各种食物链彼此交错，形成网状。在一个生态系统中，许多食物链彼此相互交错连接的复杂的营养关系，叫做食物网（food web）（图5－22）。食物链和食物网是生态系统的营养结构，生态系统的物质循环和能量流动就是沿着这条渠道进行的。

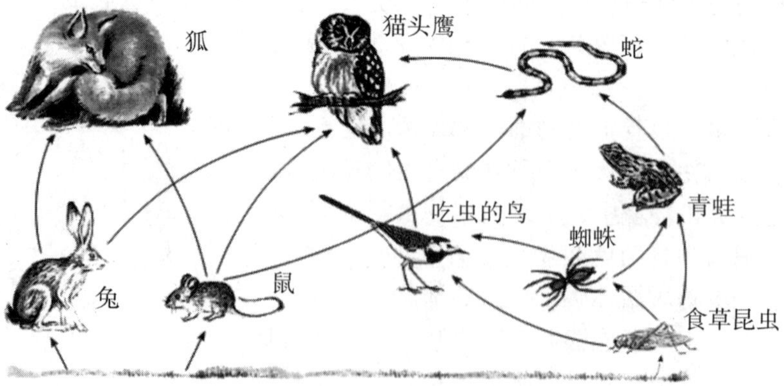

图5－22　温带草原生态系统的食物网简图

四、生态系统的能量流动

在生态系统中，各个营养级的生物都需要能量，能量是生态系统的动力。生态系统中能量的输入、传递和散失的过程，称为生态系统的能量流动。那么，生态系统所需要的能量是怎样输入的呢？这些能量在生态系统内又是怎样传递和散失的呢？

1. 能量流动的过程

生态系统的能量来源是太阳能，生态系统的能量流动是从生产者把太阳能固定在体内以后开始的。生产者固定太阳能后，能量大部分用于生产者的生长、发育和繁殖等生命活动，储存在生产者的有机物中，通过生产者的呼吸作用以热能形式散失。另一部分随着残枝败叶等被分解者分解而释放出来，少部分被初级消费者摄入体内，流入第二营养级。一个生态系统的全部生产者所固定下来的太阳能，就是流经这个生态系统的总能量。在这个总能量中，除了一部分能量在动植物尸体、残枝落叶和粪便等落入土壤或水域以后，为分解者所利用并通过呼吸作用而释放到环境中以外，其余的能量都是通过食物链的各个营养级而流动的（图 5－23）。因为生产者、各级消费者等各个营养级的生物都会由于呼吸而消耗相当大的一部分能量，并且各个营养级总有一部分生物或生物的一部分能量未被下一个营养级的生物所利用，所以能量在逐级流动中越来越少。能量最终以呼吸热的形式散失。

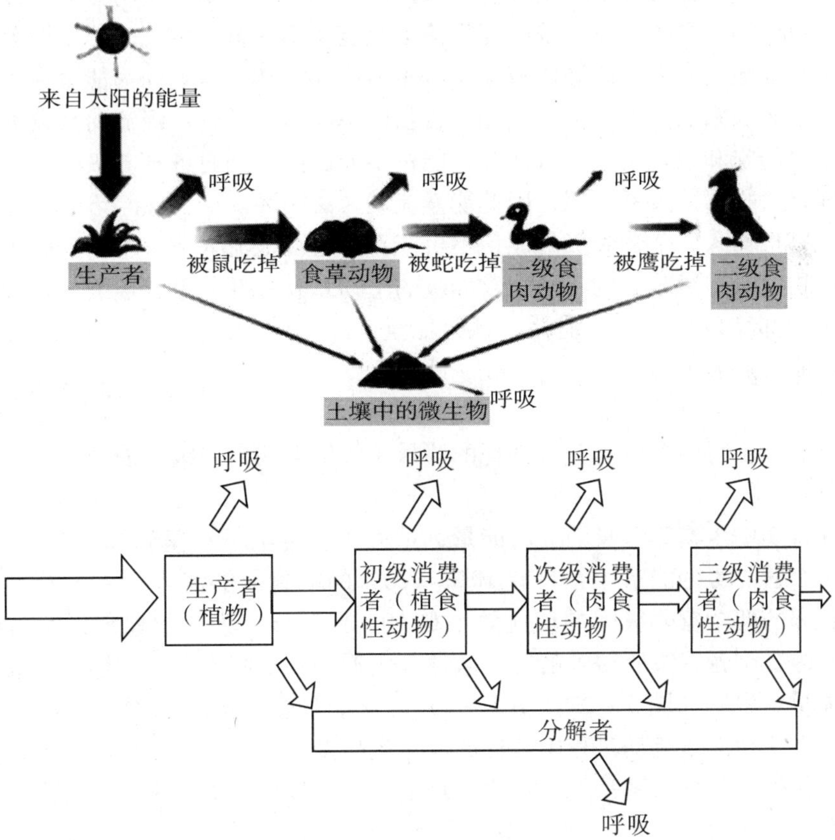

图 5－23 生态系统的能量流动

2. 能量流动的特点

1942 年，美国生态学家林德曼对一个天然湖泊——赛达伯格湖的能量流动进行了定量分析，得出了如图 5 - 24 所示的数据。

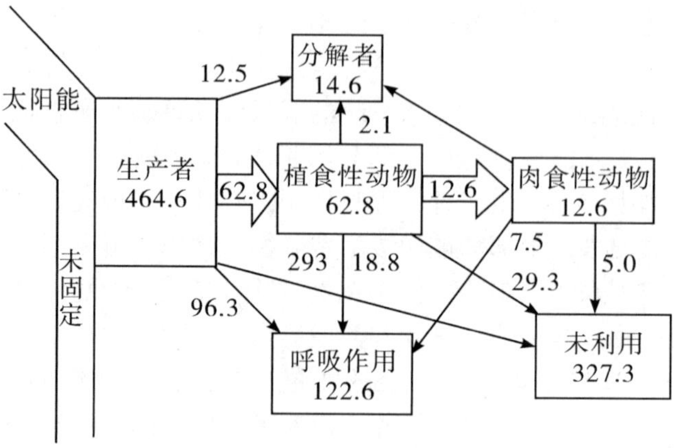

图 5 - 24 赛达伯格湖的能量流动图解

通过对图 5 - 24 的分析可以看出，生态系统的能量流动具有两个明显的特点：单向流动和逐级递减。单向流动是指生态系统的能量流动只能从第一营养级流向第二营养级，再依次流向后面各个营养级，一般不能逆向流动，也不能循环流动，这是因为能量在生态系统中的流动是以食物链为线索的。能量流动只能沿食物链单向地由低营养级流向高营养级，食物链相邻营养级生物的吃和被吃关系不可逆转，能量不能倒流；同时各营养级通过呼吸作用所产生的热能不能被生物群落重复利用，因此能量流动无法循环。

逐级递减是指输入一个营养级的能量不可能百分之百地流入下一个营养级，能量在沿食物链流动的过程中是逐级减少的，每个营养级的生物总有一部分不能被下一营养级利用；每个营养级的生物都经自身呼吸而消耗一部分能量。因此输入到某一营养级的能量中，只有 10% ~20% 的能量能够传递到下一营养级。即

从上一营养级获得的能量 = 自身消耗的能量 + 传给下一营养级的能量

而且，在现实中生物体自身消耗的能量远远大于它传给下一营养级的能量。一般来说，在输入到某一个营养级的能量中，只有 10% ~20% 的能量能够流入下一个营养级，也就是说，能量在相邻的两个营养级间的传递效率是 10% ~20%。为了形象地说明这个问题，可以将单位时间内各个营养级所得到的能量数值，由低到高绘制成图，这样就形成一个金字塔图形，叫做能量金字塔（图 5 - 25、图 5 - 26）。从能量金字塔可以看出，在一个生态系统中，营养级越多，在能量流动过程中消耗的能量就越多。因此食物链中高营养级的生物数量总比低营养级的生物要少，越是处在食物链顶端的动物数量越少，生物量越少，能量积累也越少。因此营养级通常只有 4 ~5 级，很少有超过 6 级的。

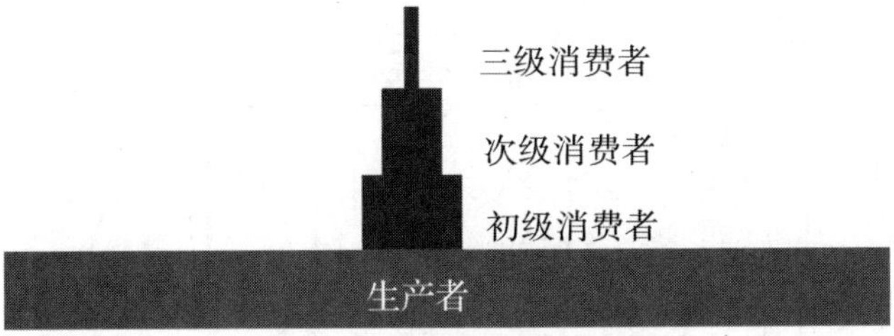

图 5－25　能量金字塔示意图

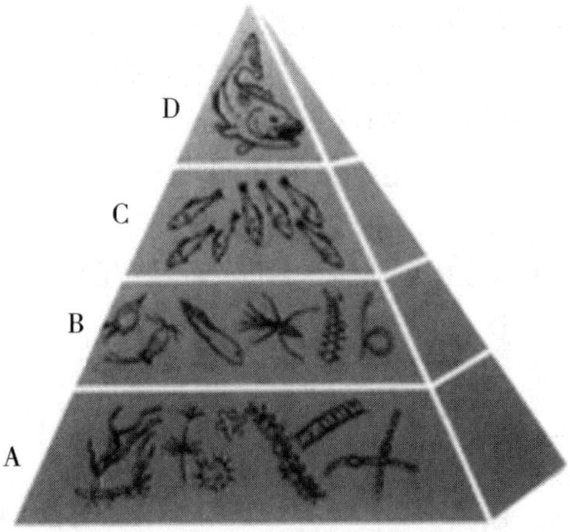

图 5－26　某湖泊的能量金字塔

3. 研究生态系统能量流动的目的

人们研究生态系统中能量流动的主要目的就是设法调整生态系统的能量流动关系，使能量流向对人类最有益的部分。例如，在森林中，最好使能量多储存在木材中；在草原牧场上，则最好使能量多流向牛、羊等牲畜。

地球上各类生态系统对光能的利用率都比较低。光能利用率是指植物光合作用积累的有机物所含的能量与照射到单位面积上的太阳光能总量的比率。据估算，每年投射到地球上的太阳辐射能的总量大约为 2.93×10^{24} kJ，而地球上绿色植物通过光合作用每年可形成 1.7×10^{11} t 干物质，这相当于固定了 3.0×10^{18} kJ 的能量。照此估算，绿色植物对光能的利用率平均只有 0.14%。即使是运用现代化技术管理的农田人工生态系统，其光能利用率也只有 1.3%。总之，我们生存的地球就是依靠这样低的光能利用率所生产出的有限的有机物来维持各种生物，包括人类的生存。但是，世界人口的剧增、工业的迅速发展以及日益严重的环境污染问题交织在一起，一方面对粮食的需求量不断增加，另一方面生物圈的初级生产力又因生态环境的恶化而受到了很大影响。因此，粮食问题成为当代人类所面临的五大问题之一。

五、生态系统的物质循环

生态系统中生命成分的生存和繁衍，除需要能量外，还必须从环境中得到生命活动所需要的各种营养物质。没有外界物质的输入，生命就会停止，生态系统也将随之解体。物质还是能量的载体，没有物质，能量就会自由散失，也就不可能沿着食物链传递。所以，物质既是维持生命活动的结构基础，也是储存化学能的运载工具。生态系统的能量流动和物质循环紧密联系，同时进行，维持着生态系统的生长发育和进化演替。两者的关系见图 5－27。

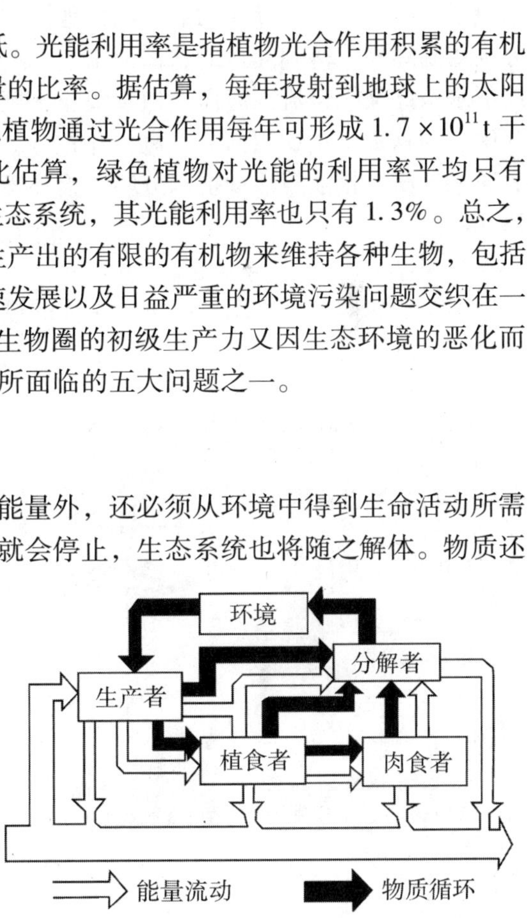

图 5－27　生态系统中能量流动与物质循环的关系

生态系统中的物质主要指维持生命活动正常进行所必需的各种营养元素。这些物质也是通过食物链各营养级传递和转化的，从而构成了生态系统的物质流动。但物质循环却不是单方向性的，同一种物质可以在食物链的同一营养级内被生物多次利用。生态系统中各种有机物经过分解者分解成可被生产者利用的形式归还环境中重复利用，周而复始地循环，这个过程叫做物质循环（material cycle）。

物质在生态系统中的循环，不仅是在非生物部分（如水圈、大气圈、地圈）中转移，而且还进入了食物链，即在生物部分中循环，因而该循环被称为生物地化循环。下面以水循环和碳循环为例来说明生态系统的物质循环过程。

1. 水循环

水是一种良好的溶剂，是运输营养物质的介质，可以说没有水循环就没有生物地化循环。

在生态系统中，水是以液态、固态、气态这三种形式存在的。海洋、湖泊表面的水不断蒸发，变成水蒸气。水蒸气在空气中遇冷集结成云，又以降雨、降雪的形式返回地面。这些雨雪一部分又直接落回江河湖海，而另一部分则落到陆地。落到陆地的这部分水，一些被植物吸收，另一些则渗入地下，成为地下水，地下水最终又缓慢流入海洋。植物吸收土壤中的水分后，又通过蒸腾作用，将水分子送回大气中。动物则直接饮用河流、湖泊中的水，并从食物（植物或动物）中取得一部分水，最后通过分泌、排泄等活动把水分归还给环境。这就是生态系统中水循环的大致过程（图5－28）。

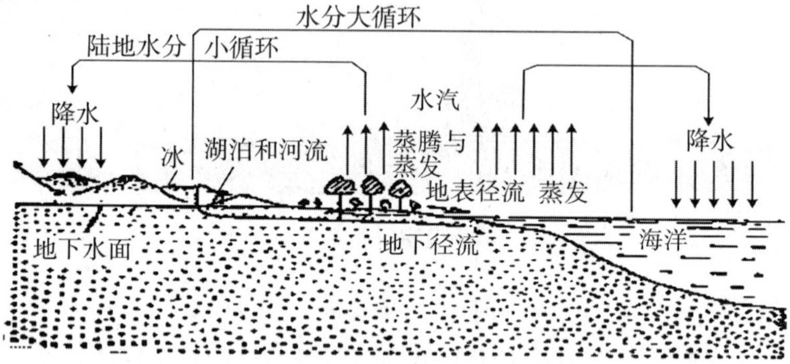

图5－28　生物圈中的水循环示意图

2. 碳循环

图5－29揭示了生态系统中碳循环的过程。

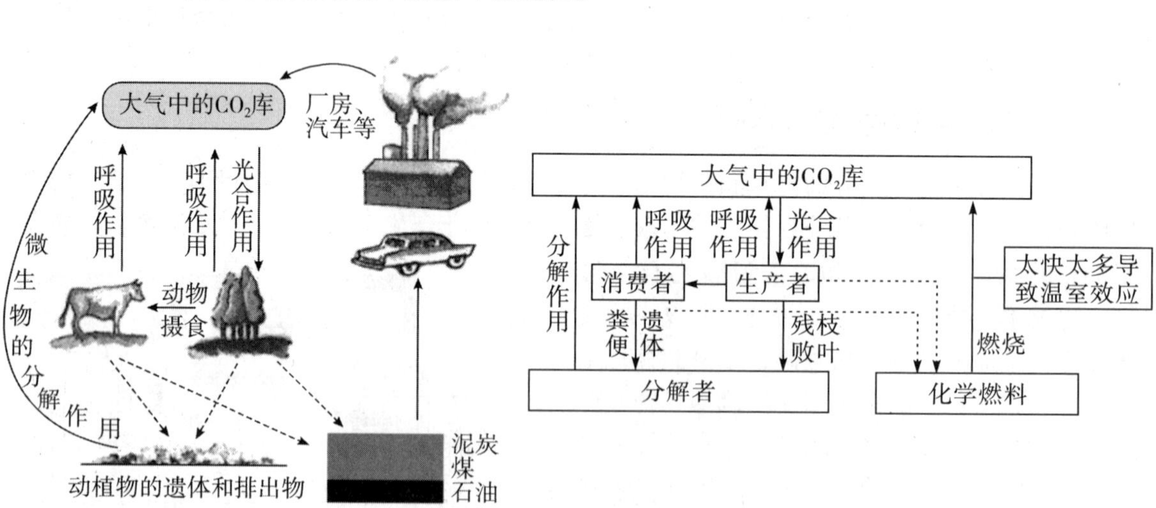

图5－29　碳循环

绿色植物通过光合作用，把大气中的二氧化碳和水合成为糖类等有机物。生产者合成的含碳有机物被各级消费者所利用。生产者和消费者在生命活动过程中，通过呼吸作用，又把二氧化碳释放到大气中。生产者和消费者的遗体被分解者所利用，分解后产生的二氧化碳也返回到大气中。另外，由古代动植物遗体变成的煤和石油等，被人们开采出来后，通过燃烧把大量的二氧化碳排放到大气中，也加入到生态系统的碳循环中去。由此可见，碳在生物群落与无机环境之间的循环主要是以二氧化碳的形式进行的。大气中的二氧化碳能够随着大气环流在全球范围内运动，因此，碳循环具有全球性。

由于现代工业的迅速发展，人类大量燃烧煤和石油等化石燃料，使地层中经过千百万年而积存的碳元素在很短的时间内释放出来，打破了生物圈中碳循环的平衡，使大气中二氧化碳的含量迅速增加，进而导致气温升高，形成“温室效应”。温室效应对生物圈和人类社会都有着不可忽视的影响，比如加快极地冰川的融化，导致海平面上升，进而对陆地生态系统和人类的生存构成威胁。

能量流动和物质循环是生态系统的主要功能，二者是同时进行的，彼此相互依存，不可分割。能量的固定、储存、转移和释放，离不开物质的合成和分解等过程。物质作为能量的载体，使能量沿着食物链（网）流动；能量作为动力，使物质能够不断地在生物群落和无机环境之间循环往复。生态系统中的各种组成成分正是通过能量流动和物质循环才能紧密地联系在一起，形成一个统一的整体。

知识拓展

生态系统的信息传递

1. 概念

信息一般是指日常生活中，可以传播的消息、情报、指令、数据与信号等。

2. 种类

(1) 物理信息：生态系统中的光、声、温度、湿度、磁力等，通过物理过程传递的信息，如蜘蛛网的振动频率。

(2) 化学信息：生物在生命活动中，产生了一些可以传递信息的化学物质，如植物的生物碱、有机酸，动物的性外激素等。

(3) 行为信息：动物的特殊行为，对于同种或异种生物也能够传递某种信息，如孔雀开屏。

3. 信息传递在生态系统中的作用

(1) 个体：生命活动的正常进行，离不开信息的作用。

(2) 种群：生物种群的繁衍，离不开信息传递。

(3) 群落和生态系统：能调节生物的种间关系，维持生态系统的稳定。

4. 应用

(1) 提高农产品和畜产品产量。

(2) 对有害动物进行控制。

生态系统的稳定性

生态系统的稳定性是指生态系统保持正常动态的能力，即为生态系统所具有的保持或恢复自身结构和功能相对稳定的能力。主要包括保持力稳定性和恢复力稳定性。保持力稳定性指生态系统抵抗外界干扰并使自身的结构和功能保持原状的能力。恢复力稳定性指生态系统遭到外界干扰因素破坏后恢复成原状的能力。

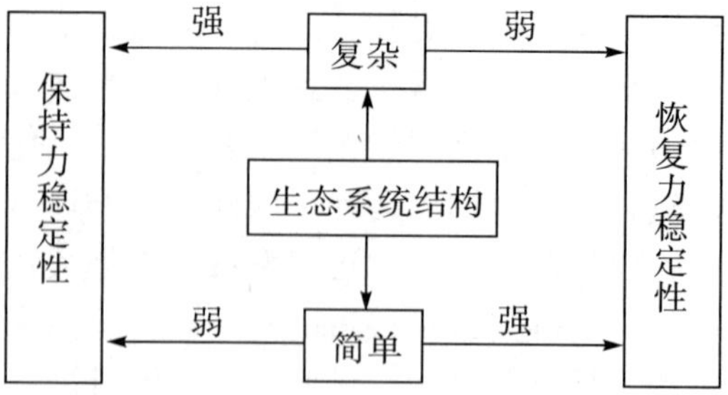

不同生态系统的自我调节能力是不同的。一个生态系统的物种组成越复杂，结构越稳定，功能越健全，生产能力越高，它的自我调节能力也就越高。因为物种的减少往往使生态系统的生产效率下降，抵抗自然灾害、外来物种入侵和其他干扰的能力下降。而物种多样性高的生态系统，拥有着生态功能相似而对环境反应不同的物种，能以此来保障整个生态系统可以因环境变化而调整自身以维持各项功能的发挥。因此，物种丰富的热带雨林生态系统要比物种单一的农田生态系统的自我调节能力强。

教与学的要点

1. 生态系统就是在一定空间和时间内，在各种生物之间以及生物与无机环境之间，通过能量流动和物质循环而相互作用的一个自然系统。

2. 生态系统的类型：

(1) 陆地生态系统（根据植被分布划分）：森林生态系统、草原生态系统、农田生态系统。

(2) 水域生态系统（根据盐度高低划分）：海洋生态系统、淡水生态系统。

3. 生态系统的结构：生态系统的成分（非生物的物质和能量、生产者、消费者、分解者）、食物链与食物网。

4. 生态系统的功能有二：能量流动和物质循环。

(1) 能量流动。

能量来源：太阳能。

流动过程：从生产者固定的太阳能开始，是流经生态系统的总能量。

流动途径：沿着营养结构的渠道流动，即生产者→初级消费者→次级消费者→三级消费者→……

流动终点：最终以呼吸热的形式散失。

流动规律：单向的、不循环的、逐级递减的，传递效率为10%～20%。

研究目的：设法调整生态系统的能量流动关系，使能量流向对人类最有益的方向。

(2) 物质循环。

概念：组成生物体的C、H、O、N等基本元素在生物群落与无机环境之间的反复循环运动。

特点：全球性、反复出现、循环流动。

能量流动与物质循环之间互为因果、相辅相成、不可分割，生态系统的组成成分通过能量流动和物质循环形成一个统一整体。

生物圈稳态的自我维持：① 从能量角度来看，源源不断的太阳能是生物圈维持正常运转的动力。② 从物质方面来看，大气圈、水圈和岩石圈为生物的生存提供了各种必需的物质。生物圈内生产者、消费者和分解者所形成的三级结构，接通了从无机物到有机物，经过各种生物的多级利用，再分解为无机物重新循环的完整回路，形成了一个在物质上自给自足的生态系统。③ 生物圈具有多层次的自我调节能力。

5. 本章规律。

第一条主线：以生命的结构层次为线索。

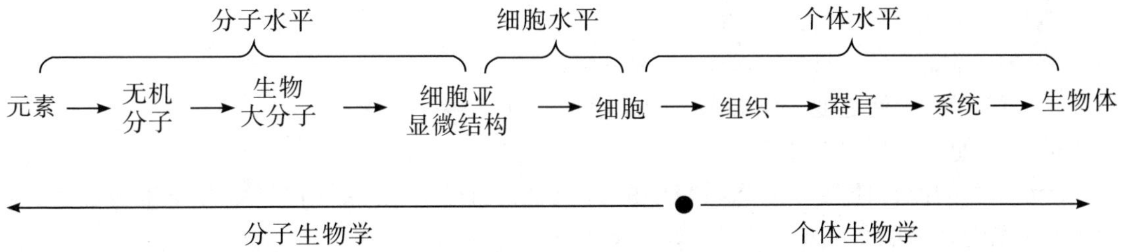

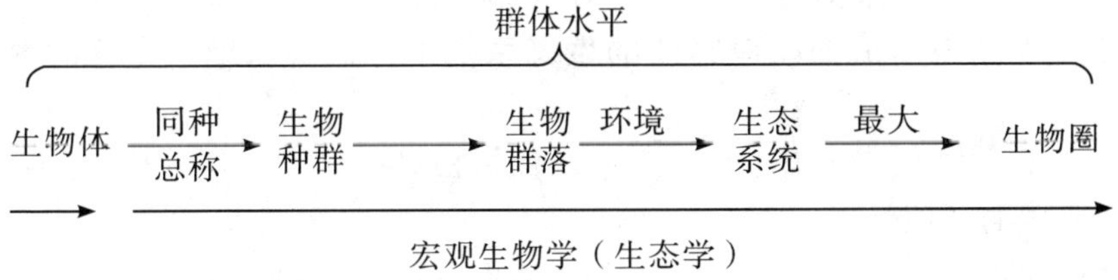

第二条主线：以生态系统能量流动为线索。

能量的输入	能量的传递	能量的输出	能量的流动	研究能量流动的目的
① 生产者（绿色植物）	① 食物链和食物网	① 生产者、消费者、分解者	① 传递方向 ② 流动渠道：食物链和食物网	① 调整能量流动关系
② 光合作用	② 能量流动伴随物质循环进行	② 呼吸作用（有氧呼吸和无氧呼吸）	③ 传递效率 ④ 能量金字塔	② 生态平衡 ③ 环境保护 ④ 实施可持续发展战略

练习与应用

一、选择题

1. 一个完整生态系统的结构应包括（　　）

A. 生态系统的成分、食物链、食物网　　B. 生产者、消费者和分解者

C. 物质循环和能量流动　　D. 生产者、消费者和分解者及无机环境

2. 下列有关生态系统中生产者的叙述，不正确的一项是（　　）

A. 主要是指绿色植物　　B. 是生态系统的主要成分

C. 属于第一营养级　　D. 都是异养生物

3. 下列属于分解者的是（　　）

A. 营腐生生活的细菌和真菌　　B. 营寄生生活的细菌和真菌

C. 属于自养型的微生物　　D. 属于异养型的全部微生物

4. 营腐生生活的细菌和真菌在生态系统中占有重要地位，这主要是因为它们（　　）

A. 能释放氧气和吸收代谢废物

B. 能净化环境

C. 能分解有机物使之变为无机物，归还到无机环境中

D. 能为其他生物提供食物来源

5. 一种传染病的流行使某一生态系统中的野兔全部死亡。在一条有野兔参与组成的食物链中，首先受其害的是（　　）

A. 生产者　　B. 初级消费者　　C. 次级消费者　　D. 分解者

6. 假定在一个由草原鹿和狼组成的相对封闭的生态系统中，把狼杀绝，鹿群的数量将会（　　）

A. 迅速上升　　B. 缓慢上升　　C. 保持相对稳定　　D. 上升后又下降

7. 下列食物链中，正确的一项是（　　）

A. 草→田鼠→兔→鹿　　B. 蝗虫→麻雀→ 鹰→狼

C. 虾→鱼→海豹→北极熊　　D. 绿藻→虾→小鱼→大鱼

8. 一条食物链中，兔子不会吃狼，但狼可以吃兔子，该食物链的不可逆性说明在一个生态系统中（　　）

A. 水循环是单向的　　B. 氧循环是单向的

C. 碳循环是单向的　　D. 能量流动是单向的

9. 根据生态学原理，要使能量流经食物链的总消耗量降到最低，人们应采取的食物结构是（　　）

A. 以淡水养殖的鱼类为主　　B. 以家畜的肉类为主

C. 以谷类和植物蛋白为主　　D. 以禽类的肉和蛋为主

10. 生态系统的能量流动是指（　　）

A. 太阳能被绿色植物固定的过程　　B. 系统内生物体能量代谢的过程

C. 系统内伴随物质循环的能量转移过程　　D. 能量从生物体进入环境的过程

11. 下列除哪项外，均为对生态系统内能量流动特征的描述（　　）

A. 食物链和食物网是能量流动的渠道

B. 食物链中初级消费者越多，次级消费者获得能量越少

C. 单向流动，逐级递减

D. 食物链越短可供养的消费者越多

12. 人们常用能量金字塔来说明生态系统中哪两者之间的关系（　　）

A. 能量与营养级　　B. 能量与个体大小

C. 能量与个体数量　　D. 能量与生物代谢类型

13. 初级消费者体内的能量，其去路不包括（　　）

A. 用于自身生命活动　　B. 被第二营养级的其他生物所获得

C. 通过呼吸作用消耗掉　　D. 被分解者通过呼吸作用散失到环境中去

14. 关于营养级的叙述，错误的是（　　）

A. 处于同一营养级别的动物一定是一个种群
B. 食物链的营养级一般不超过 5 个
C. 同一种动物可同时占几个营养级
D. 营养级是生态系统内能量流动分析的基础

15. 在生态系统内绿色植物固定的太阳能沿着食物链的单向传递叫做（　　）
A. 能量输入　　B. 能量输出　　C. 能量流动　　D. 能量交换

16. 在下列实例中，通过食物链而引起生态危机的是（　　）
A. 酸雨　　B. 温室效应
C. 汞、镉等有毒物质的积累和浓缩　　D. 臭氧减少，臭氧层出现空洞

17. 一般地说，在食物链中随着营养级的递增，生物个体的数量将依次（　　）
A. 递增　　B. 不变　　C. 递减　　D. 稍增加

18. 下列叙述中正确的是（　　）
A. 当狼吃掉一只兔子时，就获得了兔子的全部能量
B. 当狼捕食兔子并经同化作用合成了自身的有机物时，能量就从第一营养级流入了第二营养级
C. 当生产者通过光合作用制造了有机物时，能量就由非生物环境流入了生物群落
D. 生态系统的能量流动是往复循环的

19. 右图是一个陆地生态系统食物网的结构模式图，下列叙述中不正确的是（　　）
A. 在该食物网中，共有 5 条食物链存在
B. 在该食物网中，H 处于三个不同的营养级
C. 若 B 种群中各年龄期的个体数目比例适中，则该种群的密度在一段时间内会明显变大
D. 在该食物网中，如果 C 种群的数量下降 10%，则 H 的数量不会发生明显变化

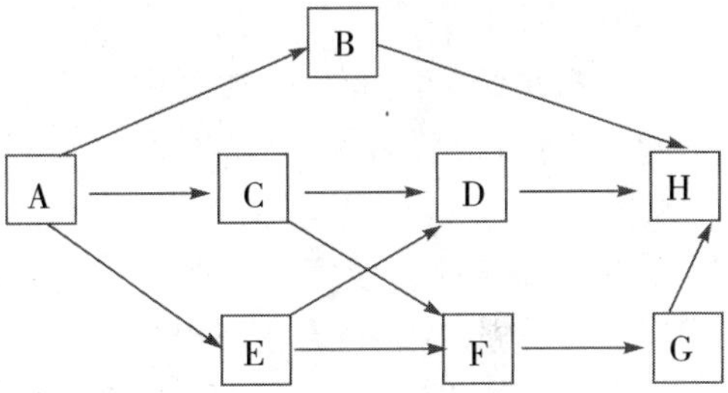

20. 下列叙述中，处于能量“金字塔”塔顶的生物是（　　）
A. 第一营养级、生产者　　B. 第四营养级、次级消费者
C. 第四营养级、三级消费者　　D. 第四营养级、四级消费者

21. 一条食物链中第一营养级的生物通常指（　　）
A. 植食动物　　B. 绿色植物　　C. 小型肉食动物　　D. 大型肉食动物

22. 有关生态系统中能量流动的叙述，不正确的是（　　）
A. 生态系统中能量流动是从太阳的辐射能开始的
B. 生态系统中流动的能量几乎全部来源于太阳能
C. 生态系统中的能量流动是逐级减少和单向性的
D. 生态系统离开外界环境的能量供应就无法维持

23. 在一个生态系统中，食物链中的能量逐级减少，最主要的原因是（　　）
A. 各级生物将一部分能量用于自身的新陈代谢
B. 各级生物在取食食物时总有部分不能被彻底消化
C. 各级生物在消化食物时总有部分会丢失掉
D. 各级生物在捕食时总有部分猎物会逃脱掉

24. 生态系统中能量流动的特点是（　　）

A. 循环流动，逐级递减　　B. 循环流动，逐级增加

C. 单向流动，逐级增加　　D. 单向流动，逐级递减

25. 生态系统物质循环中的物质是指（　　）

A. 组成生物体的各种元素　　B. 组成自然界的元素

C. 组成生物体的一些基本元素　　D. 组成生物体的蛋白质和核酸

26. 生态系统中的物质循环是（　　）

A. 反复循环的　　B. 单向流动的

C. 逐级递减的　　D. 逐级递增的

27. 右图是自然界碳循环的简图，图中的甲、乙、丙各代表（　　）

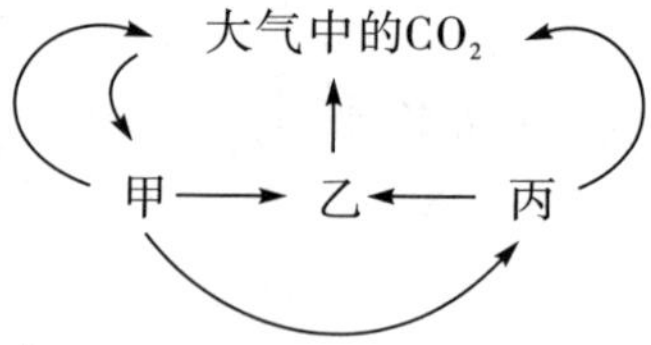

A. 生产者、分解者、消费者

B. 消费者、分解者、生产者

C. 分解者、生产者、消费者

D. 生产者、消费者、分解者

28. 在碳循环中，无机环境和生物群落相联系的生理作用是（　　）

①光合作用　②呼吸作用　③蒸腾作用　④化能合成作用

A. ①②　　B. ①②④　　C. ②③④　　D. ②③

二、非选择题

1. 在生态系统的三大功能类群中，主要成分是________，对生态系统的根本性质不起决定性作用的是________，在生态系统中占有不可缺少的重要地位的是________。

2. 草原上狮子捕食鹿群中的弱者，被食后的鹿又被鬣狗争食。

（1）此生态系统的食物链是________。

（2）狮子与鹿的关系，在生物学上称为________。

（3）弱鹿被捕杀，对鹿群的意义是________。

（4）生态系统中第一营养级是________，初级消费者是________。

（5）当鹿大量繁殖时，开始狮子的数量会________，进而狮子的数量会________，这一事实说明生态系统有________。

3. 右图是某草原生态系统食物网的一部分图解。请根据图分析回答下列问题：

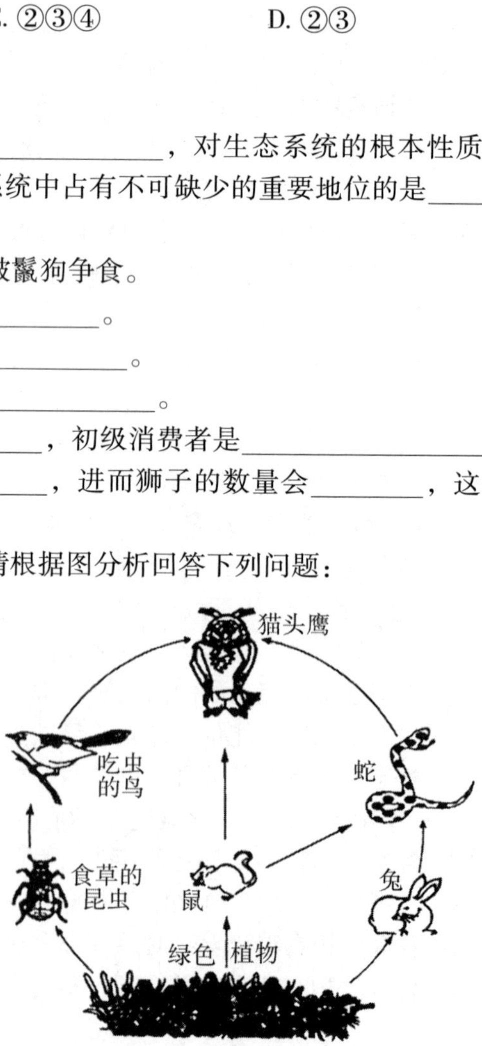

（1）这个食物网由________条食物链构成。

（2）此食物网的所有生物及其生活的环境称为________。

（3）这一地域内所有的猫头鹰构成一个________。

（4）在此食物网中猫头鹰占____个营养级，分别是________。

（5）对猫头鹰而言，能量消耗最少的营养结构是________。

（6）在此食物网，猫头鹰和蛇的关系既是

__________，又是__________。

（7）蛇和鼠通过捕食和被捕食关系进行着____________________。

（8）生物的种间关系非常复杂，但其中主要靠____________________联系。

（9）生态系统功能的维持，取决于____________、__________、__________之间的动态平衡。

4. 下图为某草原生态系统食物网图，请据图回答下列问题：

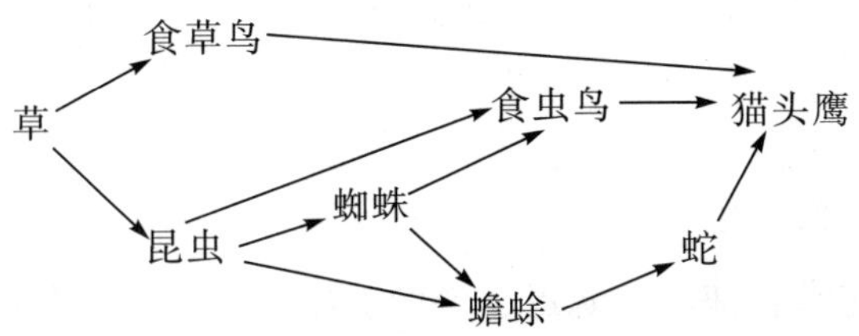

（1）这个食物网中有____________条食物链，属于生产者的是______________，可属于初级消费者的是____________，可属于次级消费者的有__________。

（2）图中的草属于第____________营养级，昆虫属于第______________营养级，属于第四营养级的生物有______________，猫头鹰占有______个营养级，分别是第______营养级。

（3）蜘蛛和蟾蜍之间的种间关系，既是________________关系，又是________________关系。

（4）此图说明生态系统的____________________和____________________就是沿着这个渠道进行的。

第六章　人体健康与重大疾病预防

在我们周围到处都充满着细菌、病毒、尘埃、花粉等，细菌、病毒等病原性微生物通过各种途径进入我们的机体生息繁衍，破坏细胞和组织，使之丧失正常功能，造成机体紊乱，然而我们的身体并未因此而被击垮；除此之外，受各种因素的影响，人体内随时都有一些细胞发生破裂、衰老、凋亡甚至畸变，这些细胞若不及时清除或遏制，也会对机体的稳态构成严重威胁，但我们也并未因此而不健康。所有这些，都是因为我们的免疫系统在发挥作用，维持着人体的稳态。当然，也有一些人，由于免疫系统功能异常，给正常生活带来了不利影响。疾病对健康的危害是当今人类社会面临的最重大的问题和挑战之一，保持身体健康，提高生命质量不仅仅是医生的职责，也是我们每一个人的职责。

第一节　传染病

一、传染病概述

传染病是由各种病原体引起的能在人与人、动物与动物或人与动物之间相互传播的一类疾病。病原体中大部分是微生物，小部分为寄生虫，寄生虫引起者又称寄生虫病。有些传染病，防疫部门必须及时掌握其发病情况，及时采取对策，因此发现后应按规定时间及时向当地防疫部门报告，称为法定传染病。中国目前的法定传染病有甲、乙、丙三类，共41种。

（1）甲类传染病。甲类传染病也称为强制管理传染病，包括鼠疫、霍乱。对此类传染病发生后报告疫情的时限，对患者、病原携带者的隔离、治疗方式以及对疫点、疫区的处理等，均强制执行。

（2）乙类传染病。乙类传染病也称为严格管理传染病，包括传染性非典型肺炎、艾滋病、病毒性肝炎、脊髓灰质炎、人感染高致病性禽流感、麻疹、流行性出血热、狂犬病、流行性乙型脑炎、登革热、炭疽、细菌性和阿米巴性痢疾、结核病、伤寒和副伤寒、流行性脑脊髓膜炎、百日咳、白喉、新生儿破伤风、猩红热、布鲁氏菌病、淋病、梅毒、钩端螺旋体病、血吸虫病、疟疾、人感染H7N9禽流感、新型冠状病毒感染、猴痘。对此类传染病要严格按照有关规定和防治方案进行预防和控制。其中，传染性非典型肺炎、炭疽中的肺炭疽虽被纳入乙类，但可直接采取甲类传染病的预防和控制措施。

（3）丙类传染病。丙类传染病也称为监测管理传染病，包括流行性感冒、流行性腮腺炎、风疹、急性出血性结膜炎、麻风病、流行性和地方性斑疹伤寒、黑热病、包虫病、丝虫病、其他感染性腹泻病、手足口病。对此类传染病要按国务院卫生行政部门规定的监测管理方法进行管理。

什么是传染，简单地说，就是某种疾病从一个人身上通过某种途径传播到另一个人身上。传染病的特点是有病原体，有传染性和流行性，感染后常有免疫性。有些传染病还有季节性或地方性。传染病的传播和流行必须具备三个环节，即传染源（能排出病原体的人或动物）、传播途径（病原体传染他人的途径）及易感者（对该种传染病无免疫力者）。若能完全切断其中的一个环节，即可防止该种传染病的发生和流行。各种传染病的薄弱环节各不相同，在预防中应充分利用。除主导环节外，对其他环节也应采取措施，只有这样才能更好地预防各种传染病。

1. 常见的传染病及引起传染病的微生物

（1）人类的传染病：

呼吸道传染病：流行性感冒、肺结核、百日咳、白喉、猩红热、流行性腮腺炎、麻疹、流行性脑脊髓膜炎等（空气传播）。

消化道传染病：蛔虫病、细菌性痢疾、甲型肝炎、伤寒、脊髓灰质炎、蛔虫病、蛲虫病等（水、饮食传播）。

血液传染病：乙型肝炎、流行性乙型脑炎、丝虫病、疟疾、黑热病、出血热等（生物媒介等传播）。

体表传染病：血吸虫病、沙眼、狂犬病、破伤风、淋病、狂犬病、炭疽、疥疮、癣等（接触传播）。

当一个传染性疾病影响到一个广大的地理区域时，就称为大流行，中文惯称瘟疫。它可造成死亡，摧毁城市、政治、国家，瓦解文明，甚至可以歼灭族群、物种，若人类有幸得以控制疫情，则要更加健全医疗质量、改革制度，进而提升人类福祉。

（2）引起传染病的微生物可分为以下几类：细菌、真菌、寄生虫、立克次氏体、病毒。

2. 传染病的预防和控制

其中包括：①经常洗手；②物件的定期清洁及消毒；③小心处理食物；④接种疫苗；⑤正确使用抗生素。

二、非典型肺炎

非典型肺炎（简称“非典”）是一种急性的呼吸系统感染，实际上是与由细菌引起的所谓典型肺炎不同的一组肺炎，曾泛指细菌以外的病原体所致的肺炎。这些病原体亦称非典型病原体。非典型肺炎主要通过近距离空气飞沫和密切接触传播，有比较强的传染力。世界卫生组织（WHO）将传染性非典型肺炎称为严重急性呼吸综合征（severe acute respiratory syndrome，SARS）。

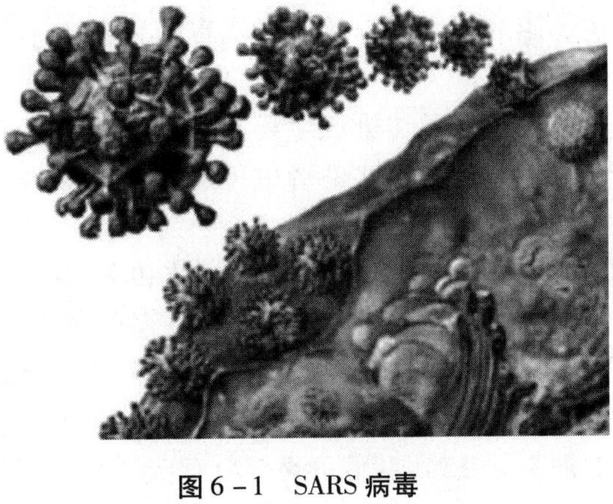

图 6－1　SARS 病毒

世界卫生组织宣布，正式确认冠状病毒的一个变种是引起非典型肺炎的病原体。科学家认为，变种冠状病毒与流感病毒有亲缘关系，但它非常独特，以前从未在人类身上发现，科学家将其命名为“SARS 病毒”（图 6－1）。香港卫生专家排除了它与甲型流感和乙型流感病毒有关的可能性，它与 1997 年出现的 H5N1 禽流感病毒也没有联系。

非典型肺炎的症状如下：首先患者高烧（38℃以上）、干咳、气短或呼吸困难、发冷、头痛、食欲缺乏、身体不适、皮疹和腹泻，并没有一般流感的流涕、咽痛等症状，也没有通常感冒常见的白色或黄色痰液，偶有患者痰中带血丝，患者出现呼吸急促的现象，个别患者出现呼吸窘迫综合征；非典型肺炎患者白细胞正常或下降；X 光胸片特点与临床状况分离，一般的肺炎先有很重的临床表现，后在 X 光胸片上可以看到肺部有阴影变化；但此病则是在临床症状还不严重时，X 光胸片中已显示患者肺部有絮状阴影，并呈快速发展趋势；通常高烧患者应用抗生素都会有明显效果，但此病用抗生素大多无效。大多数非典型肺炎患者可自愈，个别病情恶化凶险，约有 7% 的患者需做人工呼吸。

关于非典型肺炎的潜伏期有多种说法，一般认为是 2～12 天，通常在 4～5 天。卫生专家说，非典型肺炎的死亡率在 3%～5% 之间。患者可能引起并发症，最短在 5 天之内病情急剧恶化。男女之间发病无差别，从年龄看青壮年占 70%。因最初起病时防护措施不够，医务人员属非典型肺炎高发人群，在家庭和医院有聚集现象。

打喷嚏或咳嗽的飞沫是非典型肺炎病原体传播的途径之一，通常在大约一米以内通过飞沫传播，直接接触患者分泌物也会被感染。这种病毒还可间接传播，它在离开人体后可存活三至六个小时。卫生专家没有排除病毒由空气传染的可能性。非典型肺炎患者应该隔离。医务工作者和探视者在与患者密切接触时应该戴有效的口罩、眼镜、围裙、头罩和手套。

三、新型冠状病毒感染

2020 年初，新冠肺炎疫情席卷全球。新冠肺炎由 SARS－Cov－2 冠状病毒引起，WHO 将 SARS－Cov－2 感染导致的疾病命名为 COVID－19，其中多数感染可以导致肺炎，就称之为新型冠状病毒肺炎（简称“新冠肺炎”）。2022 年 12 月 26 日，国家卫生健康委员会将其更名为新型冠状病毒感染。因为人群缺少对新型病毒株的免疫力，所以人群普遍易感。

冠状病毒为不分节段的单股正链 RNA 病毒，由于病毒包膜上有向四周伸出的突起，形如花冠而得名（图 6－2）。

该病毒对紫外线和热敏感，56℃ 30 分钟、乙醚、75% 乙醇、含氯消毒剂、过氧乙酸和氯仿等脂溶剂均可有效灭活病毒，氯己定不能有效灭活病毒。

目前所见传染源主要是新型冠状病毒感染的患者，无症状感染者也可能成为传染源，人群普遍易感。

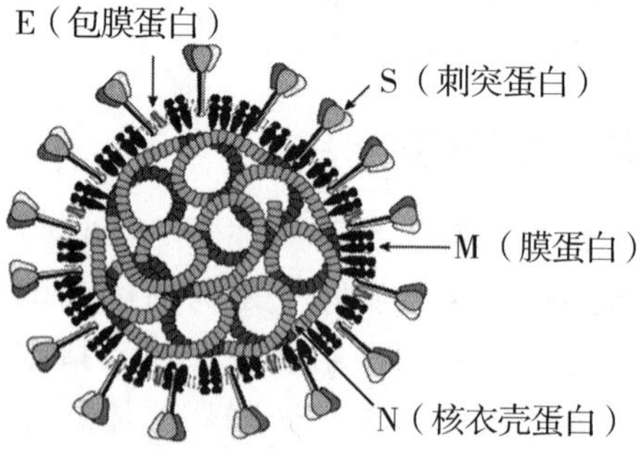

图 6－2　冠状病毒结构图（来自 uptodate）

新型冠状病毒经呼吸道飞沫和密切接触传播是主要的传播途径。在相对封闭的环境中长时间暴露于高浓度气溶胶情况下存在经气溶胶传播的可能。由于在粪便及尿中可分离到新型冠状病毒，应注意粪便及尿对环境污染造成气溶胶或接触传播。

新型冠状病毒的受体是 ACE2（血管紧张素转化酶 2），我们的呼吸道、眼睛、口腔黏膜上都有 ACE2。我们的鼻腔、呼吸道因为接触了患者咳嗽或打喷嚏的飞沫而感染，也可能因为双手接触被病毒污染的物品，双手不注意揉眼睛或鼻孔以及拿东西进食而感染。故我们预防感染要戴口罩，勤洗手。同时注意咳嗽礼仪，咳嗽时用纸巾或肘部阻挡，防止飞沫喷溅。

教与学的要点

1. 传染病是由各种病原体引起的能在人与人、动物与动物或人与动物之间相互传播的一类疾病。

2. 传染病的传播和流行必须具备三个环节，即传染源（能排出病原体的人或动物）、传播途径（病原体传染他人的途径）及易感者（对该种传染病无免疫力者）。

3. 非典型肺炎（简称“非典”）是一种由“SARS 病毒”引起的急性的呼吸系统感染，主要通过近距离空气飞沫和密切接触传播，有比较强的传染力。

4. 新型冠状病毒感染由 SARS - Cov - 2 冠状病毒引起，症状严重的可以导致肺炎。因为人群缺少对新型病毒株的免疫力，所以人群普遍易感。

第二节 人体免疫与防御系统

人体对抗病原体的侵袭有三道防线：第一道防线是体表的屏障；第二道防线是体内的溶菌酶和吞噬细胞等；第三道防线是免疫器官和免疫细胞。

一、免疫系统的组成

1. 免疫及其分类

免疫（immunity）的概念：免疫是机体的一种特殊的保护性生理功能。通过免疫，机体能够识别“自己”、排除“非己”，以维持内环境的平衡和稳定。

非己指外来入侵者（如致病的病毒、细菌、真菌、原生动物、低等生物等），或发生病变的细胞（如癌细胞等）。

人们经常听到“免疫”一词，一般会简单地认为免疫就是指人体的抵抗力，但对免疫的真正含义并不十分了解。从本质上讲，免疫是指机体的一种保护性生理功能。它包括机体对异物（病原生物性或非病原生物性的）的识别、排除或消灭等一系列过程。这个过程可能引起自身组织损伤，也可能没有组织损伤。用现代的观点来讲，人体具有的一种“生理防御、自身稳定与免疫监视”的功能叫“免疫”。生理防御就是人体抵御病原体及其毒性产物侵犯，使人免患感染性疾病。自身稳定指人体组织细胞时刻不停地新陈代谢，随时有大量新生细胞代替衰老和受损伤的细胞。免疫系统能及时地把衰老和死亡的细胞识别出来，并把它们从体内清除出去，从而保持人体的稳定。免疫系统具有识别、杀伤并及时清除体内突变细胞，防止肿瘤发生的功能，也称为免疫监视。免疫监视是免疫系统最基本的功能之一。以上这些功能一旦失调，即产生免疫病理反应。当自身稳定功能过高时，就可能会患类风湿性关节炎等疾病。当生理防御功能过高时，会出现过敏反应；过低则会得免疫缺陷综合征。免疫监视功能过低时，可能会形成肿瘤等。

人体的三道防线：

人体的三道防线

- 第一道防线
  - 组成——皮肤、黏膜和呼吸道黏膜上的纤毛等
  - 功能——阻挡或杀死病原体、清扫异物
- 第二道防线
  - 组成——溶菌酶和吞噬细胞等
  - 功能——溶解、吞噬和消灭病菌

（第一道防线、第二道防线：非特异性免疫）

- 第三道防线
  - 组成——免疫器官和免疫细胞
  - 功能——产生抗体，清除病原体（抗原）

（第三道防线：特异性免疫）

机体的免疫能力可大致分为非特异性免疫（non-specific immunity）与特异性免疫（specific immunity）两种，两者是密切联系的。非特异性免疫又叫做先天性免疫或天然免疫，是生物在长期进化过程中不断与病原微生物作斗争，逐渐建立起来的一种天然防御功能。这种免疫的特点是人生来就有，并可遗传给后代。非特异性免疫不只针对某一种特定的病原体，而是对多种病原体都有一定的防御作用。它是与人体的组织结构和生理机能密切相关的。特异性免疫又称获得性免疫，是机体在后天经感染（病愈或无症状的感染）或人工预防接种（菌苗、疫苗、类毒素、免疫球蛋白等）而获得的抵抗感染的能力。一般是在微生物等抗原物质刺激后才形成的（免疫球蛋白、免疫淋巴细胞），并能与该抗原起特异性反应。它能识别再次接触的相同抗原，并做出相应的反应，这需要在某些高度分化的组织和细胞的参与下才能完成。特异性免疫具有特异性，能抵抗同一种微生物的重复感染，不能遗传。这种免疫又可分为细胞免疫与体液免疫两类。

2. 免疫系统的组成和功能

与免疫相应的防御系统就是免疫系统，免疫系统的组成如下：

免疫系统

- 免疫器官（免疫细胞生成、成熟或集中分布的场所）
- 免疫细胞（发挥免疫作用的细胞）
  - 吞噬细胞
  - 淋巴细胞（位于淋巴液、血液和淋巴结中）
    - T 细胞（迁移到胸腺中成熟）
    - B 细胞（在骨髓中成熟）
- 免疫活性物质——抗体、淋巴因子、溶菌酶等（由免疫细胞或其他细胞产生的发挥免疫作用的物质）

免疫器官：免疫细胞生成、成熟或集中分布的场所。包括骨髓、胸腺、脾脏、淋巴结、扁桃体、小肠集合淋巴结、阑尾等。

免疫细胞：发挥免疫作用的细胞。包括吞噬细胞（巨噬细胞、各种白细胞、肥大细胞、血小板等）、淋巴细胞（T 细胞和 B 细胞，位于淋巴液、血液和淋巴结中）。

免疫活性物质：由免疫细胞或其他细胞产生的发挥免疫作用的物质。包括补体、抗体、免疫球蛋白、干扰素、白细胞介素、溶菌酶、肿瘤坏死因子等。

根据医学研究显示，人体 90% 以上的疾病与免疫系统失调有关。而人体免疫系统的结构是繁多而复杂的，并不在某一个特定的位置或是器官；相反，它是由人体多个器官共同协调运作的。骨髓（bone marrow）和胸腺（thymus）是人体主要的淋巴器官，外围的淋巴器

官则包括扁桃体、脾脏、淋巴结、集合淋巴结与盲肠。这些关卡都是用来防堵入侵的毒素及微生物的。当我们喉咙发痒或眼睛流泪时，都是我们的免疫系统在努力工作的信号。长久以来，人们因为盲肠和扁桃体没有明显的功能而选择割除它们，但是研究显示，盲肠和扁桃体内有大量的淋巴结，这些结构能够协助免疫系统运作。

人体的免疫系统像一支精密的军队，24 小时昼夜不停地保护着我们的健康。它是一个了不起的杰作。在任何一秒内，免疫系统都能协调调派不计其数、不同职能的免疫“部队”从事复杂的任务。它不仅时刻保护我们免受外来入侵物的危害，同时也能预防体内细胞突变引发癌症的威胁。如果没有免疫系统的保护，即使是一粒灰尘就足以让人致命。

士兵工厂——骨髓。红细胞和白细胞就像免疫系统里的士兵，而骨髓就负责制造这些细胞。每秒钟有 800 万个血细胞死亡并有相同数量的细胞在这里生成，因此骨髓就像制造士兵的工厂一样。

训练场地——胸腺。就像为赢得战争而训练海军、陆军和空军一样，胸腺是训练各军兵种的训练厂。胸腺指派 T 细胞负责战斗工作。此外，胸腺还分泌具有免疫调节功能的激素。

战场——淋巴结。淋巴结是一个拥有数十亿个白细胞的小型战场。当因感染而需要开始作战时，外来的入侵者和免疫细胞都聚集在这里，淋巴结就会肿大，甚至我们都能摸到它。肿胀的淋巴结是一个很好的信号，它正告诉你身体受到感染，而你的免疫系统正在努力地工作着。作为整个军队的排水系统，淋巴结肩负着过滤淋巴液的工作，把病毒、细菌等废物运走。人体内的淋巴液大约比血液多 4 倍。

血液过滤器——脾脏。脾脏是血液的仓库。它承担着过滤血液的职能，除去死亡的血细胞并吞噬病毒和细菌。它还能激活 B 细胞使其产生大量的抗体。

咽喉守卫者——扁桃体。扁桃体对经由口鼻进入人体的入侵者保持着高度的警戒。那些割除扁桃体的人患上链球菌咽喉炎和霍奇金病的概率明显升高。这证明扁桃体在保护上呼吸道方面具有非常重要的作用。

免疫助手——盲肠。盲肠能够帮助 B 细胞成熟发展以及抗体（IgA）的生产。它也扮演着交通指挥员的角色，生产分子来指挥白细胞到身体的各个部位。盲肠还能“通知”白细胞在消化道内存在入侵者。在帮助局部免疫的同时，盲肠还能帮助控制抗体的过度免疫反应。

肠胃守护者——集合淋巴结。像盲肠一样，集合淋巴结对肠胃中的入侵者起反应。它们对控制人体血液中的微生物入侵者至关重要。

自从抗生素发明以来，科学界一直致力于药物的发明，期望它能治疗疾病，但事与愿违，研究人员逐渐发现，人们对化学药物的使用只会刺激免疫系统中的某种成分，但它无法替代免疫系统的功能，并且还会产生对人体健康有害的副作用，扰乱免疫系统平衡。反而是人体本身的防御机制——免疫系统，具有不可思议的力量。而适当的营养能使免疫系统全面有效地运作，有助于人体更好地防御疾病、克服环境污染及毒素的侵袭。

综合起来，免疫系统具有以下功能：

（1）保护：使人体免于病毒、细菌、污染物质及疾病的攻击。

（2）清除：新陈代谢后的废物及免疫细胞与敌人打仗时遗留下来的病毒死伤尸体，都必须借由免疫细胞加以清除。

（3）修补：人体细胞具有自我修补功能，而免疫系统则为其提供了最好的协助。免疫细胞可以杀死体内的病毒和细菌，同时自身细胞立即修补受损的器官和组织。

二、非特异性免疫

非特异性免疫也称为固有免疫，是生物体在长期种系发育和进化过程中逐渐形成的一系列防卫机制。它包括由人体的皮肤、黏膜等组成的第一道防线，以及溶菌酶和吞噬细胞等组成的第二道防线。多数情况下，这两道防线可以防止病原体对机体的侵袭。如果这两道防线被突破，人体的第三道防线——免疫器官和免疫细胞就发挥作用了。

（一）非特异性免疫的特点

（1）非特异性免疫应答是先天的、可遗传的，只有比较初级的识别功能，即只能识别自身和非自身，对异物无特异性区别作用，没有再次反应，没有记忆，只能清除一般异物。机体对入侵抗原物质的清除没有特异的选择性。

（2）反应快。抗原物质一旦接触机体，立即遭到机体的排斥和清除。

（3）有相对的稳定性。非特异性免疫既不受入侵抗原物质的影响，也不因入侵抗原物质的强弱或次数而有所增减。

（4）非特异性免疫是特异性免疫的基础。非特异性免疫发挥作用快，作用范围广，初次外来异物刺激时，即可发生反应，起着第一线的防御作用，以后随着特异性免疫的形成，非特异性免疫又对特异性免疫起协同作用。

（二）非特异性免疫的机制

1. 物理性屏障

皮肤和黏膜是防御外物的第一道防线。完整的皮肤除了对外物有机械的阻挡作用外（图6－3），汗腺分泌的乳酸和皮脂腺分泌的不饱和脂肪酸都有一定的杀菌作用，大多数细菌、病毒和霉菌对有机酸敏感。皮肤的这种功能往往被人们忽视，但是当皮肤发生烧伤、机械损伤时，第一道防线出了漏洞，细菌就会乘虚而入，引起感染。气管和支气管上的纤毛层自上而下有规律地摆动，也能把吸入的细菌等活异物排除（图6－4）。

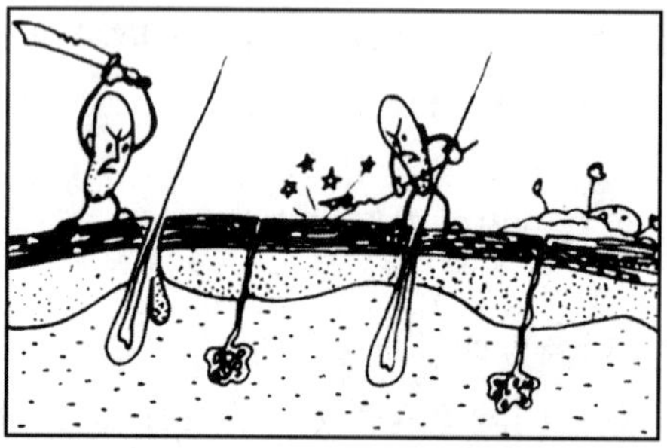

图6－3　皮肤的保护作用

图6－4　呼吸道黏膜上纤毛的清洁作用

2. 化学性屏障

溶菌酶和吞噬细胞等构成了人体抵御病原体入侵的第二道防线。我们身体里有多种液体和化学物质，可以有效抑制或消灭病原体，如胃液中的酸有强力杀菌效能。大部分组织液中都含有溶菌酶，可以溶解很多细菌（图6－5）。如眼泪、唾液中的溶菌酶（也有助于清除病原体），以及胃酸、胆汁和阴道的酸性环境能有效地阻止酵母菌、厌氧菌、革兰氏阳性菌的定居繁殖。

在血液、淋巴液等体液中含有多种抑菌、杀菌及加强吞噬作用的物质，如补体、溶菌酶、干扰素、血清中的天然抗体（能促进吞噬作用），其中重要的是补体。补体是存在于正常动物血清及组织液中一组具有类似酶活性的球蛋白，具有潜在的免疫活性，激活后能表现出一系列的免疫生物学活性，能协同其他物质直接杀伤靶细胞和加强细胞免疫功能。

溶菌酶是一种不耐热的碱性蛋白，广泛分布于血清、唾液、泪液、乳汁、胃肠和呼吸道分泌液及吞噬细胞溶酶体颗粒中。溶菌酶能分解革兰氏阳性菌细胞壁中的肽聚糖，导致细胞崩解。若有抗体和补体存在，溶菌酶能使革兰氏阴性菌的脂多糖和脂蛋白受到破坏，从而破坏革兰氏阴性菌。

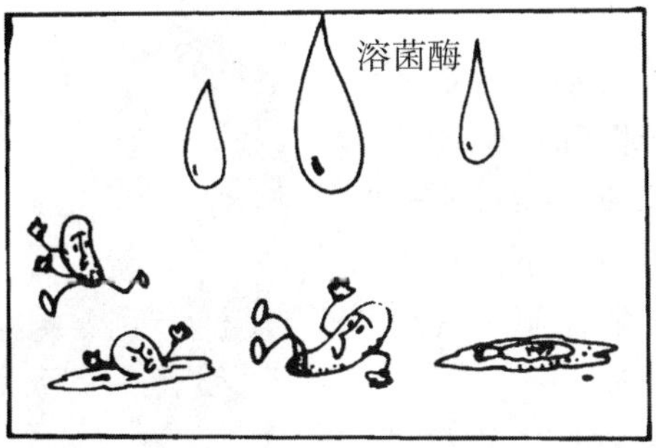

图6-5　溶菌酶的作用

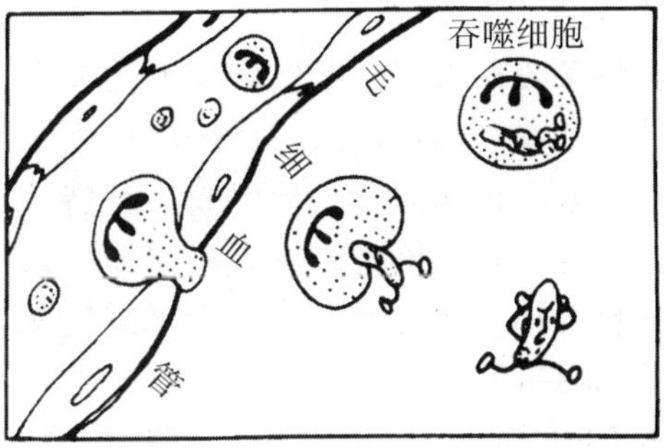

图6-6　吞噬细胞的作用

3. 噬菌作用

病原体逃过物理性和化学性屏障后，即开始入侵更深的组织。这时，巨噬细胞或中性粒细胞会发挥作用，把它们吞噬，称为噬菌作用（图6-6）。有吞噬作用的细胞内会生产吞噬小体，把细菌包围。接着，溶菌酶会与吞噬小体结合，把病原体溶解、消灭。病原体被消灭后的残余物质最后会被释放到细胞之外。

吞噬细胞是吞噬作用的基础。吞噬细胞主要分为两大类：

（1）小吞噬细胞，主要是血液中的中性粒细胞，在血液中存活12～48h，在组织中存活4～5d，能吞噬并破坏异物，还能吸引其他吞噬细胞向异物移动，增强吞噬效果。

（2）大吞噬细胞，包括血液中的单核细胞，各种组织中的巨噬细胞，如淋巴结、脾、肝、肺中的巨噬细胞及神经系统内的小胶质细胞等等。它们的寿命长达数年，不仅能分泌免疫活性分子，而且具有强大的吞噬能力。

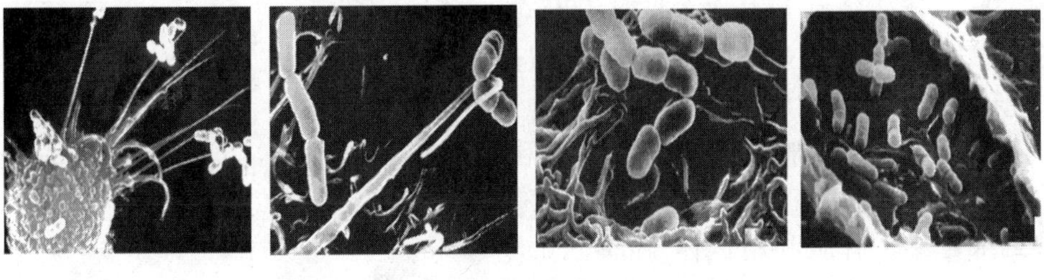

图6-7　巨噬细胞正在吞噬大肠杆菌

巨噬细胞是人体的清道夫，它有触须，能够抓住入侵的微生物并将其吞噬。图6-7为巨噬细胞正在吞噬大肠杆菌。

4. 炎性反应

每当人体某部位受伤时，大量巨噬细胞会被带到该部位，把该处的病原体杀掉。同时，血管会扩张，使流往该处的血液增加，而血管的渗透性也会增加，使大量血液中的液体流向受伤的组织。这使该部位肿胀，同时随血液渗进该处的巨噬细胞可为该处原有的巨噬细胞增援。这种局部性的反应称为炎性反应（发炎），是由受损组织放出的组胺引起的，发炎的后期，血液会凝结。如果受伤严重，病原体便会在患处不断繁殖，最终进入淋巴及血液，这时人体的免疫系统便要发挥作用。

三、特异性免疫

特异性免疫是人在出生以后才产生的，只能对某一特定的病原体或异物起到防御作用。特异性免疫有特异性和记忆能力两个特点。某一种病原体只会引起一种特定的反应，而只有这种反应才可有效消灭该病原体。病原体的入侵会被记下，在下一次同一病原体入侵时，身体会产生继发反应，能比第一次更快速有效地对抗病原体。

图 6－8　琴纳为男孩接种牛痘

在人类历史上，曾经有一种疾病肆虐人间，使很多人丧生，这种病就是天花。天花是由天花病毒引起的，这种病传染性强、死亡率高。1796 年，英国医师爱德华·琴纳（Edward Jenner）注意到，挤牛奶的女工经常与患牛痘（牛的一种天然轻型传染病）的奶牛接触，她们的手上会出现牛痘脓疱，但在天花流行时，却从不感染天花。受这一现象的启发，琴纳进行了一个著名的实验：他用针尖沾上感染了牛痘的女工手上的痘浆，然后划到一个男孩左臂的皮肤上；六个星期以后，又在这个男孩的右臂接种了天花痘浆，这个男孩没有感染天花。由此证明，种牛痘可以预防天花（图 6－8）。那么，为什么接种过牛痘的人就不会感染天花呢？这要从淋巴细胞、抗原和抗体谈起。

（一）淋巴细胞的起源和分化

在特异性免疫中发挥免疫作用的主要是淋巴细胞。淋巴细胞是由骨髓中的造血干细胞分化、发育而来的（图 6－9）。其中的一部分造血干细胞随血液进入胸腺，并在胸腺内发育成淋巴细胞。因为胸腺英文名称的第一个字母是“T”，所以把这一类细胞称为 T 淋巴细胞，简称 T 细胞。另一部分造血干细胞在骨髓中发育成淋巴细胞。因为骨髓英文名称的第一个字母是“B”，所以把这一类细胞称为 B 淋巴细胞，简称 B 细胞。由造血干细胞发育成的 T 细胞和 B 细胞，大部分都很快死亡，只有一小部分随血液转移到淋巴结、脾脏和扁桃体等部位，并随血液和淋巴液在体内流动。当 T 细胞或 B 细胞受到抗原刺激时，能够增殖、分化成具有免疫效应的细胞——效应 T 细胞或效应 B 细胞，进而发挥免疫作用。骨髓、胸腺、脾、淋巴结

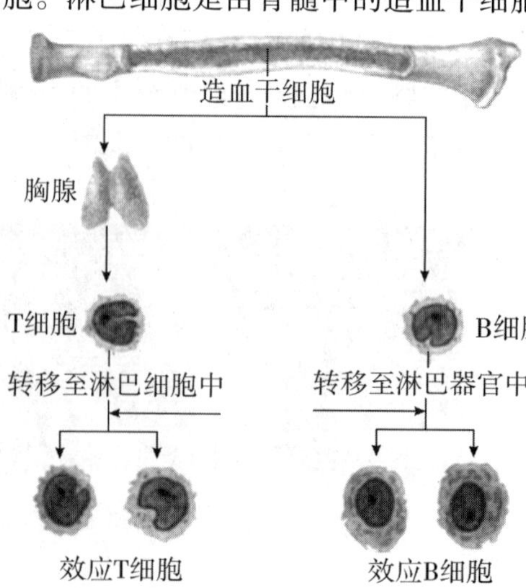

图 6－9　淋巴细胞的分化示意图

等免疫器官，淋巴细胞和吞噬细胞等免疫细胞，以及体液中的各种抗体和淋巴因子等，共同组成了人体的免疫系统，这是构成特异性免疫的物质基础。

（二）抗原和抗体

1. 抗原（antigen）

抗原是能引起免疫反应的物质，与特定的抗体结合。抗原可以是细菌或病毒等病原体，也可以是花粉或污染物等非病原体。抗原具有以下性质：

第一，异物性。一般来说，抗原都是进入人体的外来物质，如细菌、病毒、花粉等。人体的免疫系统遇到这些外来物质时，就会奋力抵抗，予以消灭，而对自身的正常细胞却秋毫无犯，否则就会出现自身免疫的疾病。应当指出的是，自身的组织或细胞有时也会成为抗原，如癌细胞等。

第二，大分子性。抗原通常是相对分子质量大于10 000的大分子物质，如蛋白质。

第三，特异性。一种抗原只能与相应的抗体或效应T细胞发生特异性结合，如伤寒杆菌只能与抗伤寒杆菌抗体结合，而不能与抗痢疾杆菌抗体结合。这种特异性取决于抗原物质表面具有的某些特定的化学基团，这些化学基团叫做抗原决定簇（antigen determinant），它是免疫细胞识别抗原的重要依据（图6－10）。

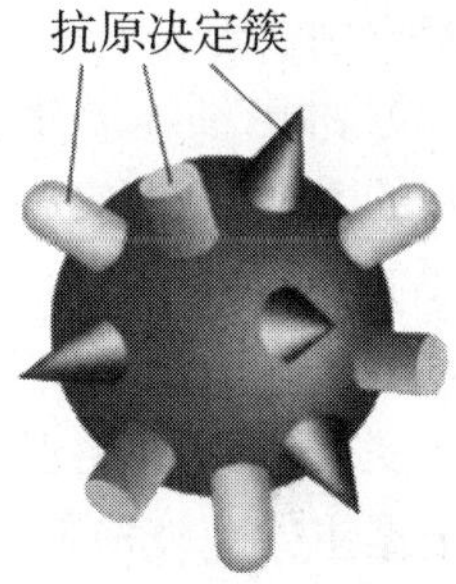

图6－10 抗原决定簇示意图

各种抗原的抗原决定簇数目不同，如白喉类毒素有8个抗原决定簇，流感病毒有40多个抗原决定簇。抗原决定簇大多存在于抗原的表面，但也有隐藏在抗原内部的，如牛血清蛋白的抗原决定簇多于18个，但只有6个暴露在抗原表面。隐藏在抗原分子内部的抗原决定簇一般是无功能的。抗原分子在酶的作用下，使内部的抗原决定簇暴露出来，才能发挥抗原决定簇的作用。

2. 抗体（antibody）

19世纪末和20世纪初，科学家们在实验中发现，用细菌或其外毒素给动物注射，过一段时间后，该动物的血清中会出现一些有防御作用的保护性成分。科学家们给这些血清成分起了不同的名称，如把能特异性中和外毒素毒性的成分称为抗毒素，把能使细菌发生特异性凝集的成分称为凝集素等。直到20世纪30年代，科学家们才把这些成分统一称为抗体。后来，科学家们又通过实验证实，抗体的化学本质是球蛋白。也就是说，抗体是机体受抗原刺激后产生的，并且能与该抗原发生特异性结合的具有免疫功能的球蛋白。抗体与入侵的病菌结合，可以抑制病菌的繁殖或是对宿主细胞的黏附，从而防止感染和疾病的发生；抗体与病毒结合以后可以使病毒失去感染和破坏宿主细胞的能力。抗体主要分布于血清中，也分布于组织液及外分泌液中。

（三）特异性免疫机制

1. 免疫应答（immune response）

免疫应答是机体免疫系统对抗原刺激所产生的以排除抗原为目的的生理过程。这个过程是免疫系统各部分生理功能的综合体现，包括抗原呈递、淋巴细胞（T淋巴细胞、B淋巴细胞）活化、免疫分子形成及免疫效应发生等一系列的生理反应。通过有效的免疫应答，机体得以维护内环境的稳定。

免疫应答有特异性和记忆性，单核吞噬细胞系统和淋巴细胞系统的协同作用是特异性免疫应答的物质基础。外周免疫器，尤其是淋巴结和脾则是免疫应答的主要场所。

免疫应答的功能可表现为正常生理性反应（抗病原体侵袭、清除损伤和衰老细胞、免疫调控、清除癌变细胞或病毒感染的细胞）和异常病理性反应（变态反应、免疫缺陷、自身免疫病、肿瘤发生、病毒持续性感染）。在感染的微生物或寄生生物（细菌、真菌、原生动物等）、移植物、接种的疫苗、精子，甚至宿主自身组织的刺激下，也可能会产生这种反应。

2. 免疫应答的基本过程

免疫应答的发生、发展和最终效应是一个相当复杂，但又有序的生理过程。这个过程可以人为地分成三个阶段。

（1）抗原识别阶段（antigen-recogniting phase），是抗原通过某一途径进入机体，并被免疫细胞识别、递呈和诱导细胞活化的开始时期，又称感应阶段。

（2）淋巴细胞活化阶段（lymphocyte-activating phase），是接受抗原刺激的淋巴细胞活化和增殖的时期，又称反应阶段。

（3）抗原清除阶段（antigen-eliminating phase），是免疫效应细胞和抗体发挥作用将抗原灭活并从体内清除的时期，也称效应阶段。

3. 免疫应答的类型

根据主导免疫应答的活性细胞类型，免疫应答可分为体液免疫（humoral immunity）和细胞免疫（cell immunity）两大类。抗原进入人体以后，有的被体液中相应的抗体消灭，有的则被相应的免疫细胞消灭。前者称为体液免疫，后者称为细胞免疫。

（1）体液免疫。有关的抗原包括细胞外的细菌、花粉、动物的毛、红细胞等。特点是B细胞引起与该抗原对应的抗体。体液免疫是一个相当复杂的连续过程，大体上可以分为三个阶段（图6－11、图6－12）。

① 感应阶段。抗原进入机体后，除少数可以直接作用于淋巴细胞外，大多数抗原都要经过吞噬细胞的摄取和处理，经过处理的抗原可将其内部隐蔽的抗原决定簇暴露出来。然后，吞噬细胞将抗原呈递给T细胞，再由T细胞呈递给B细胞；有的抗原可以直接刺激B细胞。这种抗原呈递多数是通过细胞表面的直接相互接触来完成的。那些靠T细胞去刺激B细胞的抗原称为T倚赖型抗原，而那些不靠T细胞去刺激B细胞的抗原则称为非T倚赖型抗原。

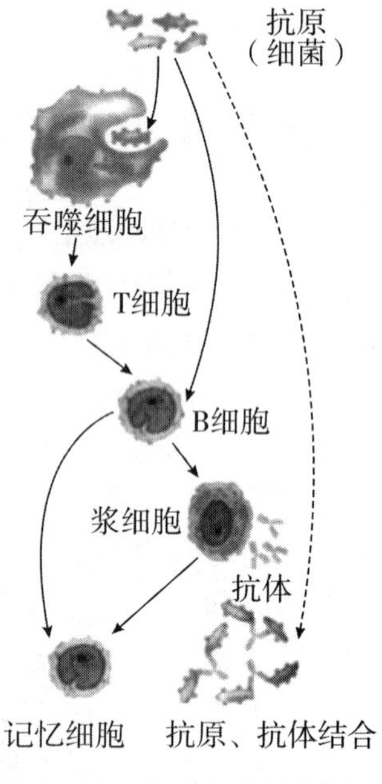

图6－11 体液免疫示意图

② 反应阶段。B细胞接受抗原刺激后，开始进行一系列的增殖、分化，形成效应B细胞。在这个过程中，有一小部分B细胞成为记忆细胞，该细胞可以在体内抗原消失数月乃至数十年以后，仍保持对抗原的记忆。当同一种抗原再次进入机体时，记忆细胞就会迅速增殖、分化，形成大量的效应B细胞，继而产生更强的特异性免疫反应，及时将抗原清除。

③ 效应阶段。在这一阶段，抗原成为被作用的对象，效应B细胞产生的抗体可以与相应的抗原特异性结合，发挥免疫效应。例如，抗体与入侵的病菌结合，可以抑制病菌的繁殖或是对宿主细胞的黏附，从而防止感染和疾病的发生；抗体与病毒结合后，可以使病毒失去侵染和破坏宿主细胞的能力。

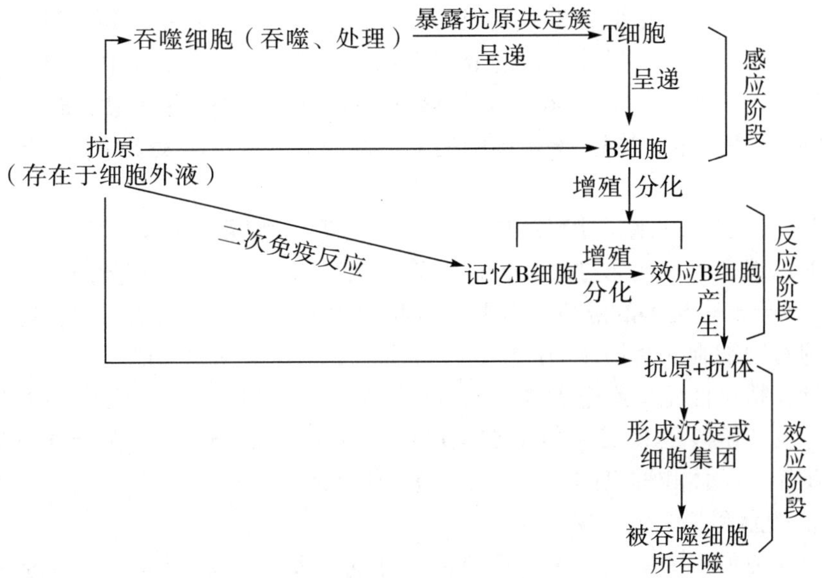

图 6－12　体液免疫杀伤作用过程示意图

（2）细胞免疫。有关的抗原为细胞内的细菌、病毒等。特点是主要和 T 细胞有关。抗原一旦侵入宿主细胞内部，体液中的抗体就不能与这些抗原直接发生特异性结合，人体就要通过细胞免疫来消灭和清除这些抗原。细胞免疫的基本过程，大体上也可以分为三个阶段（图 6－13、图 6－14）。

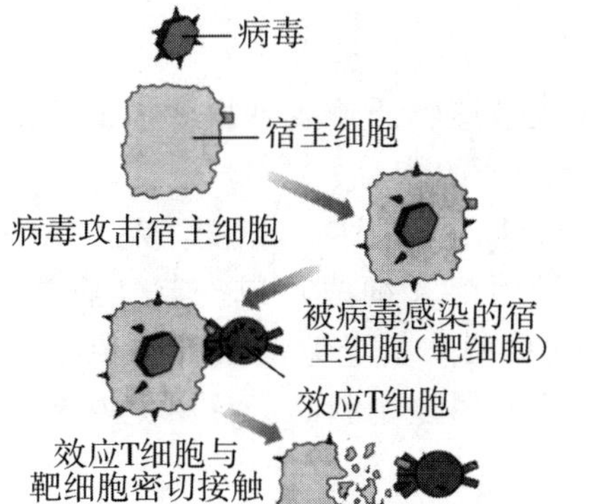

图 6－13　细胞免疫示意图

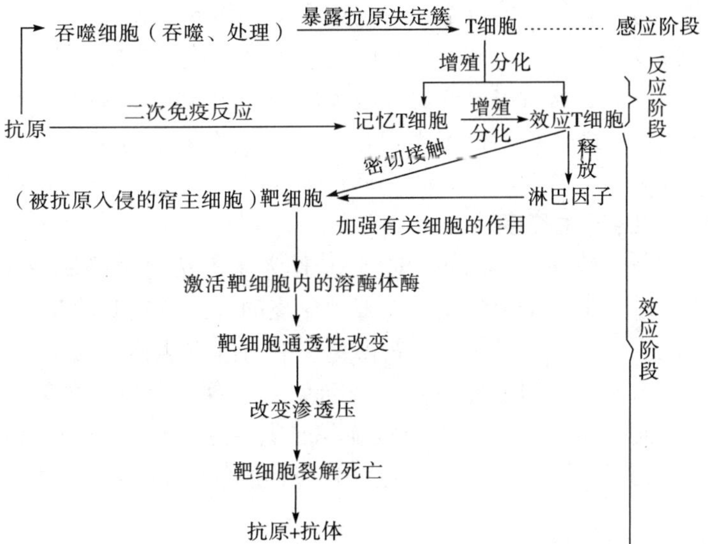

图 6－14　细胞免疫杀伤作用过程示意图

① 感应阶段。这一阶段与体液免疫的感应阶段基本相同。

② 反应阶段。T 细胞接受抗原刺激后，开始进行一系列的增殖、分化，形成效应 T 细胞。在这个过程中，有一小部分 T 细胞成为记忆细胞。当同一种抗原再次进入机体时，记忆细胞就会迅速增殖、分化，形成大量的效应 T 细胞，继而产生更强的特异性免疫反应。

③ 效应阶段。在这一阶段，效应 T 细胞与被抗原入侵的宿主细胞（即靶细胞）密切接触，激活靶细胞内的溶酶体酶，使靶细胞的通透性改变，渗透压发生变化，最终导致靶细胞裂解死亡。

与此同时，效应 T 细胞还能释放出可溶性免疫活性物质——淋巴因子，如白细胞介素、干扰素等。淋巴因子大多是通过加强各种有关细胞的作用来发挥免疫效应的。例如，白细胞介素 -2 能够诱导产生更多的效应 T 细胞，并且增强效应 T 细胞的杀伤力，还能增强其他有关的免疫细胞对靶细胞的杀伤作用。

由此可见，特异性免疫反应大体上都可以分为三个阶段：感应阶段是抗原处理、呈递和识别的阶段；反应阶段是 B 细胞和 T 细胞增殖、分化，以及记忆细胞形成的阶段；效应阶段是效应 T 细胞、抗体和淋巴因子发挥免疫效应的阶段。

（3）记忆细胞和二次免疫反应：

T 细胞和 B 细胞在接受抗原刺激后都能产生记忆细胞。其特点是对抗原十分敏感，能"记住"入侵的抗原。当机体再次受同一抗原侵染时，记忆细胞比一般 B 细胞更快作出反应，分裂产生新效应 B 细胞和记忆细胞，这就是二次免疫反应。二次免疫反应的特点是：速度比初次免疫反应快得多，而且作用大大强于初次免疫反应，可以在抗原造成危害前将其消灭。不同记忆细胞的寿命有长有短，有些只有几天，有些可以终身存活（麻疹、天花等）。

（4）体液免疫与细胞免疫的关系。在特异性免疫反应中，体液免疫与细胞免疫之间，既各自有其独特的作用，又可以相互配合，共同发挥免疫效应。例如，进入体内的细菌外毒素，需要有特异的抗毒素与它结合，才能使它丧失毒性，因此主要是体液免疫发挥作用；结核分枝杆菌、麻风杆菌等是胞内寄生菌，也就是寄生在宿主细胞内，而抗体是不能进入宿主细胞内的，这就需要通过细胞免疫的作用才能将这些病菌消灭；而在病毒感染中，则往往是先通过体液免疫的作用来阻止病毒通过血液循环而扩散，再通过细胞免疫的作用予以彻底消灭。

（四）免疫接种

免疫接种（immunization）是用人工方法将免疫原或免疫效应物质输入到机体内，使机体通过人工自动免疫或人工被动免疫的方法获得防治某种传染病的能力。

通过人工手段使人体获得免疫能力的方法称为人工免疫，以区别于自然免疫。人工免疫又分为人工自动免疫和人工被动免疫。自动免疫是预防接种菌苗（细菌）或疫苗（病毒）等，而被动免疫是注射免疫血清或球蛋白使机体获得免疫功能。用于免疫接种的免疫原（即特异性抗原或疫苗）、免疫效应物质（即特异性抗体）等皆属生物制品。常用免疫制品如下：

- 免疫制品
  - 自动免疫
    - 菌苗
      - 死菌苗：如伤寒、副伤寒三联菌苗
      - 灭毒或低毒菌苗：如卡介苗
    - 疫苗
      - 死疫苗：如乙脑疫苗
      - 灭毒或低毒疫苗：如牛痘、麻疹疫苗
    - 类毒素：如白喉、破伤风类毒素
  - 被动免疫
    - 免疫血清：如白喉抗毒素
    - 免疫球蛋白：如丙种球蛋白

疫苗接种，是将疫苗制剂接种到人或动物体内的技术，使接受方获得抵抗某一特定或与疫苗相似病原的免疫力，借由免疫系统对外来物的辨认，进行抗体的筛选和制造，以产生对抗该病原或相似病原的抗体，进而使接种者对该疾病具有较强的抵抗能力。

疫苗含有无害的死病菌或者是从无害的死病菌中提炼的物质，能使身体产生天然的防御能力对抗病菌。注射后，身体仿佛受到病菌入侵一样，开始产生杀死病菌的抗体；身体又会制造有保护性的白细胞，能够抵抗某类传染病。日后如果真的遇上同类病菌，身体便能立刻消灭病菌。

疫苗接种的主要目的是使身体能够制造自然的生物物质，用以提升生物体对病原的辨认和防御功能，有时类似的病原体可以引起针对同一类病原的免疫反应，因此一种疫苗主要是针对一种疾病，或相似度极高的病原体，例如以牛痘预防天花即为佳例。但从 20 世纪末开始，免疫学家发现疫苗也有治疗的可能性，并发展出相关的研究理论和实际用途。

四、免疫失调引起的疾病

人体的免疫功能正常时，可以对非己抗原产生体液免疫和细胞免疫，对机体发挥免疫保护作用。当免疫功能失调时，可引起过敏反应（anaphylactic reaction）、自身免疫病（autoimmune disease）或免疫缺陷病（immunodeficiency disease）等，损害人体的健康。

1. 过敏反应

生活中人们常会看到这样一些现象，有的人吃了鱼、虾等食物后，会发生腹痛、腹泻、呕吐，或是皮肤奇痒难忍；有的人吸入花粉或尘土后，会发生鼻炎或哮喘；有的人注射青霉素后会发生休克。这些都是过敏反应的表现。那么，什么是过敏反应呢？过敏反应是指已免疫的机体在再次接受相同物质的刺激时所发生的反应。反应的特点是发作迅速、反应强烈、消退较快，一般不会破坏组织细胞，也不会引起组织损伤，有明显的遗传倾向和个体差异。

引起过敏反应的物质叫做过敏原（allergens），如花粉、室内尘土、鱼、虾、牛奶、蛋类、青霉素、磺胺、奎宁等。有些人接触到过敏原时，在过敏原的刺激下，由效应 B 细胞产生抗体。这些抗体吸附在皮肤、呼吸道或消化道黏膜以及血液中某些细胞的表面。当相同的过敏原再次进入机体时，就会与吸附在细胞表面的相应抗体结合，使上述细胞释放出组胺等物质，引起毛细血管扩张、血管壁通透性增强、平滑肌收缩和腺体分泌增多（图 6－15）等。

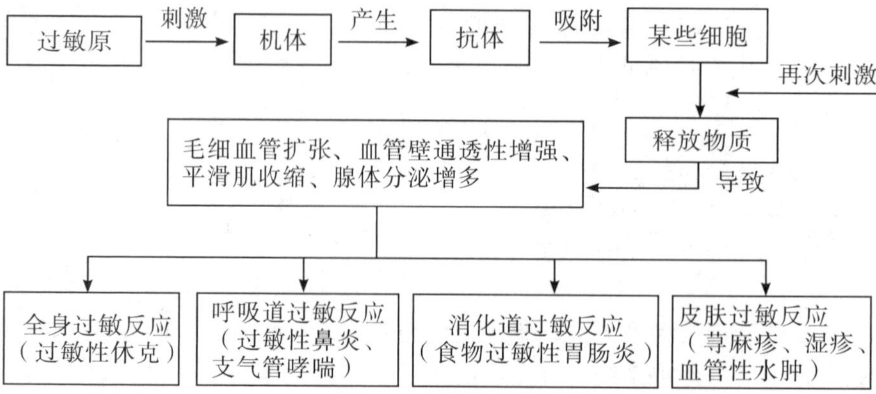

图6-15 过敏反应发生机理示意图

上述反应如果发生在皮肤，则出现红肿、荨麻疹等；如果发生在呼吸道，则出现流涕、打喷嚏、哮喘、呼吸困难等；如果发生在消化道，则出现呕吐、腹痛、腹泻等。个别病情严重的，可因支气管痉挛、窒息或过敏性休克而死亡。由于过敏反应是机体接触过敏原而引起的，因此找出过敏原，并且尽量避免再次接触该过敏原，是预防过敏反应发生的主要措施。如果自己不能找出过敏原，也可由医生用医学方法检测出来。已经发生过敏反应的人，应当及时去医院诊断治疗。

2. 自身免疫病

我们知道，人体的免疫系统具有分辨“自己”和“非己”成分的能力，一般不会对自身成分发生免疫反应。但是，在某些特殊情况下，人体的免疫系统也会对自身成分起作用，发生自身免疫反应。如果自身免疫反应对自身的组织和器官造成了损伤并出现了症状，就称为自身免疫病。例如，酿脓链球菌的表面有一种抗原决定簇，与心脏瓣膜上的一种物质的表面结构十分相似；当人体感染了这种病菌后，免疫系统产生的抗体不仅向病菌发起进攻，而且也向心脏瓣膜发起进攻。结果，在消灭病菌的同时，心脏也受到了损伤，使人得了风湿性心脏病（rheumatic heart disease）。这就是一种自身免疫病。常见的自身免疫病有类风湿关节炎（rheumatoid arthritis）、系统性红斑狼疮（systemic lupus erythematosus）等。

系统性红斑狼疮是一种累及多个器官、病程可有缓解和发作交替进行的慢性疾病，其主要症状有发热、关节痛、红斑、大量脱发、白细胞减少等。本病大多见于年轻女性，我国的发病率约为十万分之七十五。系统性红斑狼疮的病因至今尚未完全搞清，但据推测，本病的发生与遗传、免疫失调、内分泌异常及环境因素有关。因为病因不明，所以至今也没有针对病因的治疗方法。但是，临床观察表明，早发现、早治疗对于本病的缓解是非常重要的。

3. 免疫缺陷病

免疫系统中任何一个成分的缺失或功能不全，包括免疫细胞、免疫分子或免疫细胞信号转导的缺陷，都能导致免疫功能障碍，引起免疫缺陷病。该病可以分为两类：一类是由于遗传而使机体生来就有的，叫做先天性免疫缺陷病（congenital immune deficiency disease，CIDD）。先天性免疫缺陷病是免疫系统的遗传缺陷或先天性发育不全，常伴有其他组织器官的发育畸形。另一类则是由于疾病和其他因素引起的，叫做获得性免疫缺陷病（acquired immune deficiency disease，AIDD）。大多数免疫缺陷病都属于获得性免疫缺陷病，如艾滋病（AIDS）。

教与学的要点

1. 人体对付病原体的侵袭有三道防线，第一道防线是体表（包括皮肤和黏膜）的屏障；第二道防线是体内的溶菌酶和吞噬细胞等；第三道防线是免疫器官和免疫细胞。

2. 人体具有的一种“生理防御、自身稳定与免疫监视”的功能叫“免疫”。机体的免疫能力可大致分为非特异性免疫与特异性免疫两种。非特异性免疫又叫做先天性免疫或天然免疫，是人生来就有，并可遗传给后代的一种免疫功能。特异性免疫又称获得性免疫，是机体在后天经感染或人工预防接种而获得的抵抗感染的能力。特异性免疫可分为细胞免疫与体液免疫两类。

3. 骨髓、胸腺、脾脏、淋巴结等免疫器官，加上淋巴细胞和吞噬细胞等免疫细胞，以及体液中的各种抗体和淋巴因子等免疫物质，共同组成了人体的免疫系统，是构成特异性免疫的基础。在特异性免疫中发挥重要作用的主要是淋巴细胞。淋巴细胞是由骨髓中的造血干细胞分化发育而来的。它一部分形成B淋巴细胞（在骨髓中），一部分形成T淋巴细胞（在胸腺中）。

4. 抗原是能引起免疫反应的物质。抗原可以是细菌或病毒等病原体，也可以是花粉或污染物等非病原体。抗原具有异物性、大分子性、特异性。抗原的特异性取决于抗原表面的抗原决定簇，它是免疫细胞或抗体识别抗原的重要依据，弹片、钢钉等因不具有抗原决定簇而不能成为抗原。抗体是机体受抗原刺激后产生的，并且能与该抗原发生特异性结合的具有免疫功能的球蛋白，可以消灭或中和抗原。抗体主要分布于血清中，也分布于组织液及外分泌液中。

5. 免疫应答是机体免疫系统对抗原刺激所产生的以排除抗原为目的的生理过程。这个过程可以人为地分成三个阶段：

（1）抗原识别阶段，又称感应阶段，是抗原的处理、呈递、识别的阶段。

（2）淋巴细胞活化阶段，又称反应阶段，是B细胞、T细胞增殖分化形成效应B细胞、效应T细胞、记忆细胞，以及记忆细胞再次受到抗原刺激增殖分化形成大量效应T细胞和效应B细胞的阶段。

（3）抗原清除阶段，又称效应阶段，是效应T细胞、抗体和淋巴因子发挥免疫效应的阶段。

免疫应答可分为体液免疫和细胞免疫两大类。

6. 体液免疫（分三个阶段）：① 感应阶段：抗原进入机体后，经过吞噬细胞的摄取和处理，然后将抗原呈递给T细胞，再由T细胞呈递给B细胞，也有的抗原可以直接刺激B细胞。这种抗原的呈递，多数是通过细胞表面的直接相互接触来完成的。② 反应阶段：B细胞受抗原刺激后，开始进行增殖、分化，形成效应B细胞，有一部分B细胞成为记忆细胞。③ 效应阶段：效应B细胞产生的抗体与相应的抗原特异性结合，发挥免疫效应。

7. 细胞免疫（分三个阶段）：① 感应阶段：抗原进入机体后，经过吞噬细胞的摄取和处理，然后将抗原呈递给T细胞。② 反应阶段：T细胞接受抗原刺激后，开始进行增殖、分化，形成效应T细胞，有一部分T细胞形成记忆细胞。③ 效应阶段：效应T细胞与靶细胞密切接触，激活靶细胞内的溶酶体酶，使靶细胞的通透性改变，渗透压发生变化，最终导致靶细胞的裂解死亡。

8. 人体的免疫功能失调时，可引起过敏反应、自身免疫病或免疫缺陷病等，损害人体的健康。

过敏反应：引起过敏反应的物质叫过敏原，过敏反应是指已免疫的机体在再次接受相同物质的刺激时所发生的反应。反应特点是发作迅速，反应强烈，消退较快，一般不会破坏组织细胞。在过敏原刺激下，由效应B细胞产生抗体，吸附于皮肤、呼吸道或消化道黏膜以及血液中某些细胞的表面。当相同的过敏原再次进入机体时，就会与吸附在细胞表面的抗体结合，使上述细胞释放组胺等物质，引起毛细血管扩张、腺体分泌增多等。

自身免疫病：某些抗原表面的抗原决定簇与人体细胞表面物质结构十分相似；当人体感染了这种抗原后，免疫系统产生的抗体不仅向抗原进攻，而且也攻击人体自身组织。

免疫缺陷病：指由于机体免疫功能不足或缺乏而引起的疾病。一类是先天性免疫缺陷病；另一类是获得性免疫缺陷病，如艾滋病是由HIV病毒引起的。

练习与应用

一、选择题

1. 人体保卫自身不受病原体侵害的第一道防线是（　　）
   A. 肌肉和骨骼　　B. 皮肤和黏膜　　C. 表皮和真皮　　D. 皮肤和肌肉
2. 呼吸道黏膜上有纤毛，其作用是（　　）
   A. 阻挡空气流动　　B. 清扫异物　　C. 有助于空气流动　　D. 杀菌作用
3. 下面不属于非特异性免疫的是（　　）
   A. 皮肤和黏膜对病原体的阻挡作用　　B. 溶菌酶溶解病菌
   C. 吞噬细胞吞噬病原体　　D. 淋巴细胞产生抗体杀灭病菌
4. 下列有关抗体的叙述，不正确的是（　　）
   A. 淋巴细胞产生的一种特殊蛋白质　　B. 抗体能特异性地与抗原结合
   C. 侵入人体刺激淋巴细胞产生抗原物质　　D. 抗体可长时间存留在体内
5. 正常情况下，人体能够识别并清除肿瘤细胞。这是由于免疫系统具有（　　）
   A. 识别并清除异常细胞的功能　　B. 清除衰老、死亡及破损细胞的功能
   C. 特异性免疫功能　　D. 非特异性免疫功能
6. 某些人对花粉有“过敏反应”，造成该反应的原因是（　　）
   A. 花粉有毒　　B. 花粉能传播细菌
   C. 抵抗抗原侵入的免疫功能过强　　D. 抵抗抗原侵入的免疫功能过弱
7. “类风湿关节炎”的病因是（　　）
   A. 长期处于潮湿、寒冷的环境　　B. 对自身细胞发生免疫反应
   C. 类风湿关节炎病菌侵入　　D. 人体产生了异常细胞
8. 下列关于抗原的叙述，正确的是（　　）
   A. 机体自身的组织和细胞不可能成为抗原
   B. 抗原能与抗体或效应细胞结合，发生免疫反应
   C. 抗原一旦突破人体的前两道防线，就会引起特异性免疫反应
   D. 抗原能与相应的抗体或效应T细胞结合，发生特异性免疫反应
9. 下列各项中，只属于细胞免疫功能的是（　　）

A. 抑制病菌的繁殖
B. 使病毒失去感染人体细胞的能力
C. 效应T细胞与靶细胞直接接触，导致靶细胞死亡
D. 使细菌外毒素失去毒性

10. 下列疾病中，不属于自身免疫病的是（　　）
A. 系统性红斑狼疮　B. 湿疹　C. 类风湿关节炎　D. 风湿性心脏病

11. 生活中，在不知情的情况下，下列各项中最可能感染艾滋病病毒的是（　　）
A. 与病毒携带者握手
B. 使用了病毒携带者用过的而又未经严格消毒的餐具
C. 住酒店时，使用了病毒携带者用过的而又未及时更换的被褥
D. 洗牙或补牙时，使用了病毒携带者用过的而又未经严格消毒的器械

二、非选择题

1. 人体免疫器官主要有__________、__________和__________等。免疫细胞主要是指__________：它是由______________产生的，而胸腺分泌的______________激素能促使淋巴细胞的分化和成熟。淋巴结和脾内有______________细胞，能吞噬侵入人体的病菌、衰老的血细胞和异物。
2. 特异性免疫是指____。
非特异性免疫是指____。
3. 试述T淋巴细胞在细胞免疫和体液免疫中的作用。
4. 为什么免疫接种可以预防传染病?
5. 简述人体对抗病原体侵害的三道防线及各道防线的特点。

第三节　重大疾病及其预防*

一、什么是重大疾病

重大疾病是指医治花费巨大且在较长一段时间内严重影响患者及其家庭的正常工作和生活的疾病。一般包括：恶性肿瘤、严重心脑血管疾病、需要进行重大器官移植手术的疾病、有可能造成终身残疾的伤病、晚期慢性病、深度昏迷、永久性瘫痪、严重脑损伤、严重帕金森病和严重精神病等。

根据目前的医学技术分类，同一种疾病在初期可能较容易治疗而且花费也不大，但到了后期就很难控制，所以很多疾病都是到了后期才能称作重大疾病。而由于医学常识的普及不足，很多患者都是在疾病后期才发现自己患有疾病。

二、常见的重大疾病及其预防

1. 急性心肌梗死（acute myocardial infarction，AMI）

心脏是人体最重要的生命器官，它担负着为全身器官供应血液的重任，心脏功能出问题，往往引起发育不良、其他重要器官功能障碍等严重症状，甚至引起患者短时间内死亡。

而急性心肌梗死是心脏病中较严重和较常见的病变之一。急性心肌梗死，又称心肌梗死，是由于为心肌本身供血的动脉（冠状动脉）狭窄或阻塞，导致心肌坏死而形成的。

心肌梗死发病年龄在40岁以上者占87%～96.5%。男性患病的高峰年龄为51～60岁，女性则为61～70岁。近年来，心肌梗死患者明显年轻化，有20多岁就患心肌梗死的，而相比之下，年轻患者比老年患者面临更大的危险。老年人血管变窄是长期积累形成的，因此通常早就形成很多侧支循环，即使堵塞也不会一下子堵死。而年轻人由于平时血管畅通，所以缺少侧支循环，一旦堵塞，就会梗死，后果非常严重。

心肌梗死患者通常都会出现某些痛苦的症状，如不定期心绞痛，心绞痛持续时间长、呼吸突然停止、胸部隐约疼痛、发闷、头晕、昏厥等症状。

心肌梗死常见的诱发原因：生气、吵架是最普遍和最常见的诱因，还有情绪波动、忧郁，如突遇意外事件；持续的劳累和精神紧张，如紧张而有压力的学习、工作、开会和过度的体育运动等；气候或季节变化，如寒冬、酷暑、秋冬或冬春之交，气候变化明显的季节较易发生，老年人更应加倍注意；短时间内大量吸烟、饮酒；全身性疾病，如急性感染、发热、突然的血压升高、心力衰竭、休克、大出血、脑血管意外和手术等，尤其是老年人更易发生；性生活过度。

现代人生活节奏加快、饮食结构不合理、缺乏身体锻炼等因素，使得心肌梗死呈现发病率较高、发病年轻化的特点。心肌梗死一旦发作应立即住院抢救治疗，治疗和恢复期较长，治疗花费昂贵。现代医学发明了心脏冠脉搭桥术、心导管气囊扩张术等有效治疗方法，但费用昂贵。

2. 缺血性脑中风（ischemic stroke）

脑是人体中枢神经系统的主要器官，号称人体的指挥部。脑中风是急性脑血管病的中医名称，西医又称脑卒中、脑血管意外，是指脑部动脉或支配脑的颈部动脉发生病变，从而引起颅内血液循环障碍，脑组织受损的一种疾病。发生脑中风后，脑细胞由于缺乏氧气的供应而死亡，引起身体相应部位感觉、运动或认知功能的障碍，即局部瘫痪或全身瘫痪。脑细胞一旦坏死就不能修复或再生，因而脑中风发生后若救治不及时，往往身体功能长时间不能恢复或社交性功能丧失，生活不能自理。脑中风严重的会造成患者短时间内死亡。根据临床资料表明，绝大部分脑中风患者是在60岁以前发病。近年来，脑血管病的发病有逐渐年轻化的趋势，发病年龄越来越小。

造成脑中风的原因很多，常见的有高血压、脑动脉硬化、脑血管畸形、外伤、感染、血液成分异常、血栓或肿瘤栓子等。值得注意的是，现代生活环境和生活方式的很多方面都是脑中风的危险因素，如肥胖、吸烟、过度饮酒、长时间坐姿、口服避孕药、缺少体育锻炼等。此外，疲劳、精神紧张因素也可能诱发脑中风，如情绪不佳、饮食不节、剧烈运动、气候变化、服药不当、妊娠高血压。脑中风除药物治疗外，目前尚无较大突破。脑中风由于治疗和恢复过程缓慢，对患者及其家属会造成较大的经济负担。

3. 慢性肾功能衰竭（尿毒症）（chronic renal failure）

各种肾脏疾病的晚期，由于肾脏功能下降而出现的各种临床症状和相应的化验结果异常，统称为“慢性肾功能衰竭”。

肾脏是人体重要的泌尿、排毒和内分泌器官，这些功能丧失或衰退会产生各种临床症状，主要有全身乏力、食欲下降、恶心呕吐、贫血、代谢性酸中毒、血压增高、心功能不全、低血钙和凝血障碍等，严重影响患者的生活和工作。

慢性肾功能衰竭晚期称为尿毒症，尿毒症不是一种独立的疾病名称，而是各种肾脏疾患（包括肾炎、肾盂肾炎等）进行性恶化，发展到终末期导致的。肾功能严重损害的一系列综合症状是各种肾脏疾患最为严重的后果，如心衰竭、昏迷等。

诱发尿毒症的因素主要有以下几个：高血压患者中的15%会直接转为尿毒症。肾病是尿毒症的主要原因，所有慢性肾脏疾病的最终结局都将是尿毒症。其中慢性肾炎是首要原因，在导致尿毒症的疾病中，慢性肾小球肾炎占55.7%，它是由泌尿系统感染或尿路感染引起的。根据统计资料显示，我国尿路感染的发病率男性为0.23%，女性为2.37%，男女老少皆可发病，尤以育龄已婚妇女为常见。在我国，慢性肾盂肾炎是尿毒症的第二位因素，占21.2%，它是由药物不同程度的毒副作用引起的。研究表明，约25%的肾功能衰竭患者与药物的肾毒性相关，与年龄相关。我国老年人已达到总人口的10%，到2025年，60岁以上的老年人将达到19.3%。在体检中发现，有17.3%的老年人患有不同类型的肾脏疾病。在住院患者中，患泌尿系统疾病的老年人占3.4%~6.3%，是老年住院患者的第八位死因。艾滋病病毒感染引起的尿毒症呈上升趋势，此原因现已占到尿毒症诱因的1%。

尿毒症治疗相当困难。为挽救尿毒症患者的生命，往往需要做透析治疗和肾脏移植，但治疗费用高达十几万或几十万元。

4. *恶性肿瘤*

恶性肿瘤，即人们通常所说的癌症（cancer）。由于外界不良刺激，身体内正常的组织细胞发生形态变异、功能丧失的变化，医学上称为“癌变”。更主要的是，这些癌变的细胞会迅速繁殖生长，侵入破坏周围的正常器官组织，或通过血管、淋巴管和其他身体内的腔道跑到身体的其他部位繁殖生长起来。迅速生长的肿瘤大量消耗体内营养，破坏器官的正常功能，这可能引起出血、压迫梗死、组织坏死、感染等症状，最后导致死亡。

人体细胞在任何时候皆可能有恶性的变化。当人体内的恶性细胞以无法控制的速度不正常增殖且扩散转移时，这种病便称为癌症。其可能的先兆有：不正常出血或分泌物；乳房或其他地方发生肿瘤或硬化；溃烂长久不愈，痣疣的大小及颜色有所变化；大小便习惯的改变；声音嘶哑或咳嗽长久不愈；消化不良或吞咽困难；不明原因的久咳，痰有血丝或血块；胃部不适，食欲减退，对食物嗜好变化。如上述现象持续两星期以上，应请医生检查；若是异常出血，应立刻就医。癌症的产生原因可能和食物及环境污染有关，也可能与某些病毒微生物有关，甚至与正常细胞的突变有关。癌细胞因不断地生长扩张，吸收人体大部分的养分，如果没有及早地治疗，通常很难痊愈。

人体不同器官的癌变，其发病年龄及特征都有所不同：

（1）肝癌：发病年龄平均54岁，肝炎患者发生肝癌的发病年龄要提前10年。肝癌的自然病程至少为两年，肝癌只要早期发现和早期切除是可能治愈的。中国小肝癌手术切除后的10年生存率已达51.5%。

（2）乳腺癌：乳腺癌的发病年龄趋于年轻，从30岁就开始增加，以40~45岁女性为发病高峰。环境因素和生活方式对乳腺癌发病的影响已经超过了遗传因素。专家建议，女性一定要慎用激素替代疗法，少喝或不喝烈性酒，避免过度肥胖，坚持适当的体育锻炼，生育年龄最好不要超过35岁。

（3）食管癌：中国食管癌的发病率目前居世界第一位，发病人数占发病总数的60%，且男性的发病率是女性的两倍。吸烟又嗜酒者的发病危险性比单纯吸烟或嗜酒者的危险性高出数十倍。长期嗜食过于辛辣、偏硬、过热和制作粗糙的食物，进食过快，饮烈酒，吃大量胡椒，咀嚼槟榔或烟丝，这些对食管黏膜的慢性刺激，在不断地损伤、修复过程中，容易引起癌变。

（4）肺癌：肺癌多发生于40岁以后，高峰发病年龄在70岁至79岁之间。男性患者多于女性患者。肺癌早期无特异症状，大多为干咳，或有少量白色泡沫痰，易被误认为是感冒或支气管炎而被忽视。凡是以往无慢性呼吸道疾患的人，尤其是40岁以上、经过积极治疗、咳嗽持续三周以上不止的，应警惕肺癌的可能。

由于环境污染和生活节奏加快、精神压力加大等原因，恶性肿瘤发病率增高，中国每年新发生的肿瘤患者为160多万，加之恶性肿瘤病情发展快，对人体破坏和生命威胁大，治疗费用高，使得人们往往谈癌色变。其实，随着医学的发展，对恶性肿瘤的诊断和治疗手段也越来越先进，因此，只要有好的经济支撑，更多的恶性肿瘤患者可以被治愈或延长生存时间。

5. 急性重症肝炎（acute severe hepatitis）

本病可继发各种急慢性肝炎，在各种肝炎病例中，本型占极少数，为0.2%～4%。发病前多有诱因，如起病后未适当休息、营养不良、饮酒或服用损害肝脏药物、妊娠或合并感染。临床表现：起病较急，黄疸迅速加深，肝脏迅速缩小，有出血倾向，中毒性鼓肠，腹水，肝臭，急性肾功能衰退和不同程度的肝性脑病表现（早期表现为性格改变、行为异常，狂躁、幻觉、恐惧、扑击样震颤，后期出现不同程度的昏迷、锥体系损害体征、脑水肿等）。诊断：在急慢性肝炎基础上，出现黄疸进行性加深，肝脏缩小，有肝性脑病再现，凝血酶原时间延长。预后：病死率70%以上。治疗：休息、营养，针对肝昏迷、大出血、肾功能衰竭等严重并发症的对症支持治疗。

6. 帕金森病（Parkinson's disease）

帕金森病又称“震颤麻痹”，该病是一种常见于中老年的神经系统变性疾病，多在60岁以后发病。主要表现为患者动作缓慢，手脚或身体的其他部分的震颤，身体失去了柔软性，变得僵硬。最早系统描述该病的是英国的内科医生詹姆·帕金森，当时还不知道该病应该归入哪一类疾病，就称该病为“震颤麻痹”。帕金森病是老年人中第四位最常见的神经系统变性疾病，在65岁及以上的人群中，有1%患有此病。本病也可在儿童期或青春期发病。在人类历史的变化中，疾病史也在不断变化，有一些疾病消失了（如天花），而有一些疾病却日渐严重，发病年龄也在不断变化。帕金森病就是其中之一。近年来，帕金森病的发病率大幅度提高，发病年龄也在逐渐提前。

7. 阿尔茨海默氏症（Alzheimer's disease，AD）

阿尔茨海默氏症又名老年失智症，是一种在正常意识状态下，丧失智能的表现的疾病。阿尔茨海默氏症是一种脑部疾病，会造成脑部神经细胞逐渐丧失。

由于脑部神经细胞负责思考、记忆及行动，阿尔茨海默氏症造成患者的心智功能渐次低下，最后有可能影响到日常生活。

台湾自1994年人口结构即迈入老龄化，失智症在台湾老年人口的盛行率约为4%，如果以150万的老年人口来计算，台湾的失智老人就高达3万～7万，其中五至九成为阿尔茨海默氏型失智症，也就是有15 000～63 000名此类病患，新增失智病患每年约15 000名。到2050年全世界患此疾病的人数将达4 500万，阿尔茨海默氏症将成为人类社会的流行病。

阿尔茨海默氏症临床症状的特征如下：记忆力丧失、失语及失用症、缺乏方向感、易走失、思考能力及判断能力丧失，进而与人沟通有问题，无法处理日常生活，有的会有攻击性行为、躁动不安、多话、多吃等。随着时间的推移，阿尔茨海默氏症患者最终甚至连最基本的日常生活能力如刷牙、穿衣及洗澡等都会丧失。

8. *糖尿病*（diabetes）

糖尿病是由遗传因素、免疫功能紊乱、微生物感染及其毒素、自由基毒素、精神因素等各种致病因子作用于机体，导致胰岛功能减退、胰岛素抵抗（insulin resistance，IR）等而引发的糖、蛋白质、脂肪、水和电解质等一系列代谢紊乱综合征。临床上以高血糖为主要特点，典型病例可出现多尿、多饮、多食、消瘦等表现，即“三多一少”症状。

糖尿病可分为1型糖尿病（type 1 diabetes）、2型糖尿病（type 2 diabetes）和妊娠期糖尿病（gestational diabetes）三种。其中，1型糖尿病多发生于青少年，其胰岛素分泌缺乏，必须依赖胰岛素治疗维持生命。2型糖尿病多见于30岁以后的中老年人，其胰岛素的分泌量并不低甚至还偏高，病因主要是机体对胰岛素不敏感，即胰岛素抵抗。妊娠期糖尿病是源于细胞的胰岛素抵抗，不过其胰岛素抵抗是由于妊娠期妇女分泌的激素（荷尔蒙）所导致的。妊娠期糖尿病通常在分娩后自愈。在糖尿病患者中，2型糖尿病所占的比例约为95%。

胰岛素是人体胰腺β细胞分泌的身体内唯一的降血糖激素。

糖尿病可导致感染、心脏病变、脑血管病变、肾功能衰竭、双目失明、下肢坏疽等而成为致死致残的主要原因。糖尿病高渗综合征是糖尿病的严重急性并发症，初始阶段可表现为多尿、多饮、倦怠乏力、反应迟钝等，随着机体失水量的增加，病情急剧发展，出现嗜睡、定向障碍、癫痫样抽搐、偏瘫等类似脑卒中的症状，甚至昏迷。

糖尿病的药物治疗应针对其病因，注重改善胰岛素抵抗，以及对胰腺β细胞功能的保护，必须选用能改善胰岛素抵抗的药物。这些药物主要是胰岛素增敏剂，使糖尿病患者得到及时、有效和根本的治疗，预防糖尿病慢性并发症的发生和发展。

胰岛素增敏剂可增加机体对自身胰岛素的敏感性，使自身的胰岛素得以“复活”而充分发挥作用，这样就可使血糖能够重新被机体组织细胞所摄取和利用，使血糖下降，达到长期稳定和全面地控制血糖的目的，使人体可长久享用自身分泌的胰岛素。

糖尿病治疗必须以饮食控制、运动治疗为前提。糖尿病患者应避免进食糖及含糖食物，减少进食高脂肪及高胆固醇食物，适量进食高纤维及淀粉质食物，进食要少食多餐。运动的选择应当在医生的指导下进行，应尽可能做全身运动，包括散步和慢跑等。在此基础上应用适当的胰岛素增敏剂类药物，而不是过度使用刺激胰岛素分泌的药物，才能达到长期有效地控制血糖的目的。

糖尿病与遗传因素有关，父母如果都是糖尿病患者，所生子女患糖尿病的机会明显增加。经过近几十年的研究，一致认为糖尿病是一个多病因的综合病症。因为糖尿病患者亲属中的糖尿病发生率要比非糖尿病患者亲属中的高，故说明糖尿病有遗传倾向。糖尿病的遗传不是疾病本身，而是对糖尿病的易感性，必须有某些环境因素的作用，才能发生糖尿病。

9. *艾滋病*（acquired immune deficiency syndrome，AIDS）

艾滋病，即获得性免疫缺陷综合征（又译为后天性免疫缺陷症候群）。该病于1981年在美国发现，现已在全世界传播蔓延。它曾被译为“爱滋病”“爱死病”。它分为两型，即HIV－1型和HIV－2型，是人体感染了“人类免疫缺陷病毒（human immunodeficiency virus，HIV）”（又称艾滋病病毒）引起的。艾滋病被称为“史后世纪的瘟疫”，也被称为“超级癌症”和“世纪杀手”。世界艾滋病日是每年的12月1日。

艾滋病病毒（HIV）是一种能攻击人体内脏系统的病毒。它存在于艾滋病患者和带病毒者的血液、精液、唾液、泪液、尿液和乳汁中，把人体免疫系统中最重要的T_4淋巴组织作为攻击目标，大量破坏 T_4 淋巴组织，产生高致命性的内衰竭（图 6 – 16）。这种病毒破坏人的免疫平衡，使人体成为各种疾病的载体。HIV 本身并不会引发任何疾病，而是当免疫系统被 HIV 破坏后，人体由于抵抗能力过低，丧失复制免疫细胞的功能，这时人体就会感染上机会性感染病，如肺炎、脑膜炎、肺结核等。一旦有机会性感染病发生，这个人就被认为是患了艾滋病。艾滋病本身不是一种病，而是一种无法抵抗其他疾病的状态或综合症状。人不会死于艾滋病，而是会死于与艾滋病相关的疾病，即感染其他的疾病导致各种复合感染而死亡。艾滋病病毒在人体内的潜伏期为 2 ~ 10 年，在发展成艾滋病患者以前，他们外表看上去正常，可以没有任何症状地生活和工作很多年。

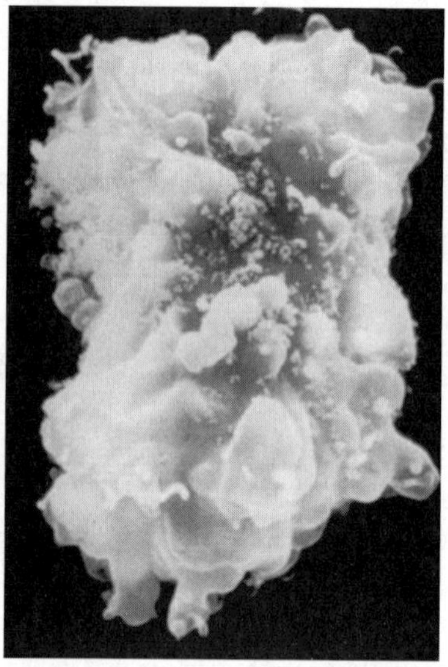

图 6 – 16　HIV（前面小颗粒）攻击 T 细胞

艾滋病传染主要是通过性行为、体液的交流而传播。体液主要有精液、血液、阴道分泌物、乳汁等。其他体液，如眼泪、唾液和汗液存在的数量很少，一般不会导致艾滋病的传播。

唾液传播艾滋病病毒的可能性非常小，所以一般接吻是不会传播的。但是如果健康的一方口腔内有伤口，或者破裂的地方，同时艾滋病患者口内也有破裂的地方，双方接吻，艾滋病病毒就有可能通过血液而传染。汗液是不会传播艾滋病病毒的。艾滋病患者接触过的物体也不可能传播艾滋病病毒。但是艾滋病患者用过的剃须刀、牙刷等，可能有少量他们的血液，毛巾上可能有精液，如果和他们共用个人卫生用品，就可能被传染。另外，因为性乱交而得艾滋病的人往往还有其他性病，如果和他们共用个人卫生用品，即使不会被感染艾滋病，也可能感染其他疾病。所以个人卫生用品不应该和别人共用。

一般的接触并不能传染艾滋病，所以艾滋病患者在生活当中不应受到歧视，如共同进餐、握手等都不会传染艾滋病。艾滋病患者吃过的菜、喝过的汤是不会传染艾滋病病毒的。艾滋病病毒非常脆弱，离开人体，如果暴露在空气中，几分钟就会死亡。艾滋病虽然很可怕，但该病毒的传播力并不是很强，它不会通过我们日常的活动来传播，也就是说，我们不会经浅吻、握手、拥抱、共餐、共用办公用品、共用厕所、共用游泳池、共用电话、打喷嚏等而感染，甚至照料艾滋病病毒感染者或艾滋病患者都没有关系。

蚊虫的叮咬可能传播其他疾病，如黄热病、疟疾等，但是不会传播艾滋病。蚊子传播疟疾是因为疟原虫进入蚊子体内并大量繁殖，带有疟原虫的蚊子再叮咬其他人时，便会把疟原虫注入人的身体中，令被叮者感染。蚊虫叮咬一个人的时候，它们并不会将自己或者前面那个被吸过血的人的血液注入，而只会将自己的唾液注入，这样可以防止此人的血液发生自然凝固。它们的唾液中并没有艾滋病病毒，而且喙器上仅沾有极少量的血，病毒的数量极少，不足以令下一个被叮者受到感染。另外，艾滋病病毒在昆虫体内只生存很短的时间，不会在昆虫体内不断繁殖，昆虫本身也不会得艾滋病。

人体感染 HIV 后，一般经过 2 ~ 10 年的潜伏期，可发展成艾滋病患者。艾滋病患者一般在 2 年内死亡。艾滋病的初期症状是全身淋巴结肿大，不明原因的持续性发热，夜间盗汗，食欲缺乏，精神疲乏等。此后，相继出现肝、脾肿大，并发恶性肿瘤，极度消瘦，腹泻便血，呼吸困难，心力衰竭，中枢神经系统麻痹，最终死亡。

对于艾滋病，目前还没有特别有效的药物和治疗措施。预防的主要措施有以下几点：洁身自爱，不与除配偶以外的人发生性关系；不与他人共用牙刷和剃须刀；不用未经消毒的器械文眉、穿耳等；医疗时使用的注射器及检查和治疗器械必须经过严格消毒；需要输入的血液和血液制品，必须经过艾滋病病毒抗体检测。

第四节　保持身体健康，提高生命质量*

一、健康的概念和生命质量评价

1. 健康的概念

粗略地说，健康（health）就是没病没痛的意思。但世界卫生组织（WHO）把健康定义为体格上、心理上和社交上的理想状况。由此可见，没病没痛没残障，准确来说并不等于完全健康。其实一个人只有在体格、心理、社交三方面都能调和，才可称得上健康。

体格健康主要指人的躯体结构和功能完好，并能良好地维持自身的稳态和与环境的平衡。心理健康是指乐观自信、务实谦虚、积极向上；正确客观地认识自我和环境，精神愉快，并且不常有郁闷、忧虑、焦躁、恐惧、惊惶、怨恨、愤怒的情绪。社交健康则包括社会责任心，在社会生活中发挥与自身能力相适应的作用，人际关系良好，个人行为与社会规范相一致。对于健康的概念，现代医学更重视和强调心理—精神健康的重要性。

2. 生命质量评价

生命质量（quality of life）是医疗卫生界提出的与健康密切相关的另一个概念。生命质量是指人们对自己的身体状态、心理及感受、社会作用好坏的一种度量，这种度量往往以社会经济、文化背景和价值取向为基础，因此它还融入了人们的感觉体验的主观因素。例如，生命质量反映了个人期望与实际生活状况两方面的因素，个人期望与实际生活状况之间的差距越大，生命质量就越低。尽管如此，身体健康仍然是生命质量的核心，一个身患重病的人不可能具有较高的生命质量。因此，身体状况就成为生命质量评价最重要的指标。

WHO的健康标准包括：① 精力充沛，能从容不迫地应付日常生活和工作；② 处事乐观，态度积极，乐于承担任务，不挑剔；③ 善于休息，睡眠良好；④ 应变能力强，能适应各种环境的变化；⑤ 对一般感冒和传染病有一定抵抗力；⑥ 体重适当，体态匀称，头、臂、臀比例协调；⑦ 眼睛明亮，反应敏锐，眼睑不发炎；⑧ 牙齿清洁，无缺损，无疼痛，牙龈颜色正常，无出血；⑨ 头发光洁，无头屑；⑩ 肌肉、皮肤富弹性，走路轻松。

二、健康的钥匙在自己手中

理论上，人的寿命应该为100~150岁。多数科学家经反复测算得出：人类的自然寿命为120岁。

为什么绝大多数人都只度过了自然寿命的一半多的时间，生命就中止了呢？世界卫生组织早就提出："许多人不是死于疾病，而是死于自己不健康的生活方式。" WHO前总干事中岛宏博士说过："健康是人生的第一财富。不要死于愚昧，不要死于无知！"

"健康是金"，其实健康比金子还珍贵，因为健康很难再生甚至不可再生，一旦失去，再先进的高科技都无法使受损的机体恢复原来的状态，只能是"无可奈何花落去"，而金子却可以“千金散尽还复来”。健康是在人们头上的一顶无形的皇冠，在拥有时感觉不到，到失去时才追悔莫及。拥有健康不代表拥有一切，失去健康就等于失去一切。

根据人类社会现阶段发展的实际情况和人们对生命规律的认识，提高生命质量，增进身体健康可采取的措施有很多方面。除了提高医疗卫生技术、改善医疗卫生设施等以外，以下这些更重要的措施完全是个人应该并可以做到的：① 乐观的心态；② 充足的睡眠；③ 适量的运动；④ 均衡的营养。

创造美好生活是人生的一个永恒主题，所以乐观是一个优点，我们都坚信不疑。毋庸置疑，乐观的心态可以使人充分地享受当下的每一分每一秒的快乐，拥有开阔的视野，清晰地知道自己应该做和想要做的是什么；乐观的心态有利于人的精神集中，可以使人在遇到困难、面对逆境时保持清醒的头脑，客观地认识自己，更有利于人快速地找到正确的出口。

动物实验表明，小白鼠如果超过 6 天不睡眠，就会出现运动失调的症状，直至脑电波电压降低、消失而死亡。与小白鼠相比，人类对睡眠的依赖性更强，一个人只喝水不进食可以活 7 天，而不睡眠只能活 4 天。据中国睡眠研究会公布的最新睡眠调查结果显示，中国成年人失眠发生率为 38.2%，高于发达国家的失眠发生率。医学研究表明，晚上 11 点至早上 6 点是睡眠最佳时间。理想的睡眠模式应该是晚上 10 点半左右就开始洗漱，然后躺在床上，在 11 点左右进入梦乡，第二天早上 6 点左右醒来。这对于 18 岁以上的成年人而言是最良好的睡眠习惯，也比较符合中医所讲的“天人合一”的规律。如果长期颠倒作息，必然会影响健康。偶尔失眠会造成第二天疲倦和动作不协调，长期失眠则会带来注意力不能集中、记忆出现障碍和工作力不从心等后果。此外，失眠与躯体疾病关系密切。为了引起人们对睡眠与健康的关注，WHO 将每年的 3 月 21 日定为“世界睡眠日”，因为这天是春季的第一天，季节变换的周期性、睡眠的昼夜交替规律都与我们的日常生活息息相关，此项活动的目的是引起人们对睡眠质量和睡眠重要性的关注。

生命在于运动，健康来自运动。著名的医学家希波克拉底说：“阳光、空气、水和运动，是生命和健康的源泉。”所以，运动与阳光、空气和水一样，生命和健康都离不开它。运动能塑造我们强健的身体，增强我们抵抗疾病的能力。然而，对人体而言，运动也是有极限的，一旦超过了这个限度，对人可能非但无益，反而会有害。所谓的适量运动，如果以运动时心率作为标准的话，可用以下公式计算：60 岁以下的人运动时，心率 = 180 − 年龄（±10）；60 岁以上的人运动时，心率 = 170 − 年龄（±10）。如果在运动后感觉不适、疲倦或运动后 15 分钟心率仍未恢复到安静状态，即为运动量偏大，应及时加以调整。如果运动量合适，也可以通过其他指标反映出来：① 体重指数（BMI）：BMI 通常可以反映你当前的体重是否适合你的身高，以确定你是否需要加大运动量。对于一般人而言，通常情况下，BMI 维持在 18.5 至 24.9 之间是一个比较理想的范围。BMI 的计算公式如下：BMI = 体重（kg）/身高^2（m^2）。② 肌耐力、肌力、柔韧性：肌耐力就是肌肉能够保证有效地收缩舒张的持久力，肌力就是肌肉在一次收缩过程中所能克服的最大外力，柔韧性是指人体一个关节或者一系列关节所能产生的动作幅度。这三项通过适量运动应能达标。③ 血压：健康的血压指数应是合适运动的结果，既不偏高，也不偏低。

合理营养是指全面而平衡的、能够满足人体对各种营养物质需求的营养。我们每天都要进食以摄取营养。食物不但为我们提供能量用以进行各项生命活动，还提供身体各组织在生长及进行修复时所需的原料。食物的成分主要可分为以下七类：碳水化合物、脂肪、蛋白质、维生素、矿物质、纤维素和水分。

我们对不同的食物种类有不同分量的需要。均衡的营养是指饮食中要包括以上七种成分，并且分量要合适。均衡膳食不单能提供足够的能量给身体使用，更能维持身体健康。饮食营养是因人而异的，例如，青少年就会较老年人需要更多蛋白质。近年来，不少营养师都提倡一种健康饮食的模式，就是所谓的饮食金字塔（图6－17）。在这种模式下，食物被分为四大类，分别为谷类，水果蔬菜类，奶类、豆类及肉类，油、盐、糖类。金字塔每层的大小，与我们每天所需它所代表的食物的摄取量是成比例的。

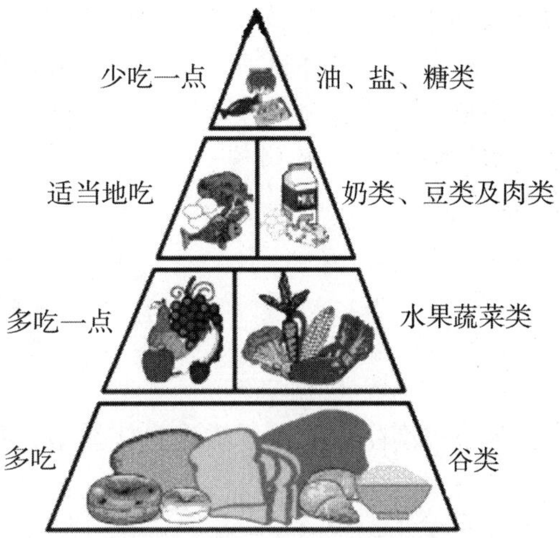

图6－17 饮食金字塔

良好的饮食习惯是健康生活的开始，早餐可以决定你一整天的活动情况，影响身体所产生的能量的大小，即血液中含糖的多少；糖与脂肪分解之后所产生的能量，则影响你一天之中的思维、行动与情绪。在美国，有1/3的人过于肥胖，不吃早餐是主要原因；90%以上的人有蛀牙，是因为吃太多的甜食。倦怠、暴躁、易怒，甚至体力衰竭、思维混乱，以及学生反应迟钝、学习效率低下等都与血糖过低有关。

三、健康饮食的要诀

（1）饮食要均衡。

（2）按照“饮食金字塔”饮食。

（3）避免吃太多腌制食品，因为它们可引致鼻咽癌和食管癌。

（4）避免吃太多烟熏食品，因为它们可引致胃癌和使上皮组织产生癌细胞。

（5）减少油脂的进食，因为过量油脂会增加患上大肠癌、前列腺癌和子宫癌的机会。

（6）避免以烧烤方法煮食，而改以蒸和炆的方法，并选用芥花籽油、粟米油或棕榈油。

（7）选择食用低脂或脱脂的鲜奶或芝士，植物牛油比动物牛油可取。

（8）多进食含抗氧化物（如胡萝卜素、维生素C和维生素E）的食品，具有防癌功效，因为抗氧化物可保护细胞免受自由基（代谢废物的一种）的侵害，还可以降低患癌风险。果仁和海产类食物都含有丰富的胡萝卜素、维生素C和维生素E。

（9）减少进食加工食品。

（10）多摄取纤维素。纤维素能降低脂肪的吸收和有助排泄，因此可以预防大肠癌。新鲜蔬果、全麦包和麦片都含有大量纤维素。

（11）控制酒精的饮用量。酒精没有营养价值，不节制地饮用可能会引致肝癌、食管癌、咽喉癌或口腔癌。

教与学的要点

1. 健康就是体格上、心理上和社交上的理想状况。一个人只有在体格、心理、社交三方面都能调和，才可称得上健康。

2. 生命质量是指人们对自己的身体状态、心理及感受、社会作用好坏的一种度量，反映了个人期望与实际生活状况两方面的因素。提高生命质量、增进身体健康可采取的措施有很多方面。除了提高医疗卫生技术、改善医疗卫生设施等以外，以下这些更重要的措施完全是个人应该并可以做到的：① 乐观的心态；② 充足的睡眠；③ 适量的运动；④ 均衡的营养。

练习与应用

为了提高生命质量、增进身体健康，我们个人可采取哪些措施？

第七章　实验探究

实验一　检测生物组织中的糖类、脂肪和蛋白质

实验原理

某些化学试剂能够使生物组织中的有关有机化合物产生特定的颜色反应。可溶性糖中的还原糖（如葡萄糖、果糖），与斐林试剂发生作用，可以生成砖红色沉淀。脂肪可以被苏丹Ⅲ溶液染成橘黄色。蛋白质与双缩脲试剂发生作用，可以产生紫色反应。因此，可以根据与这些化学试剂所产生的颜色反应，鉴定生物组织中糖、脂肪和蛋白质的存在。

目的要求

初步学会鉴定生物组织中可溶性糖、脂肪、蛋白质的基本方法。

材料用具

1. 实验材料。

（1）做可溶性糖的鉴定实验，应该选择含糖量较高、颜色较白的植物组织，以苹果、梨为最好。

（2）做脂肪的鉴定实验，应该选择富含脂肪的种子，以花生种子为最好，实验前需浸泡3~4h。

（3）做蛋白质的鉴定实验，可用浸泡1~2d的黄豆种子（或用豆浆），或用鸡蛋蛋白。

2. 仪器和试剂。

（1）仪器：剪刀，解剖刀，双面刀片，试管，试管架，试管夹，大小烧杯，滴管，玻璃漏斗，酒精灯，三脚架，石棉网，火柴，研钵，石英砂，纱布，载玻片，盖玻片，毛笔，吸水纸，显微镜。

（2）试剂：斐林试剂，苏丹Ⅲ染液，双缩脲试剂，质量分数为50%的酒精。

方法步骤

1. 可溶性糖的鉴定。

（1）制备生物组织样液。

①将苹果洗净、去皮，切成小块。②取几小块（约5g）放入研钵中，加少许石英砂研磨，再加5mL水，继续研磨。③将玻璃漏斗插入试管中，在漏斗上垫一层纱布，将苹果研磨液倒入漏斗中进行过滤。（如果实验室有简易磨浆机，可由教师事先制成苹果组织样液，

以便节省实验时间。）

（2）实验操作方法和观察。

①取2支试管，分别编号为A、B。向A试管内注入2mL苹果组织样液，向B试管内注入2mL蒸馏水作对照。②配制斐林试剂：取第三支试管，先加入2mL斐林试剂的甲液，再加入2mL斐林试剂的乙液，混合均匀。向A、B试管内各注入2mL刚配制的斐林试剂（注意：必须将斐林试剂的甲液和乙液混合均匀后再使用，切勿分别直接加入生物组织样液中进行检测）。振荡试管，使溶液混合均匀，此时呈现蓝色。③将A、B试管放进盛有开水的大烧杯中，用酒精灯加热煮沸2min左右。在对试管加热煮沸的过程中，注意摇匀，随时仔细观察试管中溶液的颜色发生了什么变化。

2. 脂肪的鉴定。

（1）制备生物组织实验材料。

①取一粒浸泡过的花生种子（浸泡时间不宜过长，以免影响切成薄片），去掉种皮。②左手捏住花生种子的两端，右手用刀片将子叶削去一层，形成平面。③用刀片将花生的子叶削下极薄的一片。④用毛笔将此薄片放到载玻片的中央，滴上一滴苏丹Ⅲ染液，染色3~5min，用吸水纸吸去染液，滴加质量分数为50%的酒精2~3滴洗去浮色，再滴加1滴蒸馏水，盖上盖玻片，吸去多余的水，制成临时装片。

（2）实验操作方法和观察。

①在低倍镜下寻找花生子叶薄片的最薄处（最好是只有一层细胞），将这部分移到视野的中央，仔细观察细胞中呈圆形、透亮的脂肪小颗粒。②为了观察得更清楚，可以转换高倍镜观察，观察细胞内的圆形小颗粒呈什么颜色。使用高倍镜进行观察的具体方法是：将要观察的目标移到视野的正中；转动转换器，让高倍镜正对着通光孔；将细准焦螺旋轻轻向反时针方向转动，让镜筒略微上升，大约转动半圈，就可以看清楚了。

3. 蛋白质的鉴定。

（1）制备生物组织样液。

①取几粒浸泡过的黄豆，去皮，切成薄片。②将黄豆薄片放进研钵中，加少许石英砂和5mL水，充分研碎。③将玻璃漏斗插入试管中，在漏斗上垫上一层纱布，过滤黄豆组织研磨液。为了节省实验教学时间，可以用现成的食用豆浆作为黄豆组织研磨液使用。④事先需要留出一些黄豆组织样液，以便用来与化学试剂发生反应后的颜色作对比。

（2）制备蛋白质稀释液。

如果不容易取得豆浆，也可用蛋白质稀释液做实验材料。方法是：取一个鸡蛋，用镊子在一端轻轻敲破一小块蛋壳，用吸管从蛋壳的破孔处吸取0.5mL蛋白液滴入小烧杯中。向小烧杯中加入5mL水，搅拌均匀，加以稀释。如果蛋白液稀释不够，与双缩脲试剂发生反应后会粘固在试管的内壁上，使反应不容易彻底，并且试管也不容易刷洗干净。

（3）实验操作方法和观察。

①取2支试管，分别编号为A、B。向A试管内注入黄豆组织样液2mL（或者蛋白稀释液2mL），向B试管内注入2mL蒸馏水作对照。②向A、B试管中各加入2mL双缩脲试剂A（氢氧化钠的质量浓度为0.1g/mL的溶液），摇荡均匀。注意观察试管内溶液的颜色有什么变化。③再向A、B试管中各加入3~4滴双缩脲试剂B（硫酸铜的质量浓度为0.01g/mL的溶液），摇荡均匀。注意观察溶液的颜色有什么变化。

实验二 不同浓度溶液对蛙红细胞影响的观察

实验目的

进一步理解渗透作用的原理。

实验前的思考

活细胞是一个完整的渗透系统。当细胞处在不同浓度的溶液中时，会发生不同的变化。医生给患者补液时，使用等渗的生理盐水，目的是保持细胞的正常生理功能。

材料器具

青蛙，解剖剪，滴管，载玻片，盖玻片，显微镜，0.65%氯化钠溶液，5%氯化钠溶液，蒸馏水。

方法步骤

1. 取三块载玻片，揩净，编号。

2. 在1号载玻片中央滴一滴0.65%氯化钠溶液，在2号载玻片中央滴一滴蒸馏水，在3号载玻片中央滴一滴5%氯化钠溶液。

3. 用解剖剪剖开青蛙的腹部，剪开心脏，用滴管吸取心脏血，然后快速地在每块载玻片的溶液中滴一滴血。稍摇一下每一块载玻片，使血液跟溶液充分混合，盖上盖玻片。

4. 用低倍镜观察，找到血细胞后转入高倍镜观察，仔细观察三块载玻片中蛙红细胞形态上的变化。

实验三 观察植物细胞的质壁分离和复原

实验原理

当细胞液的浓度小于外界溶液的浓度时，细胞液中的水分就透过原生质层进入外界溶液中，使细胞壁和原生质层都出现一定程度的收缩。由于原生质层比细胞壁的伸缩性大，当细胞不断失水时，原生质层就会与细胞壁逐渐分离开来，也就是逐渐发生了质壁分离。

当细胞液的浓度大于外界溶液的浓度时，外界溶液中的水分就透过原生质层进入细胞液中，整个原生质层就会慢慢地恢复成原来的状态，使植物细胞逐渐发生质壁分离复原。

目的要求

1. 初步学会观察植物细胞质壁分离与复原的方法。

2. 理解植物细胞发生渗透作用的原理。

材料用具

紫色的洋葱鳞片叶。

刀片，镊子，滴管，载玻片，盖玻片，吸水纸，显微镜。

质量浓度为0.3g/mL的蔗糖溶液，清水。

方法步骤

1. 制作洋葱鳞片叶表皮的临时装片。

2. 用高倍显微镜观察，可以看到洋葱鳞片叶表皮细胞中紫色的中央液泡，还可以看到原生质层紧紧地贴着细胞壁。

3. 从盖玻片的一侧滴入蔗糖溶液，另一侧用吸水纸吸引。这样重复几次，盖玻片下面的洋葱鳞片叶表皮就浸润在蔗糖溶液中。

4. 用高倍显微镜观察，可以看到细胞中的中央液泡逐渐变小，原生质层逐渐与细胞壁分离开来。

5. 从盖玻片的一侧滴入清水，另一侧用吸水纸吸引。这样重复几次，洋葱鳞片叶表皮又浸润在清水中。

6. 用高倍显微镜观察，可以看到中央液泡逐渐胀大，原生质层又逐渐贴向细胞壁。

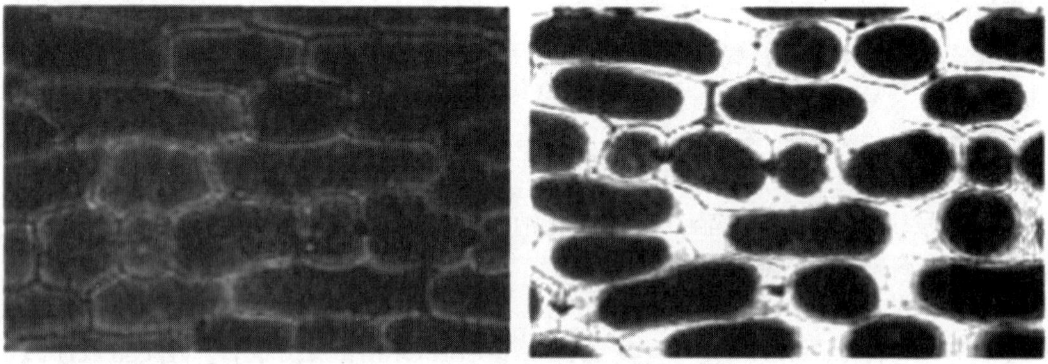

图 7－1　植物细胞的质壁分离

（左图表示刚开始发生质壁分离，右图表示已明显发生质壁分离）

结论

将观察到的现象和得出的结论填写在《实验报告册》上。

讨论

1. 如果将上述表皮细胞浸润在与细胞液浓度相同的蔗糖溶液中，这些表皮细胞会出现什么现象?

2. 当红细胞细胞膜两侧的溶液具有浓度差时，红细胞会不会发生质壁分离现象？为什么?

上述实验表明，细胞液和外界溶液通过原生质层确实发生了渗透作用。具体地说，当外界溶液的浓度大于细胞液的浓度时，植物细胞就通过渗透作用失水，逐渐表现出质壁分离的现象；当外界溶液的浓度小于细胞液的浓度时，植物细胞就通过渗透作用吸水，逐渐表现出质壁分离后又复原的现象。

实验四　探究影响淀粉酶活性的条件

实验原理

淀粉遇碘后，形成紫蓝色的复合物。淀粉酶可以使淀粉逐步水解成麦芽糖和葡萄糖。麦芽糖和葡萄糖遇碘后，不形成紫蓝色的复合物。

麦芽糖和葡萄糖能够与斐林试剂发生氧化还原反应，生成砖红色的氧化亚铜沉淀。

目的要求

1. 初步学会探索影响酶活性条件的方法。

2. 探索淀粉酶在不同温度和 pH 下催化淀粉水解的情况。

材料用具

质量分数为 2% 的新鲜淀粉酶溶液。

试管，量筒，小烧杯，大烧杯，滴管，试管夹，酒精灯，三脚架，石棉网，温度计，火柴。

质量分数为 3% 的可溶性淀粉溶液，质量分数为 5% 的盐酸，质量分数为 5% 的氢氧化钠溶液，热水，蒸馏水，冰块，碘液，斐林试剂。

方法步骤

1. 温度对酶活性的影响。

（1）取 3 支洁净的试管，编上号，然后分别注入 2mL 可溶性淀粉溶液。

（2）将 3 支试管分别放入 60℃左右的热水、沸水和冰块中，维持各自的温度 5min。

（3）在 3 支试管中各注入 1mL 新鲜的淀粉酶溶液，摇匀后，维持各自的温度 5min。

（4）在 3 支试管中各滴入 1 滴碘液，然后摇匀。

（5）观察并在《实验报告册》上记录这 3 支试管中溶液颜色的变化情况。

2. pH 对酶活性的影响。

（1）取 3 支洁净的试管，编上号，然后分别按表 7－1 中序号 1 至序号 5 的要求操作。

表 7－1

序号	项目	试管		
		1	2	3
1	注入新鲜的淀粉酶溶液	1mL	1mL	1mL
2	注入蒸馏水	1mL	—	—
3	注入氢氧化钠溶液	—	1mL	—
4	注入盐酸	—	—	1mL
5	注入可溶性淀粉溶液	2mL	2mL	2mL

（2）振荡这 3 支试管，使试管内的液体混合均匀。然后，将 3 支试管的下半部浸到 60℃左右的热水中，保温 5min。

（3）在 3 支试管中各加入 2mL 斐林试剂（边加入斐林试剂，边轻轻振荡试管，以便使试管内的物质混合均匀）。

（4）将 3 支试管的下半部放进盛有热水的大烧杯中，用酒精灯加热，煮沸 1min。

（5）观察这 3 支试管中溶液颜色的变化情况，将观察结果填写在《实验报告册》上。

结论

记录和分析实验结果，得出合理的结论，将结论填写在《实验报告册》上。

上述实验说明，高温、低温以及过酸和过碱，都影响淀粉酶的活性，淀粉酶的催化作用需要适宜的温度和 pH。实际上，过酸、过碱和高温，都能使酶的分子结构遭到破坏而失去活性。

讨论

1. 在温度对酶活性影响的实验中，为什么要在加入淀粉酶溶液之前控制好各自的温度？

2. 在 pH 对酶活性影响的实验中，能不能按照表格中序号 1、5、2、3、4 的步骤操作？为什么？

酶需要适宜的条件。上述实验说明，高温、低温以及过酸和过碱，都影响淀粉酶的活性，淀粉酶的催化作用需要适宜的温度和 pH。科学家分别在不同的温度和 pH 条件下测同一种酶的活性，并且根据所得到的数据绘制成曲线图（图 7 -2）。分析这两个曲线图可以看出，在最适宜的温度和最适宜的 pH 下，酶的活性最高。温度和 pH 偏高或偏低，酶的活性都会明显降低。实际上，过酸、过碱和高温，都能使酶的分子结构遭到破坏而失去活性。

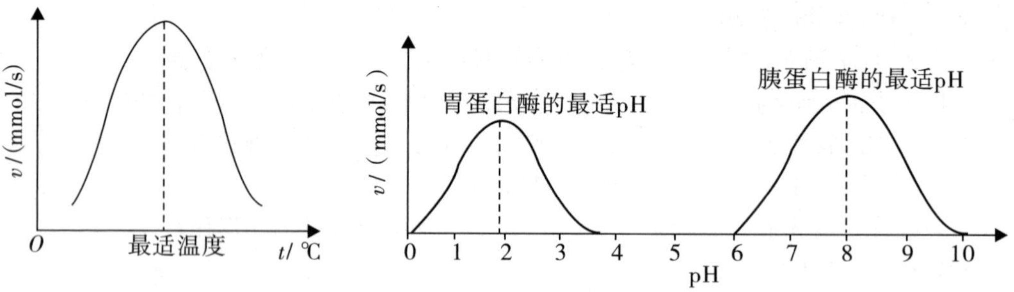

图 7 -2　酶的活性受温度（左）和 pH（右）影响的示意图

【小资料】

酶的名称	最适 pH
过氧化氢酶（肝）	6.8
唾液淀粉酶	6.8
脂肪酶	8.3
胰蛋白酶	8.0~9.0
胃蛋白酶	1.5~2.2

分析上表可以看出，酶的最适 pH 一般都接近中性，只有少数例外，如胃蛋白酶。人的胃液中有胃蛋白酶和盐酸，所以胃液呈酸性。总之，酶作为生物催化剂，与无机催化剂相比具有明显不同的特点：酶具有高效性和专一性。

实验五　比较过氧化氢酶和 Fe^{3+} 的催化效率

实验原理

氯化铁溶液中的 Fe^{3+} 是一种无机催化剂，它可以使过氧化氢分解成水和氧。新鲜的肝脏中含有过氧化氢酶，这种酶也能使过氧化氢分解成水和氧。

Fe^{3+} 和过氧化氢酶的催化效率是不同的。

目的要求

1. 初步学会做酶的高效性实验的方法。
2. 理解酶具有高效性的特点。

材料用具

新鲜的肝脏（如鸡肝）。

量筒，试管，培养皿，滴管，试管架，剪刀，镊子，卫生香，火柴。

体积分数为3%的过氧化氢溶液，质量分数为3.5%的氯化铁溶液。

方法步骤

1. 取两支洁净的试管，编上号，然后各注入10mL过氧化氢溶液（图7－3）。
2. 取豌豆大小的新鲜肝脏，放在培养皿内，迅速剪碎并投入到1号试管内。
3. 作为对照，向2号试管内滴入几滴氯化铁溶液。
4. 轻轻地振荡这两支试管，使试管内的物质混合均匀。仔细观察并在《实验报告册》上记录哪支试管最先产生气泡，哪支试管产生的气泡多。
5. 将点燃但无火焰的卫生香分别放到1、2号试管的管口，观察并在《实验报告册》上记录哪支卫生香燃烧猛烈。

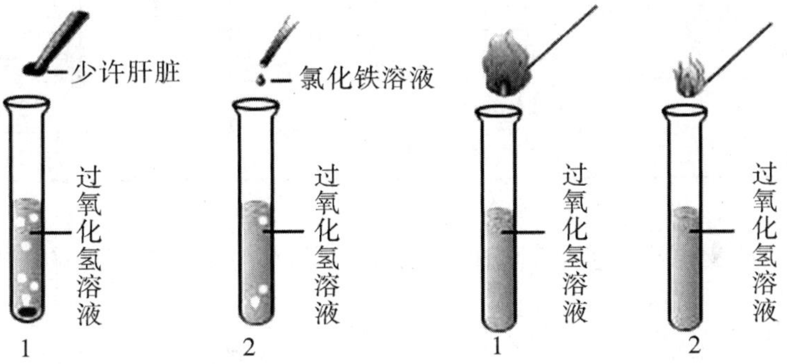

图7－3 酶的高效性实验

结论

过氧化氢酶与Fe^{3+}的催化效率有什么不同？

讨论

做这个实验时为什么要选用新鲜的肝脏？为什么要将肝脏剪碎？

实验六 酶的专一性

实验原理

淀粉在唾液淀粉酶的催化作用下，能够水解成麦芽糖。在煮沸的条件下，斐林试剂能使麦芽糖氧化，自身则还原成砖红色的氧化亚铜沉淀。因此，斐林试剂可以用来鉴定溶液中是否有麦芽糖，进而可以看出唾液淀粉酶是否只能催化淀粉水解，不能催化其他糖类（如蔗糖）水解。

目的要求

1. 初步学会做酶的专一性实验的方法。
2. 理解酶具有专一性的特点。

材料用具

新鲜的唾液。

消过毒的脱脂棉，镊子，试管，小烧杯，量筒，玻璃棒，酒精灯，火柴。

质量分数为3%的可溶性淀粉溶液，质量浓度为3g/mL的蔗糖溶液，斐林试剂，清水。

方法步骤

1. 用清水将口漱净，口内含一块消过毒的脱脂棉。用镊子取出脱脂棉，将其中的唾液收集到小烧杯中。

2. 取1mL唾液，注入另一个小烧杯中，加入9mL蒸馏水，用玻璃棒搅拌均匀，制成稀释的唾液。

3. 取两支洁净的试管，编上号，然后按照表7－2中序号1至序号3的要求操作。

表7－2

序号	项目	试管	
		1	2
1	注入可溶性淀粉溶液	2mL	—
2	注入蔗糖溶液	—	2mL
3	注入稀释的唾液	2mL	2mL

4. 轻轻振荡这两支试管，使试管内的液体混合均匀，并且将试管的下半部浸到37℃的温水中，保温10min。

5. 取出试管，各加入2mL斐林试剂（边加入斐林试剂，边轻轻振荡这两支试管，以便使试管内的物质混合均匀）。

6. 将两支试管的下半部放在酒精灯的火焰上均匀加热，进而煮沸5～10min。

7. 观察并在《实验报告册》上记录煮沸5～10min后两支试管内的变化。

结论

唾液淀粉酶能不能既催化淀粉水解，又催化蔗糖水解？

讨论

1. 为什么要将试管的下半部浸到37℃的温水中？
2. 在已知唾液淀粉酶能够催化淀粉水解的情况下，本实验设置1号试管还有没有必要？

实验七　绿叶中色素的提取和分离

实验原理

叶绿体中的色素都能够溶解于有机溶剂丙酮（或无水乙醇）中，所以，可以用丙酮（或无水乙醇）提取叶绿体中的色素。

石油醚是一种脂溶性很强的有机溶剂。叶绿体中的四种色素在石油醚中的溶解度是不同的：溶解度最高的是胡萝卜素，它随石油醚在滤纸上扩散得最快；叶黄素和叶绿素 a 的溶解度次之；叶绿素 b 的溶解度最低，扩散得最慢。这样，几分钟之后，四种色素就在扩散过程中分离开来。

目的要求

1. 学会提取和分离叶绿体中色素的方法。

2. 观察叶绿体中的四种色素。

材料用具

新鲜的绿色叶片（如菠菜叶片）。

干燥的定性滤纸，烧杯（100mL），研钵，小玻璃漏斗，尼龙布，毛细吸管，剪刀，小试管，培养皿盖，药勺，量筒（10mL），天平。

丙酮（或无水乙醇），层析液，二氧化硅，碳酸钙。

方法步骤

1. 提取绿色叶片中的色素（图 7－4）。

（1）称取 5g 绿色的叶片，剪碎，放入研钵中。

（2）向研钵中放入少许二氧化硅和碳酸钙，再加入 5mL 丙酮（或无水乙醇），进行迅速、充分的研磨。丙酮具有一定的毒性并且很容易挥发。为了尽量少吸入丙酮，可以将纸盖在研钵上，纸中心穿一个洞，将杵棒套入洞口进行研磨（见图一中的甲）。

（3）将研磨液迅速倒入小玻璃漏斗中进行过滤（漏斗基部放一块单层尼龙布）。将滤液收集到一个小试管中，及时用棉塞将试管口塞紧（见图一中的乙和丙）。

2. 制备滤纸条。

取一块预先干燥处理过的定性滤纸，将滤纸剪成长 10cm、宽 1cm 的滤纸条，在距滤纸条一端 1cm 处用铅笔画一条细的横线（见图二中的丁）。

3. 画滤液细线。

用毛细吸管吸取少量滤液，沿铅笔线均匀地画出一条细而直的滤液细线。待滤液干后，再画两三次（见图二中的戊）。

4. 分离叶绿体中的色素。

将 3mL 层析液倒入烧杯中，将滤纸条（有滤液细线的一端朝下）略微斜靠着烧杯的内壁，轻轻地插入到层析液中，随后用培养皿盖盖上烧杯。注意，不能让滤纸上的滤液细线触及层析液（见图二中的己）。

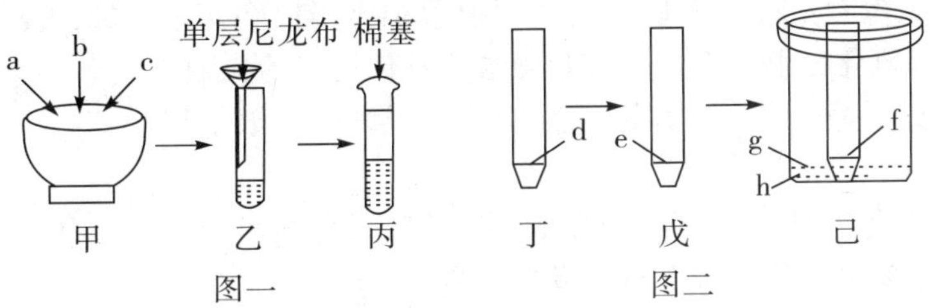

图 7－4　提取和分离绿色叶片中的色素

5. 观察实验结果。

几分钟以后，取出滤纸条。待滤纸条干燥后（为了加速干燥，可以轻轻地用嘴吹），观察滤纸条上的色素带有几条，每条色素带呈什么颜色，写出结果。

6. 由于接触了丙酮等化学药品，所以，实验结束后一定要用肥皂将手洗净。

结论

叶绿体中有哪几种色素？滤纸条上的色素带，从上到下是怎样排列的？

讨论

提取和分离叶绿体中色素的关键是什么？

答案：

1. 要选新鲜绿色的幼嫩叶片。因为叶绿色含 N、Mg，而老叶中这两种矿质元素很多已经分解转移，所以新鲜绿色的幼叶中叶绿素的含量高，适合做实验。

2. 制备滤纸条要剪去两角。实验中需将滤纸条的一端剪去两角，若不剪去滤纸条的两角，色素带的两边和中间就不在一条直线上。这是由于滤纸条两边的水分子可以向三个方向散失，向上“跑”的速度快。而滤纸条中间的水分子只能向两个方向散失，分别是向内和向外，因而会“跑”得慢一些。现在剪去滤纸条的两个角，可以在一定程度上加快中间色素的扩散速度，减慢两边色素的扩散速度，在真正意义上使这些色素从同一起点随层析液扩散。

3. 研磨时加丙酮或无水乙醇。因为色素是有机物，根据相似相溶性原理，丙酮或无水乙醇能溶解色素。

4. 加入少许二氧化硅。在提取色素的过程中，要加入少许二氧化硅，是为了研磨得充分。二氧化硅就是石英砂，研磨时可以增大强度，加快细胞和叶绿体的破裂，使叶绿体中的色素释放出来。

5. 加入少许碳酸钙。在提取色素的过程中，要加入少许碳酸钙，是为了防止在研磨时叶绿体中的色素遭到破坏。叶绿体中的色素原本所处的环境具微碱性。在实验中，研磨会使细胞结构遭到破坏，细胞液中有机酸流出，酸性的细胞液就会接触到叶绿体中的色素，致使叶绿素的分子结构遭到破坏，使叶绿素失去镁，呈黄褐色，如同我们看到腌制的黄瓜会变色一样，而碳酸钙是强碱弱酸盐，碳酸钙在水中的溶解度很小，但还是有一部分得到溶解，中和细胞液的酸性，制造了一个弱碱环境，保护了色素。

6. 用单层尼龙布过滤。在过滤时，漏斗基部放一块单层尼龙布，以前的教材中是用滤纸来过滤的。过滤的目的是去掉不需要的杂质，如破碎的细胞、二氧化硅、碳酸钙等，相对而言，单层尼龙布可以让色素溶液更好地通过，效果比滤纸要好。

7. 用棉塞塞紧试管。将色素收集在试管中后，要用棉塞塞紧。原因是色素很容易迅速地被空气中的氧气氧化分解为乙醇酸和甘氨酸，从而使实验失败。

8. 滤纸要预先干燥处理。这是因为层析液在干燥的滤纸上能快速扩散，所以要预先干燥处理。

9. 滤液细线要直、细、匀。因为滤液细线只有画得细而直，才能使色素随层析液扩散的起点一致，使分离出的色素带平整不发生重叠。

10. 滤液细线干燥后再画一两次。这样可以分离出更多的色素，使分离出的色素带清晰分明。

11. 滤液细线不触及层析液。滤液细线是否触及层析液，直接关系到实验的成败，如果触及，实验一定是失败的。滤液细线不触及层析液是为了防止色素直接溶解到层析液中，这样就彻底得不到色素带了。

12. 从色素带中可知，最上端的橙黄色带为胡萝卜素，其次的黄色带为叶黄素，紧接其下的蓝绿色带为叶绿素 a，最下方的黄绿色带是叶绿素 b；最窄的色素带是胡萝卜素，最宽的色素带是叶绿素 a；根据实际纸层析各色带的距离，叶绿素 a 和叶绿素 b 之间的距离最小，胡萝卜素与叶黄素之间的距离最大（图 7－5）。

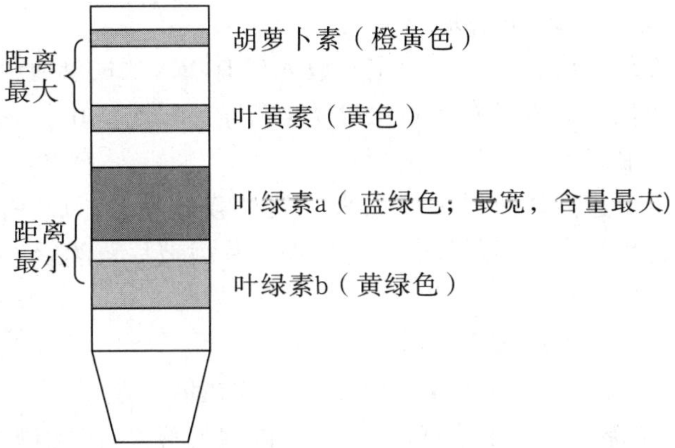

图 7－5　叶绿体色素带

实验八　观察根尖分生组织细胞的有丝分裂

实验原理

在植物体中，有丝分裂常见于根尖、茎尖等分生区细胞。高等植物细胞有丝分裂的过程，分为分裂间期和分裂期的前期、中期、后期、末期。可以用高倍镜观察植物细胞有丝分裂的过程，根据各个时期细胞内染色体（或染色质）的变化情况，识别该细胞处于有丝分裂的哪个时期。细胞核内的染色体容易被碱性染料（如龙胆紫溶液）着色。

目的要求

1. 观察植物细胞有丝分裂的过程，识别有丝分裂的不同时期。
2. 学会制作洋葱根尖有丝分裂装片的技术。
3. 学会使用高倍镜和绘生物图的方法。

材料用具

洋葱（可以用蒜、葱代替）。

显微镜，载玻片，盖玻片，玻璃皿 3 个，剪刀，镊子，滴管。

质量分数为 15% 的盐酸溶液，体积分数为 95% 的酒精溶液，质量浓度为 0.01g/mL 或 0.02g/mL 的龙胆紫（龙胆紫溶液是将龙胆紫溶解在质量分数为 2% 的醋酸溶液中配制而成的）溶液（或醋酸洋红液）。

方法步骤

1. 洋葱根尖的培养。

在上实验课之前的3～4d，取洋葱一个，放在广口瓶上。瓶内装满清水，让洋葱的底部接触到瓶内的水面。把这个装置放在温暖的地方，注意经常换水，使洋葱的底部总是接触到水。待根长5cm时，可取生长健壮的根尖制片观察。

2. 装片的制作。

（1）解离。下午2时是洋葱有丝分裂的高峰期，可在此时剪取洋葱的根尖2～3mm，立即放入盛有质量分数为15%的盐酸溶液和体积分数为95%的酒精溶液的混合液（1∶1）的玻璃皿中，在室温下解离3～5min后取出根尖。

（2）漂洗。待根尖酥软后，用镊子取出，放入盛有清水的玻璃皿中漂洗约10min。

（3）染色。把洋葱根尖放进盛有质量浓度为0.01g/mL或0.02g/mL的龙胆紫溶液（或醋酸洋红液）的玻璃皿中，染色3～5min。

（4）制片。用镊子将这段洋葱根尖取出来，放在载玻片上，加一滴清水，并且用镊子尖把洋葱根尖弄碎，盖上盖玻片，在盖玻片上再加一片载玻片。然后，用拇指轻轻地压盖玻片，这样可以使细胞分散开来。

3. 洋葱根尖细胞有丝分裂的观察。

（1）低倍镜观察。把制作成的洋葱根尖装片先放在低倍镜下观察，慢慢移动装片，要求找到分生区细胞。它的特点是：细胞呈正方形、排列紧密，有的细胞正在分裂。

（2）高倍镜观察。找到分生区细胞后，把低倍镜移走，换上高倍镜，用细准焦螺旋和反光镜把视野调整清晰，直到看清细胞物像为止。

（3）仔细观察，可先找出处于细胞分裂期中期的细胞，然后再找出前期、后期、末期的细胞。注意观察各个时期细胞内染色体变化的特点。

（4）在一个视野里，往往不容易找全有丝分裂过程中各个时期的细胞。如果是这样，可以慢慢地移动装片，从邻近的分生区细胞中寻找。

（5）如果自制装片效果不太理想，可以观察教师演示的洋葱根尖细胞有丝分裂的固定装片。

4. 绘图。

在观察清楚有丝分裂各个时期的细胞以后，绘出洋葱根尖细胞有丝分裂的简图。绘图的要求：绘出植物细胞有丝分裂中期图（含4条染色体）。

结论

洋葱根尖细胞有丝分裂过程中各时期的染色体变化有什么特点？

讨论

制作洋葱根尖有丝分裂装片的关键是什么？谈谈你的体会。

实验九　DNA的粗提取与鉴定

实验原理

DNA在氯化钠溶液中的溶解度是随着氯化钠的浓度变化而变化的。当氯化钠的物质的量浓度为0.14mol/L时，DNA的溶解度最低。利用这一原理，可以使溶解在氯化钠溶液中的 DNA 析出。

DNA 不溶于酒精溶液，但是细胞中的某些物质却可以溶于酒精溶液。利用这一原理，可以进一步提取出含杂质较少的 DNA。

DNA 遇二苯胺（沸水浴）会被染成蓝色，因此，二苯胺可以作为鉴定 DNA 的试剂。

目的要求

学会 DNA 的粗提取和鉴定的方法，观察提取出来的 DNA 物质。

材料用具

鸡血细胞液（5 ~ 10mL）。

载玻片，玻璃棒，滤纸，滴管，量筒（100mL 1个），烧杯（100mL 1 个，50mL、500mL 各 2 个），试管（20mL 2 个），漏斗，试管夹，纱布。

体积分数为 95% 的酒精溶液（实验前置于冰箱内冷却 24h），蒸馏水，浓度为 0.1g/mL 的柠檬酸钠溶液，浓度分别为 2mol/L、0.015mol/L 的氯化钠溶液、二苯胺试剂。

方法步骤

实验前需要制备鸡血细胞液（由教师完成），制备的方法是：取浓度为 0.1g/mL 的柠檬酸钠溶液（抗凝剂）100mL，置于 500mL 烧杯中。将宰杀活鸡流出的血（约 180mL）注入烧杯中，同时用玻璃棒搅拌，使血液与柠檬酸钠溶液充分混合，以免凝血。然后，将血液倒入离心管内，用 1 000r/min（转/分）的离心机离心 2min，此时血细胞沉淀于离心管底部。实验时，用吸管除去离心管上部的澄清液，就可以得到鸡血细胞液（如果没有离心机，可以将烧杯中的血液置于冰箱内，静置一天，使血细胞自行沉淀）。

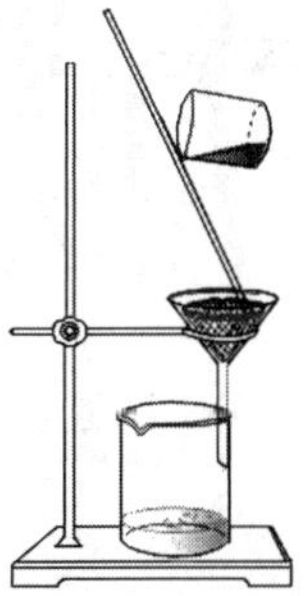

图 7－6 提取鸡血细胞核物质实验操作

图 7－7 析出含 DNA 物质的操作图

1. 提取鸡血细胞的细胞核物质（图 7－6）。

将制备好的鸡血细胞液 5 ~ 10mL，注入到 50mL 烧杯中。向烧杯中加入蒸馏水 20mL，同时用玻璃棒充分搅拌 5min，使血细胞加速破裂。然后，用放有纱布的漏斗将血细胞液过滤至 500mL 的烧杯中，取其滤液。

2. 溶解细胞核内的 DNA。

将浓度为 2mol/L 的氯化钠溶液 40mL 加入到滤液中，并摇动烧杯，使其混合均匀，这时 DNA 在溶液中呈溶解状态。

3. 析出含 DNA 的黏稠物（图 7－7）。

沿烧杯内壁缓缓加入蒸馏水，同时用玻璃棒不停地轻轻搅拌，这时烧杯中有丝状物出现，注意观察丝状物呈什么颜色。继续加入蒸馏水，溶液中出现的黏稠物会越来越多。当黏稠物不再增加时停止加入蒸馏水（这时溶液中氯化钠的物质的量浓度相当于0.14mol/L）。

4. 滤取含DNA的黏稠物。

用放有多层纱布的漏斗，过滤步骤3中的溶液至500mL的烧杯中，含DNA的黏稠物被留在纱布上。

5. 将DNA的黏稠物再溶解。

取1个50mL烧杯，向烧杯内注入物质的量浓度为2mol/L的氯化钠溶液20mL。用钝头镊子将纱布上的黏稠物夹至氯化钠溶液中，用玻璃棒不停地搅拌，使黏稠物尽可能多地溶解于溶液中。

6. 过滤含有DNA的氯化钠溶液。

取1个100mL烧杯，用放有两层纱布的漏斗过滤步骤5中的溶液。取其滤液，DNA溶于滤液中。

7. 提取含杂质较少的DNA。

在上述滤过的溶液中，加入冷却的、体积分数为95%的酒精溶液50mL（使用冷却的酒精对DNA的凝集效果较佳），并用玻璃棒搅拌，溶液中会出现含杂质较少的丝状物。用玻璃棒将丝状物卷起，并用滤纸吸取上面的水分。这种丝状物的主要成分就是DNA。注意观察丝状物的颜色（图7-8）。

图7-8 提取含杂质较少的DNA操作图

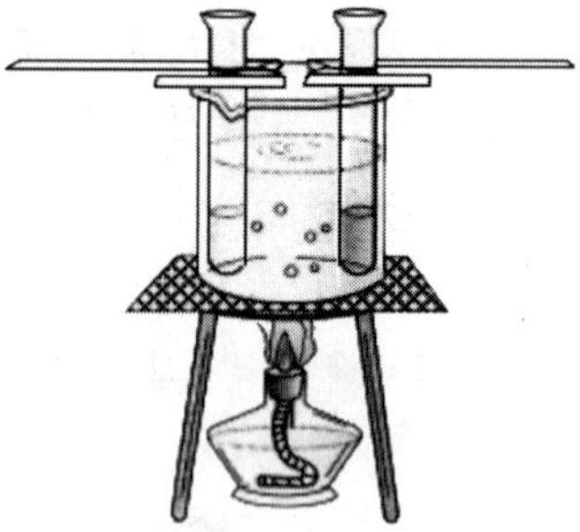

图7-9 DNA的鉴定实验操作图

8. DNA的鉴定（图7-9）。

取两支20mL的试管，各加入物质的量浓度为0.015mol/L的氯化钠溶液5mL，将丝状物放入其中一支试管中，用玻璃棒搅拌，使丝状物溶解。然后，向两支试管中各加入4mL二苯胺试剂。混合均匀后，将试管置于沸水中加热5min，待试管冷却后，观察并且比较两支试管中溶液颜色的变化。将观察的结果记录下来。

结论

步骤8的两支试管中溶液颜色的变化说明了什么？并写出结论。

讨论

1. 提取鸡血中的DNA时，为什么要除去血液中的上清液？

2. 步骤1和步骤3中都需要加入蒸馏水，两次加入的作用相同吗？为什么？

3. DNA的直径约为20×10^{-10}m，实验中出现的丝状物的粗细是否表示1个DNA分子直径的大小？

参考文献

1. 普通高中课程标准实验教科书．生物（必修 1、2）．北京：人民教育出版社，2004.

2. 人民教育出版社，课程教材研究所，生物课程教材研究开发中心．全日制普通高级中学教科书·生物（试验修订本·必修）. 北京：人民教育出版社，2019.

3. 上海师范学院生物系《中学生物学教师手册》编写组．中学生物学教师手册．上海：上海教育出版社，1989.

4. 吴庆余．基础生命科学．2 版．北京：高等教育出版社，2006.

5. 陈阅增．普通生物学．2 版．北京：高等教育出版社，2008.

6. 高崇明．生命科学导论．2 版．北京：高等教育出版社，2007.

后　记

2000 年，我们编写了大学预科《生物》。此教材的出版，填补了国内大学预科生物教育的空白。2010 年，我们重新编写了这本教材。现在，我们又再次对这本《生物》进行了修订。

生物学是研究生命现象和生命活动规律的科学，它与人类的生存和发展、工农业生产、有关应用科学及其他自然科学和社会科学的发展都有密切的关系。人类社会进入 20 世纪以来，各门自然科学已发展到相当高的水平，在此基础上，20 世纪后叶的分子生物学取得了一系列突破性成就，使生命科学在自然科学中的地位发生了革命性的变化，它正在逐渐成为一门“中心科学”。生命科学与现代生物技术的快速发展为医药、农业、环境工程和其他行业开辟了更加广阔的前景。据预测，生物科技浪潮将推动生物经济的发展，生命科学与技术对国家安全具有重大的意义。生物学将是 21 世纪领先的科学之一。

预科生物课程教学，是为了使学生掌握最基础的生物理论知识和基本实验操作技能，帮助学生获得未来发展与继续深造所必需的生物知识、技能和方法，提高学生的科学探究能力；为学生今后修习医学、生命科学、环境科学、生物工程、生物工艺等应用生物学奠定基础；引导学生养成阅读科学书籍的习惯，独立思考，主动、积极地探究生物现象，学会运用所学生物学知识阐述问题、分析问题和解决问题；让学生认识生物学对于改善人类生活的贡献与影响，进而了解人类在生命世界中的地位与责任，并通过生物学基础知识的学习，使其受到辩证唯物主义和爱国主义思想的教育。

作为生命科学的基础和入门课程，由于课时和篇幅的限制，以及为了体现现代生命科学的最新进展，本教材只选取了细胞、能量与代谢、遗传及其分子基础、生物与环境、人体健康与重大疾病预防等方面内容。有些内容可根据实际需要选讲或学生自学。此外，对于“知识拓展”板块的内容，只作扩大学生知识面之用，不列入考试范围。

华南师范大学生命科学学院宾金华教授和龙民慧教授对本书进行了仔细的审阅，并提出了具体的修改意见，在此表示诚挚的感谢。同时也感谢在本书编写过程中提供过帮助和支持的所有专家、学者和教师，以及本书的责任编辑张学颖为本书的出版付出的辛勤劳动。

本书参考了大量资料，有些因故不能列出作者，在此向这些作者表示最诚挚的谢意。

由于时间仓促，作者水平有限，书中的错漏在所难免，敬请有关专家和师生提出宝贵意见。

编　者

2024 年 3 月